“爱我家乡，美丽乡村”新型农房设计大赛图集
——第三届设计大赛作品

刘敬疆　主编

住房和城乡建设部科技与产业化发展中心
（住房和城乡建设部住宅产业化促进中心）
绿色装配式农房产业技术创新战略联盟　编著
北京工业大学建筑与城市规划学院
济宁卓越天意文化传媒有限公司

中国建筑工业出版社

图书在版编目（CIP）数据

“爱我家乡，美丽乡村”新型农房设计大赛图集．第三届设计大赛作品 / 住房和城乡建设部科技与产业化发展中心（住房和城乡建设部住宅产业化促进中心）等编著；刘敬疆主编．—北京：中国建筑工业出版社，2020.1

ISBN 978-7-112-24684-7

Ⅰ.①爱… Ⅱ.①住… ②刘… Ⅲ.①农村住宅—建筑设计—中国—图集 Ⅳ.①TU241.4-64

中国版本图书馆CIP数据核字（2020）第022138号

责任编辑：张文胜
责任校对：王　烨

“爱我家乡，美丽乡村”新型农房设计大赛图集——第三届设计大赛作品

刘敬疆　主编

住房和城乡建设部科技与产业化发展中心
（住房和城乡建设部住宅产业化促进中心）
绿色装配式农房产业技术创新战略联盟　编著
北京工业大学建筑与城市规划学院
济宁卓越天意文化传媒有限公司

*

中国建筑工业出版社出版、发行（北京海淀三里河路9号）
各地新华书店、建筑书店经销
北京点击世代文化传媒有限公司制版
天津图文方嘉印刷有限公司印刷

*

开本：880×1230毫米　1/12　印张：12　字数：183千字
2020年8月第一版　2020年8月第一次印刷
定价：130.00元

ISBN 978-7-112-24684-7
（35244）

本书编委会

编　　著： 住房和城乡建设部科技与产业化发展中心

（住房和城乡建设部住宅产业化促进中心）

绿色装配式农房产业技术创新战略联盟

北京工业大学建筑与城市规划学院

济宁卓越天意文化传媒有限公司

主　　编： 刘敬疆

副 主 编： 张旭东　邵高峰　刘珊珊　张澜沁

向以川　魏晓梅　李　丹　王婉伊

序

党的十九大报告提出，实施乡村振兴战略，决胜全面建成小康社会，要求按照产业兴旺、生态宜居、乡风文明、治理有效、生活富裕的总要求，建立健全城乡融合发展体制机制和政策体系，加快推进农业农村现代化，满足广大农民对美好生活的向往和追求。生态宜居是基础，产业兴旺是支撑，乡风文明是目标，治理有效是抓手，生活富裕是成效。未来的乡村建设就是要围绕生产方式的现代化，生活条件的城镇化，生态环境的绿色环保化三个主题展开。“爱我家乡，美丽乡村”新型农房设计征集活动正是在这样的背景下，由住房和城乡建设部科技与产业化发展中心、北京工业大学、绿色装配式农房产业技术创新战略联盟等单位发起举办的，时机正当其时，意义不言而喻。

当前，农村建房仍然沿袭农村自给自足经济时代的自建为主，投资投工，缺乏规划，风格杂乱，功能混杂，文化失传，同时也孕育了一批无证无资质的建筑“能人”和“工队”，建房无图纸，既无有序施工组织，又无完整安全保障措施，与现代化农村的建设要求相去甚远。建房中所使用的多是一些原始或比较简陋的建筑工具，所建房屋质量参差不齐，住房安全难以保障，与环境也不协调。农房建设过程也缺乏监管，充满随意性，随意改变房屋结构，任意采用劣质建材，攀比之风盛行，崇洋不解，炫富低俗，民间纠纷不断，邻里关系不和，割裂了文脉，失去了乡愁，更无助于民风的改善。

为促进农村住房建设规范化、本土化和环境友好化，应用绿色节能技术，推动农房建筑业转型升级，从供应侧着手，逐步推广绿色装配式农房技术产业化，带动农村产业多样化，培育农房供需市场，尝试以规范化设计作引导，以绿色装配式技术为手段，发挥农房建筑设计单位和装配式农房研发生产企业两个积极性和市场驱动力，以“爱我家乡，美丽乡村”新型农房设计征集活动为契机，培养院校农房设计后备力量，摸清农房地域特色，紧扣绿色装配式建筑技术特点，逐步改善农房建设的现状，这是一条在技术上可行、在方式上可推广、在法规政策上可循、在农民改革红利获得感上可体现的有益探索，值得坚持办下去。

本次活动有相关领域的多名资深专家参与评审，经过专家们的认真质询和评审，评出了一等奖 2 名，二等奖 3 名、三等奖 5 名。本次活动虽然参赛作品不算太多，但是作品比较典型，尤其是获奖作品充分反映了当地农村住宅的建筑特点，符合当地的生产和生活习惯，体现了绿色、装配式、工业化的建造特征。

本次活动的成功举办，让在校大学生充分调研了当地的传统建筑，了解了家乡的建筑特点，产生了浓郁的乡愁情结。参赛作品中装配式建筑、工业化建造特征，使传统农村住宅得到了根本上的升级改造。本次活动是对党中央、国务院关于“三农”问题的部署的具体贯彻落实，也对弘扬中国传统建筑文化和改善农村居住环境具有重要意义。

中国建筑设计院有限公司

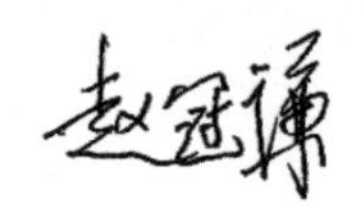

前言

“务农重本，国之大纲。”党的十九大提出乡村振兴战略，“产业兴旺、生态宜居、乡风文明、治理有效、生活富裕”的20字总要求，擘画出了中国乡村发展的美好未来，将促进农业农村发展提到了前所未有的高度。

思接千载，视通万里。从江南的小桥流水到东北的雪路柴扉，从陕北的窑洞暖炕到川滇的竹楼木屋，都凝结着中国人对乡村的美好记忆。中央提出，要让居民记得住乡愁——美丽乡村建设，关系着每个中国人心中的田园山水梦。

改善人居环境，是最普惠的民生福祉；建设美丽宜居乡村，是关乎发展的一场深刻革命。

为此，自绿色装配式农房产业技术创新战略联盟于2016年初成立到如今的三年间，在住房和城乡建设部住宅产业化促进中心的大力支持和全体课题组成员单位的配合下，“爱我家乡，美丽乡村”新型农房设计作品大赛已连续成功举办三届，以期通过设计大赛，激发年轻建筑学子对于家乡农房的关注，引发行业共促新农村建设的激情。

回顾三届大赛，参赛者的足迹业已遍布北京、河南、湖南、山东、四川、内蒙古、湖北、安徽、吉林、山西、云南等多个省市地区。青年建筑学子回到家乡，通过扎扎实实的实地调研，了解当地传统居民建筑形式和建造方式，并形成“当地农村房屋现状及绿色产业化发展研究调查表”上交评审委员会，这也确保了参评作品基本符合当地生活习惯，同时也让建筑学子产生了浓郁的乡愁。这也是大赛名称中“爱我家乡”的初衷——通过大赛的形式促使大学生回到家乡，增强大学生热爱祖国和家乡的情感，同时又能提高大学生的创新能力和设计水平。

在前两届“爱我家乡，美丽乡村”新型农房设计作品大赛成功举办的基础上，由北京工业大学建筑与城市规划学院联合绿色装配式农房产业技术创新战略联盟共同主办的第三届“爱我家乡，美丽乡村”新型农房设计作品大赛，在建筑学子的热切期盼下、在行业的共同瞩目下，如期举行。

第三届大赛吸引了来自北京工业大学、西安交通大学、青岛理工大学、内蒙古科技大学、内蒙古工业大学、长春工程学院等高校积极参与。经过由赵冠谦建筑大师任组长、刘燕辉教授高级建筑师等9位专家组成的评审委员会评审，评出一等奖2名、二等奖3名和三等奖5名。评审委员会一致认为，与前两届活动相比，本届活动的参与院校和学生的数量都有所增加，参评作品质量也有所提高；本次活动的举办对贯彻国家乡村振兴、脱贫攻坚三年行动战略，弘扬中国传统建筑文化和改善农村居住环境具有重要意义，对在我国农村地区推广绿色装配式农房具有推动作用。

为展示大赛成果，呈现优秀作品，我们把第三届“爱我家乡，美丽乡村”新型农房设计作品大赛的优秀作品汇集成册，希望由此持续推动深入各地切切实实的调研活动的开展，激发建筑学子精妙的构思创意，更联动建筑行业在技术层面不断完善和提升，满足美丽乡村建设发展的需求。

“问渠那得清如许，为有源头活水来”。随着第三届大赛的成功落幕，我们更加期待日后大赛结出更加丰硕的成果，推动产业兴旺、生态宜居、乡风文明、治理有效、生活富裕的新时代乡村蓝图早日实现。

感谢参与此次设计大赛评选、组织及其他相关工作的专家、同仁们；感谢参加以及关注此次设计大赛的建筑学人。

目录

“爱我家乡，美丽乡村”
新型农房设计大赛图集
——第三届设计大赛作品

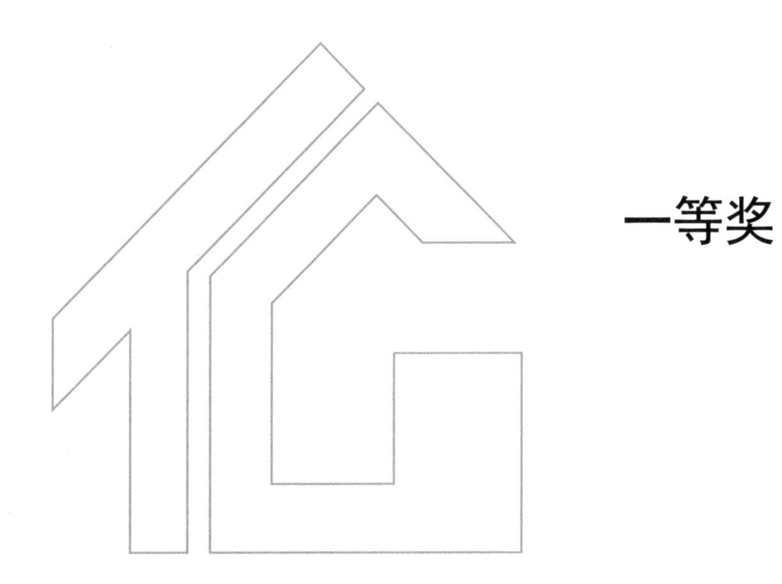

一等奖

【古新建筑】——湖南省湘西土家族苗族自治州凤凰古城

前期调研

提出问题

本方案设计思路

装配式技术 VS 形式多样性

由于装配式技术在中式传统古建筑建造中的应用一直处于空白，如何在保留传统风貌的前提下对传统古建筑进行装配式处理是本方案希望解决的第一个问题。因此，本方案选址湖南凤凰的吊脚楼建筑，提出将装配式与中式传统古建筑结合，探究其外观、构造的可能性。

结构如何转变

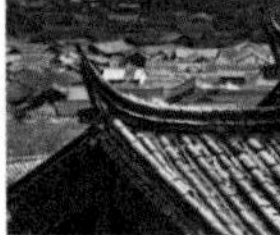

细部如何保留

造型如何实现

减少装配式建筑的现代痕迹

装配式技术 VS 空间多样性

随着社会的不断发展，人口增长、社会活动的多元化对建筑空间提出了更高的要求。如何通过装配式技术应对多样性的空间，以满足人们对居住、商业与文化等多元要求，是本方案探索的第二个问题。

如何适应人口增长

如何适应创业需求

如何为游客提供便利

如何展示当地文化

前期调研

区位特征

凤凰古城，位于湖南省湘西土家族苗族自治州的西南部，土地总面积约 $10km^2$。由苗族、汉族、土家族等 28 个民族组成，为典型的少数民族聚居区。

位置境域

凤凰古城地处武陵山脉南部，云贵高原东侧，与贵州省为邻，史称"西托云贵，东控辰沅，北制川鄂，南扼桂边"。

地形地貌

凤凰古城地处湖南西部边缘，具有典型的山城地貌特征：东部及东南角海拔低于 500m，地貌以低山、高丘为主，兼有岗地及部分河谷平地，地表物质为红岩；从东北到西南海拔在 500 ~ 800m，地貌以中低山为主，地表物质以石灰岩为主；西北部海拔高于 800m，地貌主要为中山，地表物质也以石灰岩为主。多变的丘陵地貌，导致当地可利用土地资源紧张，对当地建筑形态产生了巨大的影响。而吊脚楼的建筑形态，恰恰能应用于这种不规整的复杂地形。

气候特征

凤凰古城位于云贵高原东侧少雨地区，属中亚热带季风湿润性气候。由于地处全国多云中心区的边缘，故日照偏少。为防止潮湿、阴冷的气候影响及山区野兽的侵袭，当地民居多表现为下层挑空的建筑形态。在此基础上，结合当地人民生活功能要求及体现习俗的需要，吊脚楼建筑形态逐渐成形。

凤凰古城

武陵山脉

云贵高原

山地地貌

场地特征

场地依山傍水，风景宜人。建筑布局受到山形、水势的影响而排布自由。整体建筑格局不存在明显的轴线关系，建筑间距较近，沿河呈现出连续的排列景象，十分壮丽。

路网布局不规则，道路宽度较为狭窄，布局灵活：或垂直等高线布置，或平行于等高线；同时结合桥梁、灰空间等，道路空间层次丰富，形成多变的景观。

在凤凰古城中，我们选取了部分地块作为调研及建造场地。

1. 调研地点：位于河流中部，主要集中在凤凰古城东门城楼和回隆阁闸子城楼。周边游览景点丰富。

2. 选择建造场地：位于河流下游，紧邻南华山饮虹古井。河流景观良好。

3. 场地规划定位：地块位于凤凰古镇旅游商业规划区内，偏东南边缘，毗邻道路即为规划一级游览路。因此建筑设计目标定位多元，在满足居住要求的同时应考虑商住结合，或纯商业用房等功能，以带动旅游经济发展。

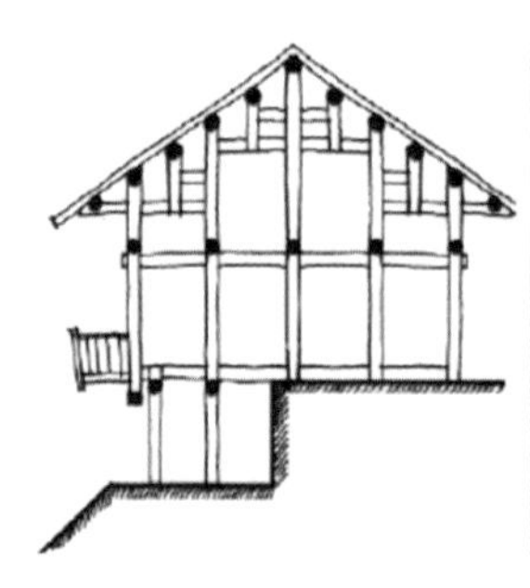

凤凰古城河岸吊脚楼建筑的构造与用材特征

整体结构上属于"厂"形穿斗式的"半边楼"构造。这种将建筑的大部分空间建立于实地之上，再利用梁、柱构件"穿斗"连接的结构悬挑出建筑的小部分空间，这一构造形式具有较强的稳定性。建筑除山墙采用当地泥土烧制的青砖建造外，梁、柱、地板等结构部件全部采用杉木制作；屋顶则采用杉木树皮或由当地泥土烧制的黑色陶瓦材料来覆盖；建筑支柱多立于石墙、护坡或石块、石墩上，因而既能防腐，又能增强建筑结构稳定性。

凤凰县洞脚村吊脚楼建筑基本户型

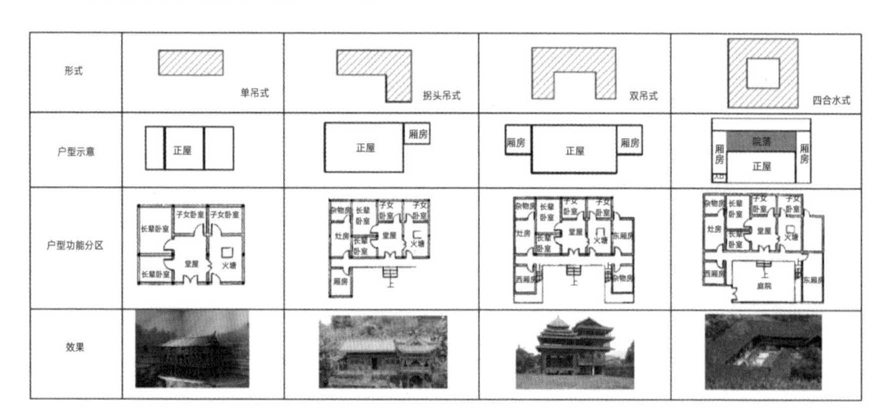

凤凰古城河岸吊脚楼建筑的空间形态特征

1. 空间：建筑空间各部分体块的组合方式较灵活、自由。

2. 造型：灵巧、考究，融合了苗族民俗与若干徽派建筑的特征。

错层　退层

体量处理及平面特征

1. 建筑体量较大，但底部架空部分与上部实体建筑的比例较小，故显得轻巧；各层空间尺度下大上小，建筑实体空间与底层“吊脚”空间比例数值约为1；建筑立面的高、宽尺度比例大于1，呈长方体块状；建筑空间较为开敞，对门、窗、栏杆尺度比例设置较讲究。

2. 内部：多为方形空间，三开间。中部空间较两边次间稍宽，通常隔成前后两间。其中，前半部分空间较宽敞，通常被作为吊脚楼建筑的中心空间——堂屋使用，是全家饮食、取暖、待客的地方，其布局以火塘为中心；堂屋后半部分空间则通常作为男性老人的卧室使用；左右次间通常也被划分为前后两间，其中，前间为子女卧室或客房，后间为父母卧室或灶房。

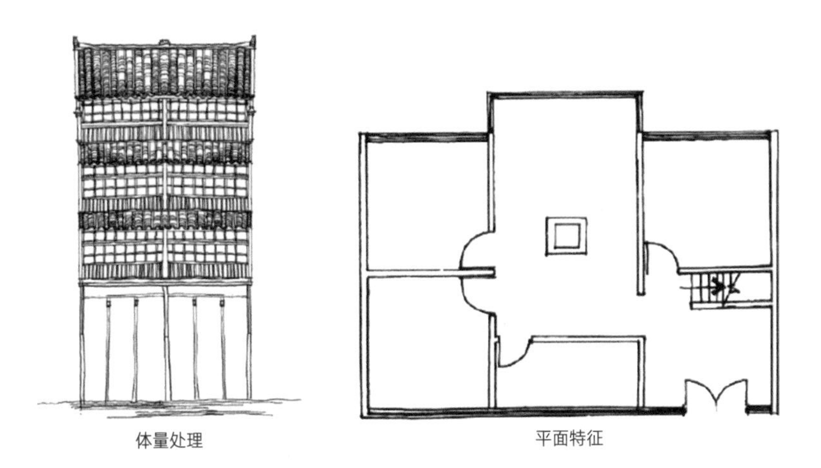
体量处理　平面特征

装饰及细部特征

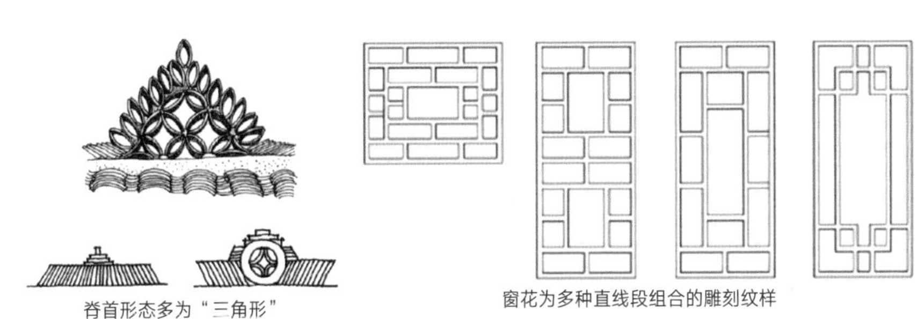
脊首形态多为“三角形”　窗花为多种直线段组合的雕刻纹样

封火墙头以“马鞍墙”为主要建造样式

脊翼上翘、多雕刻泥塑的卷草或凤凰状脊饰

对传统吊脚楼建筑元素的保留

构造

退堂：由堂屋退进一段距离，并与相连的挑廊共同形成一个半开放的空间。居民可以在这里从事一些轻量的家务，并享受室外风光。

穿斗式：建筑结构，其墙面采用一种被称为竹编夹泥墙套白的传统复合型建材来建筑。

细部

晒台：由层板延伸出一段距离，并设置门与晒台连接，主要用于晾晒生食。因多雨、雾，这种结构有利于快速将晾晒的食物收回屋内。

窗格：玲珑，通透。

建筑材料的选择与色彩的运用

选材：用纤细的木材与竹材起到半隔挡的作用，用原木色和枯竹色来体现通透的效果。

色彩：竹编夹泥墙，黑色屋瓦，白色墙面。红色的灯笼点缀在深色的屋檐下，与深褐色的木材形成反差。

设计中的应用

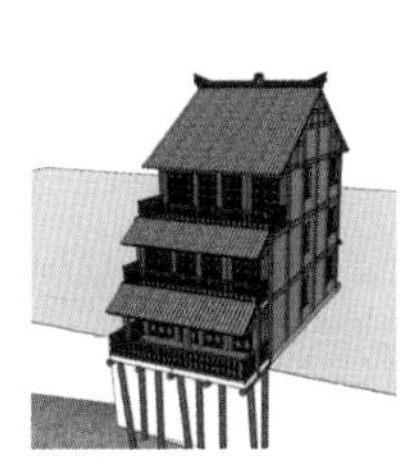
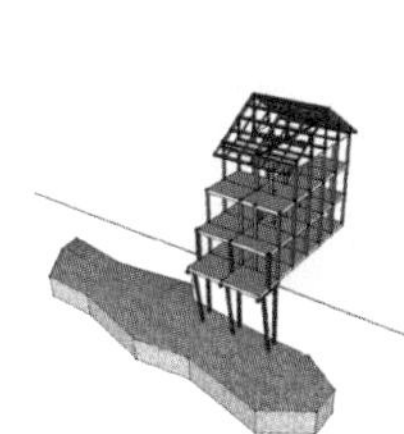
在外墙上采用穿斗式结构的装饰，内部采用装配式结构方式

保持传统晒台造型，窗格装饰采用预制

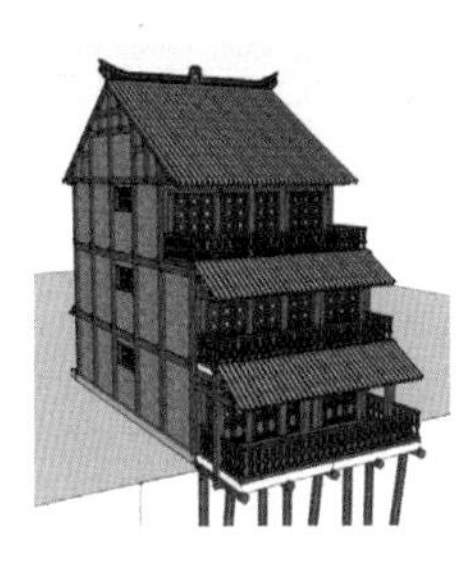

建筑色彩与传统保持一致，并沿用红灯笼的装饰手法

存在的问题

色彩——新建建筑色彩鲜艳，偏黄色；传统建筑深红色

天际线——新建的建筑基本为四层，新立面天际线没有起伏，缺乏层次

装饰——自行添加不属于原有建筑的装饰构建，如：老虎窗

风格——没有吊脚，风格杂糅

布局——山墙面朝河

结构——在老旧吊脚楼的框架上，重新伐木更换梁柱，并用土砖、石块将外墙填满

社会发展——过度商业化开发，流动人口很多，原住民外迁

生活方式——传统的人际社会关系逐渐消失，生活环境、生活方式应为过度旅游开发而改变

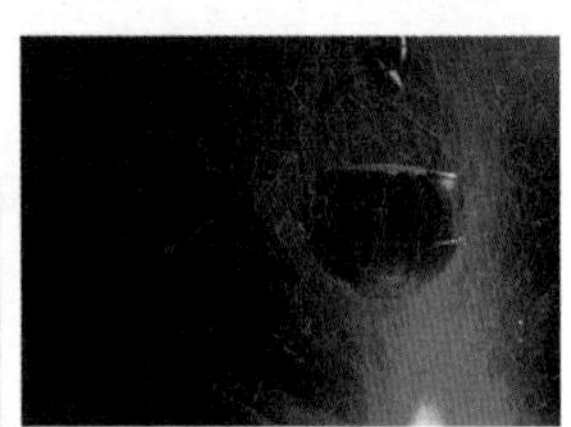

居住习惯——室内的空间不再保留传统的形制，许多新建筑户型设计均摈弃了火塘，导致传统文化流失

解决方法

1. 恢复原有建筑外观，并采用更加低成本的方式，因地制宜，选用当地现有材料进行组装；
2. 通过调整户型平面，增加居住建筑的功能，满足旅游业的需求，促进就业，吸引年轻人“回巢”，改善村落老龄化的问题；
3. 在户型中恢复火塘设计，回归传统。

测绘传统民居平面一：二开间户型（以北侧作景观面为例）

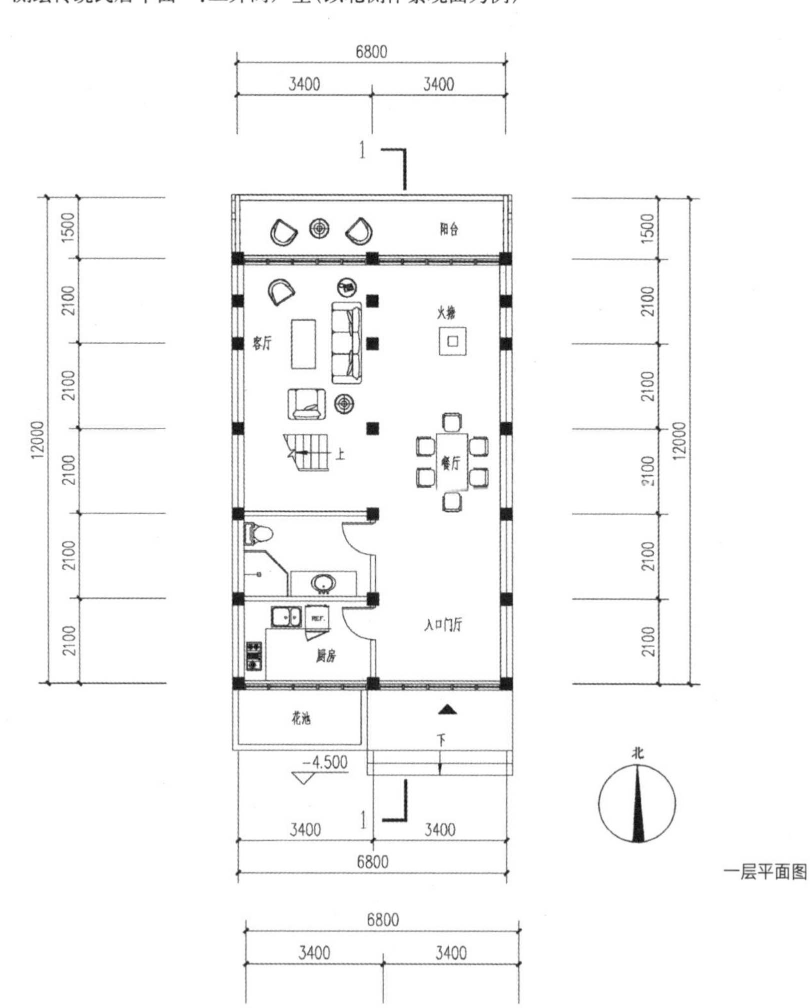

一层平面图

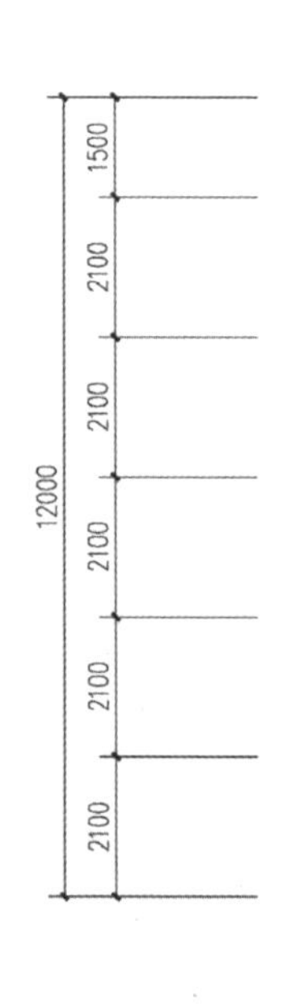
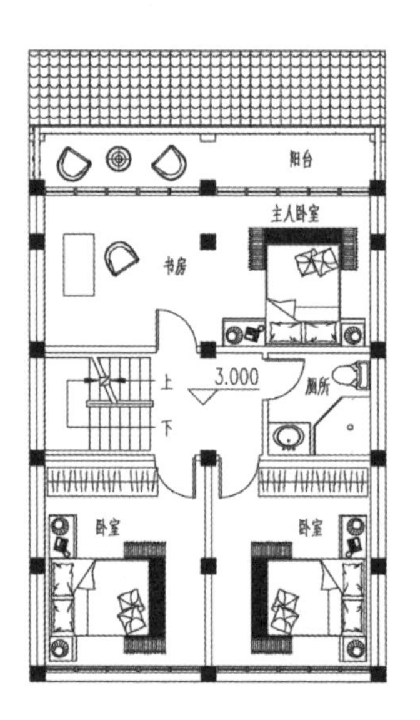

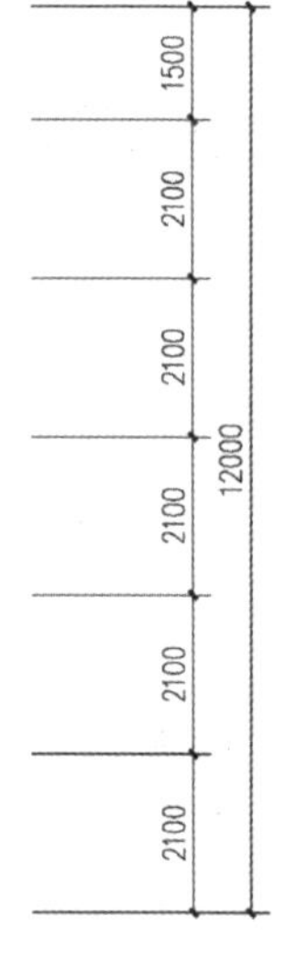
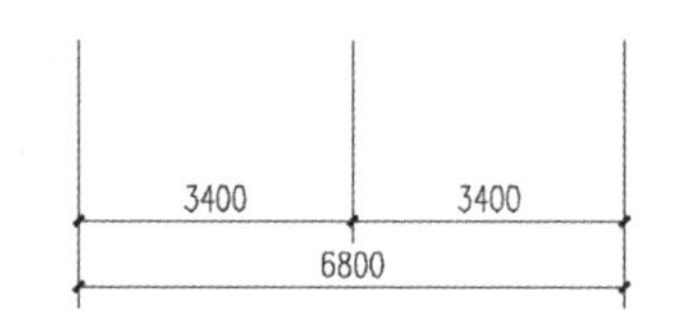

二层平面图

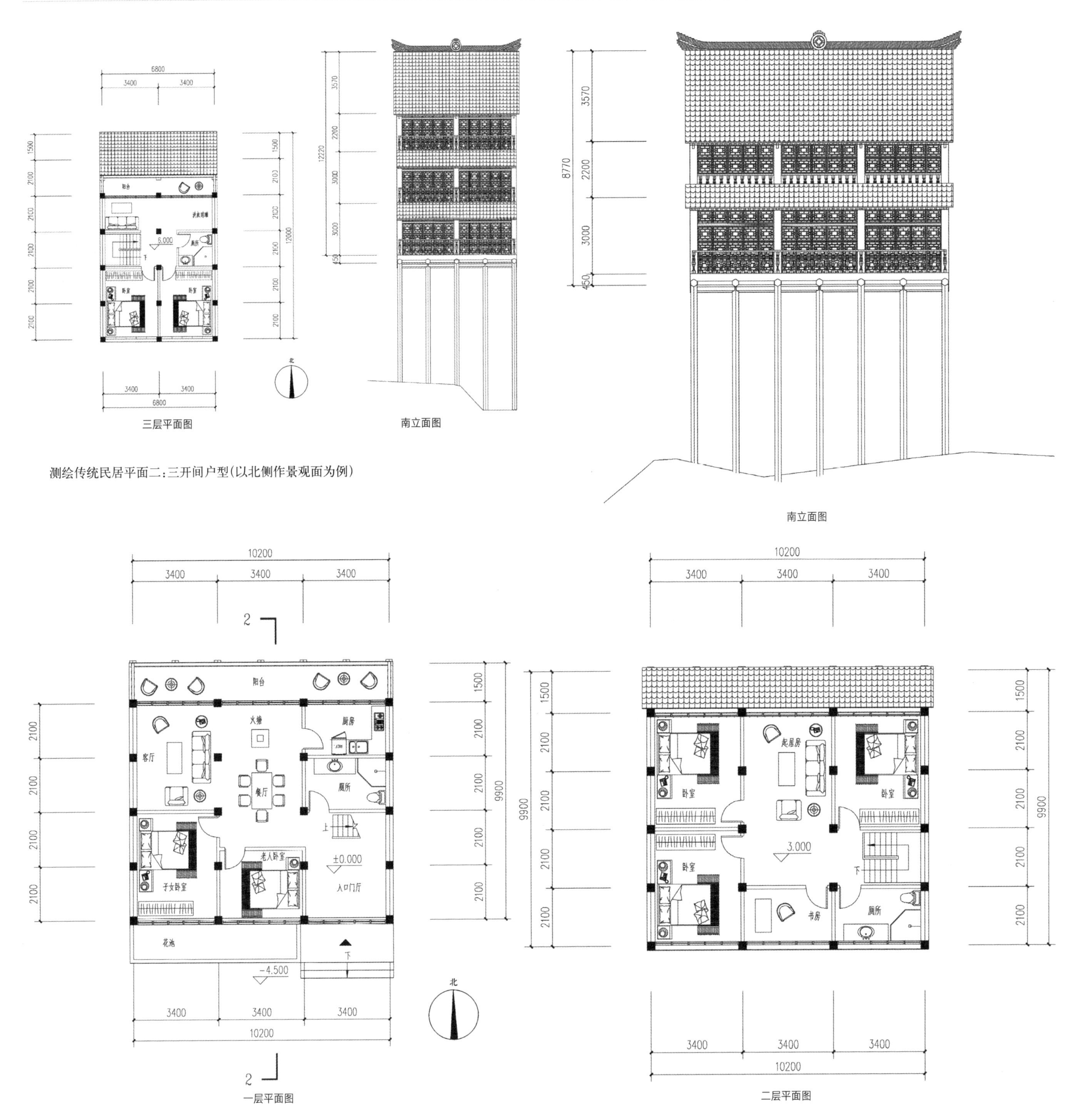

三层平面图

南立面图

测绘传统民居平面二：三开间户型（以北侧作景观面为例）

南立面图

一层平面图

二层平面图

测绘传统民居剖面一：二开间户型(以北侧作景观面为例)

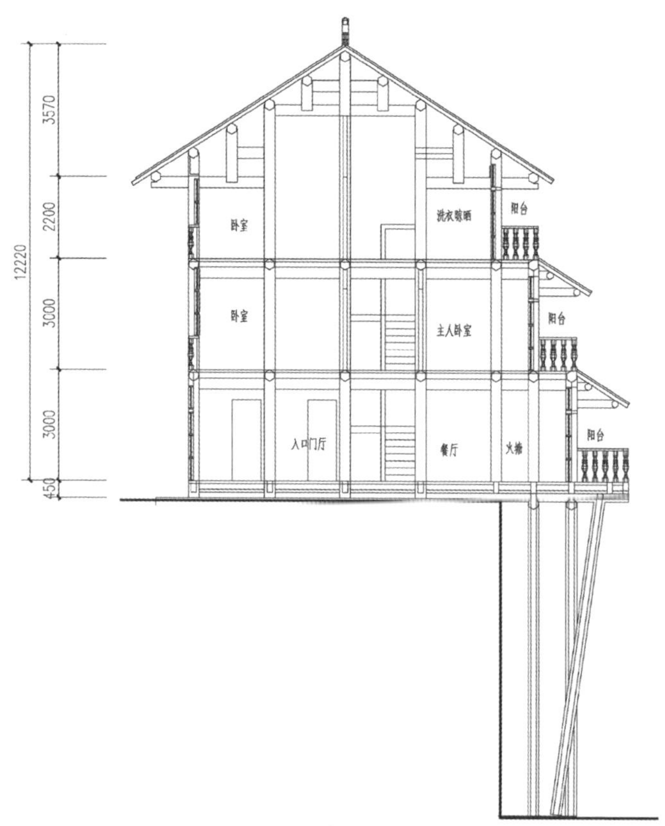

1-1 剖面图

测绘传统民居剖面二：三开间户型(以北侧作景观面为例)

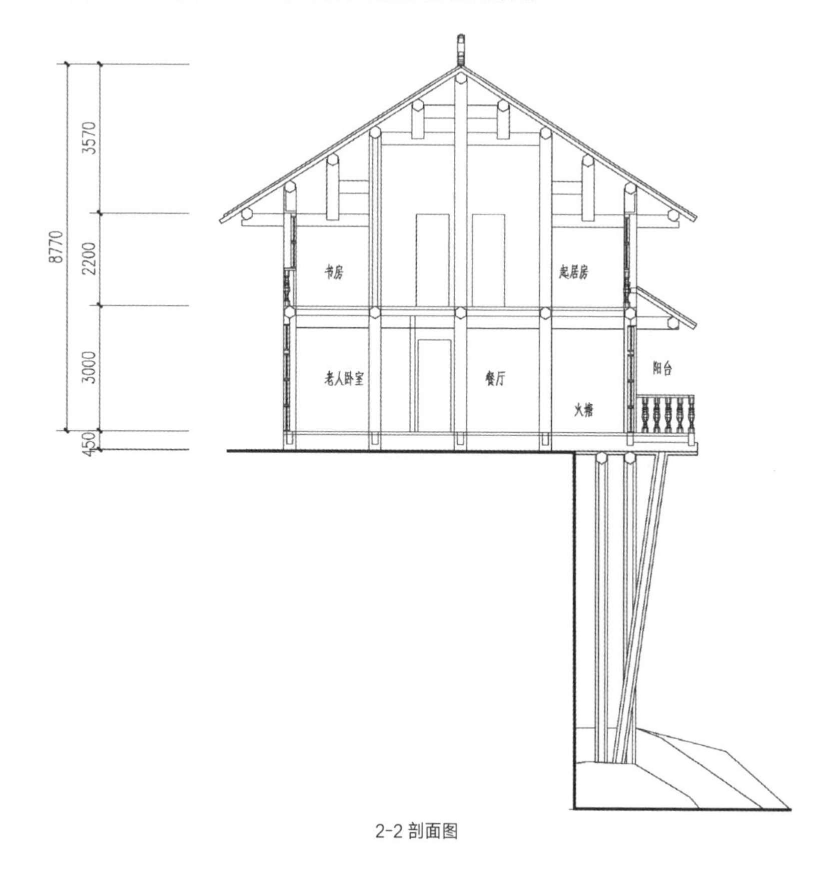

2-2 剖面图

新型吊脚楼方案设计

人视点效果图

鸟瞰图

设计说明

1. 方案的设计构思和特点

方案以凤凰古城传统建筑平面、造型为设计依据，结合现代居住需求，从对历史文化街区建筑功能所提出的要求出发，提炼出五种不同的平面类型：二开间住宅平面、三开间住宅平面、三开间底商上住平面、三开间民宿平面以及六开间文化展馆平面，分别适应于当地不同人群对居住、商业、旅游以及文化层面的要求。技术手段采用装配式建造方式，并争取因地制宜地使用材料，力求达到低成本、高效率的建造目标。

同时，所提炼的五种平面分别以墙体、建筑单体为单元进行拼装、整合，并结合建筑技术部分图纸为装配式的使用提供了设计思路和图像化的传达。

2. 建筑单体的设计思路

建筑平面以凤凰古城吊脚楼传统建筑平面为设计原型，结合现代人群居住、商业、旅游以及文化层面的多元需求进行设计。设计思路为在尽可能保留原有建筑的传统形式（如尽可能保持开间数不变、保留火塘等）的基础上，利用装配式建筑内部空间易于拆分的优点，使其满足现代居住需求。

建筑立面保留传统建筑元素，在围护结构预制、装饰线脚预制的基础上，对建筑造型进行还原，力求保持当地风貌，使新老建筑相互协调、和谐共生。

建筑单体空间保留传统建筑在空间上的布局，并植入现代建筑空间设计手法，每层设置阳台，或采用退台式设计并局部采用通高手段，既保证新建筑的外观与老建筑一致，同时也保证了每层房间的采光，并产生一定的空间趣味。

3. 建筑的结构体系

本方案的结构体系采用骨架 - 板材建筑，由预制的骨架和板材组成。选取原因为其可以减轻建筑物的自重，内部分隔灵活。材料均为全装配式。

根据实地调研的结果，当地现状宅基地基本为两开间及三开间。共抽取 14 户凤凰传统民居的平面，确定了设计单元面积和模数尺寸。

单开间面宽、进深尺寸分析

对采样的民居用激光测距仪进行了尺寸的测量。由于建筑结构材料主要为砖石木结构，因此测量存在一定误差。将测量的结果进行统计和分析，得出对应的平面基本模数。

序号	开间数	面宽（测量所得）	进深（测量所得）
1	两开间	3700	11500
2	两开间	3993	10730
3	两开间	4530	13960
4	两开间	4120	11850
5	两开间	3810	11850
6	两开间	4212	12060
7	两开间	4580	13450
8	三开间	3473	12060
9	三开间	3563	11290
10	三开间	4163	14070
11	三开间	3683	12570
12	三开间	3293	11750
13	三开间	3713	13460
14	三开间	3413	10920

两开间平均单开间面宽：4135mm　　单开间进深：12200mm

三开间平均单开间面宽：3680mm　　单开间进深：12290mm

最终确定主板模数化尺寸和面积

两开间模数化总开间面宽：7320mm　　模数化总开间进深：11700mm

三开间模数化总开间面宽：10620mm　　模数化总开间进深：11700mm

主板模数化尺寸计算方法

面宽：7320mm=（3780+3540）mm　　进深：11700mm= 2340mm × 5mm

面宽：10620mm=3540mm × 3mm　　进深：11700mm=2340mm × 5mm

平面面积分析

凤凰的建筑进深基本相近，因此底层平面的面积大小主要由开间数确定，主要由两开间及三开间两个等级组成，依据开间数对平面的面积进行采样，由此确定标准化平面的大小。

序号	开间数	进深	面宽	底层建筑面积（m²）	长宽比
1	两开间	11500	7400	85.1	1.55
2	两开间	10730	7986	85.68978	1.34
3	两开间	13960	9060	126.4776	1.54
4	两开间	11850	8240	97.644	1.44
5	两开间	11850	7620	90.297	1.56
6	两开间	12060	8424	101.59344	1.43
7	两开间	13450	9160	123.202	1.47
8	三开间	12060	10420	125.6652	1.16
9	三开间	11290	10690	120.6901	1.06
10	三开间	14070	12490	175.7343	1.13
11	三开间	12570	11050	138.8985	1.14
12	三开间	11750	9880	116.09	1.19
13	三开间	13460	11140	149.9444	1.21
14	三开间	10920	10240	111.8208	1.07

两开间平均底层面积：85.7m²　　平均长宽比：1.54

三开间平均底层面积：120.7m²　　平均长宽比：1.13

两开间平均底层面积：85.6m²　　平均长宽比：1.59

三开间平均底层面积：124.3m²　　平均长宽比：1.10

确定最后主板基本模数：2340mm　3540mm　3780mm

模数化单元的复制与变形

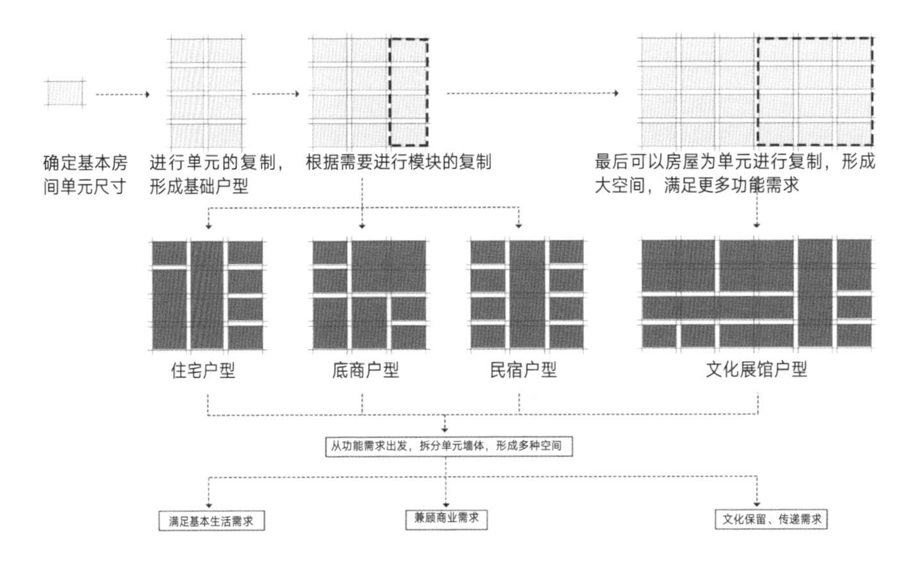

设计方案一：二开间住宅户型（以北侧作景观面为例）

建筑面积：227m²。方案特点：由原始户型转变而来，满足现代居住空间的使用要求，适合于宅基地较小的场地。

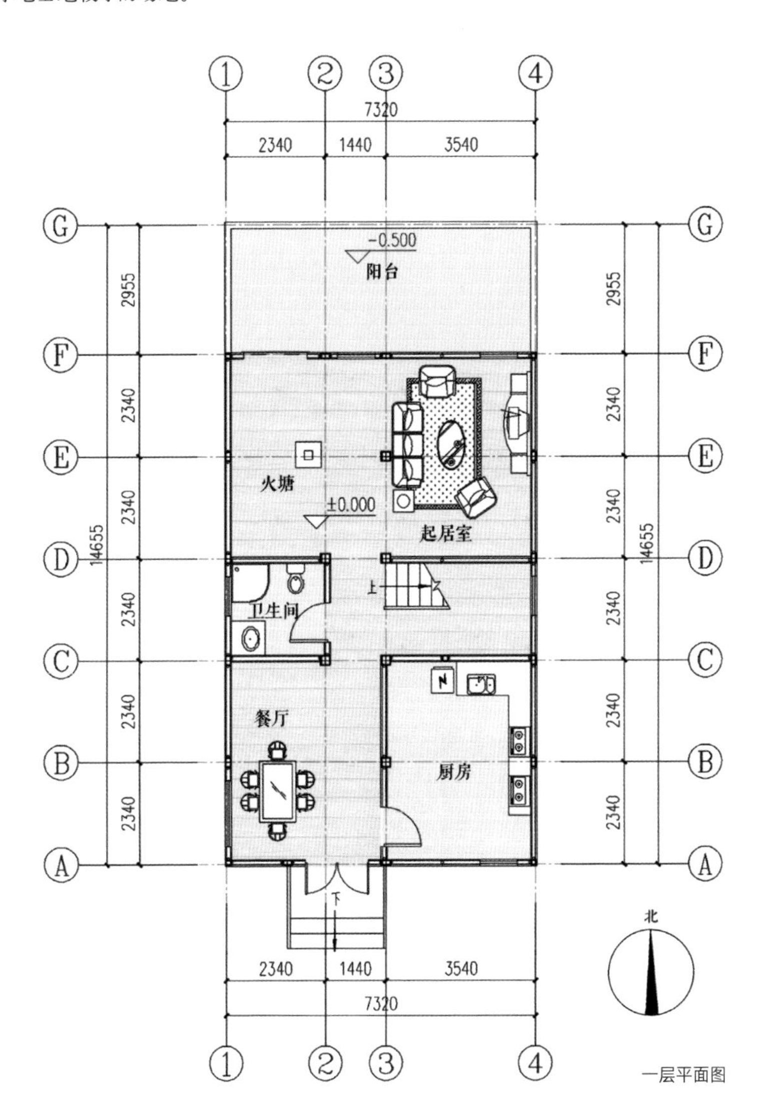

一层平面图

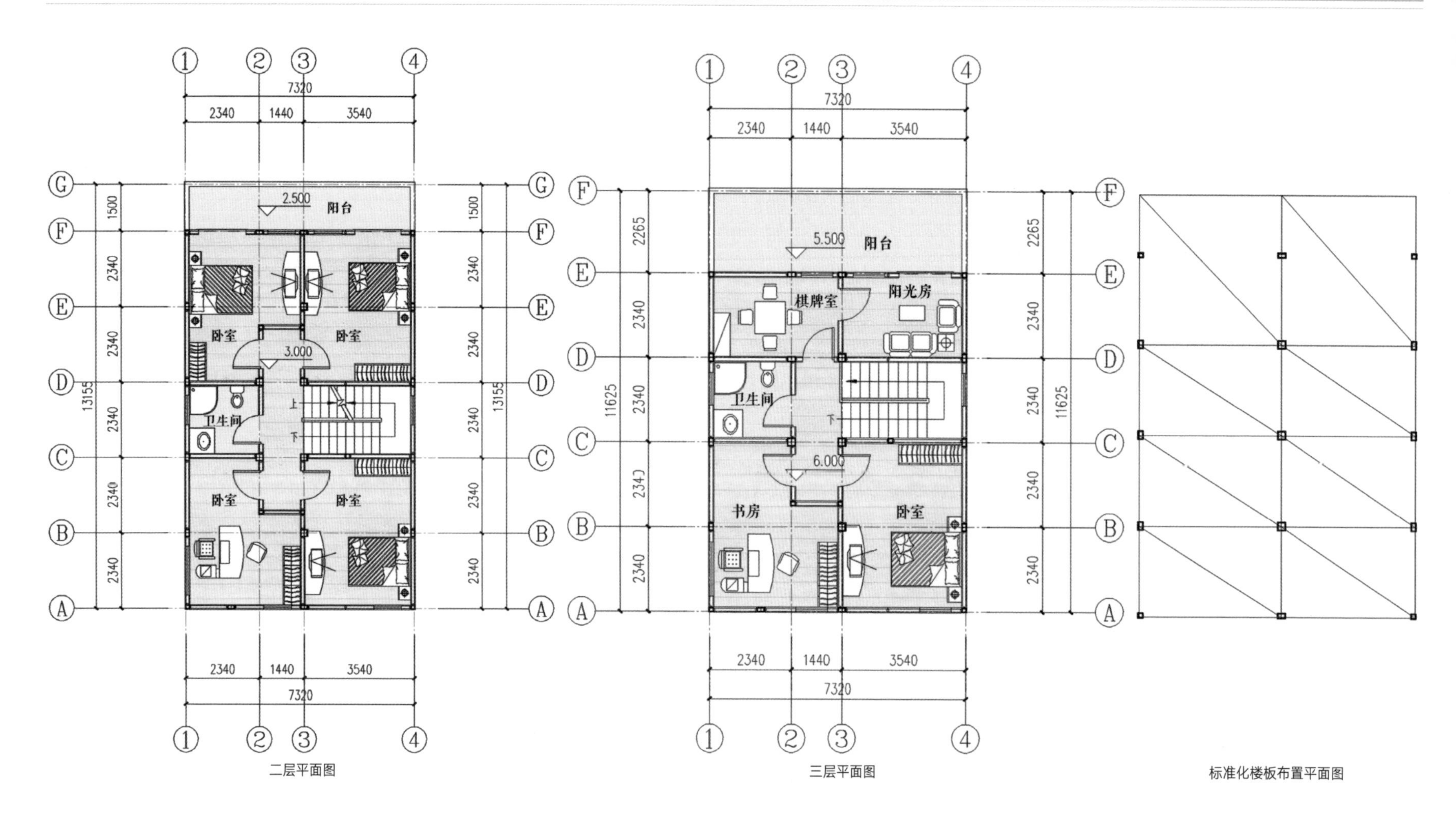

二层平面图　　三层平面图　　标准化楼板布置平面图

二开间住宅户型立面图（以北侧作景观面为例）

建筑面积：227m²。

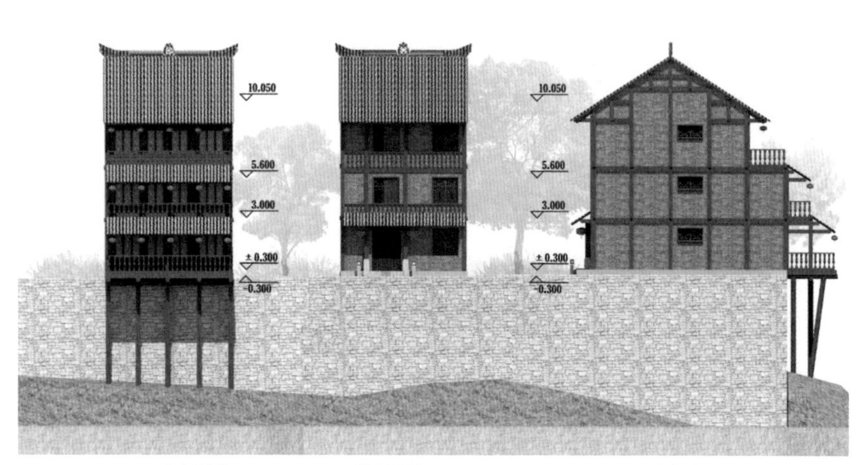

南立面图　　北立面图　　西立面图

二开间户型剖面图和效果图

建筑面积：227m²。

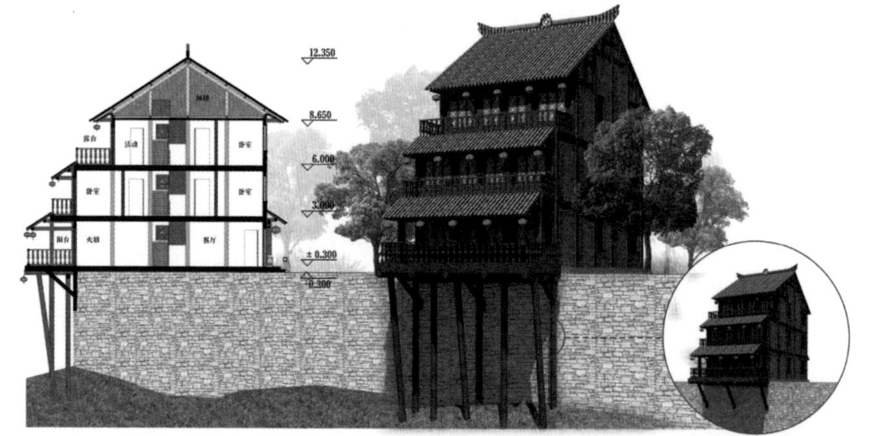

剖面图　　建筑效果图

注：下落的柱子为预制装饰性构件，作为协调风貌功能使用，可拆除

设计方案二：三开间住宅户型（以北侧作景观面为例）

建筑面积：238m²。方案特点：由原始户型转变而来，增加房间面积数量，适应人口增长对建筑空间带来的要求。

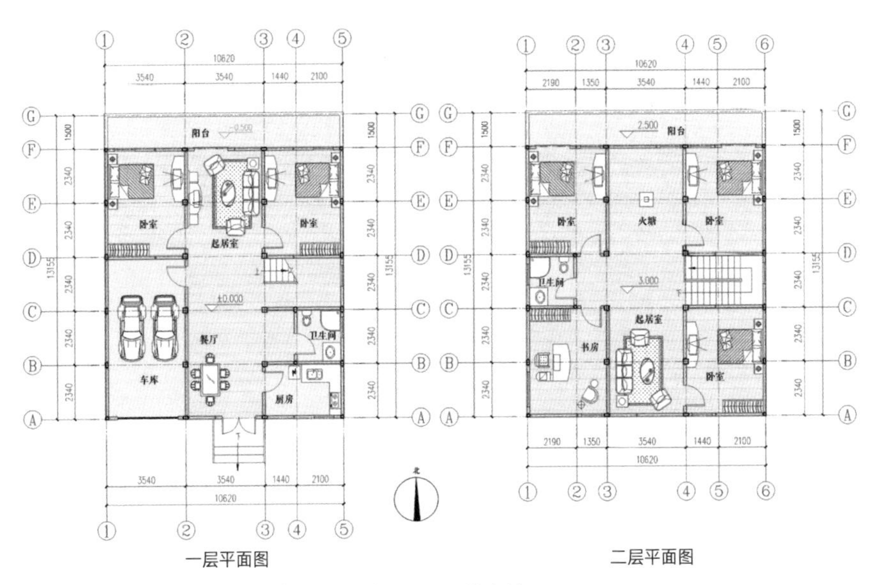

一层平面图　　二层平面图

三开间住宅户型立面图（以北侧作景观面为例）

建筑面积：276m²。方案特点：由原始户型转变而来，增加房间面积数量，适应人口增长对建筑空间带来的要求。

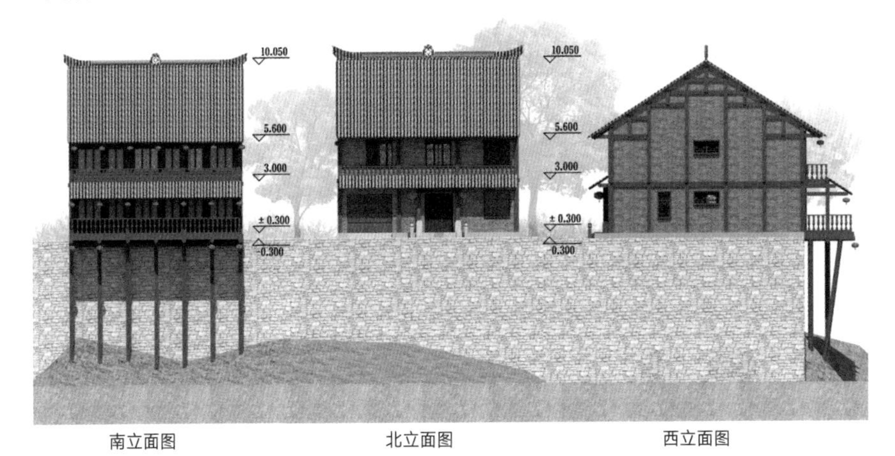

南立面图　　北立面图　　西立面图

三开间住宅户型剖面图和效果图（以北侧作景观面为例）

剖面图　　建筑效果图

设计方案三：三开间底商户型（以北侧作景观面为例）

建筑面积：238m²。方案特点：一层转变为商业空间，为当地年轻人提供更多创业机会，以缓解人口流失的问题。

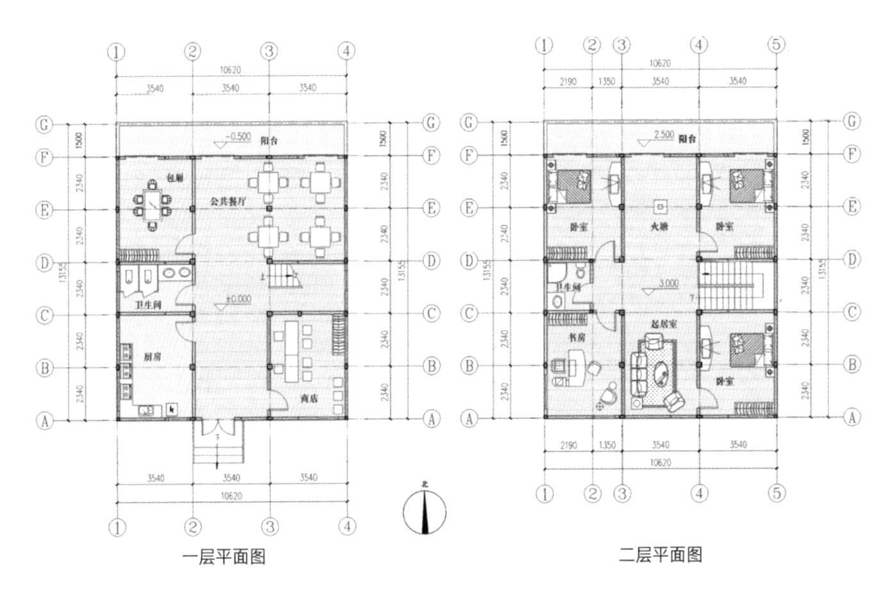

一层平面图　　二层平面图

设计方案四：三开间民宿户型（以北侧作景观面为例）

建筑面积：276m²。方案特点：将建筑功能完全转变，形成民宿功能的建筑空间，可为当地居民带来更多的商业价值和收益。

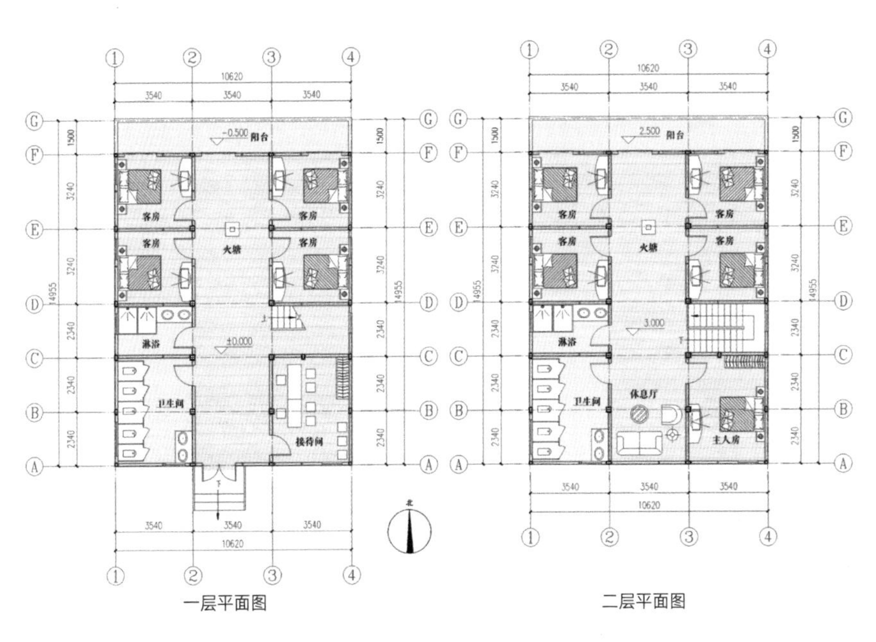

一层平面图　　二层平面图

设计方案五：六开间文化展馆户型（以北侧作景观面为例）

建筑面积：480m²。方案特点：将三开间建筑单体作为单元进行拼接，形成六开间文化展馆平面，作为展示当地文化的平台。

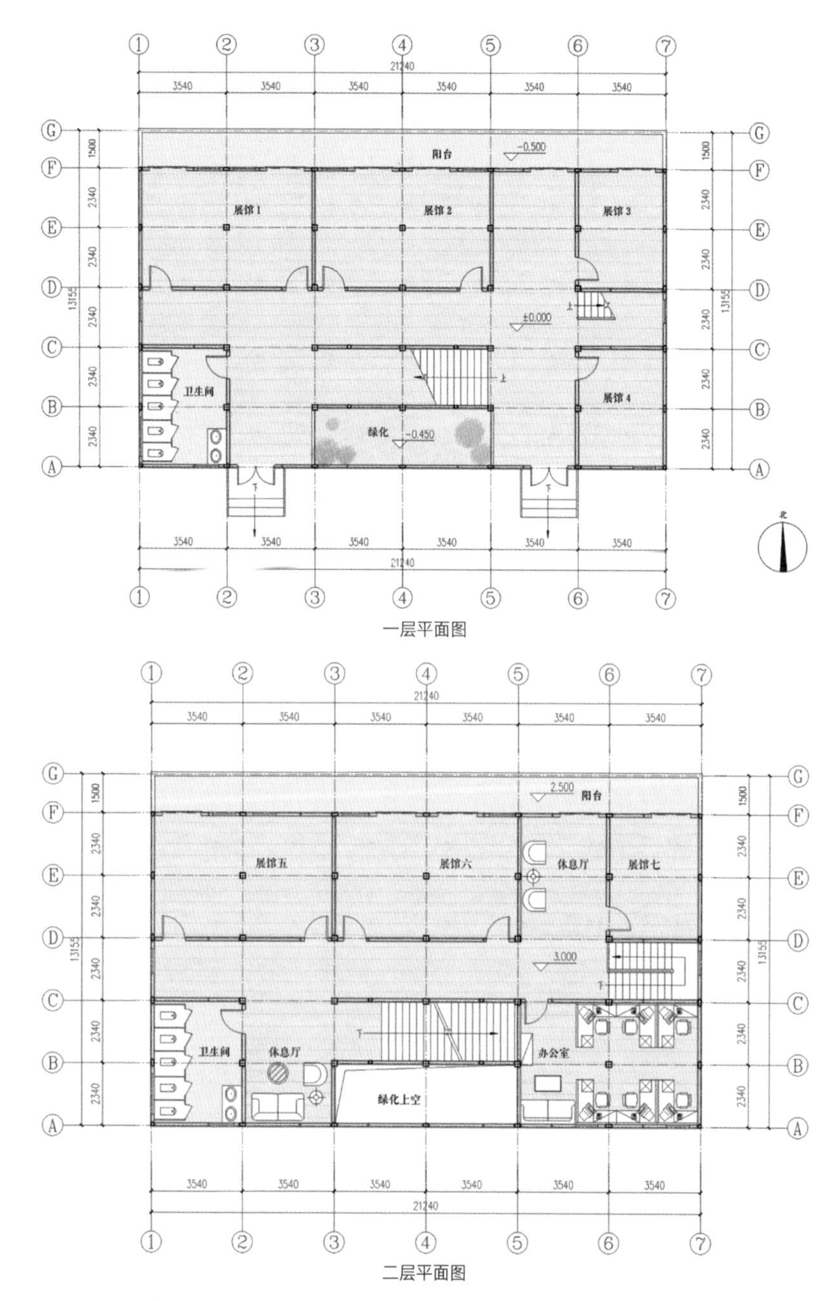

一层平面图

二层平面图

六开间文化展馆立面图（以北侧作景观面为例）

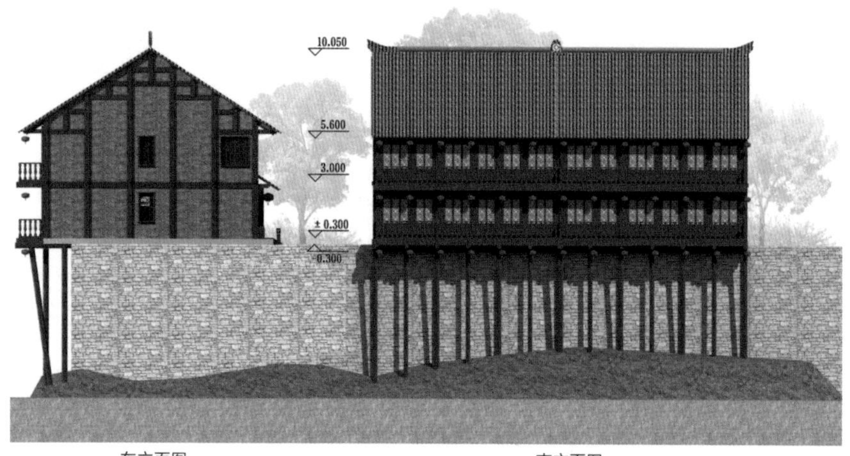

东立面图　　南立面图

六开间文化展馆效果图（以北侧作景观面为例）

剖透视

装配式农宅体系介绍

装配式农宅体系简介

本方案采用绿色装配式农宅体系，集抗震、防火、环保、节能、低成本于一身，实现数字化、工业化生产，实现高装配化、低成本、适应农房和新型小城镇建筑的新型建筑体系，在适宜地方特色的同时，全面提升农宅的综合性能与品质。

目前全国已有30多个省市出台了装配式建筑专门的指导意见和相关配套措施，不少地方更是对装配式建筑的发展提出了明确要求。越来越多的市场主体开始加入到装配式建筑的建设大军中。在各方共同推动下，2015年全国新开工的装配式建筑面积达到3500万～4500万平方米，近3年来新建预制构件厂数量达到100个左右。

装配式建筑是由预制部品部件在工地装配而成的建筑。按预制构件的形式和施工方法分为砌块建筑、板材建筑、盒式建筑、骨架板材建筑及升板升层建筑等五种类型。本方案选取的形式为骨架板材建筑。

骨架板材建筑

本方案选取骨架板材建筑，由预制的骨架和板材组成。

优点：结构合理，可以减轻建筑物的自重，内部分隔灵活，适用于多层和高层的建筑。

分类：全装配式、预制和现浇相结合的装配整体式两种。

结构预制

结构吊装

承重结构：

1. 由柱、梁组成承重框架，再搁置楼板和非承重的内外墙板的框架结构体系；
2. 柱子和楼板组成承重的板柱结构体系，内外墙板是非承重的。

节点连接：榫接法、焊接法、牛腿搁置法和留筋现浇成整体的叠合法等。

墙体吊装

模块吊装

结构特点

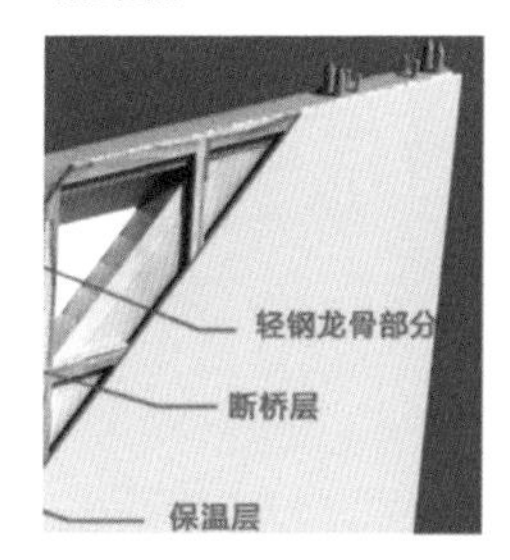

墙板选材：轻集料混凝土等固废材料和植物秸秆

承重结构选材：冷弯型薄壁钢

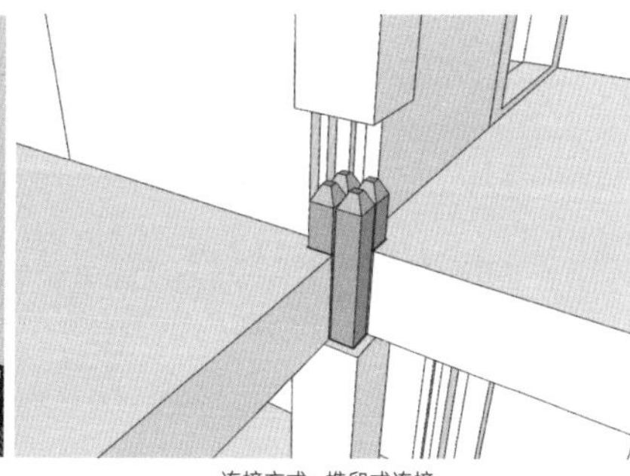

连接方式：榫卯式连接

框架柱形式

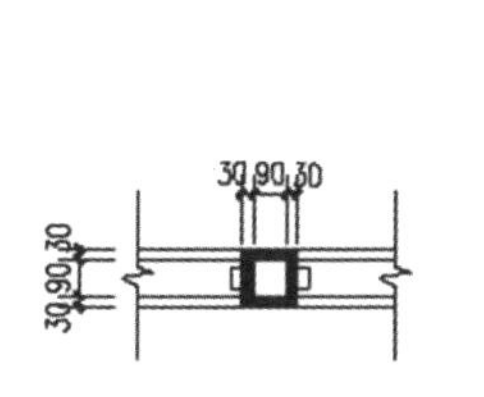

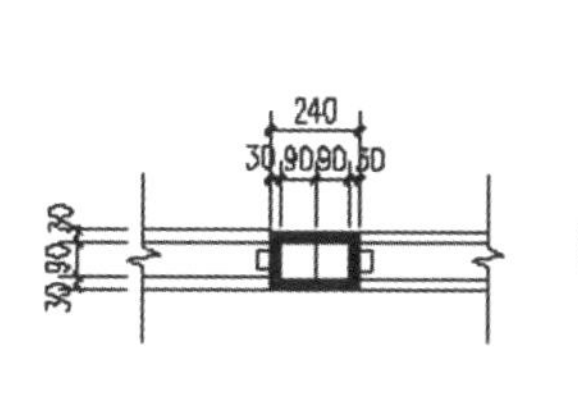

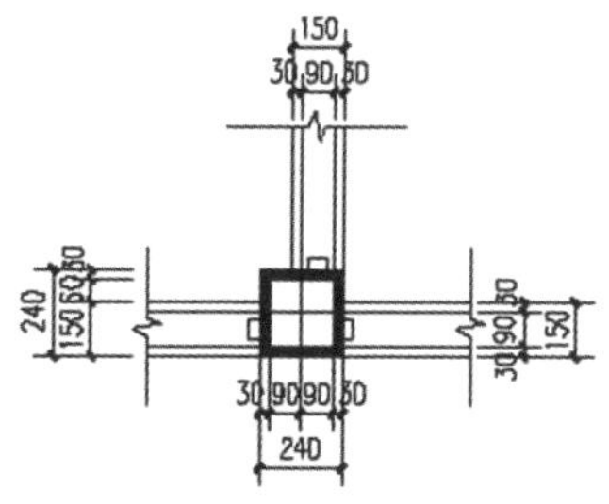

主板模数

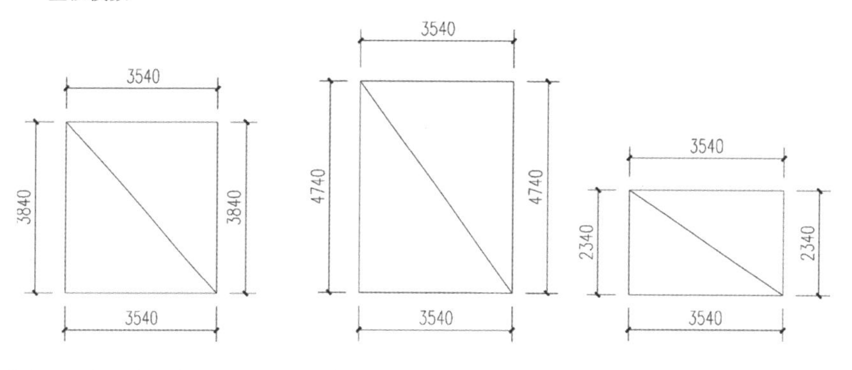

墙板、柱、构造缝平面定位及墙板模数

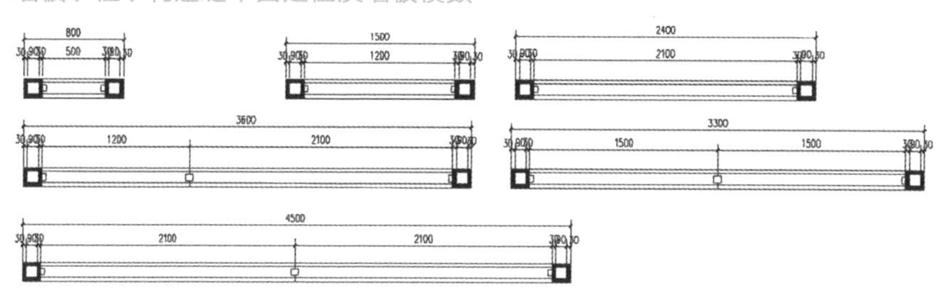

采用墙板的模数系列：500mm；1200mm；1500mm；2100mm；

采用墙板具体构造：600mm × 3000mm；1200mm × 3000mm；1500mm × 3000mm；2100mm × 3000mm。

主板模数及主板布置方案

主板模数（单位：mm）

墙板模数计算方案

长度计算：2340=2100+（30+90）×2；3540=2100+1200+（30+90）×2；3840=2100+1500（悬挑阳台板长度）+（30+90）×2；4740=1500+1500+1500（悬挑阳台板长度）+（30+90）×2

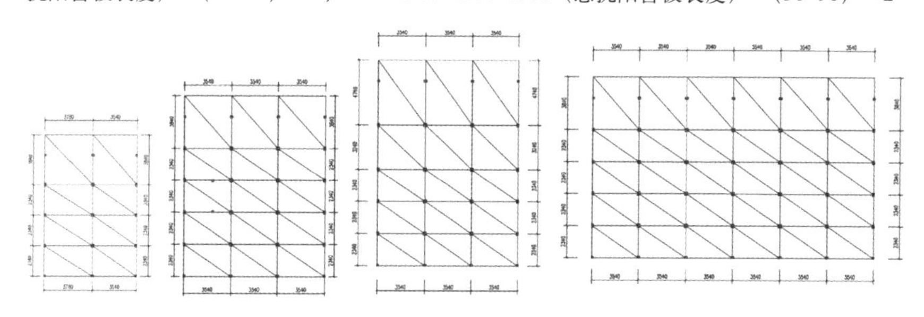

外墙形式

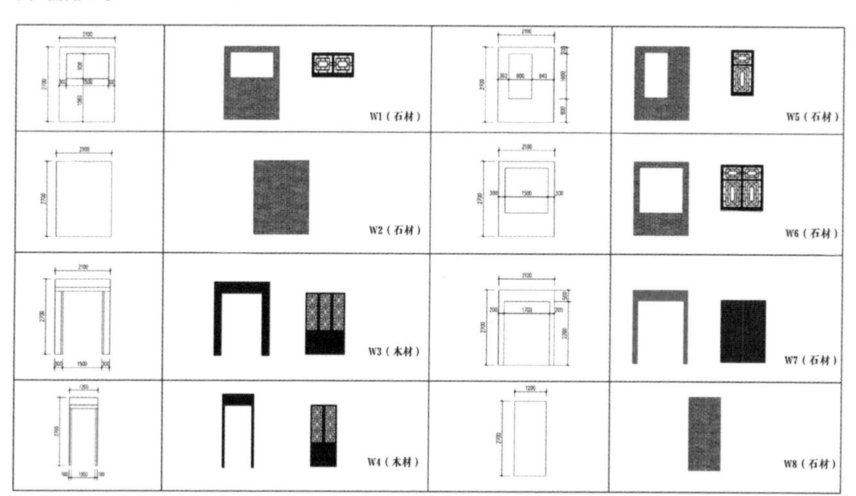

墙身、方柱构造节点大样

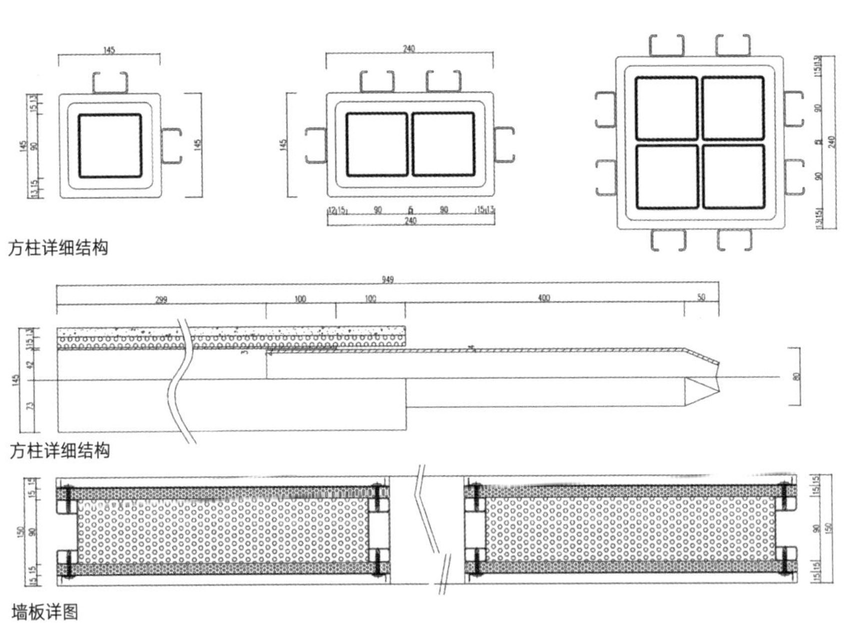

方柱详细结构

方柱详细结构

墙板详图

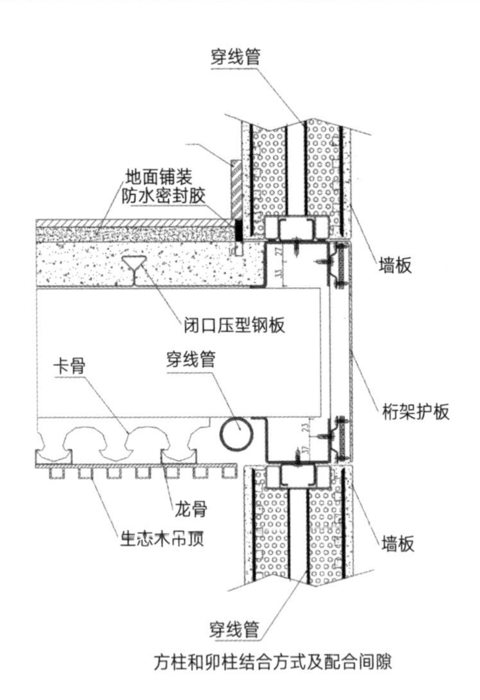

方柱和卯柱结合方式及配合间隙

墙身、方柱结合方式及组合构造节点大样

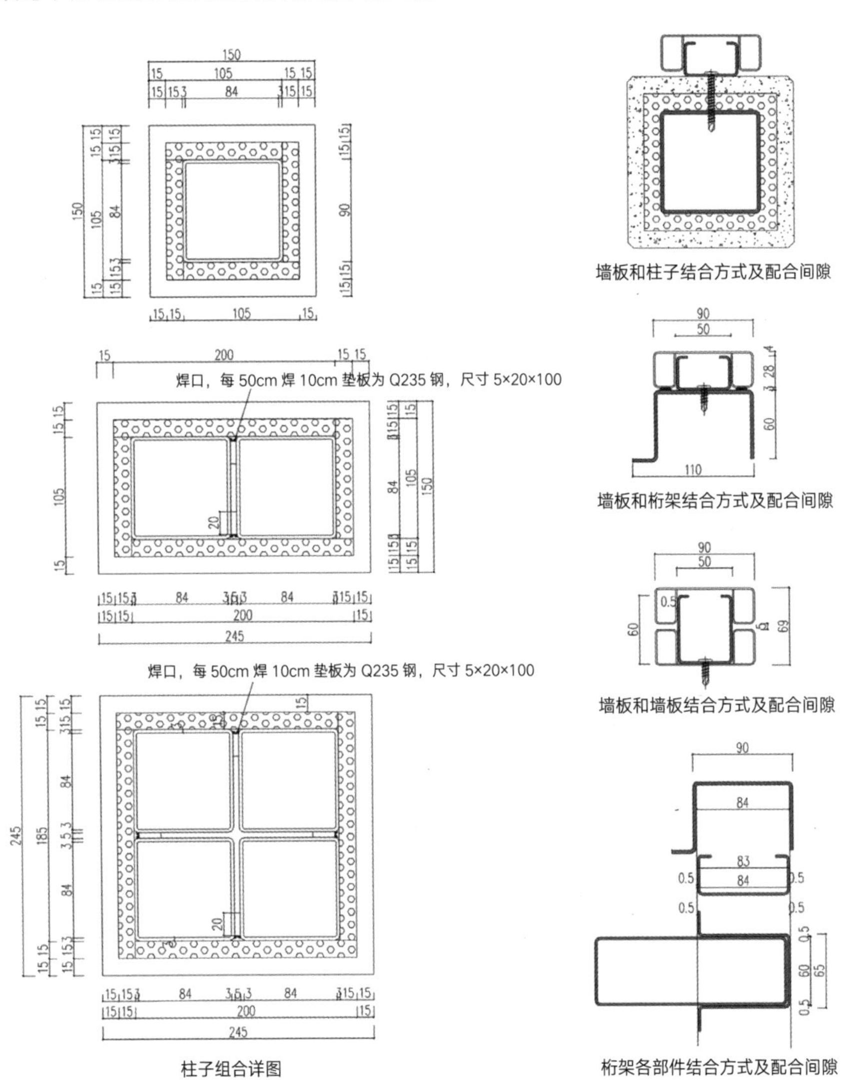

墙板和柱子结合方式及配合间隙

墙板和桁架结合方式及配合间隙

墙板和墙板结合方式及配合间隙

柱子组合详图

桁架各部件结合方式及配合间隙

装配构件的模数化和多样化提取

方案提取吊脚楼中的传统元素，形成预制构件库，可根据不同吊脚楼的造型变化选择不同构件进行组装。

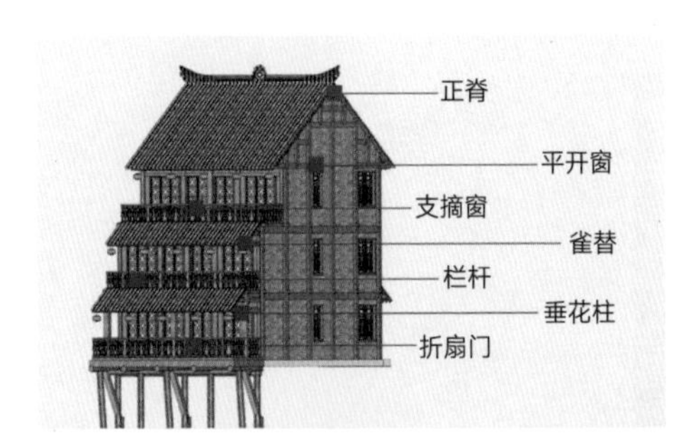

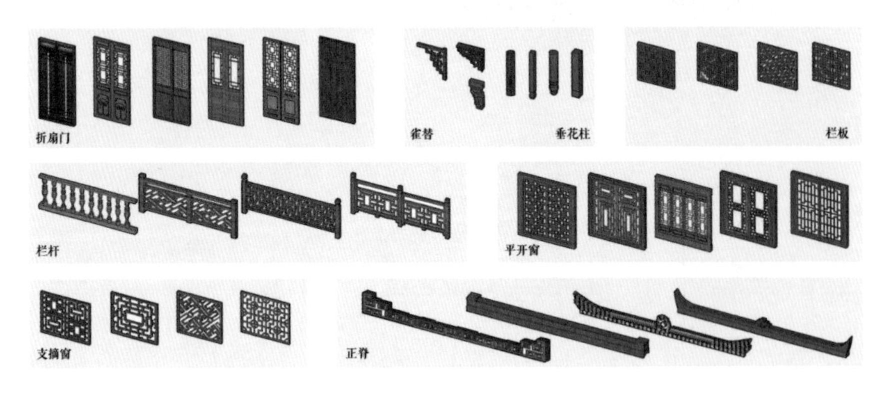

古建风貌的建构与装配式的结合

选取沿河立面进行分析

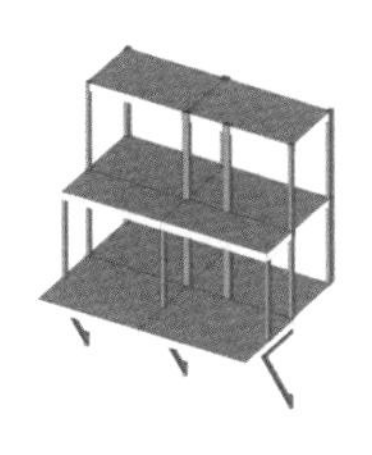

原有的装配式结构

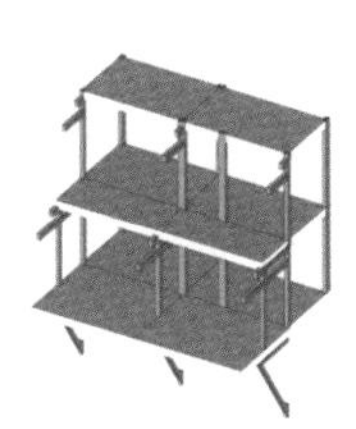

在柱子上装配悬臂梁

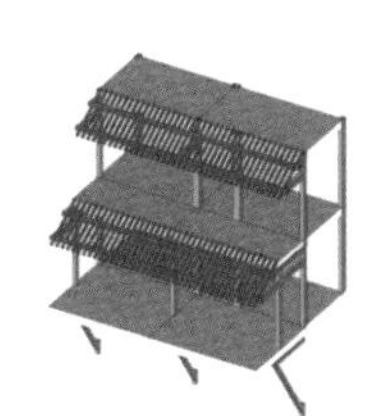

装配檩条和椽子

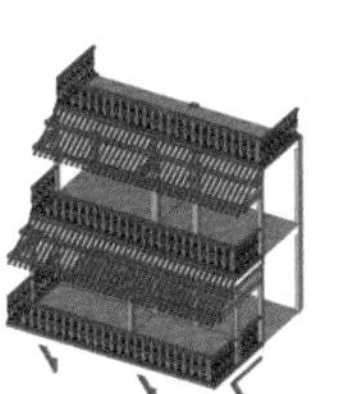

装配栏杆构建

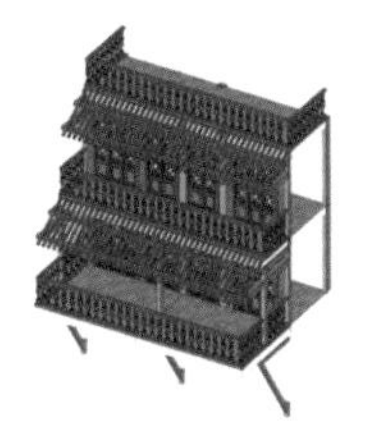

装配立面整体墙板

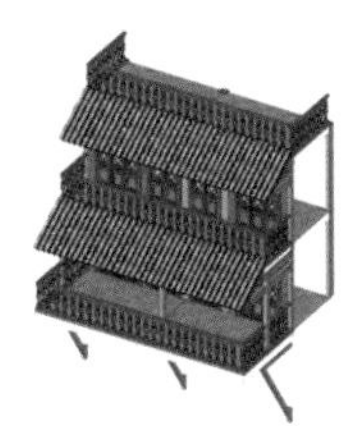

装配屋顶板，铺设瓦片

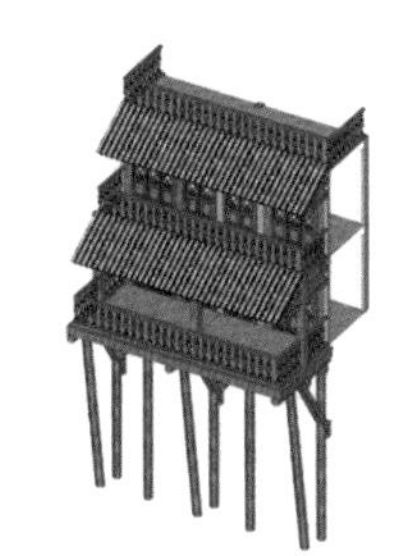

装配吊脚构建，协调风貌

装配式吊脚楼建造及节点拼合方式

钢柱与檩条组合方式

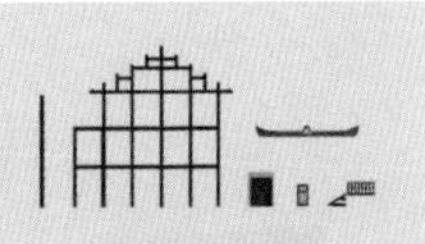

预制装饰构件

预制墙板拼合方式

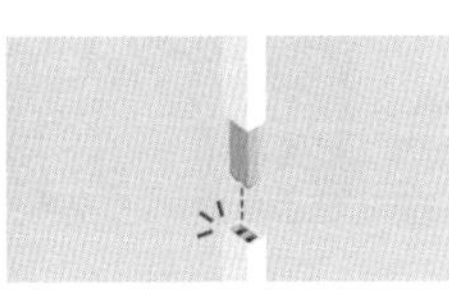

钢柱拼合方式

预制鸥尾拼合方式

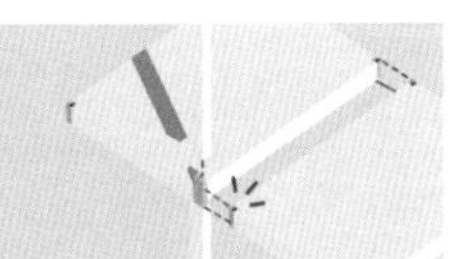

预制楼板与钢柱拼合方式

预制楼板拼合方式

上下层钢柱交接位置关系

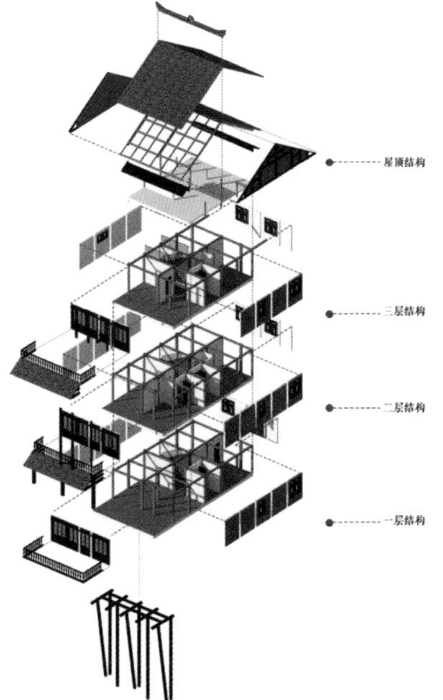

建筑分解图

装配式吊脚楼建造过程介绍

1. 平整场地、完成基础

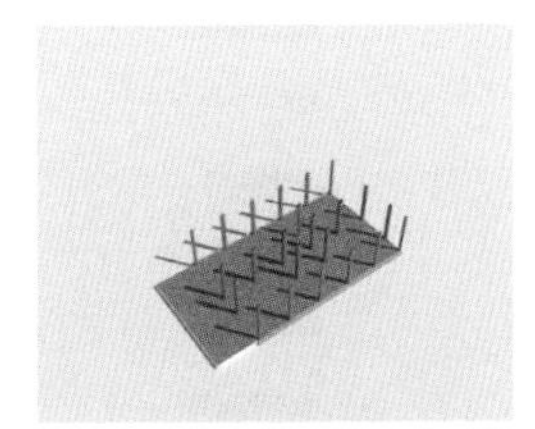

2. 立一层柱网

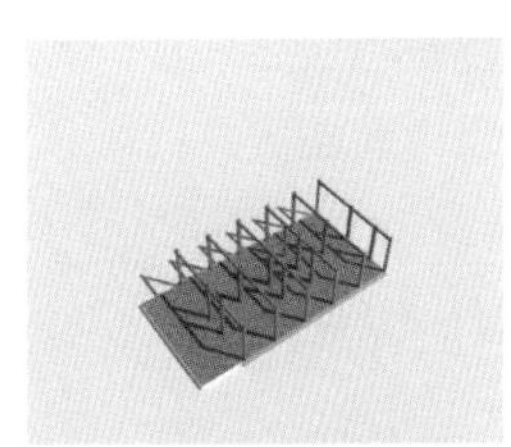

3. 铺设一层主梁

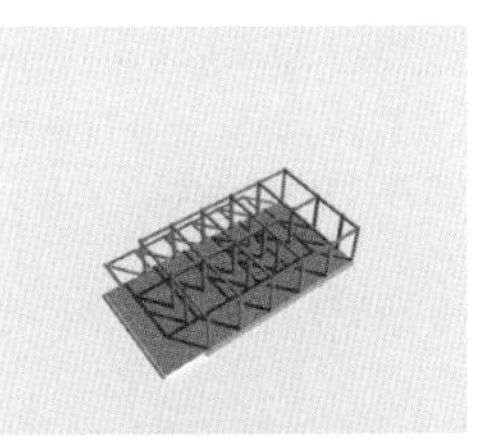

4. 铺设一层次梁

5. 拼装一层围护结构

6. 铺设二层楼板

7. 立二层柱网

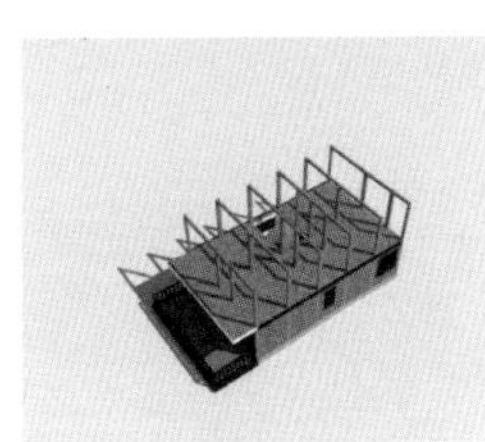

8. 铺设二层主梁

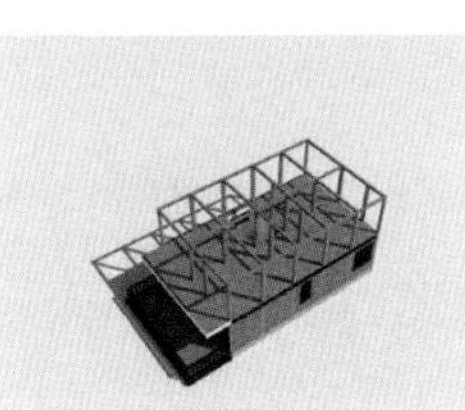

9. 铺设二层次梁

10. 拼装二层围护结构

11. 铺设三层楼板

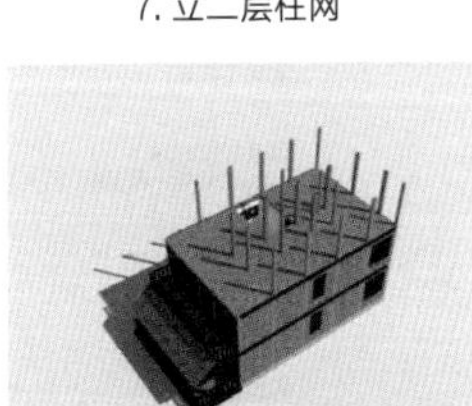

12. 立三层柱网

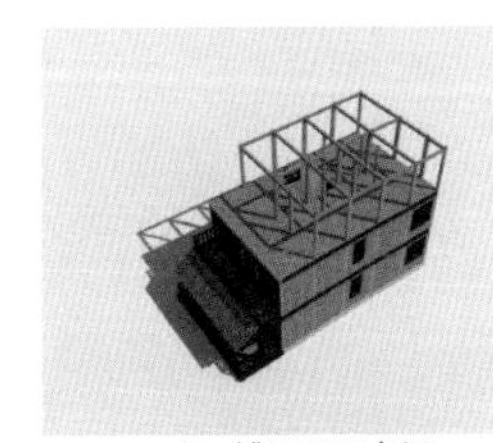

13. 铺设三层主梁

14. 铺设三层次梁

15. 拼装三层围护结构

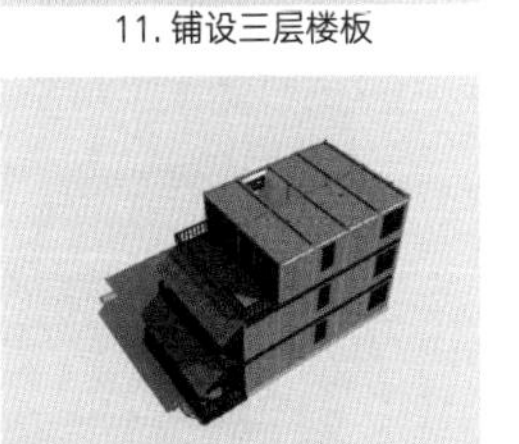

16. 铺设阁楼楼板

17. 立阁楼柱网

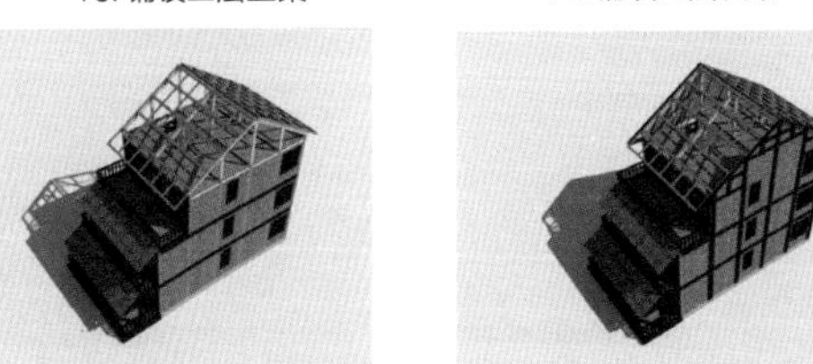

18. 铺设坡屋顶结构

19. 拼装阁楼围护结构

20. 拼装楼板，完成安装

学校：北京工业大学　湖南大学　指导老师：戴俭　李旭（湖南大学）　设计人员：彭哲晨　李雪馨　葛详康（湖南大学）

【美丽乡村新型农房设计】——内蒙古新型装配式牧民住居设计

调研分析

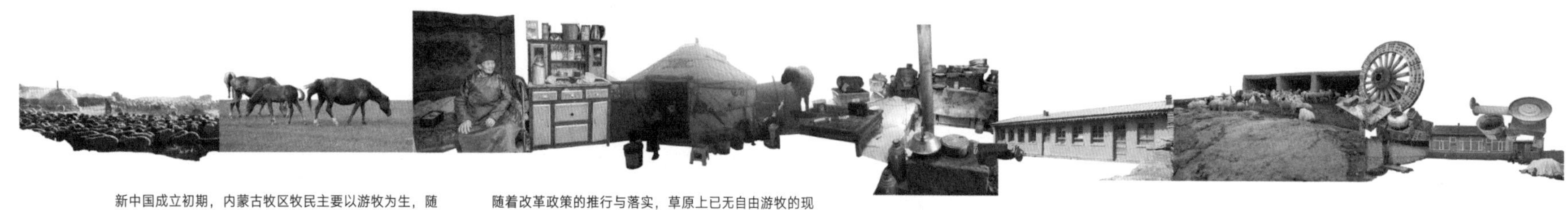

1980s

新中国成立初期，内蒙古牧区牧民主要以游牧为生，随着牲畜数量大批量增加，草场退化严重，致使草原生态环境日渐恶化。

为修复草原生态环境、恢复草场活力，20 世纪 80 年代中期，政府推行“禁牧”政策。

每户牧民都会收到与草场面积相匹配的补偿金额。与此同时，政府鼓励牧民“开包”接客，用旅游业代替畜牧业，在保护草场的同时增加牧民收入，提高牧民生活幸福感。

这个时期的牧民在住居方面开始走出传统蒙古包，住起了土坯房。虽在耐候、采暖等方面较传统蒙古包提升了不少，但总体居住环境质量依旧不高。

1990s

随着改革政策的推行与落实，草原上已无自由游牧的现象，牧民只是小数量小范围的圈养一些牛、马、羊。

开包的家庭可以依靠旅游业维持生计，一些不开包的家庭通过拉马、小范围放牧或外出打工补贴家用。此时的牧民住房仍以土坯房为主，院子中的传统蒙古包用来接待从城里来的游客。

牧民生活质量有所提升，但在居住环境及舒适度等方面还需很大的改进。

2000s

国家富裕带动经济发展，国民收入的增长加速了旅游业的发展。

旅游季节，牧民家的蒙古包供游客使用，自己和家里人住在土坯房中。

2010s

2016 ~ 2017 年国家实行“十个全覆盖”政策，对牧区进行“危房改造”，政府给予一定补贴，并为牧民建造砖瓦房。人民生活幸福感已得到显著的提升。

设计说明

传统蒙古包作为蒙古族住居文化的核心，其本身即为装配式建筑，适用于牧业生产和游牧生活。但其耐候性差，使用舒适度差。设计者们以蒙古包的传统建构逻辑为出发点，以解决其耐候性差、舒适度差等问题为目标，对其进行现代转译，从而获得新型装配式牧民住居。以传承传统住居文化为己任，旨在实现内蒙古牧区的可持续性发展。

本设计要点如下：

1. 设计采用现代木结构装配式技术，各构件（复合板材、木龙骨架、耐候模块、防水模块等）工厂预制，进行装配式建造；
2. 用板件替换传统蒙古包中的杆件，将传统蒙古包建构逻辑与现代建造技术相结合，传承内蒙古地域建筑特色，集合现代性与时代性；
3. 传承并实现传统蒙古包外部场所及内部场所的精神内涵，实现建筑与周围环境和谐统一；
4. 建筑采暖、用电等使用新能源技术，运用现代耐候技术及材料以加强室内环境舒适度，节能减排；
5. 建筑材料以复合木板为主，降低工程造价及整体重量，减少碳排放；
6. 新型装配式牧民住居建构逻辑源于传统蒙古包建构逻辑，因此实践施工操作性强。

拆解分析图

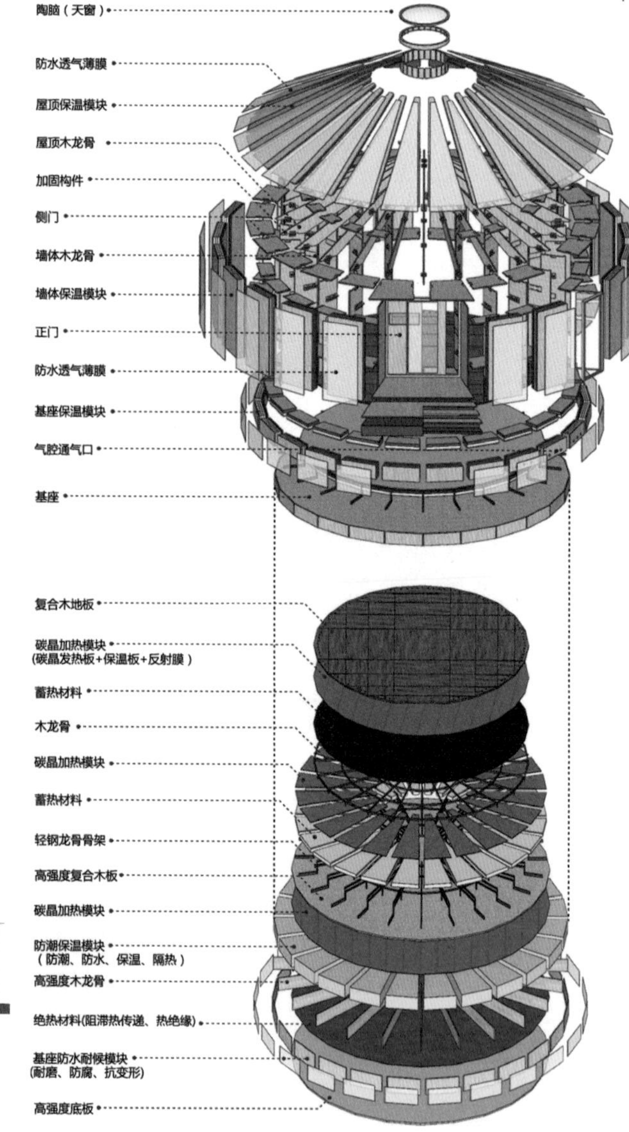

传统蒙古包住居形制分析

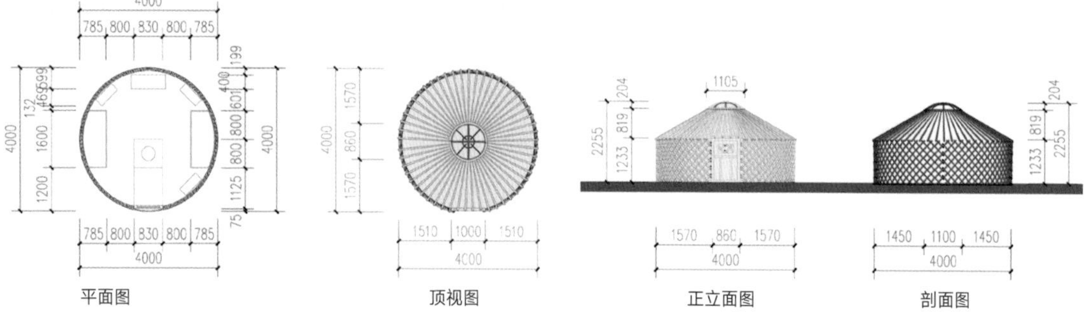

传统蒙古包平面功能分析

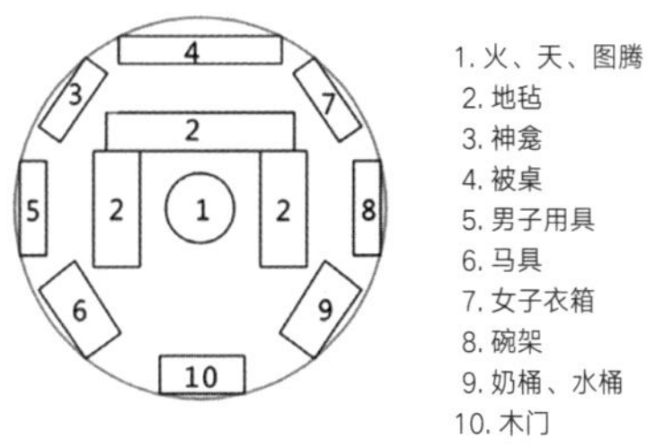

蒙古包平面功能分析

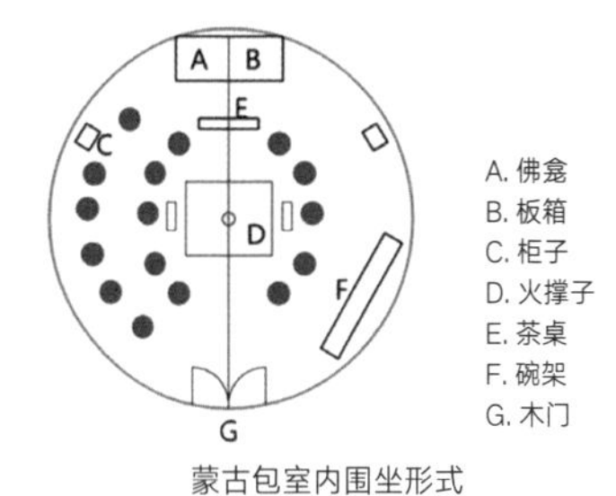

蒙古包室内围坐形式

技术分析

换气气腔工作原理

冬季冷空气由基底侧壁的三组进气孔进入气腔，经由底层气腔内部的碳晶加热板加热流向中央气腔，途径中央气腔流向顶层气腔，经碳晶加热板二次加热后经边缘地板上的出气孔进入室内，热空气向上由陶脑上的天窗排出从而带走室内的废气。

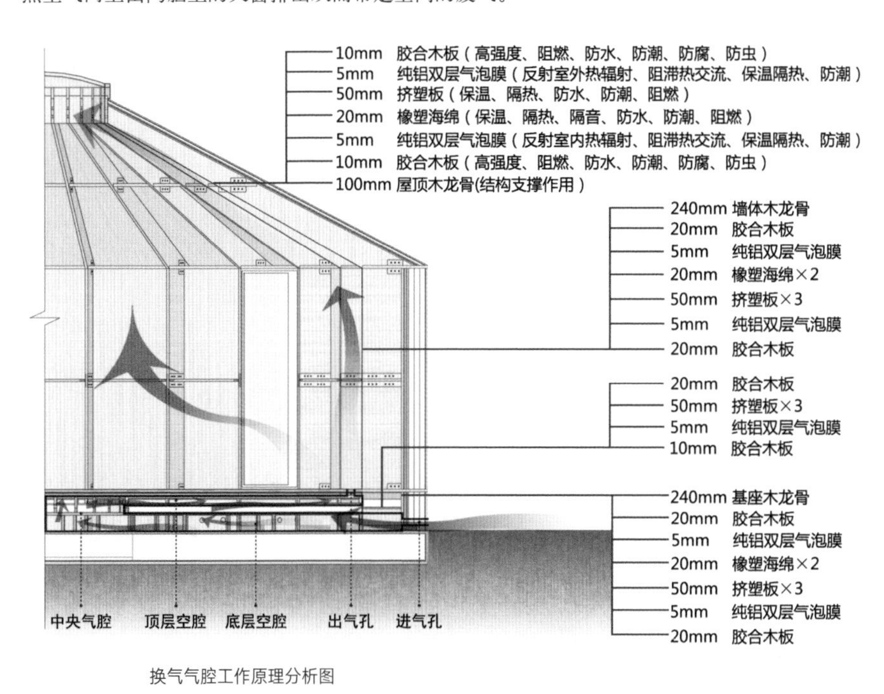

换气气腔工作原理分析图

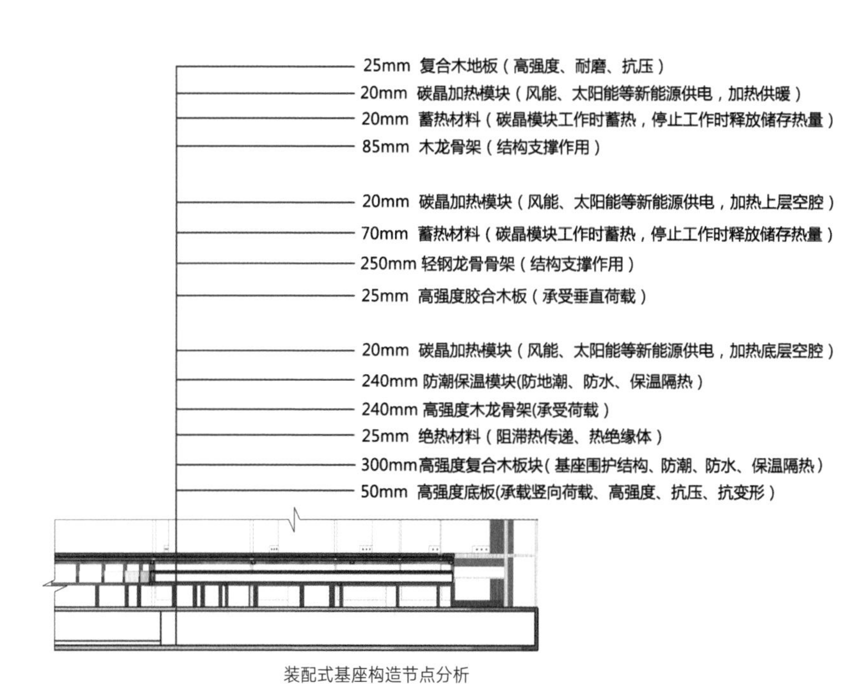

装配式基座构造节点分析

建构逻辑

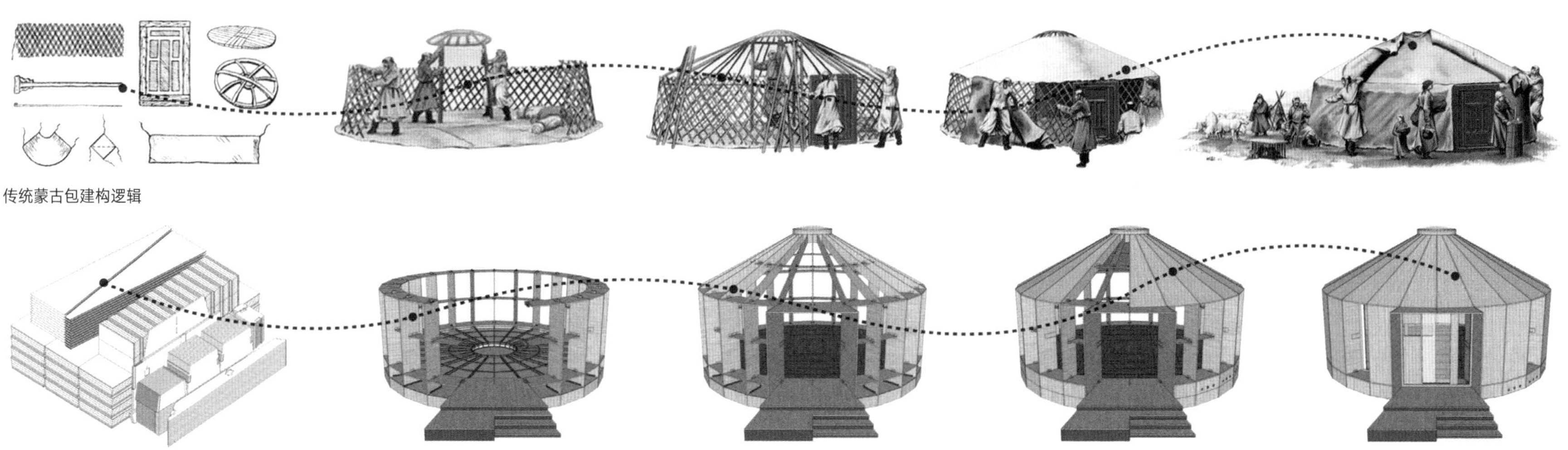

传统蒙古包建构逻辑

新型装配式蒙古包建构逻辑

构思 · 转译

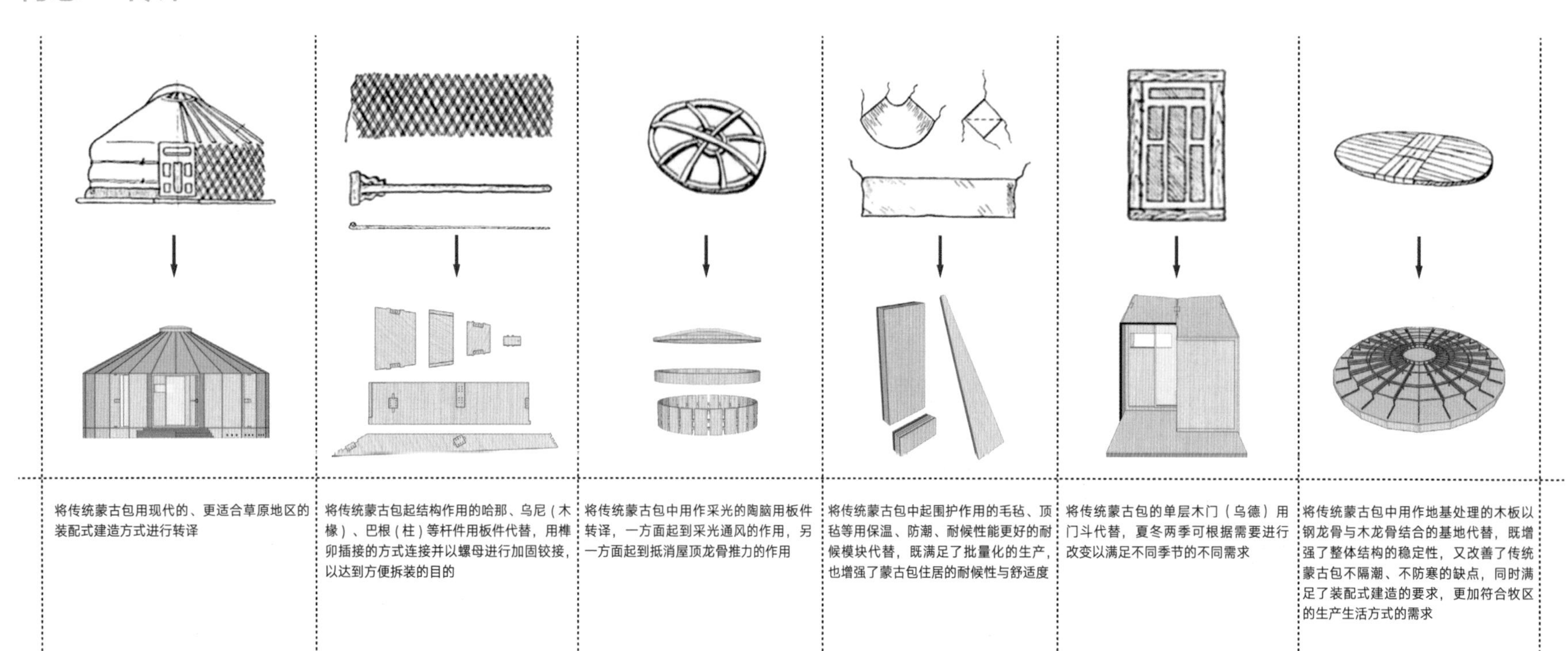

将传统蒙古包用现代的、更适合草原地区的装配式建造方式进行转译

将传统蒙古包起结构作用的哈那、乌尼（木椽）、巴根（柱）等杆件用板件代替，用榫卯插接的方式连接并以螺母进行加固铰接，以达到方便拆装的目的

将传统蒙古包中用作采光的陶脑用板件转译，一方面起到采光通风的作用，另一方面起到抵消屋顶龙骨推力的作用

将传统蒙古包中起围护作用的毛毡、顶毡等用保温、防潮、耐候性能更好的耐候模块代替，既满足了批量化的生产，也增强了蒙古包住居的耐候性与舒适度

将传统蒙古包的单层木门（乌德）用门斗代替，夏冬两季可根据需要进行改变以满足不同季节的不同需求

将传统蒙古包中用作地基处理的木板以钢龙骨与木龙骨结合的基地代替，既增强了整体结构的稳定性，又改善了传统蒙古包不隔潮、不防寒的缺点，同时满足了装配式建造的要求，更加符合牧区的生产生活方式的需求

构件节点分析

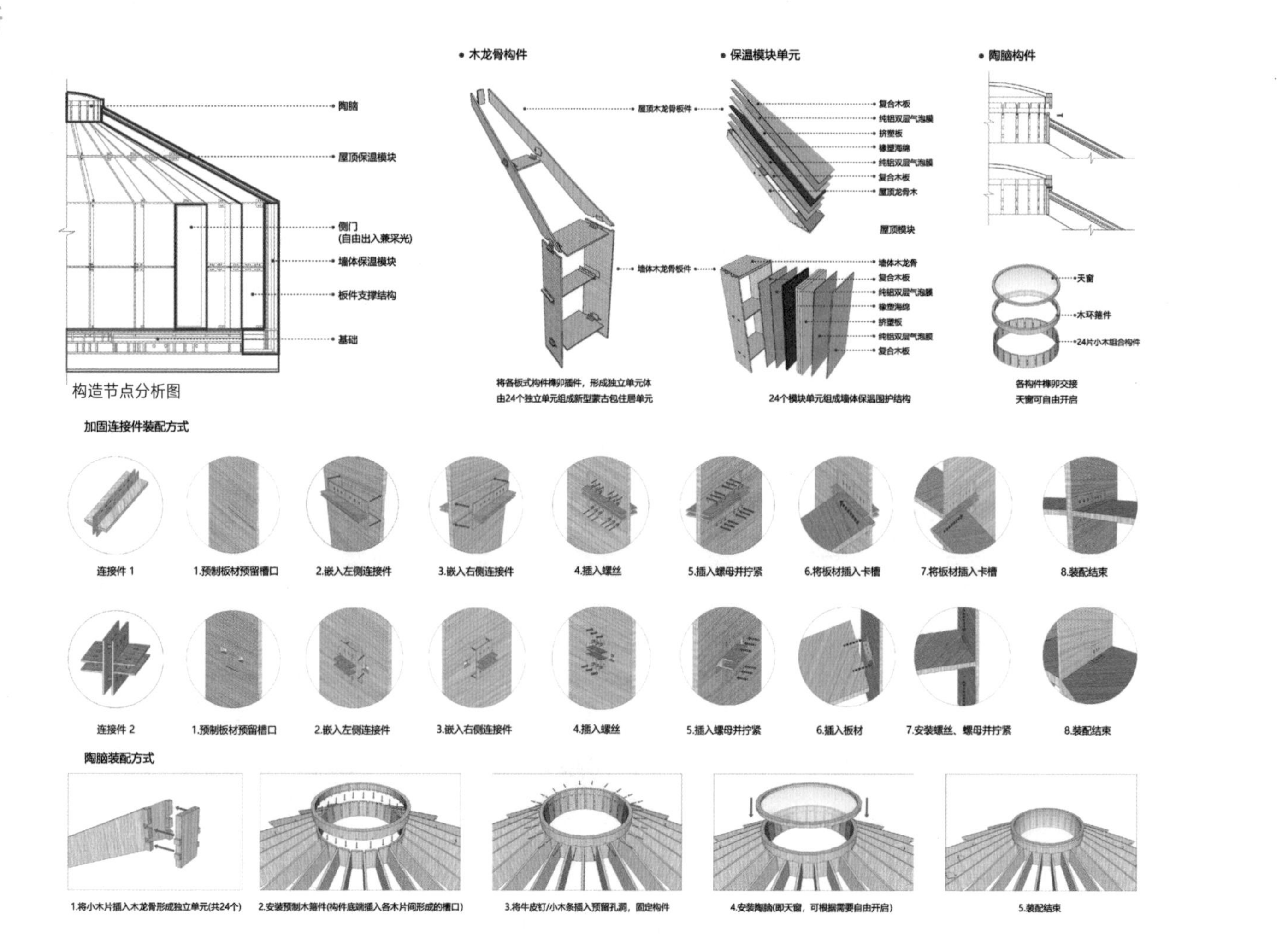

蒙古包住居形制现代转译

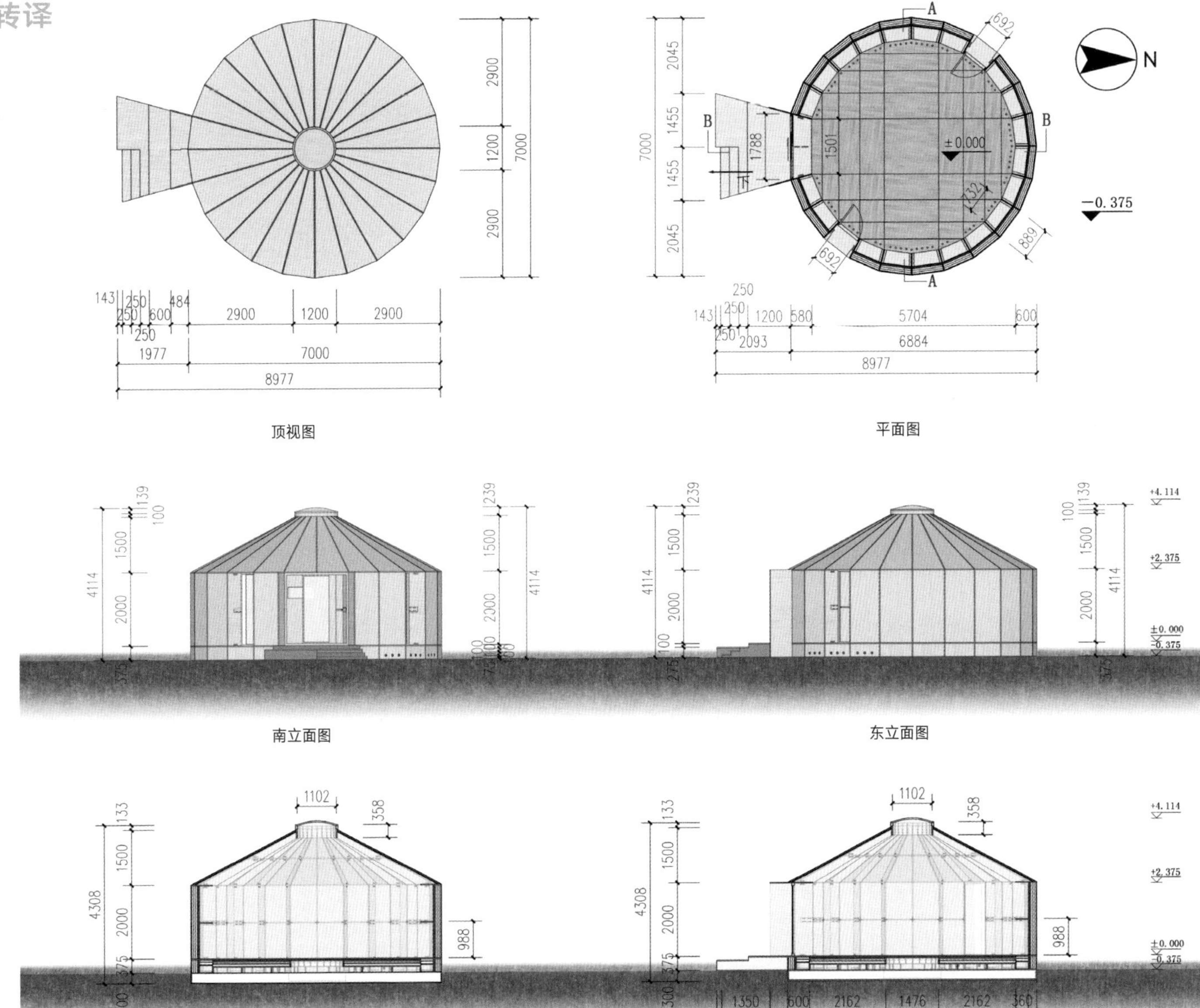

预制模块装配方法

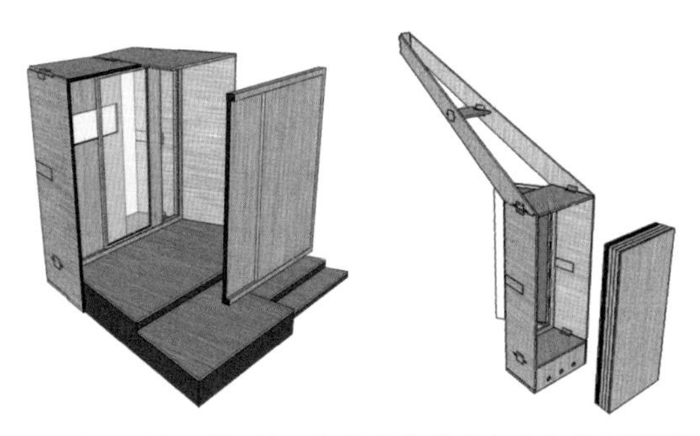

根据不同季候的不同使用需求，使用者可根据具体情况自由安装／拆卸门斗的双层推拉门及侧墙保温模块。

为了夏季便于通风、采光、自由出入室内外，可在墙体龙骨模块中安装装配式侧开门；冬季时，为满足室内保温及热舒适度，可将装配式侧开门替换为墙体保温模块。

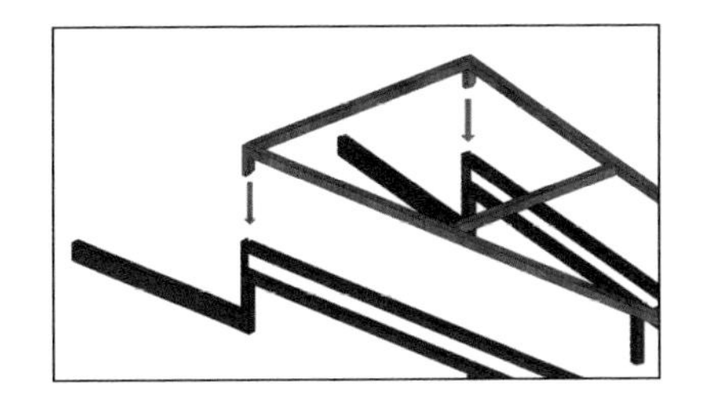

预制装配式基座底层空腔由轻钢龙骨支撑，用于支撑中间层空腔及顶层空腔的木龙骨架底端（榫头）直接插入钢架顶端（榫口）预留孔洞中，并加固以加强整体结构稳定性。

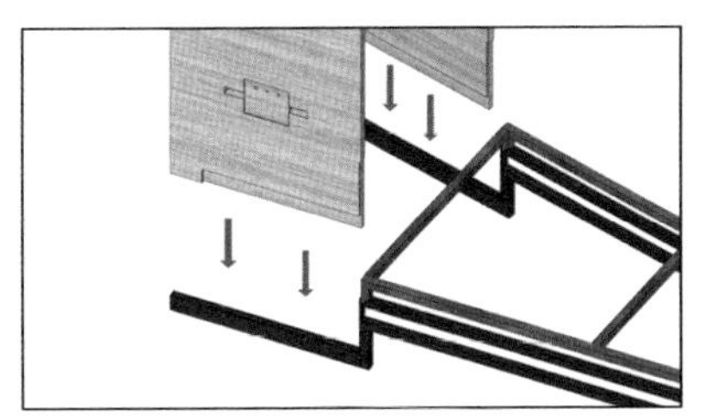

装配式木龙骨底端（榫头）插入轻钢龙骨架预留槽口（榫口），使上层结构与底层基座连接，使二者稳固结合，实现装配式蒙古包整体结构稳定性。

学校：内蒙古工业大学　指导老师：白丽燕　刘春燕　设计人员：刘星雨　徐常毓

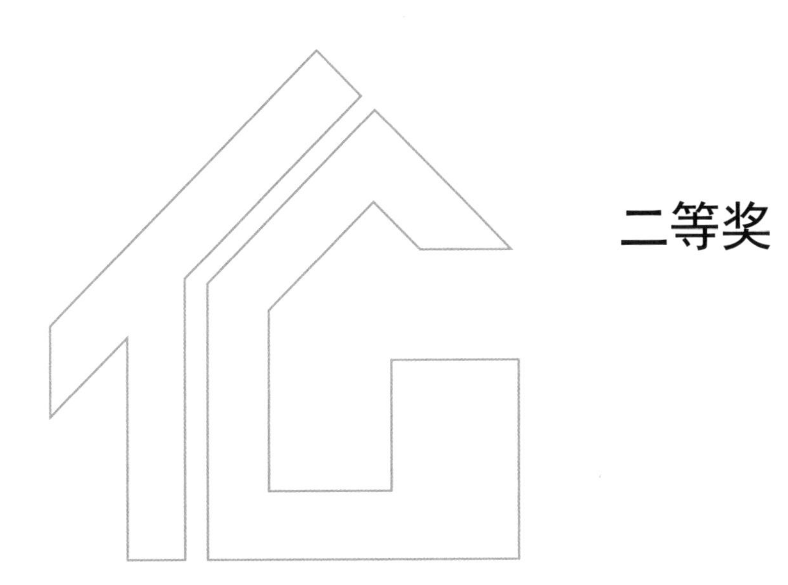

二等奖

【新型农房设计】——北京市门头沟区韭园村

区位分析

韭园村坐落于京西王平镇九龙山脚下，为北京市门头沟区王平镇辖村。整个韭园村由东落坡村、西落坡村、韭园村、桥耳涧村四个自然村组成。永定河流域经韭园村村域北部，且韭园村村委会距离区政府约19.5km，距北京市中心约50km，区位条件优越。

地形地貌分析

韭园村地处浅山区，南依九龙山，北临永定河，处在一个南高北低、四面环山的山坳里。属于典型的山区地貌。其中，南部山脉最高海拔815m，中部沟谷纵横，海拔较低，均在275m以下。中间谷带坡度较缓，不大于10%；中部向东西分支出若干狭长沟谷，坡度不大于25%。

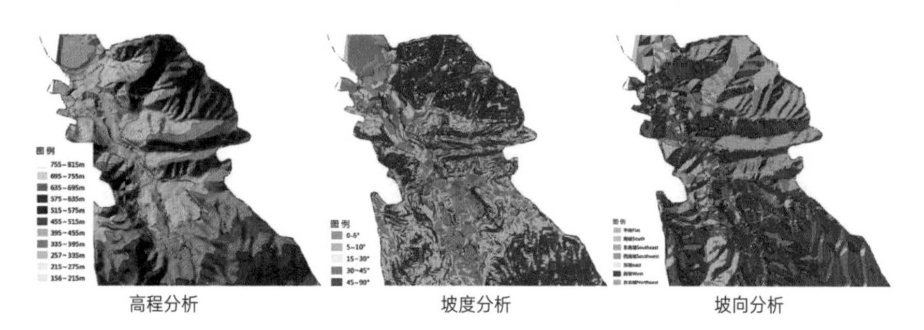

高程分析　　坡度分析　　坡向分析

气候条件分析

韭园村气候属中纬度大陆季风气候，受季风影响形成春季干旱多风、秋季秋高气爽、夏季炎热多雨、冬季寒冷干燥，四季分明的气候特点，年平均温度13℃左右。全年降水量80%以上集中于6～9月份，无霜期180天左右。

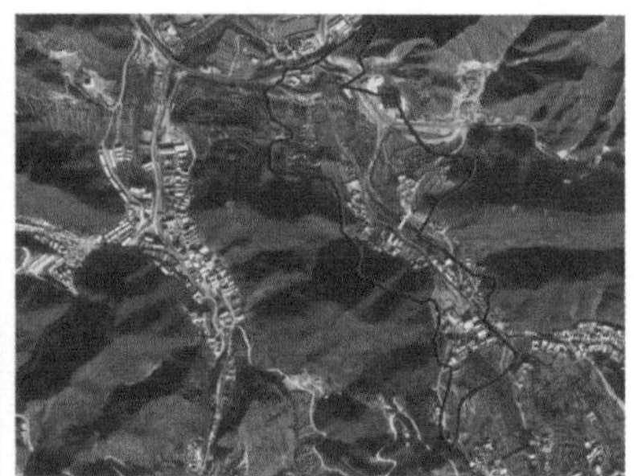

民俗文化分析

韭园村成村约在辽金时代，村中保留了金元时期的古迹，是出入京西古道上“王平古道”古道的第一古村落。该村有逾千余年的京西古道，古道保存完整，距今已有1100年的历史，是京西地区著名的文化遗产。村中还有马致远故居、三义庙、龙王庙、菩萨庙、碉楼、牛角岭关城等人文景观。

古道入口标志

京西古道入口

牛角岭关城

自然景观分析

韭园四村有特色林果作物樱桃、京白梨、麻核桃、葡萄、柿子等。其中，樱桃园被评为市级标准化观光采摘园；京白梨曾名扬京城，成为国宴专用水果；麻核桃成为文玩市场上的热门产品。韭园村自然村现有樱花谷，每到春季开满整个山谷，景色优美。

古道景观

桃花景观

建筑文化分析

“枯藤老树昏鸦，小桥流水人家”

韭园村依山而建，小桥流水，环境清幽，民居建筑分布错落有序，青砖灰瓦，古朴自然。村内保留了大量的四合院民居，木窗雕花。砖雕、石雕较有特色。整体风格古朴，拥有浓郁的古韵民风和田园特色。其中较为典型的四合院落为马致远故居。

马致远故居

民居院落

建筑元素分析 1

村庄建筑肌理

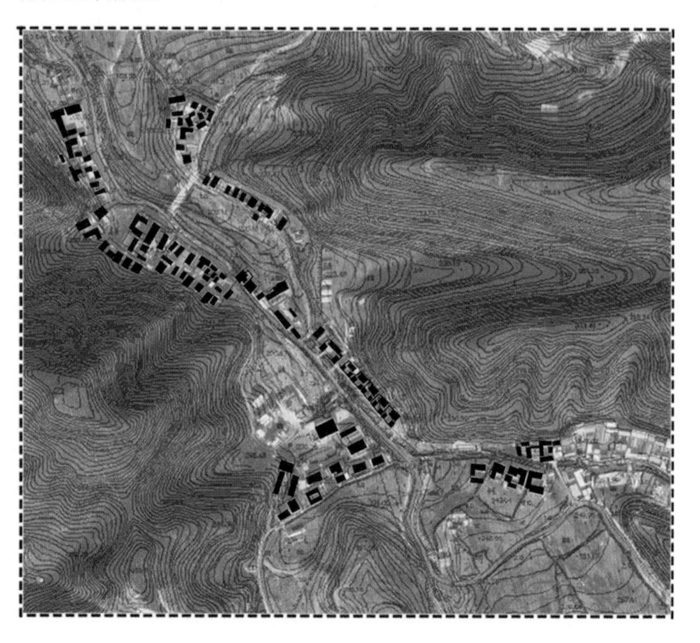

村庄的民居建筑分南北两片区，南侧沿主要道路呈带状展开，北侧依山而建；整体建设较为紧凑，大都呈院落布局。

建筑组成形式

韭园村建筑为北方典型建筑形式。采用规整、传统的建筑布局方式，保留传统民居村落风貌，体现村庄自我生长的形态风貌。

村中建筑采用院落式空间布局，多为老旧建筑，承载现代居住功能。

村中建筑多采用坡屋顶，少量建筑融合现代建筑形式采用平屋顶，整体风貌较为协调。房屋建造一般采用砖瓦、石板，新建建筑一般仍采用坡屋顶和顶檐的形式建造。

在开间、面阔、高度、层数以及虚实变化等方面产生变化，建筑组群多与地形相结合进行布置，呈现出丰富动人的天际线。

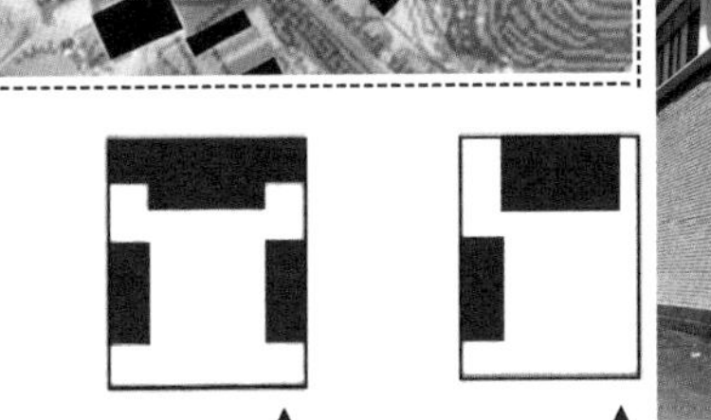

院落平面布局示意

建筑色彩

韭园村建筑色彩主要分为暖色系和灰色系，暖色系包括红砖、木材；灰色系主要包括青砖、灰瓦、石材。整体颜色主要为青灰色、暗红色。

主要建筑色彩提取

建筑元素分析 2

建筑墙体

墙体以灰砖前面为主，局部墙面运用白色或结合当地石材。

韭园村传统民居山墙为硬山山墙，分为下碱、上身、山尖和墀头等部分。墀头（右）在传统建筑中最初是用来承担屋顶排水和边墙挡水的双重作用，其装饰图案大体上分为植物、动物、器物、文字及综合类五种类型。

建筑山墙立面图

建筑门窗

传统门窗多为木材质，颜色暗红。现在建筑经过改变，大门延续传统中的门簪、门枕石等细部构件的做法，入户大门采用木门扇形式。而窗户则采用现代玻璃，窗户边框颜色与墙体融合，采用灰色系色彩。

大门作为院落的入口，延续传统型制设计，门楼的外形、高度、材质均与房屋建筑保持一致，顶部采用灰瓦。门两侧墙体以灰砖为主，局部细节可运用较为简洁的木质装饰等。

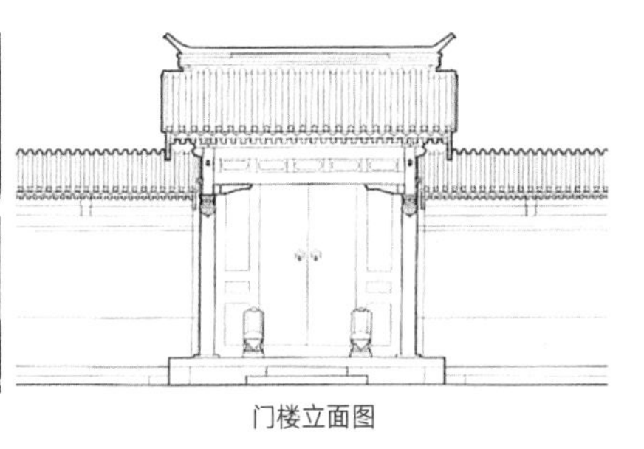

门楼立面图

影壁

韭园村的影壁均用挑檐做影壁顶，影壁脊均用清水脊，脊上有雕花，壁心处理用菱形砖拼接而成或施以粉墙墨画，一般为座山影壁，如果院内无法“座”山的时候，也可在门内对应门的位置修建独立影壁。

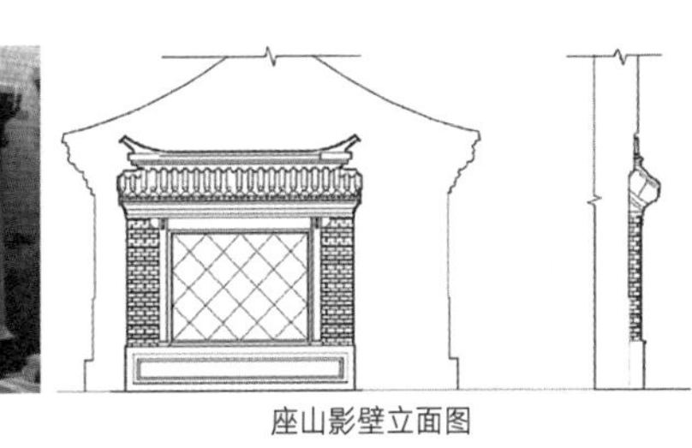

座山影壁立面图

建筑元素分析 3

影壁

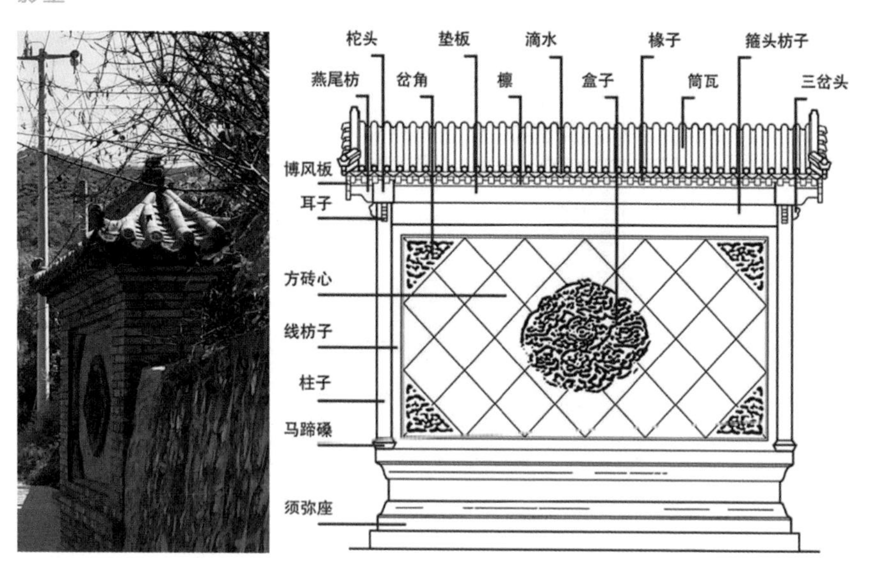

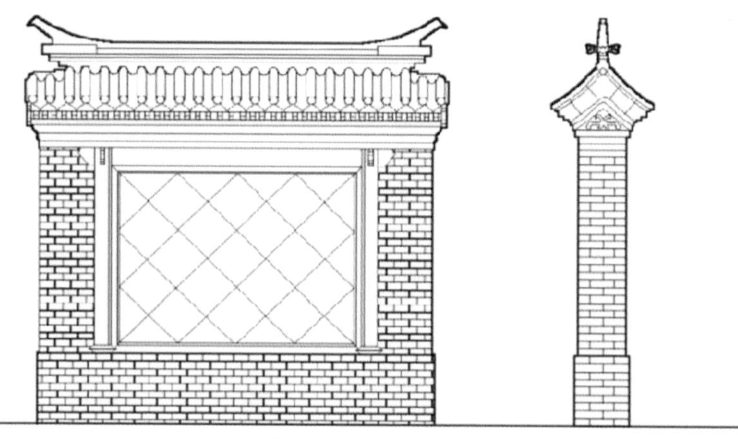
独立影壁立面图

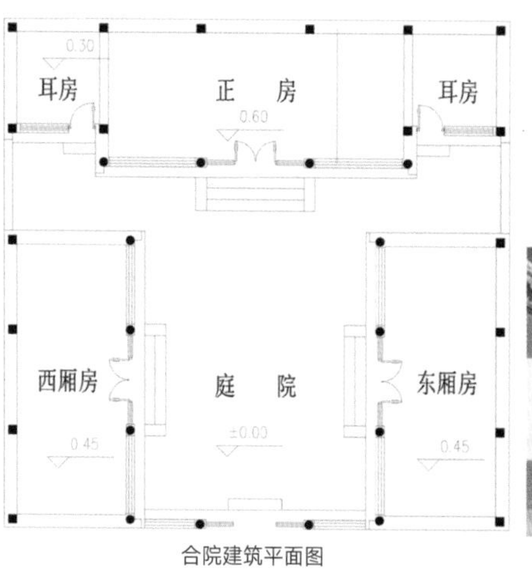

合院建筑平面图

民居调研

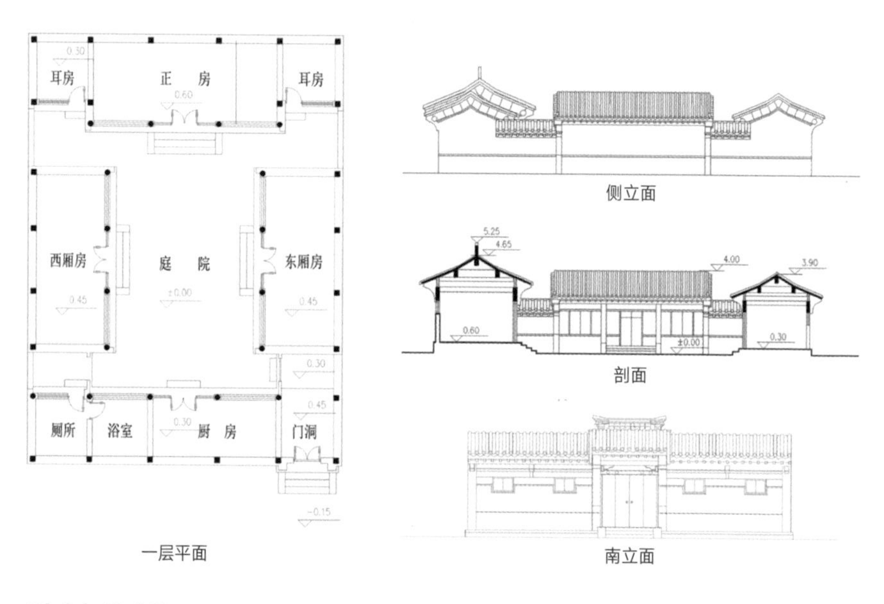

一层平面　　侧立面　　剖面　　南立面

屋顶

村庄的屋顶保留传统的风格，整体瓦面材质色彩统一，采用合瓦屋脊带正脊的做法，房屋起脊一般较大，起脊约为二五举或二三举，即屋脊的起脊高度为房屋进深的 0.25 倍或 0.3 倍，坡度约为 27° ～ 31° 。

建筑户型

韭园村村民住宅大部分建于 20 世纪 80 年代，建筑风貌传统风貌保存较好。宅基地面积大都在 100m^2 以下，少部分在 100 ～ 150m^2 范围内，只有个别宅基地面积达到 150m^2 以上；住宅建筑面积也都集中在 100m^2 以下。

现状住宅年代久远，造价低，宅基地面积较小，建筑面积也较小，居住空间狭窄。村民对居住条件的改善要求强烈。

选址分析

韭园村是京西的古村落，其文化资源、自然景观资源丰富。韭园村以都市现代农业为基础，发展以古道文化、田园文化为主的养生度假产业。

本次建筑选址综合考虑了区位、交通、邻里、自然环境、通风等因素，使其不仅具有悠然南山的养生环境，又能赏花观景，且与周边邻里很近，营造了良好的居民交往环境。

场地现状

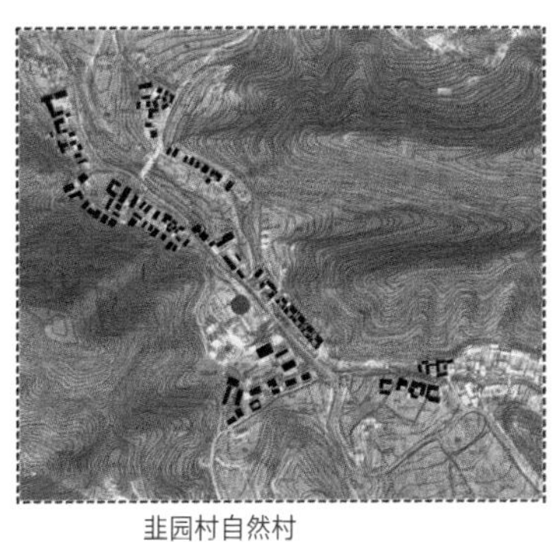

韭园村自然村

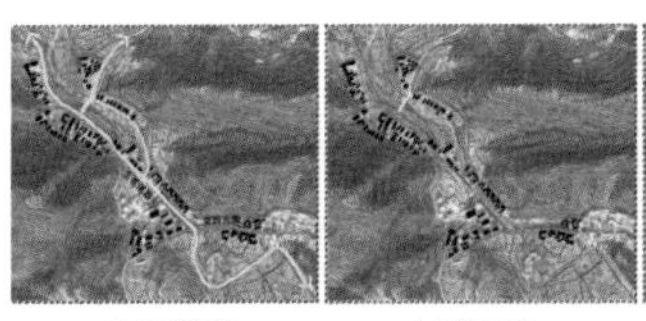

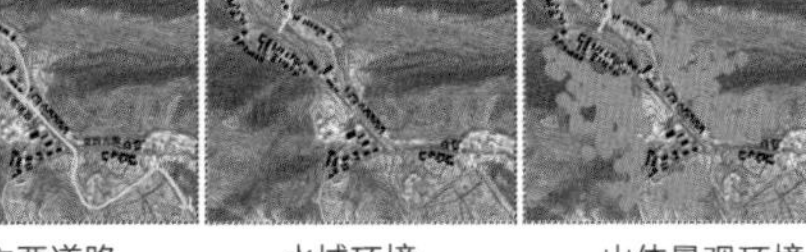

主要道路　水域环境　山体景观环境

现状道路情况　现状水渠情况　现状山体环境

装配式建筑简介

由预制部品部件在工地装配而成的建筑，称为装配式建筑。按预制构件的形式和施工方法分为砌块建筑、板材建筑、盒式建筑、骨架板材建筑及升板升层建筑等五种类型。

装配式建筑的特点

1. 车间生产加工完成，集中式生产，低成本，利于质量控制。
2. 运到现场进行组装，减少了模板工程和人工工作量，加快施工速度，降低工程造价。
3. 构件标准，生产效率低，成本低，数字化管理。
4. 装配式建筑可以将各种预制部件的装饰装修部件完成后再进行组装，实现了装饰装修工程与主体工程的同步，减少了建造过程，降低了工程造价。
5. 建筑材料选择灵活，节能环保材料如轻钢技艺木质板材的运用，符合绿色建筑的概念。

装配式建筑系统

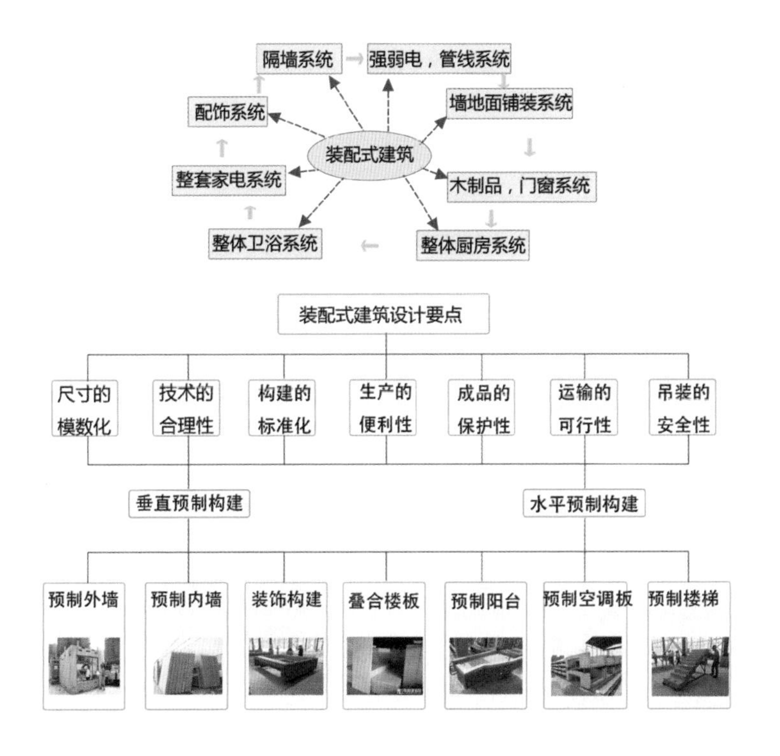

与传统工艺的比较

技术体系	工业化技术体系	传统建筑体系
品质	高	一般
工期	快	中等
成本	先高后低	中等
节能环保	优	差

	节水 80%
	节能 70%
	节时 70%
	节材 20%
	节地 20%

农村装配式住宅前景和必要

我国农村人口占全国总人口的2/3，农村住宅建筑数量庞大，传统的建筑工艺所造成的资源浪费和工期缓慢亟需改观，工业化装配化的体系有利于农村住宅的大规模建设，有利于实现新型农村的发展。同时装配式构件的使用，有利于改善农村的环境，提高村民的整体生活水平。

主板与外墙连接方式建议

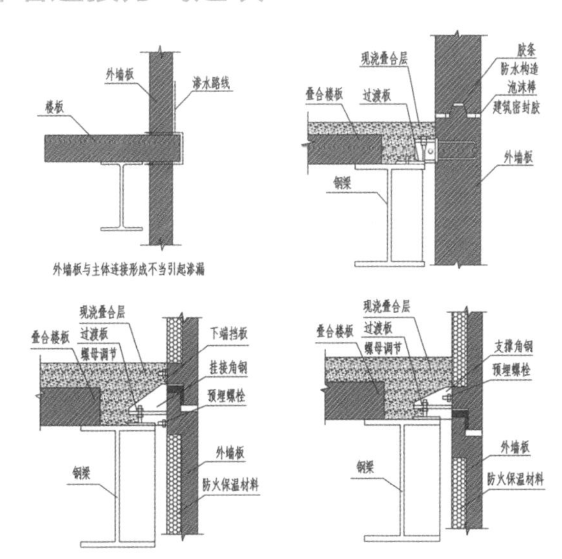

预制柱之间连接方式建议

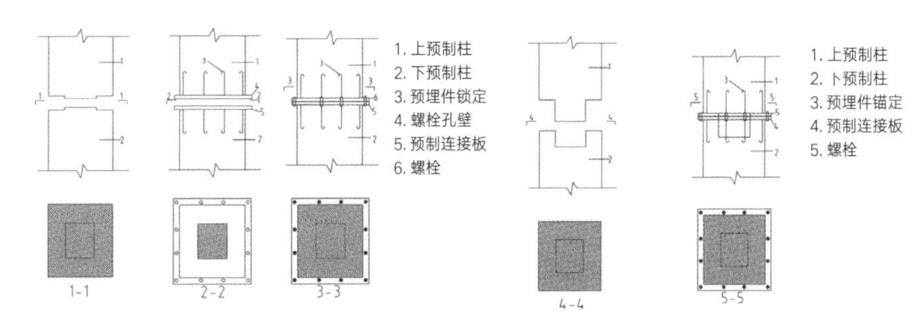

预制主板与柱之间连接方式建议

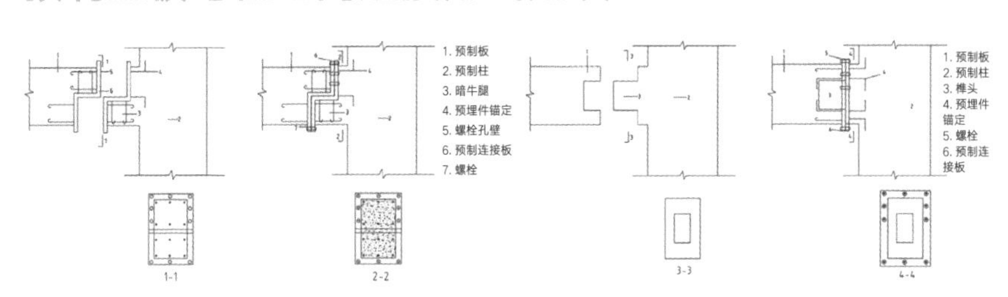

外墙板之间连接方式建议

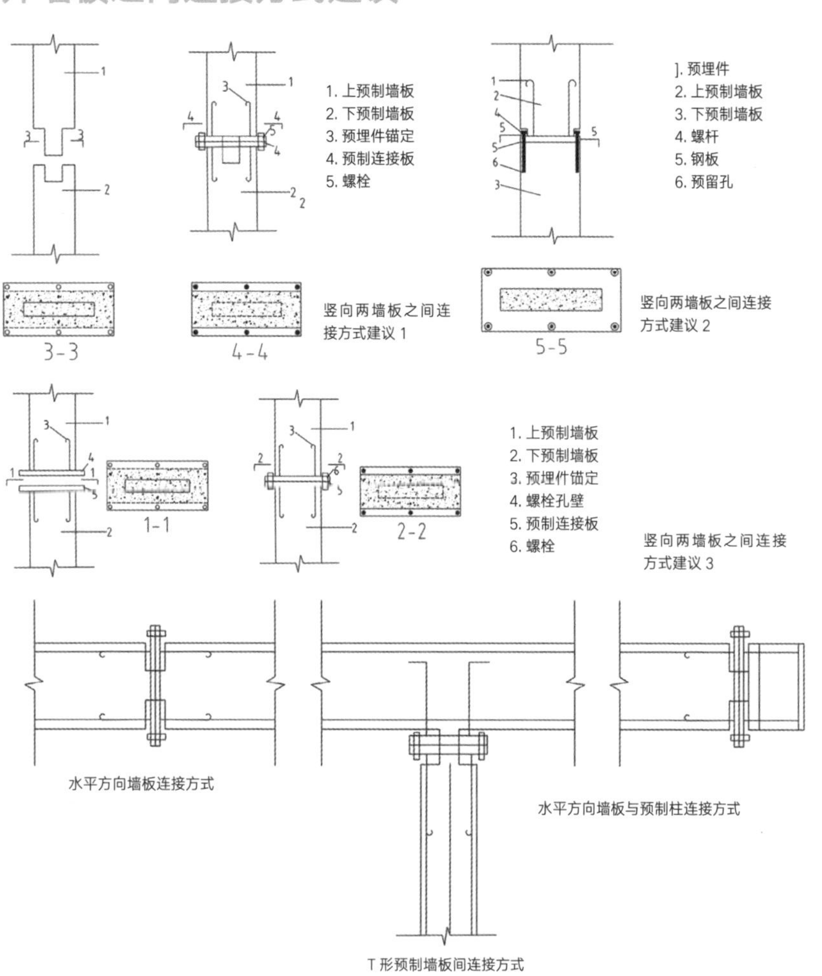

节能参考

秸秆的再利用

收割后的秸秆被压缩机自动挤压成捆，进入工厂流水线高温高压合成保温隔热防潮防火板材，与轻钢骨架及轻集料混凝土结合后形成墙板、楼板，成为装配式农房的基础三板。

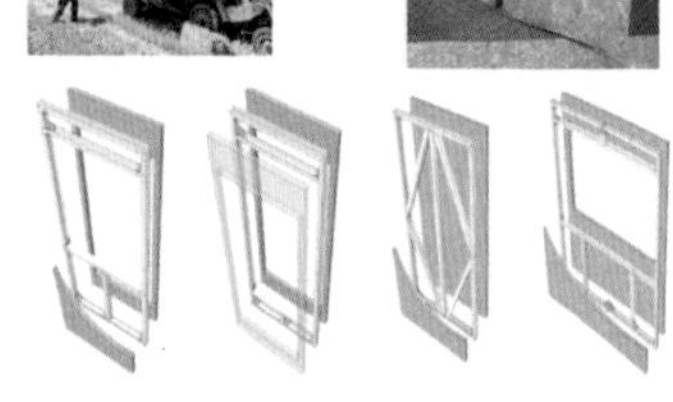

农用太阳能的使用

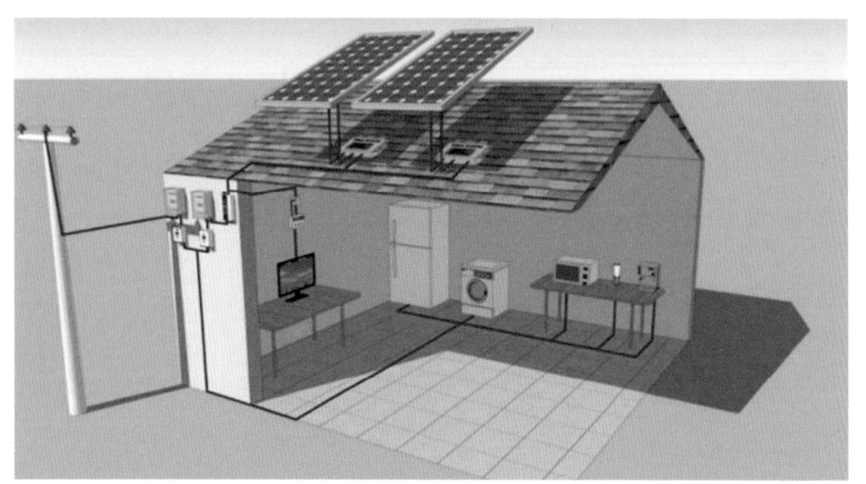

光伏板组件是一种暴露在阳光下便会产生直流电的发电装置，由几乎全部以半导体物料（例如硅）制成的薄身固体光伏电池组成。简单的光伏电池可为手表及计算机提供能源，较复杂的光伏系统可为房屋照明，并为电网供电。光伏板组件可以制成不同形状，而组件又可连接，以产生更多电力。因农村没有过高的建筑，因此阳光接收的程度较高，建立光伏板组件可以满足住户的日常使用，并且可以有效的节省电能。

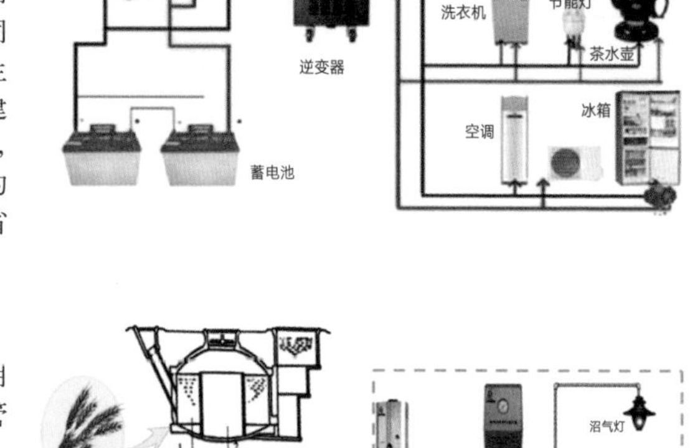

农宅沼气系统

沼气是一种优质燃料，可用来点灯、做饭。沼气灶通过导管与沼气池相连。这就是一个精心设计科学合理的沼气池模型，由活动盖、贮气室、发酵间、进料口、出料口、水压池、单向阀等主要部分组成。

效果图

平面图

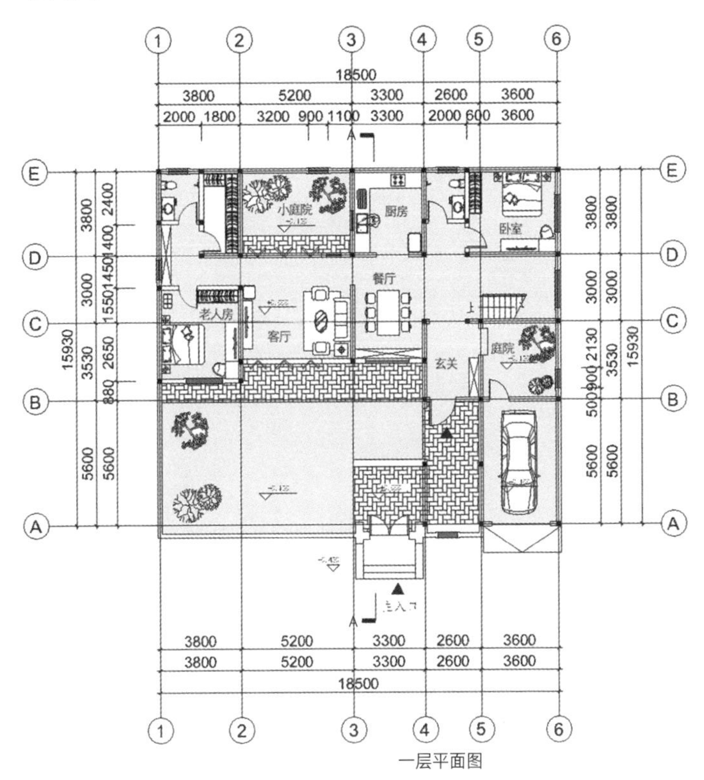

一层平面图

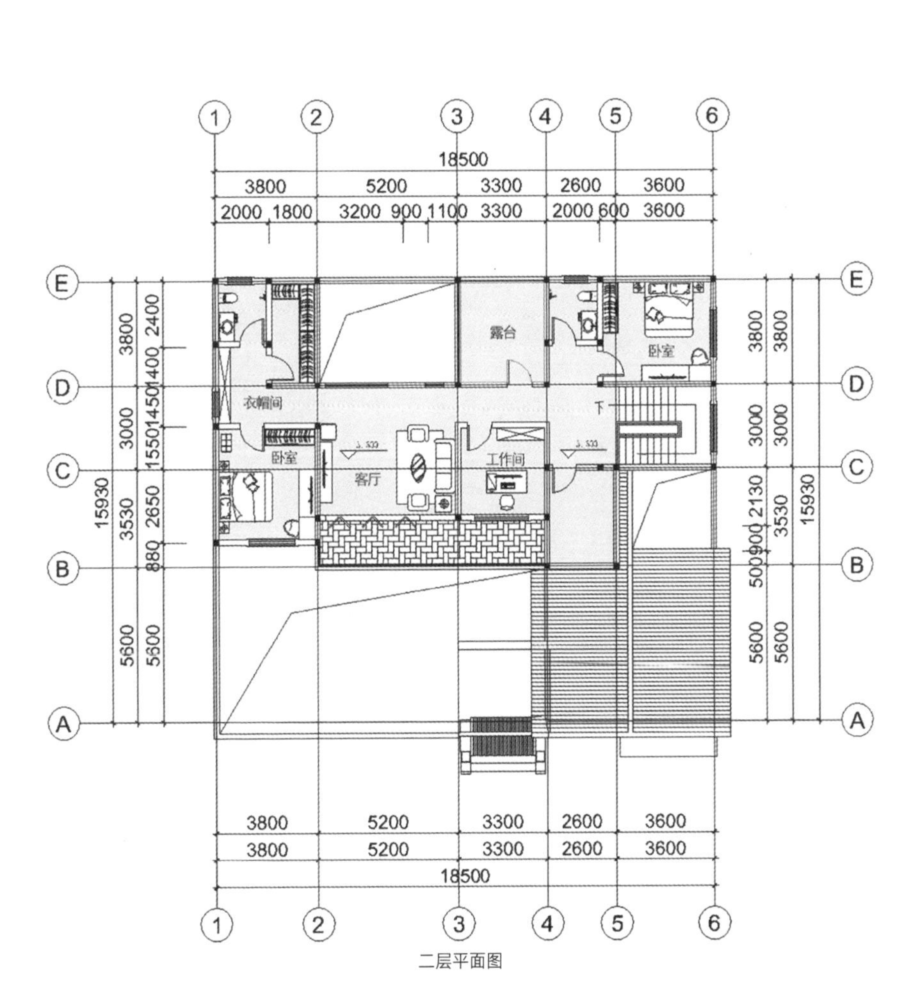

二层平面图

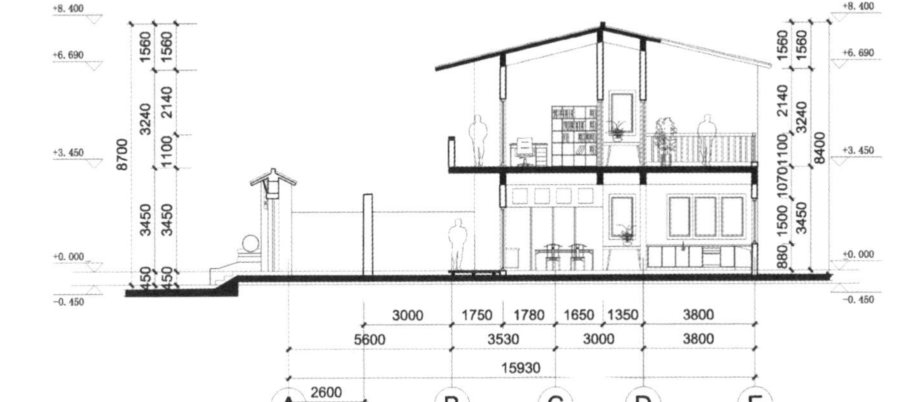

A-A 剖面图

院子的东部布置停车场，停车场进深和面阔均大于标准停车场的车位，方便院主人停车。车库北部小院成为进入房子的一处景色。主屋二层的连廊联通了楼梯间和二层客厅，又在连廊上布置植物，增加趣味性。屋顶采用轻钢结构，从而实现屋顶的悬挑。

院子主屋为满足传统村落中家中人口较多的情况，因此设计为两层建筑，建筑墀头则通过提取原有建筑元素设计，在其一层西侧设立老人房，方便家中老人的使用，院子设立大的空地，满足院主人绿化或者种植使用。园中影壁的设计，也正好符合传统四合院的布局。

东立面

西立面

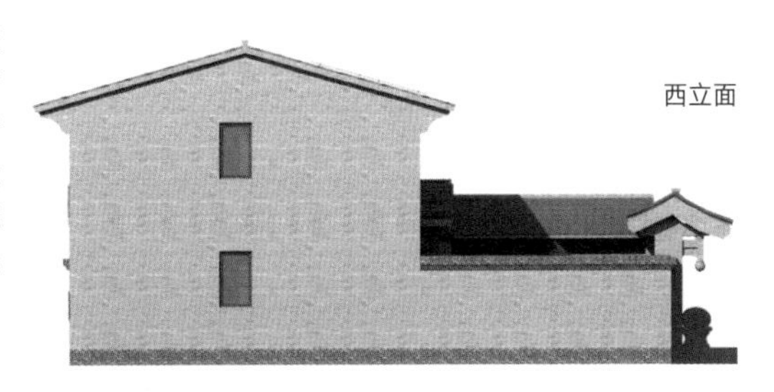

北立面

南立面

南立面作为院子的入口处，大门通过提取韭园村原有的大门形式，由此来造型。基于近年来我国私家车辆的增多，因此在其入口的东侧设计了车库入口，入口处缓坡设计。入口西侧提取韭园村的五花山墙的建筑元素，主屋屋顶使用太阳能板进行太阳能的收集从而达到绿色的设计。

利用框架结构，将天窗与钢结构连接到一块，从而将太阳光自然引入到院子及建筑室内，而北立面的小庭院作为一个媒介，有机的将院内和连接起来，有利于调节房间的微气候。二层的露台作为休憩的场所，也成为院主人休闲、会客、观景的好去处。

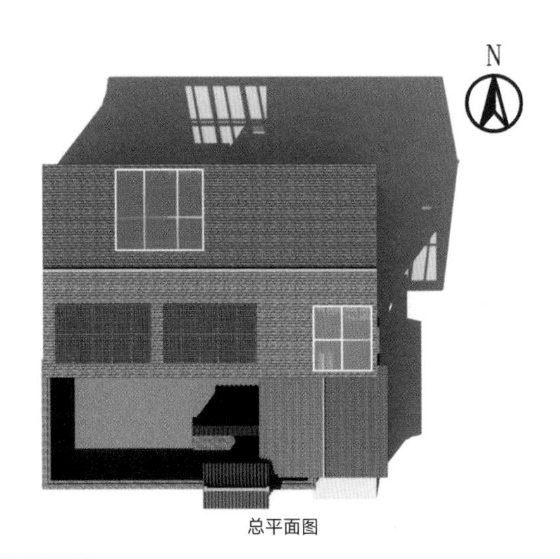

经济技术指标
占地总面积：294.7m²；
建筑面积：390m²；
建筑层数：2 层；
建筑总高度：8.4m；
建筑形式：坡屋顶。

总平面图

设计说明

建筑选址在京西工平镇韭园村，采用装配式轻钢结构建筑的形式，围护结构采用压缩秸秆制成，建筑的细节采用该村落原有的建筑元素，本着绿色、节能的建筑理念，利用太阳能、沼气等措施，对建筑进行可持续设计。院子的内部庭院可以有效地调节院内的微气候。本着以人为本的设计宗旨，有效地提高住户的生活质量。

建筑元素的使用

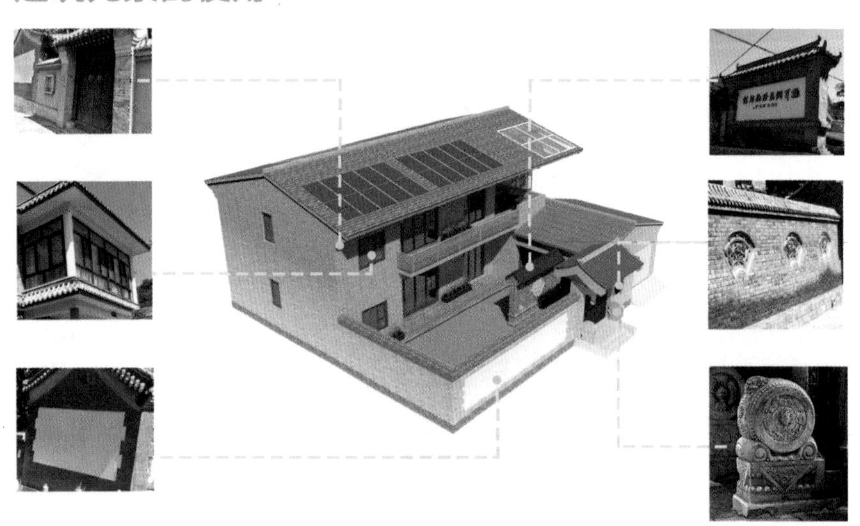

一层人性化设计

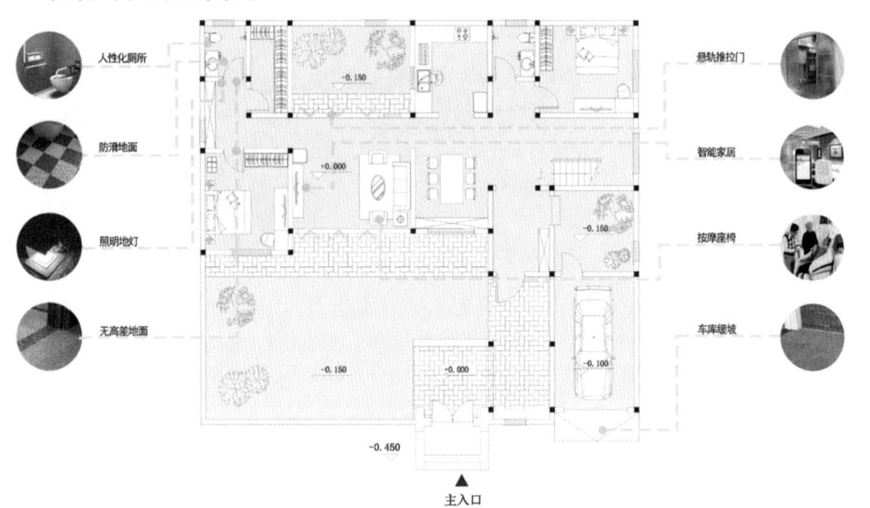

二层人性化设计

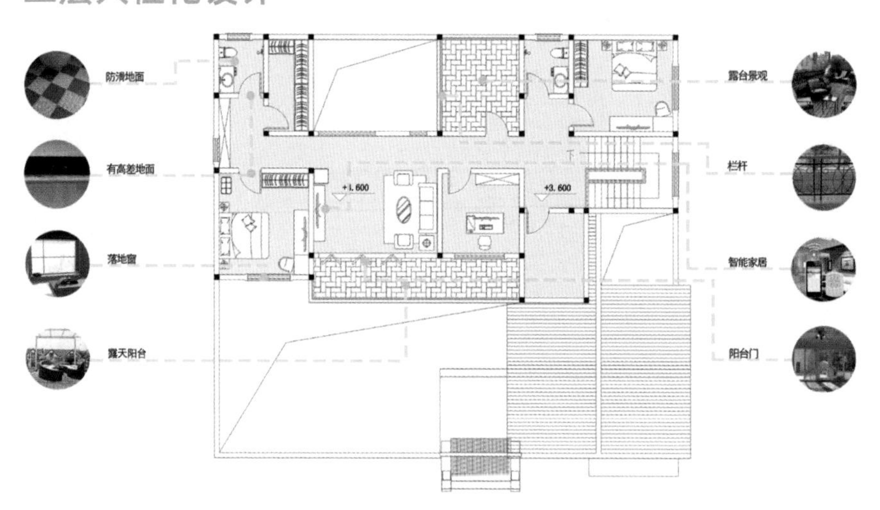

通风分析

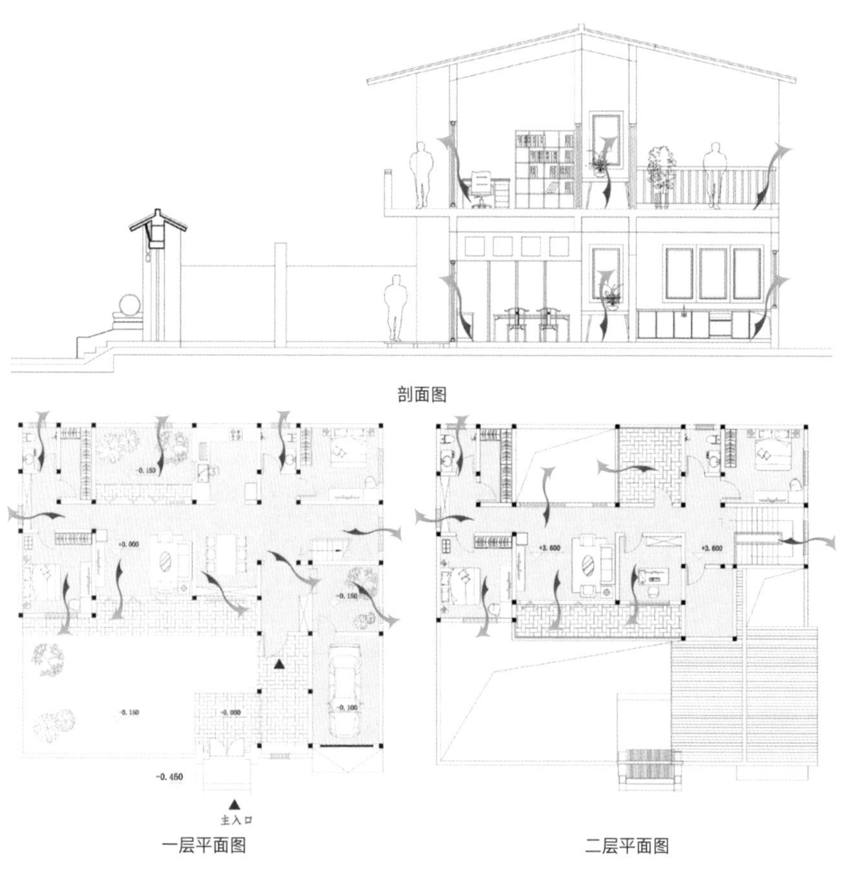

剖面图

一层平面图　　二层平面图

绿色节能设计

太阳能：太阳能集热板安装于主屋屋顶的南侧，便于接收到足够的阳光，收集到的能量主要用于日常生活的照明设备。

雨水收集器：收集雨水和生活中的污水，经过收集池中的雨水过滤器，然后通过设备泵到卫生间的马桶水箱，以方便使用。

围护结构：围护结构通过压缩小麦、玉米的秸秆而成，最大限度地减少了污染，压缩形成空心板材，解决了保温和隔声的问题。

沼气发酵池：将日常废料倒入沼气发酵池，通过管道，将产生的沼气导入到厨房，生成的沼气可以供应做饭和照明使用。

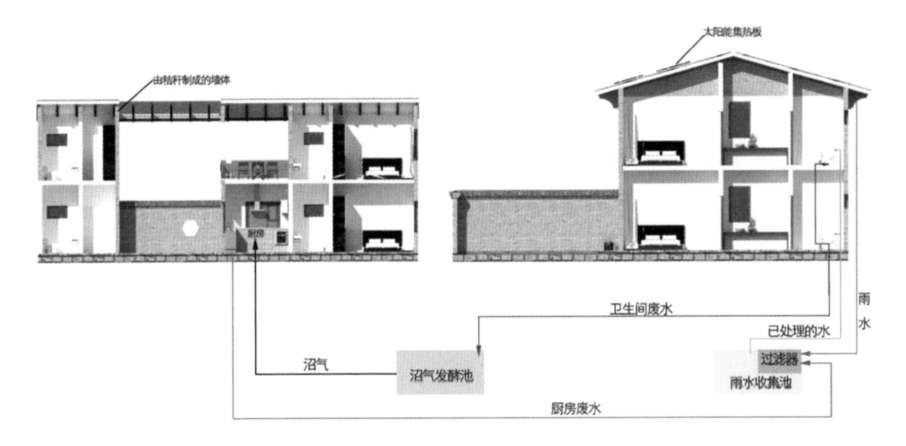

一层节点效果图

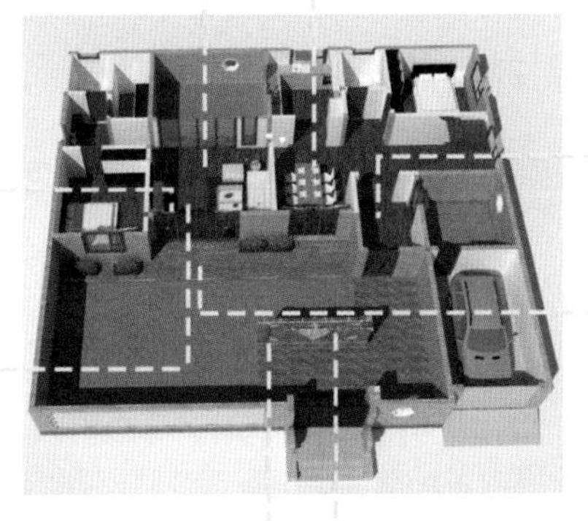
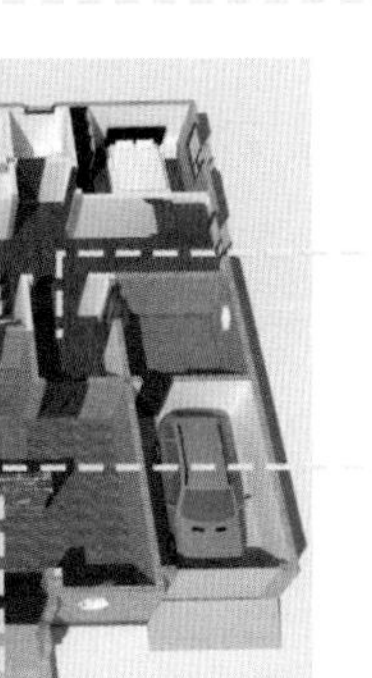

二层节点效果图

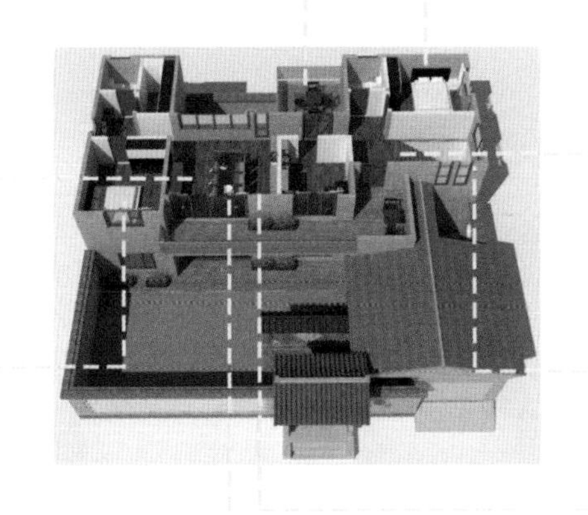

装配式的建造过程

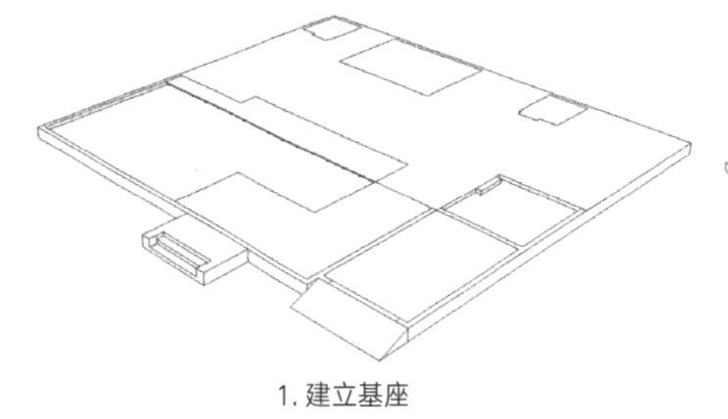
1. 建立基座

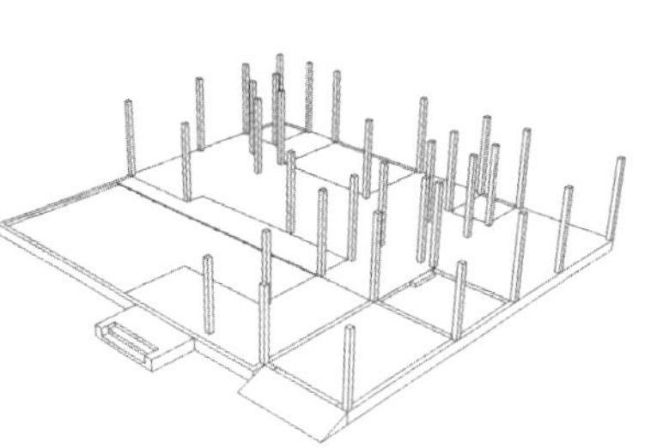
2. 建立一层结构柱

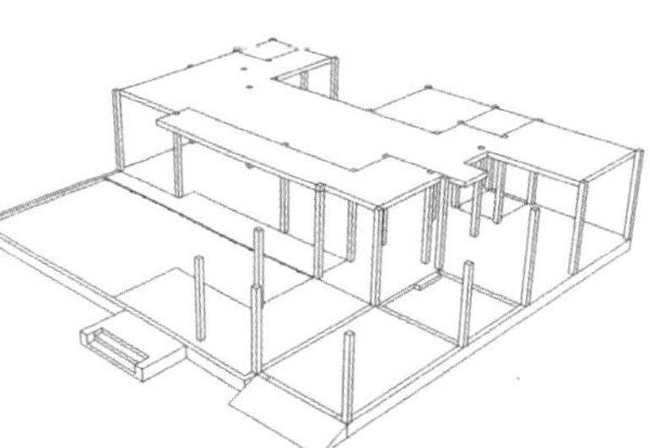
3. 建立一层楼板

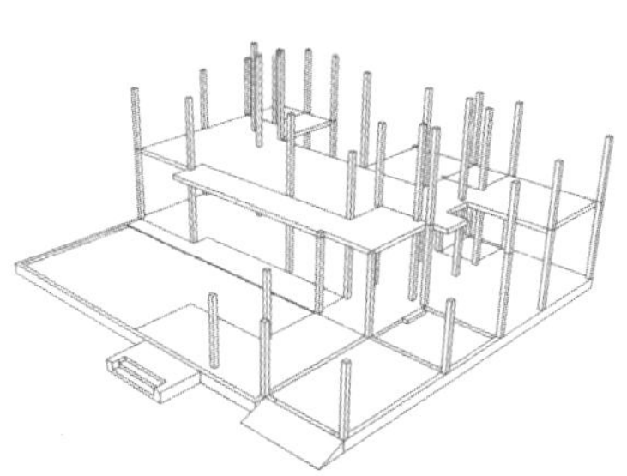
4. 建立二层结构柱

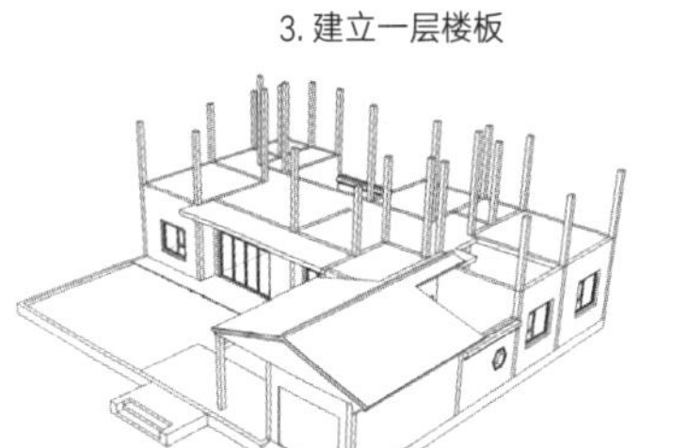
5. 建立一层围护结构

6. 建立二层围护结构

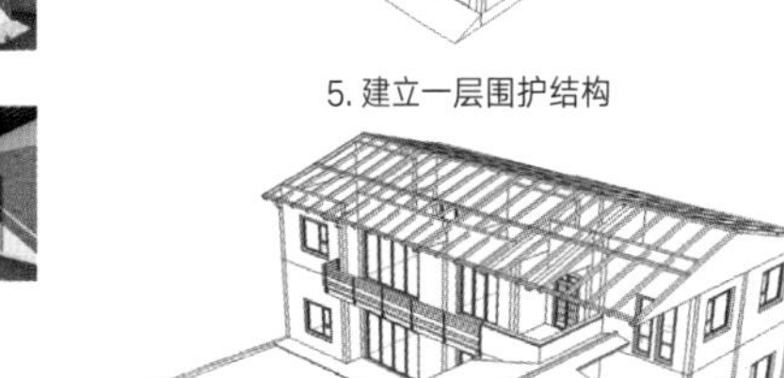
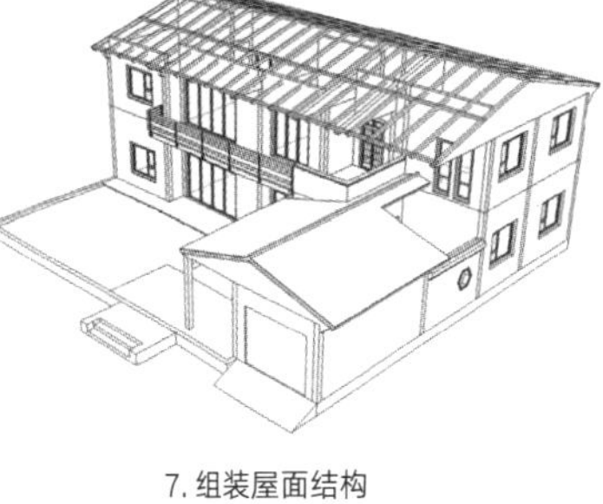
7. 组装屋面结构

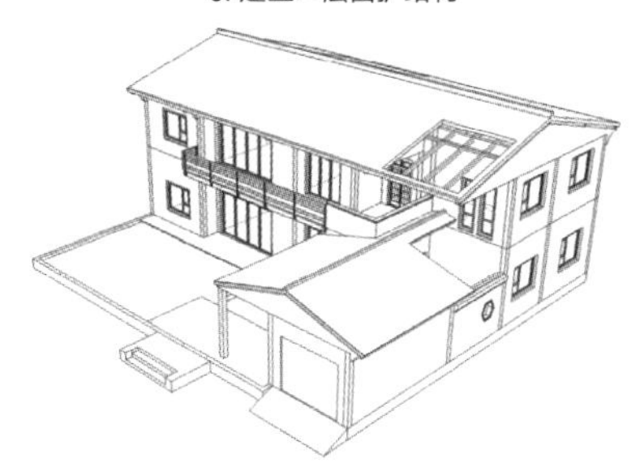
8. 搭建屋面板

9. 安装太阳能板

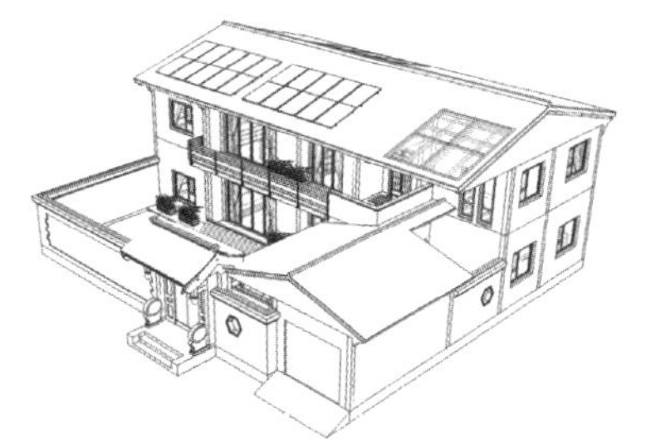
10. 建立围墙、大门，布置家居

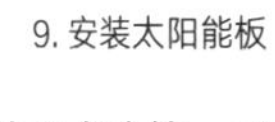

通过装配式建筑，可以快速完成农房建造安装。建筑结构骨架采用轻钢结构，在人心理上可以给住户以安全、牢固的感觉，外部围护结构则采用当地秸秆等，通过压缩成为板材，绿色环保；屋顶天窗玻璃采光，在一定程度上减少了电能的使用；太阳能板则可以收集太阳能转为光能使用。

学校：北京工业大学　指导老师：戴俭　陈喆　郭小东　设计人员：陈梦杰　朱航杰　张瑞

【小居配齐】——皖中地区传统村落

基础调研

皖中地区传统村落人居环境现状

皖中地区简介

典型皖中村落全景图

聚落形态

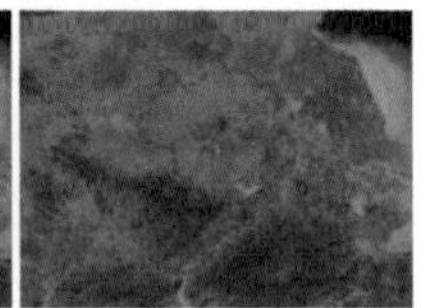

区域概况

宏观背景

地理条件：横跨多条山脉，丘陵为主。

人文环境：皖中江淮文化。

聚落形态：从12世纪开始，皖中地区迎来大批因战乱而涌入的移民，移民者按"一塘九巷"规划村落空间，形成"九龙攒珠"的聚落形态。村落以水塘为中心，村内各民居修建排水沟与其相连。张家疃村志中说："如遇到大雨，有九条水沟滚滚流入门口水塘，看起来活像九条龙在戏水，称之为'九龙攒珠'"。

皖中建筑特点

皖中江淮式院落建筑形态：因地处南北交界，皖中地区吸取了南北方建筑特色，这里既有南方天井，又有北方院落，兼容并收。

皖中建筑结构多以抬梁与穿斗式节后，以木结构承重，青砖和红砖形成维护结构。

建筑装饰元素：多承袭南北特色，皖南马头墙元素在皖中（如三河古镇）也得到了充分的应用。

问卷数据分析：调研村民基本情况。

问卷发放150份，其中有效问卷124份。

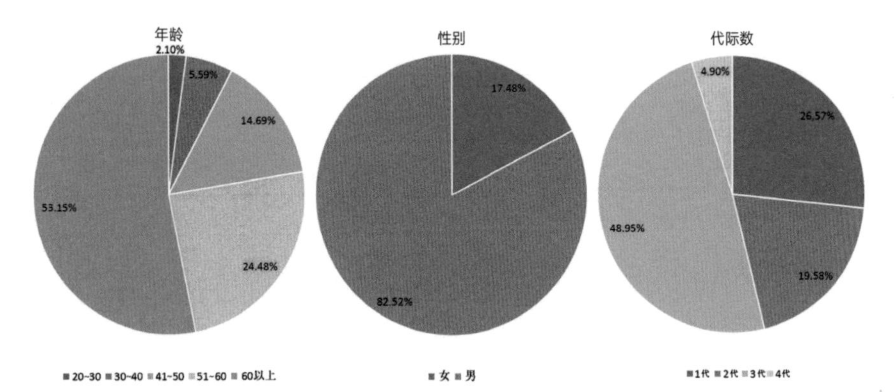

年龄

在对村民年龄调研过程中，村民多为60岁以上老年人，比例达到53.15%。

年龄在41～50岁和51～60岁的比例分别为14.69%、24.48%，两者比例相差不多。

年龄在20～30岁和30～40岁青壮年比例相对较少，仅占2.10%和5.59%。

性别

在对村民性别调研过程中，男女比例相差较大。

男性比例高达82.52%，而女性比例仅占17.48%。

代际数

在对村民基本情况调研中，代际数比例最高为3代，达到48.95%。

而代际数为1代和2代的比例分别26.57%、19.58%，两者比例相差不大。

代际数为4代较为罕见，比例相对较低，为4.90%。

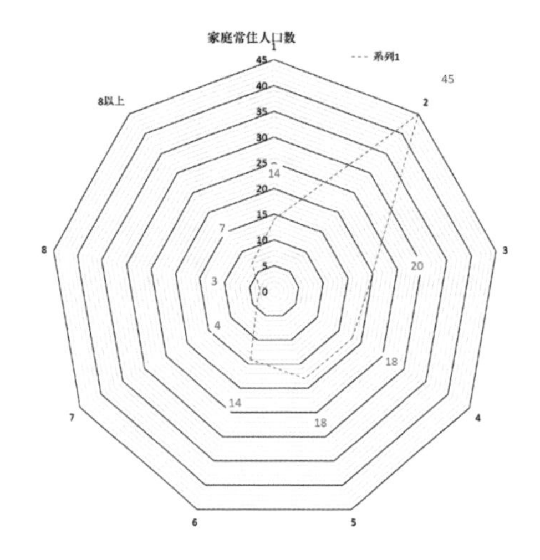

家庭常住人口数

在对村民基本情况调研中，常住人口数比例最高为2人，达到31.47%。

而常住人口数为1人、3人、4人、5人、6人比例分别9.79%、13.99%、12.59%、12.59%、9.79%，五者比例相差不大。

常住人口数为7人、8人及8人以上比例相对较低，分别为2.80%、2.10%、4.90%。

家庭常住人口数	1	2	3	4	5	6	7	8	8以上
百分比	9.79%	31.47%	13.99%	12.59%	12.59%	9.79%	2.80%	2.10%	4.90%

问卷数据分析：调研农房基本情况

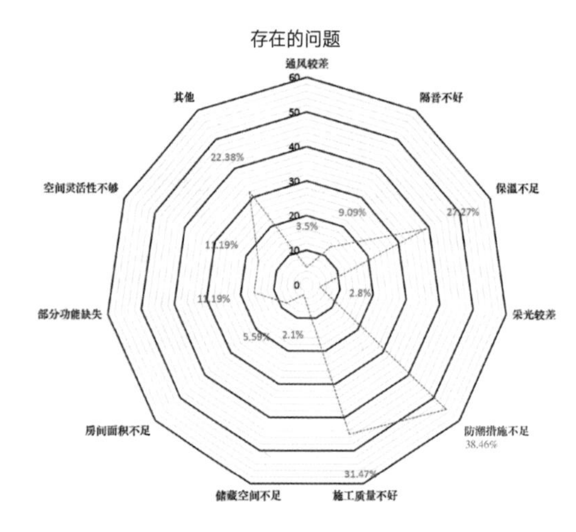

所居房屋存在的问题

在对村民所居房屋存在问题的调研过程中，发现农房施工质量不好、防潮措施不足以及保温措施不足成为房屋存在的主要问题，分别达到31.47%、38.46%、27.27%。

隔音不好、部分功能缺失、空间灵活性不够以及其他方面的问题比例分别为9.09%、11.19%、11.19%、22.38%，四者比例相差不大。

通风较差、采光较差、储藏空间不足以及房间面积不足比例相对较低，分别为3.50%、2.80%、2.10%、5.59%。

房屋所在问题	通风较差	隔音不好	保温不足	采光较差	防潮措施不足	施工质量不好	储藏空间不足	房间面积不足	部分功能缺失	空间灵活性不够	其他
户数	5	13	39	4	55	45	3	8	16	16	32
百分比	3.50%	9.09%	27.27%	2.80%	38.46%	31.47%	2.10%	5.59%	11.19%	11.19%	22.38%

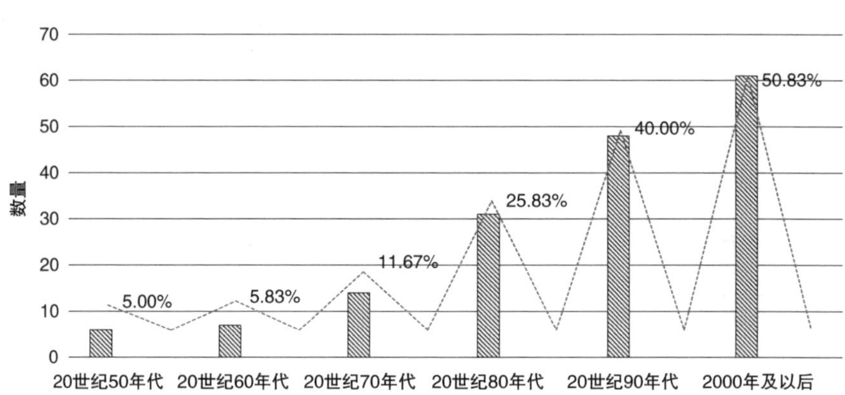

建造年代

在对农村建筑建造年代调研过程中，多数为20世纪90年代和2000年及以后建造，比例达到40.00%和50.83%。

建造年代在20世纪80年代和20世纪70年代的相对较少，比例各占25.83%、11.67%。

建造年代在20世纪60年代和20世纪50年代的房屋比较罕见，比例各占5.83%、5.00%。

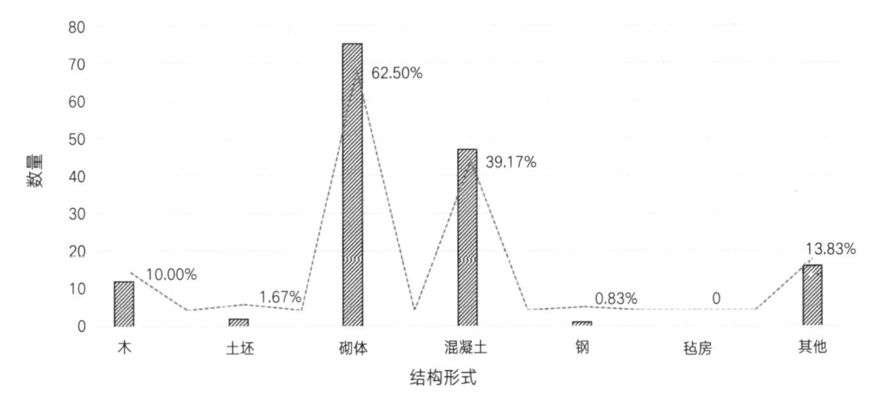

结构形式

在对农村建筑结构形式的调研过程中，多数建筑为砌体结构和混凝土结构，比例各占62.50%和39.17%。

木材、土坯、钢结构、毡房以及其他结构形式较为罕见，比例各占10.00%、1.67%、0.83%、0%、13.83%。

现状问题总结

存在问题类型		具体问题
功能使用	平面布局	房屋整体平面布局不合理
	空间使用	堂屋、卧室、厨房等功能空间布局混乱，家具与杂物摆放杂乱无序
		庭院缺乏合理设计，主要用来堆放杂物，散养家禽
		宅基地面积过大，土地资源浪费
	采光通风	房间多为大进深单元，窗地比不符合标准，室内昏暗，采光较差； 除堂屋外，其他空间北面未开门窗，通风效果不佳
	建筑空置	建筑空置现象严重。大量农房无人居住，村庄小学及幼儿园等公共建筑废弃，部分房屋面临倒塌危险，存在安全隐患
立面外观	立面风貌	新建建筑缺乏统一管理，建筑风格纷杂化，色彩不协调
	立面造型	农房不断摒弃传统的农居建筑形式，对城市建筑式样盲目跟风，“纷杂化”的造型与当地历史文化、自然生态环境不协调
	立面色彩	合肥农村传统色彩随着新农村建设对色彩元素掌控不到位，缺乏色彩控制，取而代之的是建筑中大面积的使用各类配合不佳的色彩
结构支撑	结构类型	合肥农村住宅一般无建筑师参与，大部分为村民自建，建筑材料取自当地
施工建造	结构设计	设计不合理，无正规设计图纸，施工随意性大
	施工质量	施工人员技术水平低，质量得不到保证，缺乏基本的建筑施工知识，施工不得要领
低碳节能	围护结构热工性能差	墙体、屋顶、门窗等围护结构保温隔热以及气密性差
	可再生能源利用率低	太阳能真空管热水器安装杂乱无章；太阳能光伏板应用少；沼气及其他可再生能源如土壤地热能利用率低
	经济投入少	建筑构造技术较为落后，经济落后，缺少政府资金支持
	节能意识弱	许多节能措施普及程度不高，村民节能意识差

装配式农房的必要性

施工成本降低

构件都在工厂生产，相当于标准的产品，质量可以更好的控制，也可以节约材料

进度快

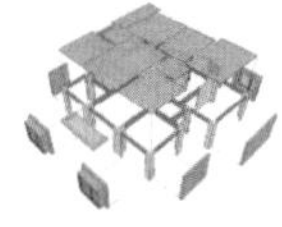

构件是标准产品运到现场就可以直接进行安装，减少现场施工强度，也可省去砌筑和抹灰工序，缩短整体工期

环境友好

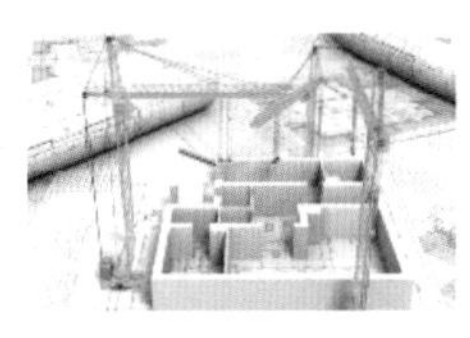

构件工厂化生产，施工现场的建筑垃圾减少，利于环保

保证建筑质量

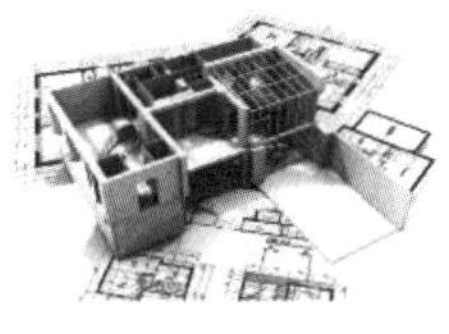

每道工序都可以像设备安装那样检查精度，保证了农房安全质量

减少劳动力

机械化程度增加，减少了现场人员的配备，节约用工成本和利于安全生产。交叉作业可以方便有序进行

航测调研

群体空间

聚落形态与空间结构（以几个典型村落为例）

名称	齐咀村	齐家疃	洪疃村
形态			
结构	树状 放射型	网格型	网格型

在聚落的产生与发展演绎中，人文、经济、历史条件及自然环境都是影响其形态的重要因素。“九龙攒珠”文化下的聚落形态。村庄以水塘为中心，村内各民居修建排水沟与其相连。如皖中聚落齐咀村、齐家疃、洪疃村以“九龙攒珠”为原型，构成风格各异的聚落结构。皖中水系更多大方直接，以水系形成了村落肌理发展趋势。

大甘村沿路带状分布，一条主街贯穿村落始终，主街串联村落的各功能要素，院落沿着主街单侧或者两侧院落紧凑布置。

古城镇大甘村

古城镇北郑村

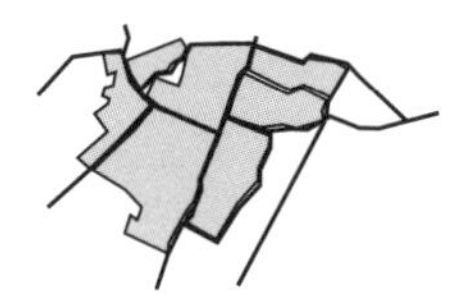

北郑村呈集中式布局，主要道路连接组团空间，巷道连接着各个院落空间。

八斗镇上张村

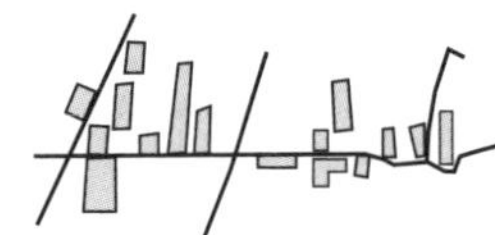

上张村呈鱼骨式布局，由一条主街串联各个组团单元，由主街向两侧辐射多条支巷，支巷连接着各个院落空间。北郑村整体布局主次系统完整且明确。

建筑平面特性

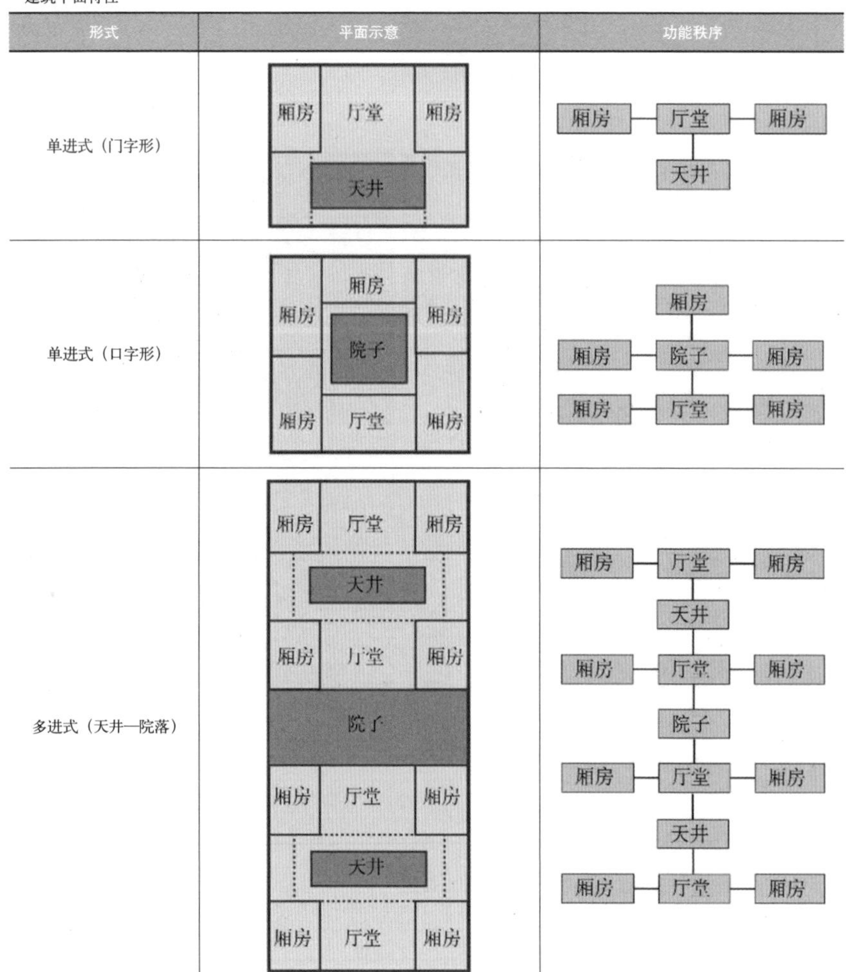

形式	平面示意	功能秩序
单进式（门字形）	厢房、厅堂、厢房；天井	厢房—厅堂—厢房；天井
单进式（口字形）	厢房、厢房、厢房；院子；厢房、厅堂、厢房	厢房；厢房—院子—厢房；厢房—厅堂—厢房
多进式（天井—院落）	厢房、厅堂、厢房；天井；厢房、厅堂、厢房；院子；厢房、厅堂、厢房；天井；厢房、厅堂、厢房	厢房—厅堂—厢房；天井；厢房—厅堂—厢房；院子；厢房—厅堂—厢房；天井；厢房—厅堂—厢房

综述：皖中地区以江淮建筑为代表，因地势平坦开阔，建筑占地面积与皖南相比更大，形成大面阔、大开间的形式。

轴线：皖中地区将皖南与皖北文化兼容并收，建筑既包含南方的天井，亦包含北方的合院。江淮式天井民居以天井作为建筑序列的中心，形成天井—厅堂轴线，布局紧凑而精巧。

院落式民居：以院子为中心，围绕其布置不同的功能房间，建筑局部两层形成高低错落之感。

天井—院落式民居：结合了前两者的特点，以院子串联整个建筑序列，形成厅堂—天井—院落—天井—厅堂的中轴秩序。

风貌元素提取与传承

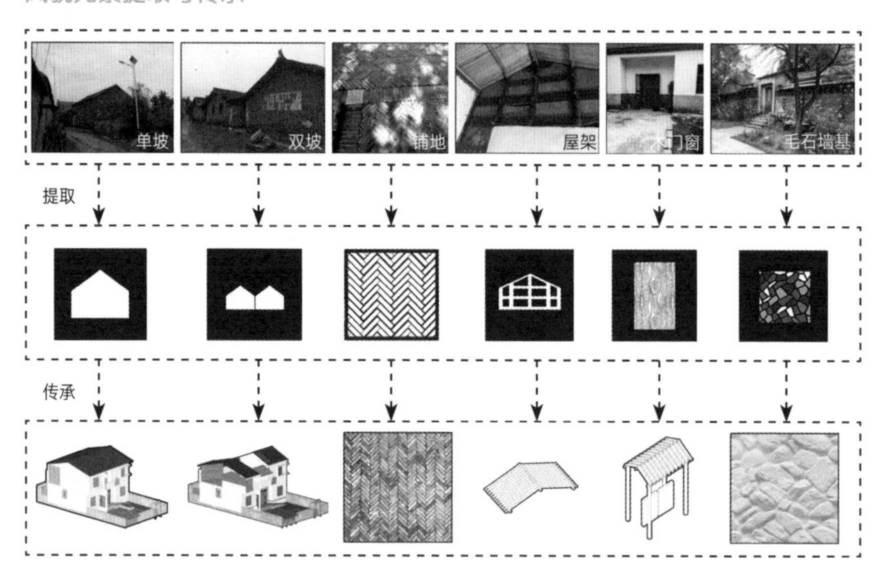

皖中地区代表农房测绘图纸

大俞村农房 1

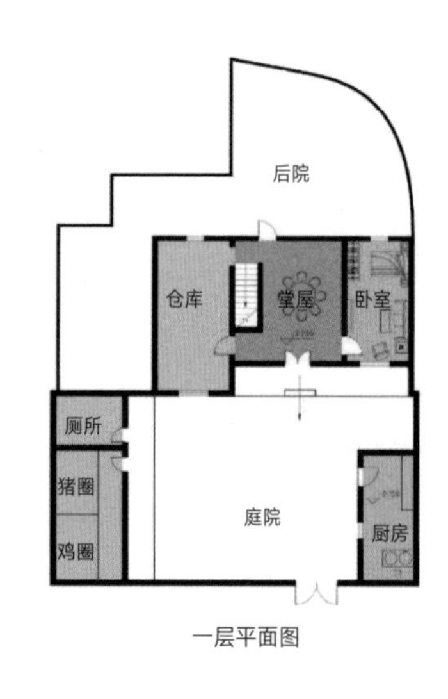

一层平面图

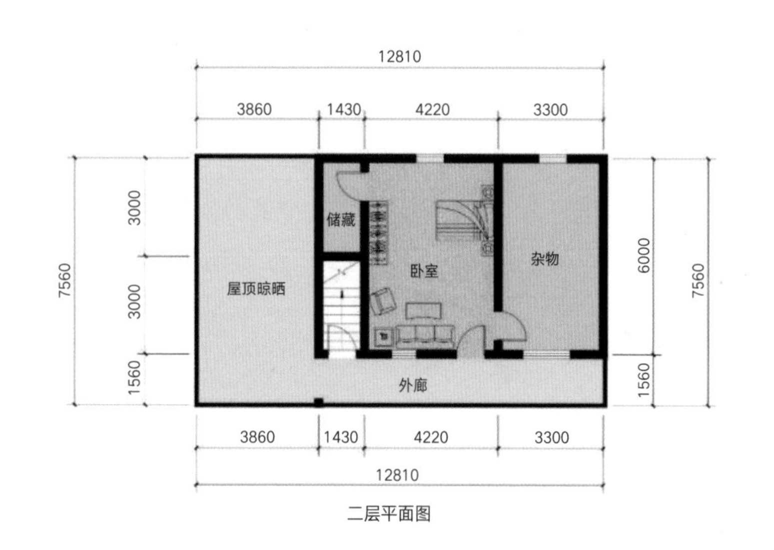

二层平面图

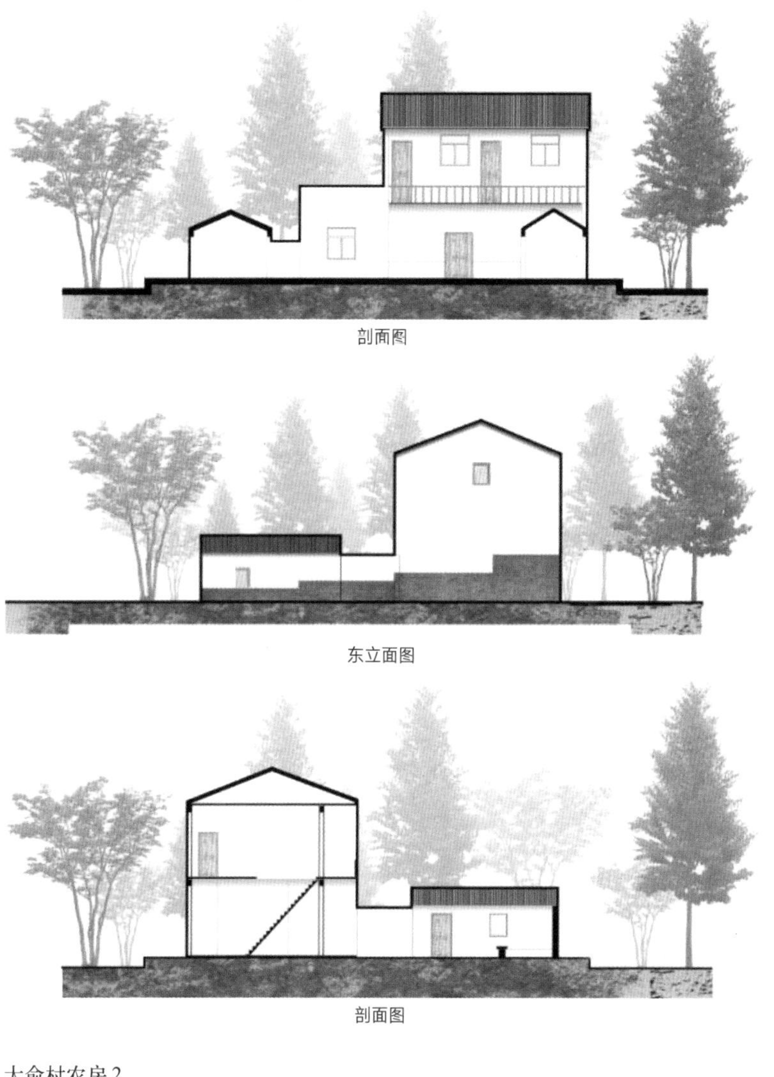

剖面图

东立面图

剖面图

大俞村农房 2

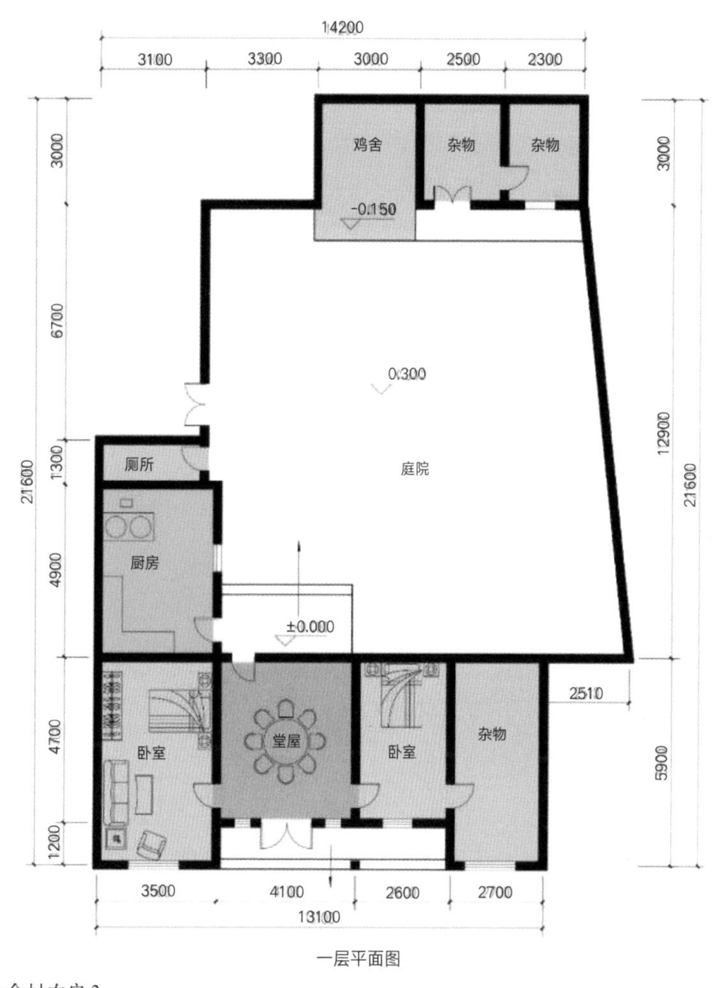

一层平面图

大俞村农房 3

剖面图

南立面图

一层平面图

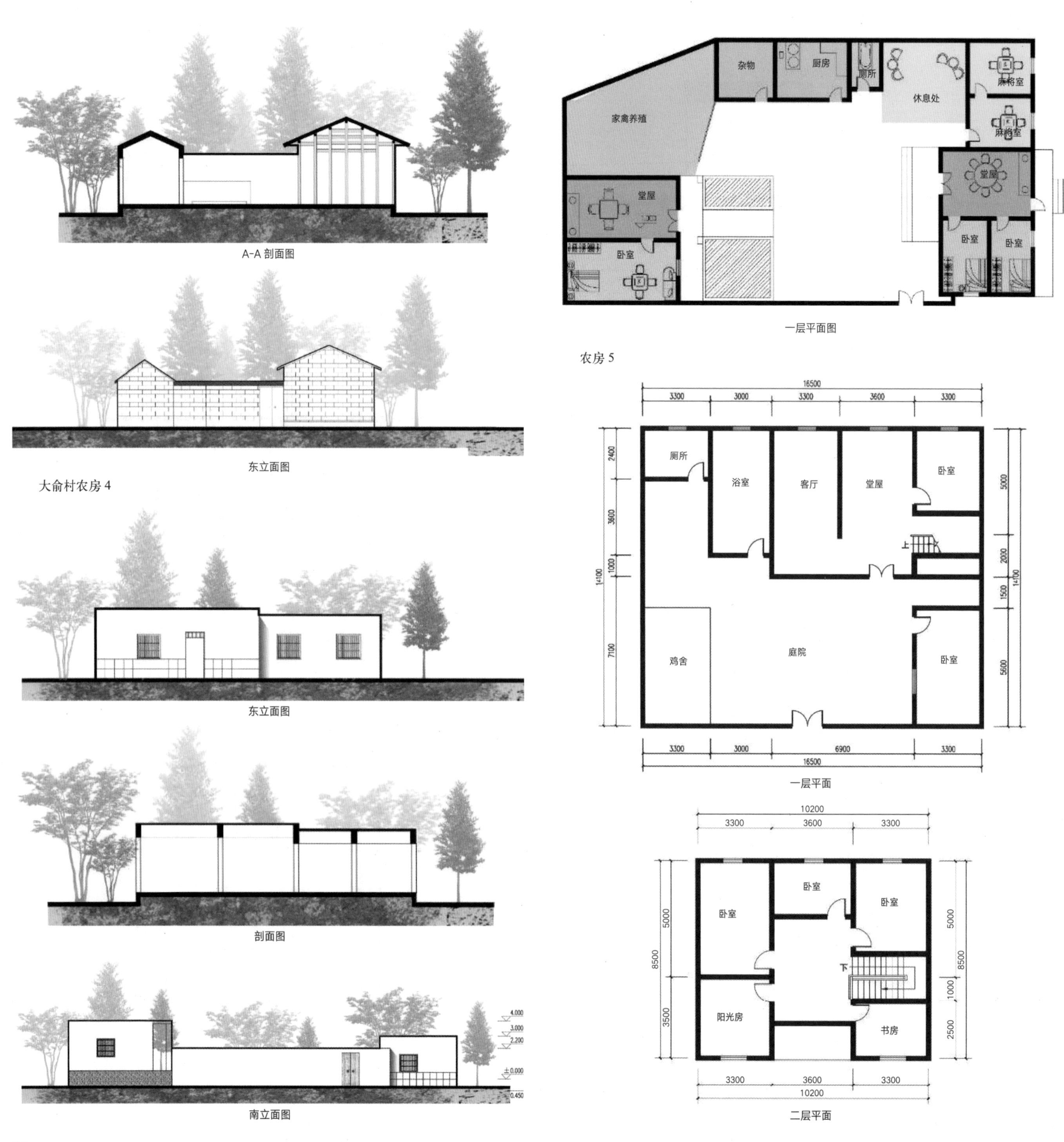

A-A 剖面图

东立面图

大俞村农房 4

东立面图

剖面图

南立面图

一层平面图

农房 5

一层平面

二层平面

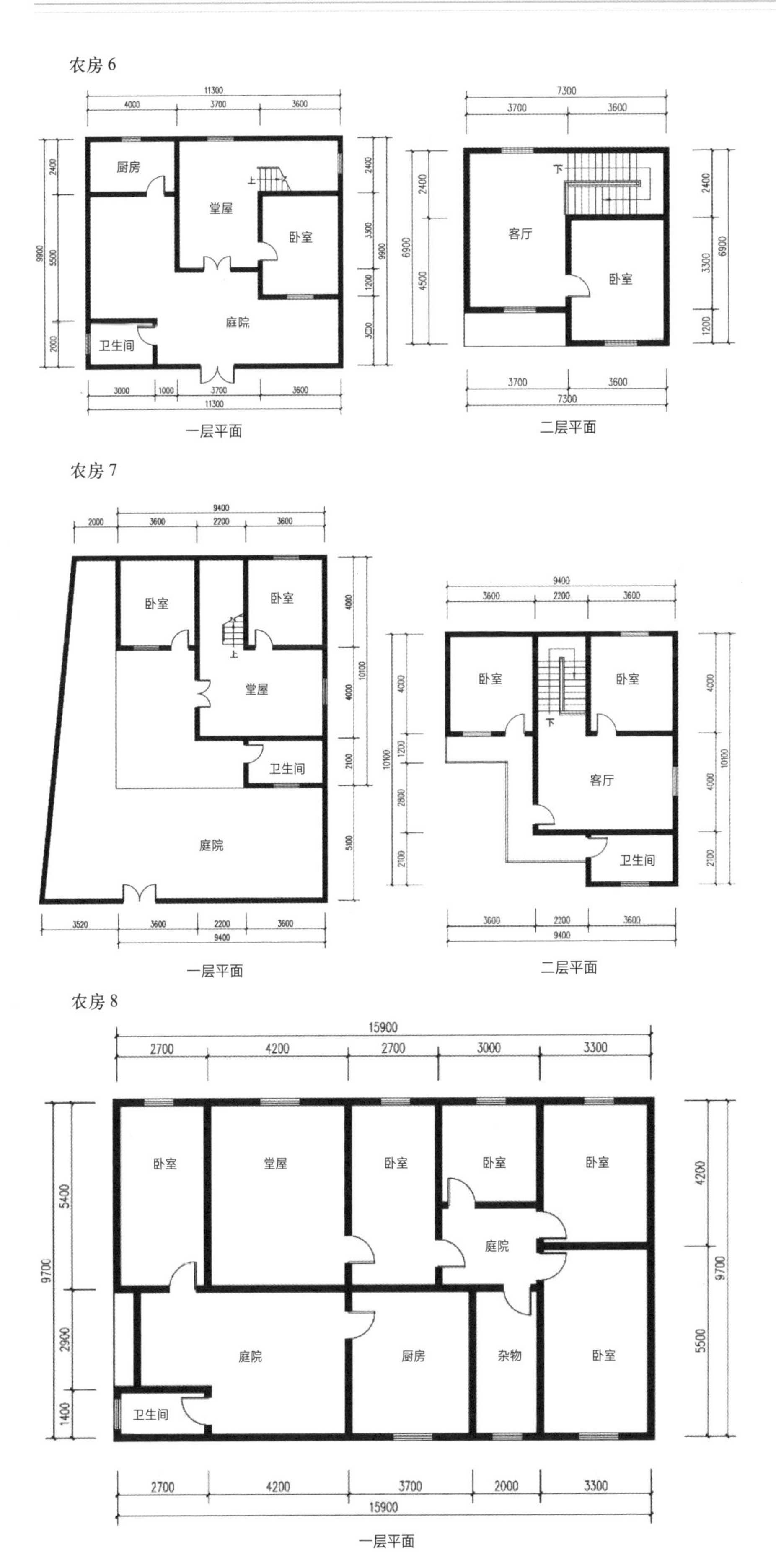

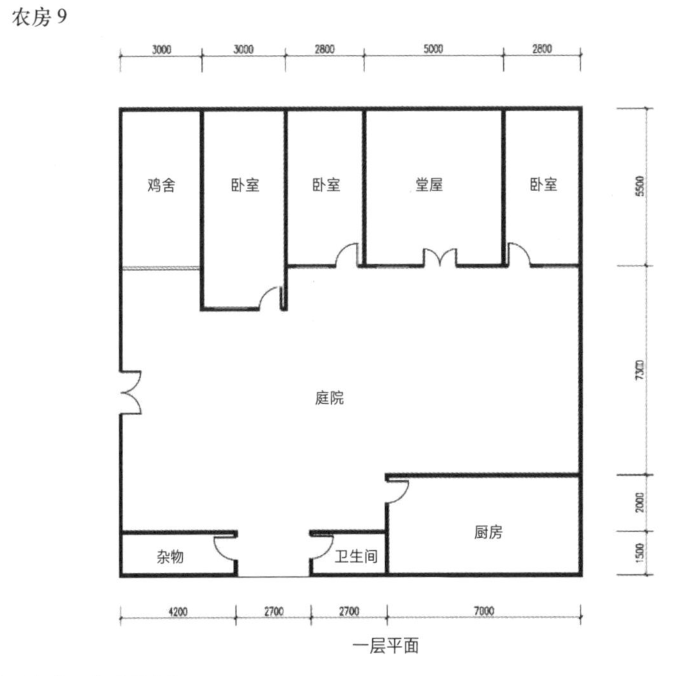

新型农房设计

基础图纸

总平面图

鸟瞰图

效果图

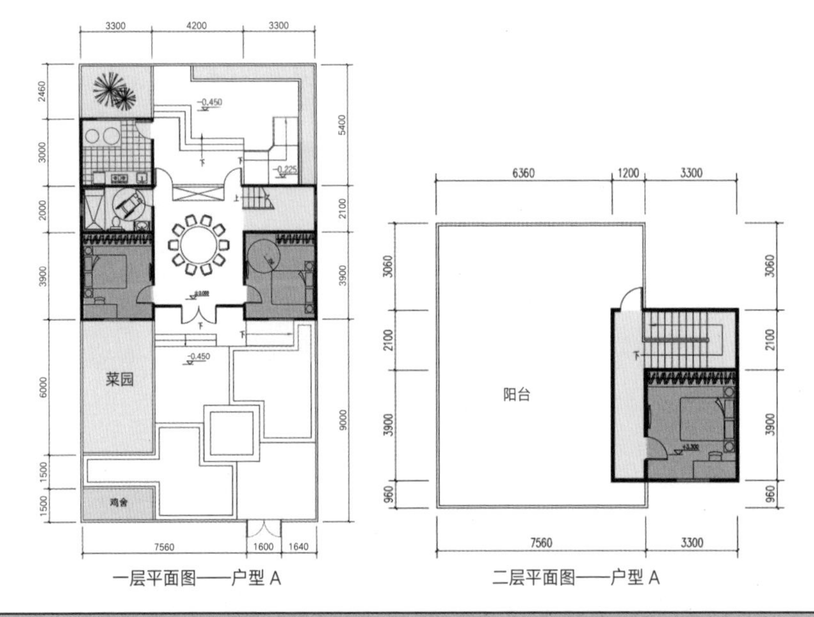

一层平面图——户型 A　　二层平面图——户型 A

户型 A		
基本间	面积	个数
楼梯间模块	6.93m²	1
厨房模块	9.90m²	1
卫生间模块	6.93m²	1
卧室模块	12.87m²	3
堂屋模块	22.68m²	1
总面积	100.87m²	

南立面——户型 A

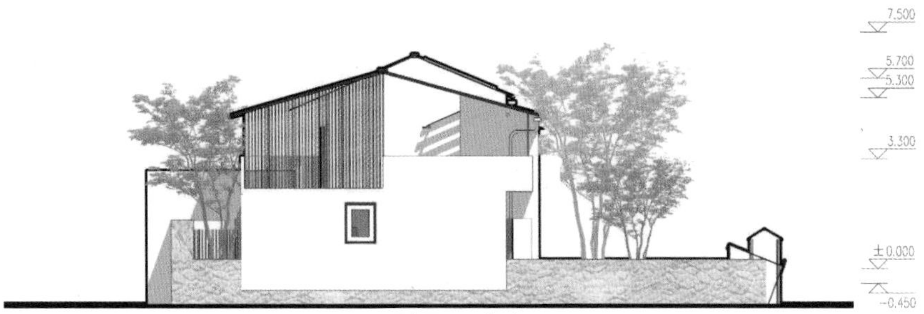

西立面——户型 A

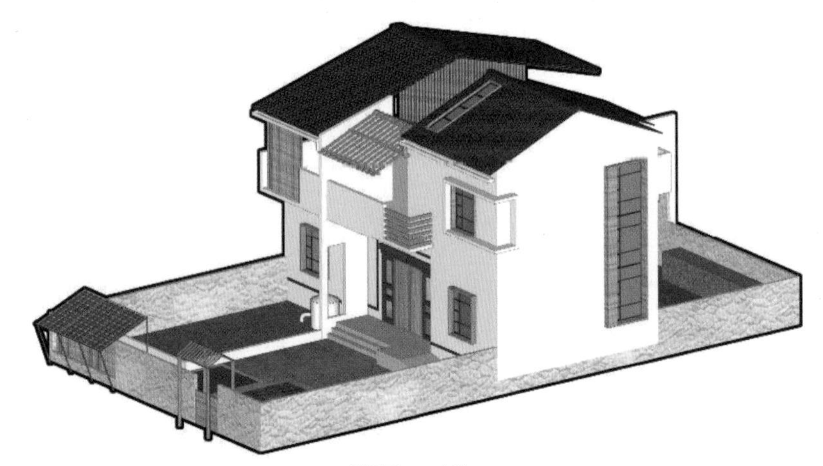

轴测图——户型 A

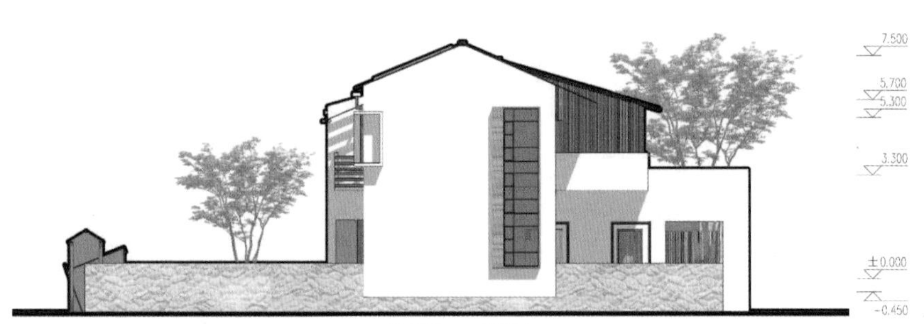

东立面——户型 A

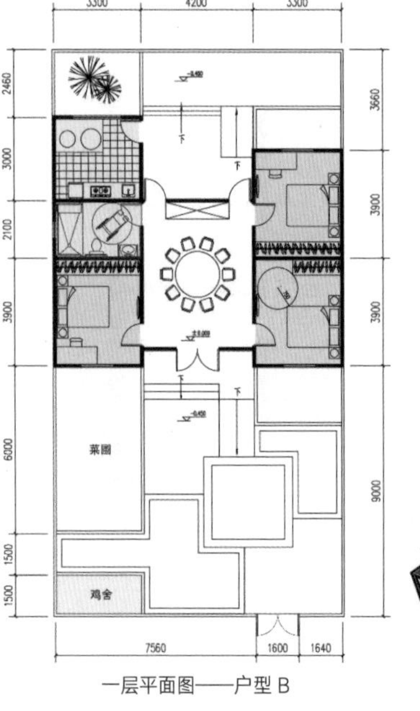

一层平面图——户型 B

轴测图——户型 B

户型 B		
基本间	面积	个数
楼梯间模块	6.93m²	1
厨房模块	9.90m²	1
卫生间模块	6.93m²	1
卧室模块	12.87m²	3
堂屋模块	22.68m²	1
总面积	90.14m²	

户型 C			
基本间		面积	个数
楼梯间模块		6.93m²	1
厨房模块		9.90m²	1
卫生间模块		6.93m²	1
卧室模块	I	12.87m²	5
	II	15.84m²	1
堂屋模块		22.68m²	1
总面积		133.93m²	

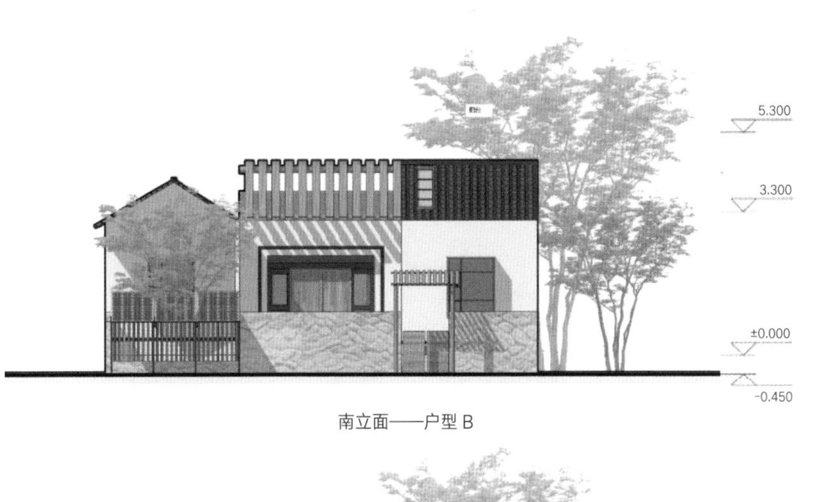

南立面——户型 B

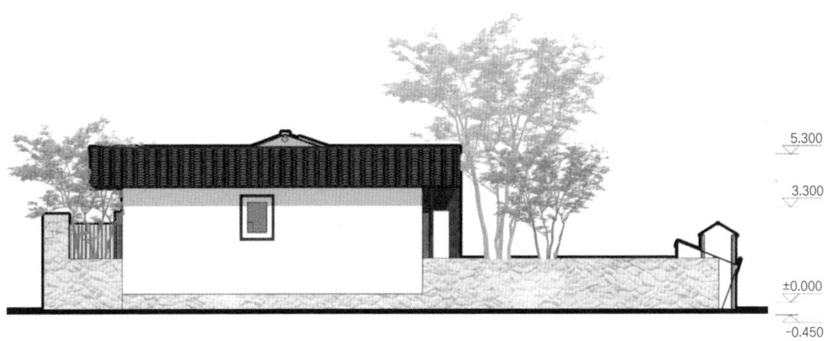

西立面——户型 B

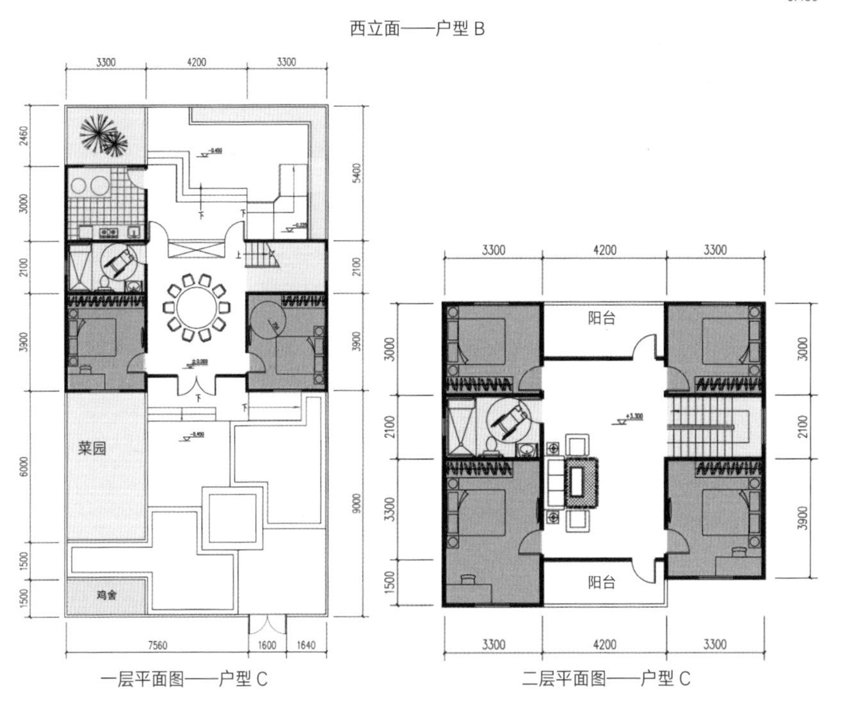

一层平面图——户型 C

二层平面图——户型 C

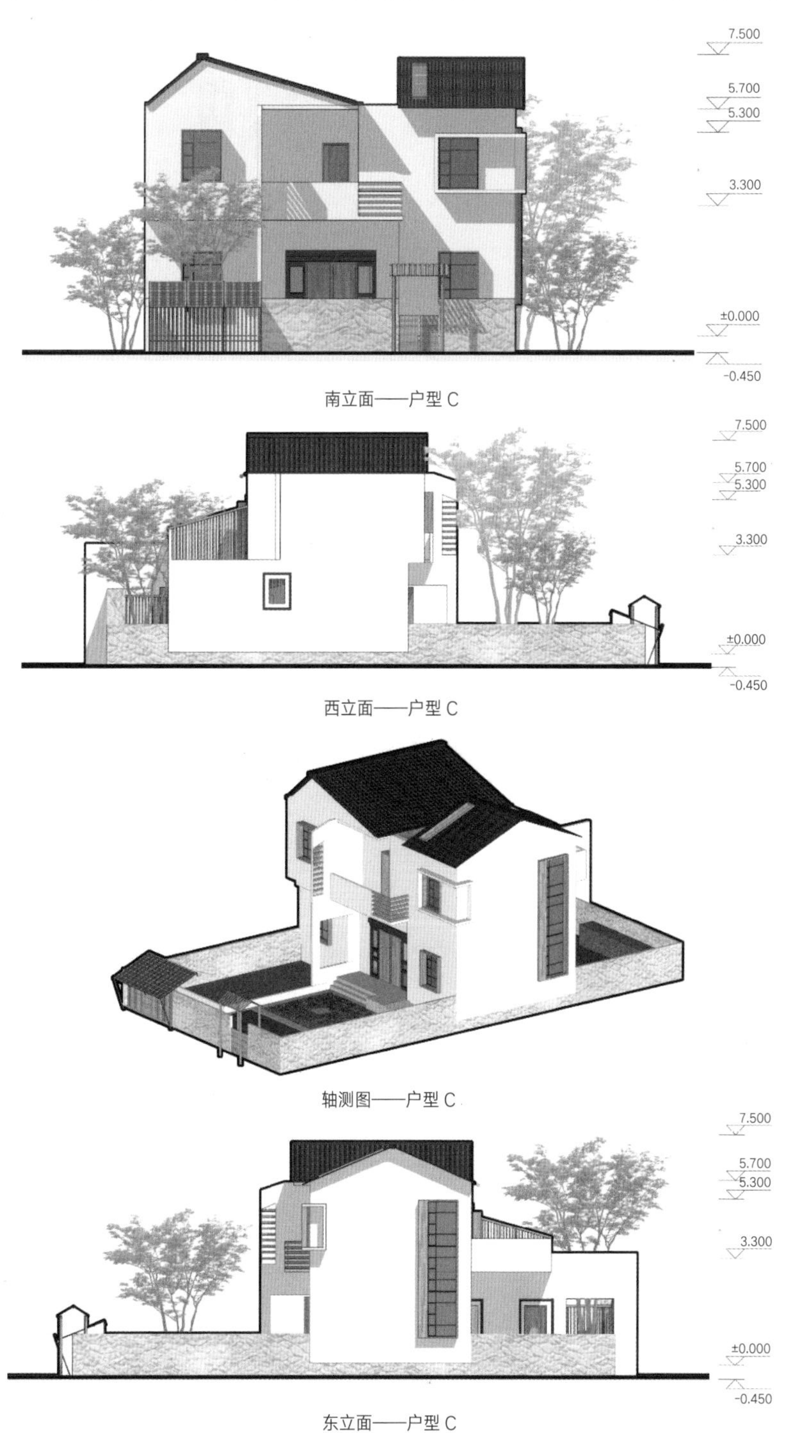

南立面——户型 C

西立面——户型 C

轴测图——户型 C

东立面——户型 C

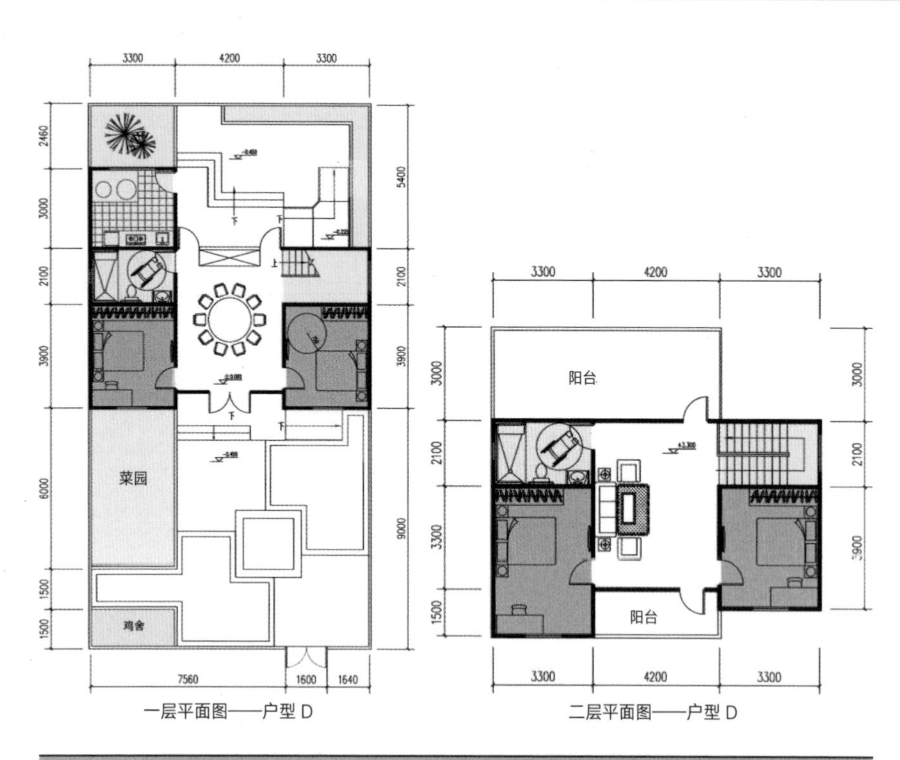

一层平面图——户型 D　　二层平面图——户型 D

户型 D			
基本间		面积	个数
楼梯间模块		6.93m²	1
厨房模块		9.90m²	1
卫生间模块		6.93m²	1
卧室模块	I	12.87m²	3
	II	15.84m²	1
堂屋模块		22.68m²	1
总面积		110.89m²	

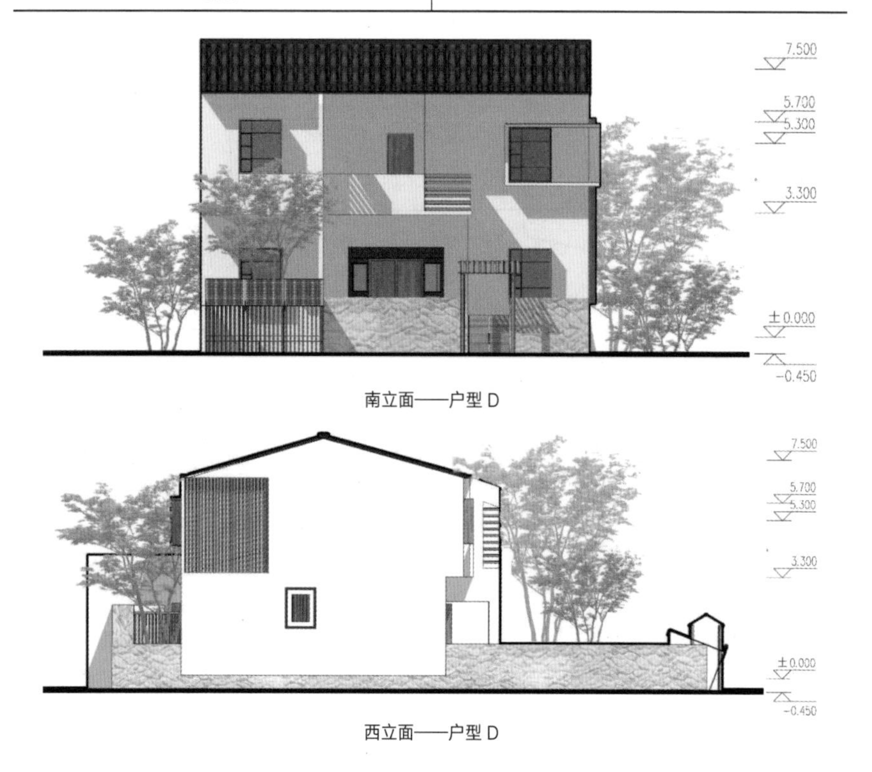

南立面——户型 D

西立面——户型 D

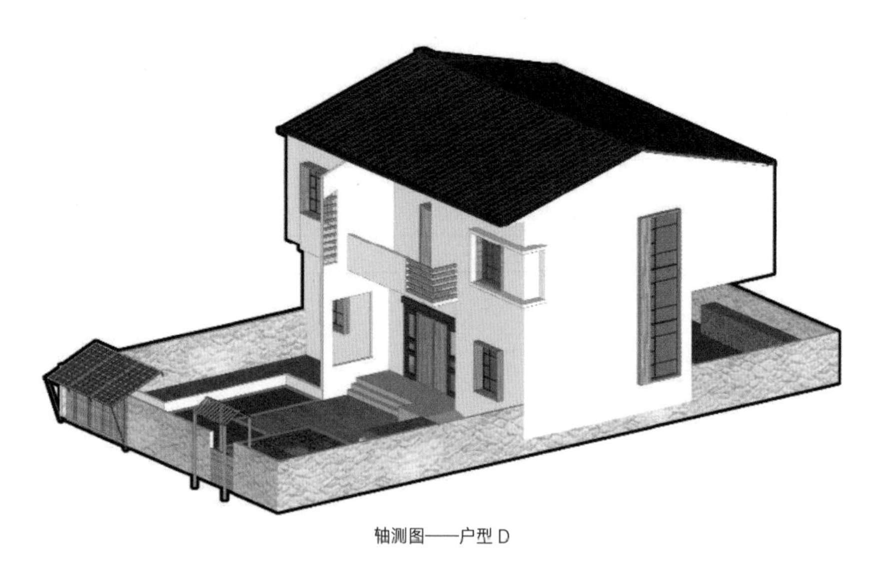

轴测图——户型 D

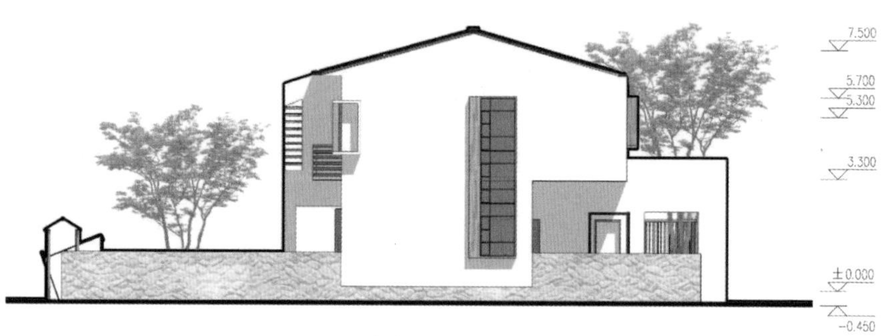

东立面——户型 D

装配式概念分析

装配式农房设计逻辑图

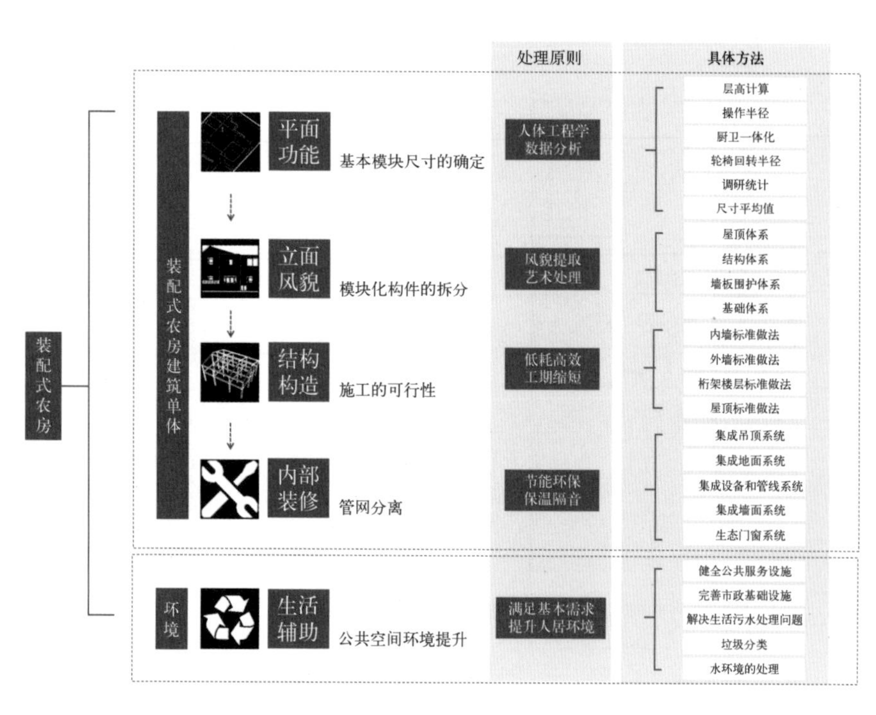

各模块调研数据

被测农房堂屋面积统计表

	L1	L2	L3	L4	L5	L6	X1	X2	X3	平均值
开间（mm）	4200	4100	3800	3800	4200	5000	3600	3700	4000	4044
进深（mm）	6000	4700	5200	5240	5400	5500	5000	5700	5800	5393
面积（m^2）	25.2	19.27	19.76	19.91	22.68	27.5	18.00	21.09	23.20	21.85

结论：根据既有农房中堂屋平均开间进深尺寸得到新建装配式农房中堂屋模块的开间进深尺寸。

被测农房卧室数量及面积统计表

	L1	L2	L3	L4	L5	L6	X1	X2	X3	平均开间尺寸（mm）	平均进深尺寸（mm）
开间进深（mm）	6000×3300（一间）	5900×3500（一间）	5200×2800（一间）	3450×5820（一间）	2700×5400（两间）	2800×5500（两间）	3300×5000（一间）	3600×4500（两间）	3600×4000（四间）	3868	4514
	4220×6000（一间）	4700×2800（一间）	5200×2600（一间）	5820×3450（一间）	3300×4200（一间）	3000×7000（一间）	3300×5000（两间）				
				2750×4200（一间）	3300×5500（一间）		3600×7000（一间）				
				2490×4200（一间）	3000×3100（一间）						

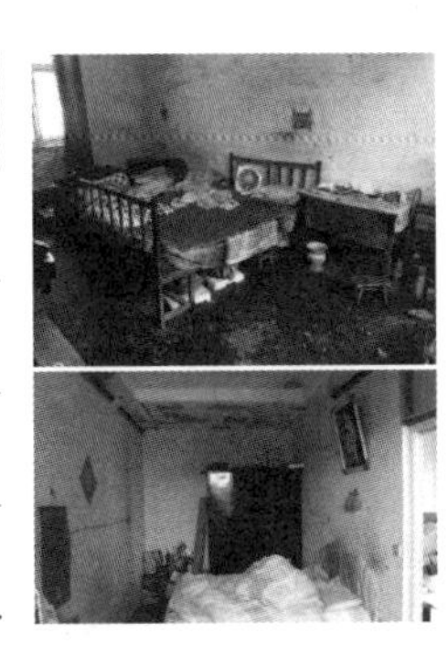

结论：根据既有农房中卧室平均尺寸，得到新建装配式农房中卧室模块尺寸基本依据以及卧室的数量，再考虑农房的空间合理利用和大、中、小三种卧室的灵活选择。

被测农房厨房面积统计表

	L1	L2	L3	L4	L5	L6	X1	X2	X3	平均值
开间（mm）	6300	4900	5600	4200	3700	3500	3300	2400	2400	4033
进深（mm）	2750	3500	3220	3300	5500	7000	5600	4000	5000	4430
面积（m^2）	17.33	17.15	18.03	13.86	20.35	24.50	18.48	9.600	12.00	16.81

结论：根据既有农房中厨房平均面积，确定新建装配式农房的基本面积和使用特点，同时考虑农村地区同时使用土灶和现代厨具的需求。

被测农房卫生间面积统计表

	L1	L2	L3	L4	L5	L6	X1	X2	X3	平均值
开间（mm）	2600	1300	无	1800	2700	1500	3300	2000	2100	2163
进深（mm）	3500	3100	无	2800	1400	2700	2400	3000	3600	2813
面积（m^2）	9.1	4.03	无	5.04	3.78	4.05	7.92	6.00	7.56	5.94

结论：根据既有农房中卫生间开间进深尺寸，可知农村大部分卫生间缺乏设计，尺寸面积无法满足日常生活使用，需要考虑农村地区留守老人在家设计无障碍卫生间。

基本模块的生成

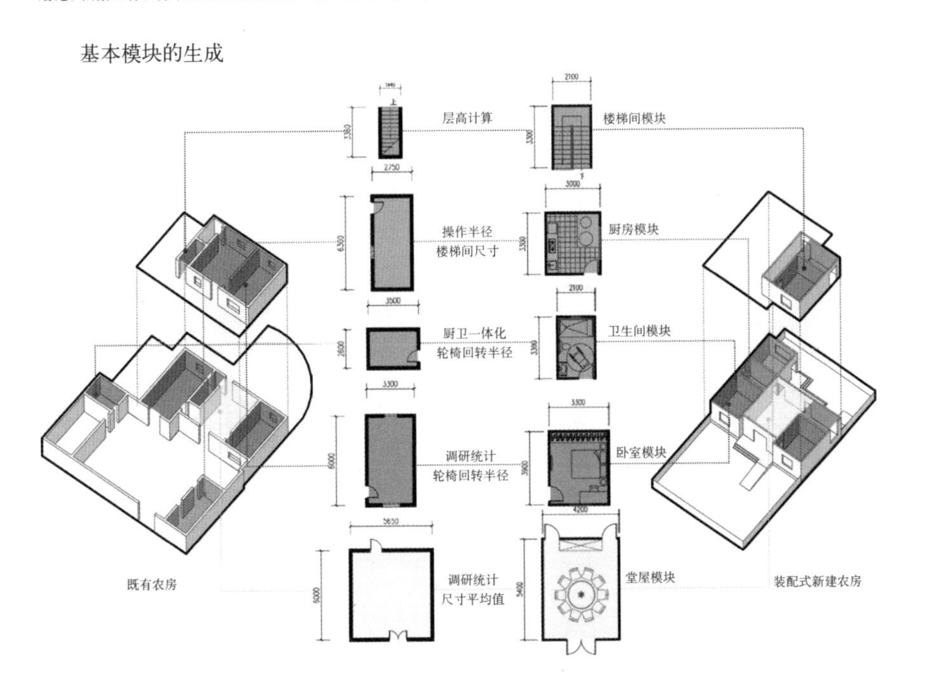

装配式结构拆解图

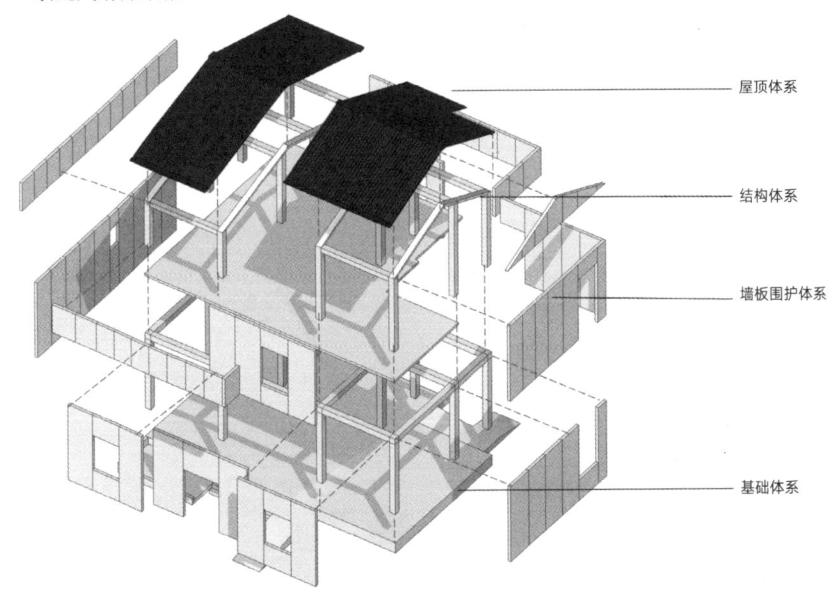

装配式结构与户型

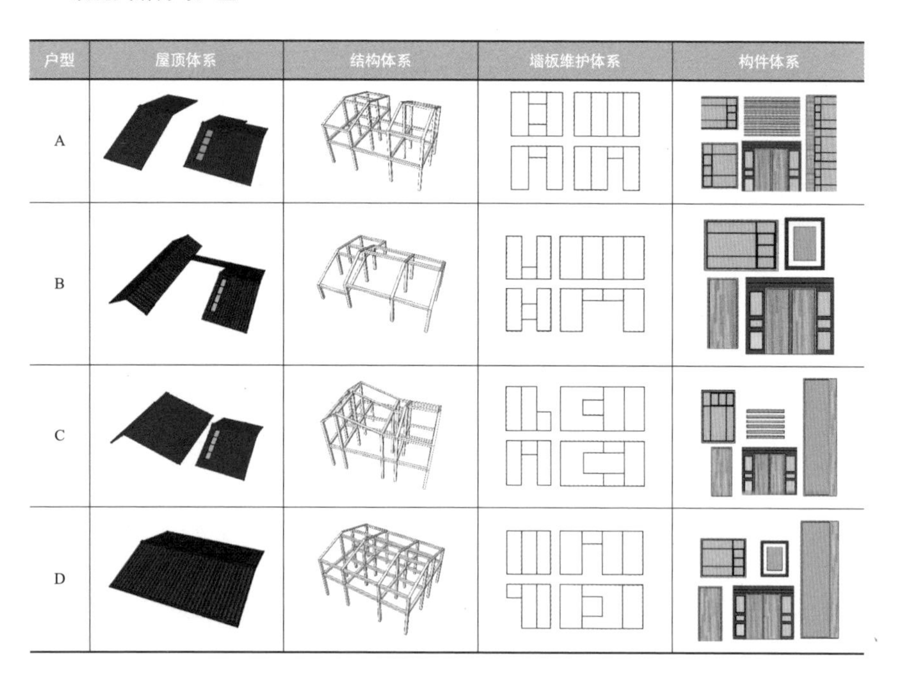

装配式农宅设计建造流程

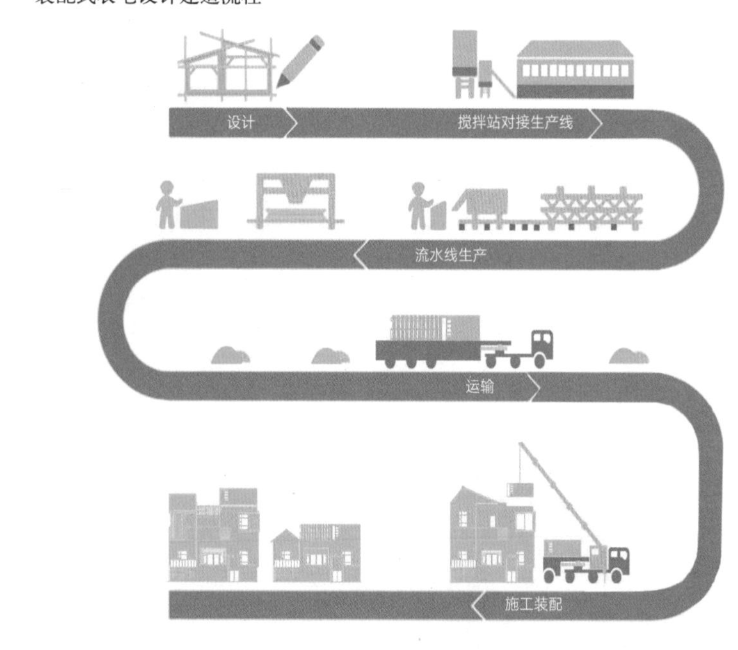

现场吊装示意图

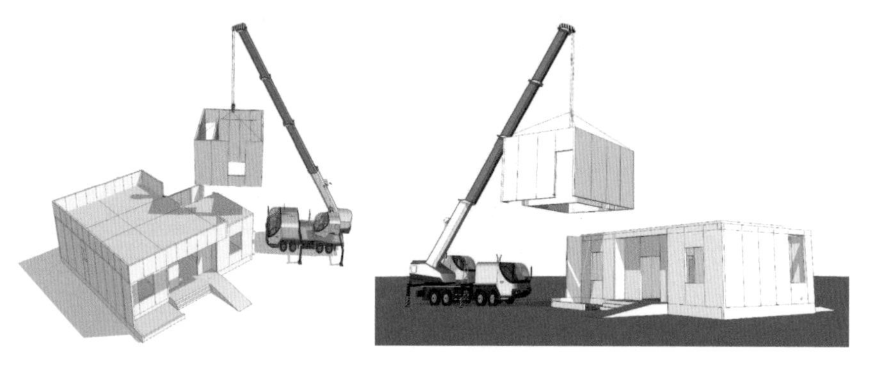

构造做法图

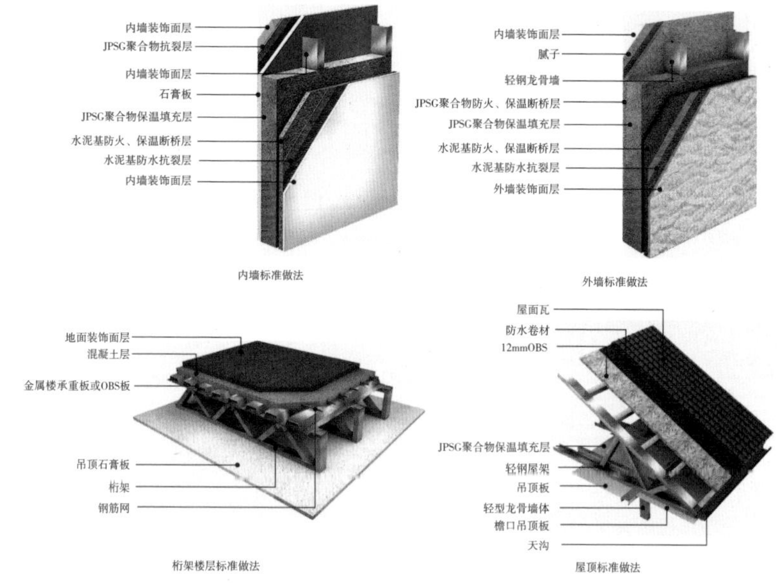

装配式农宅室内装修技术集成

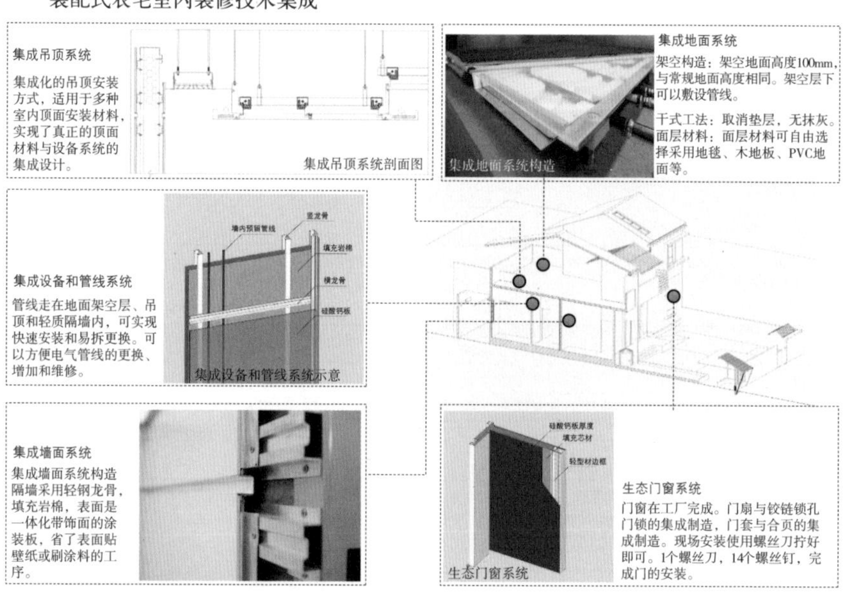

装配式农宅室内装修样板

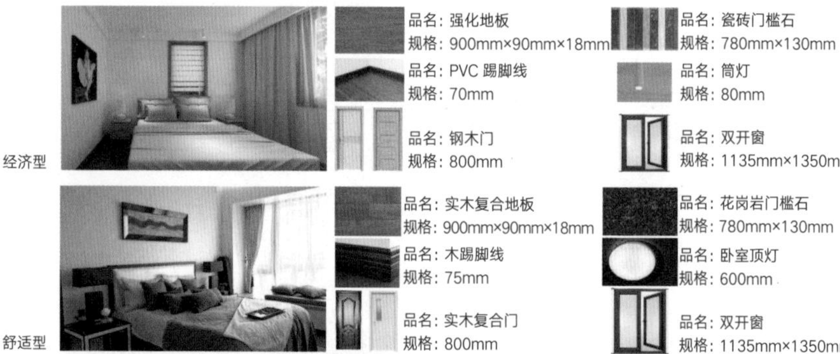

绿色节能技术分析

节能技术集成

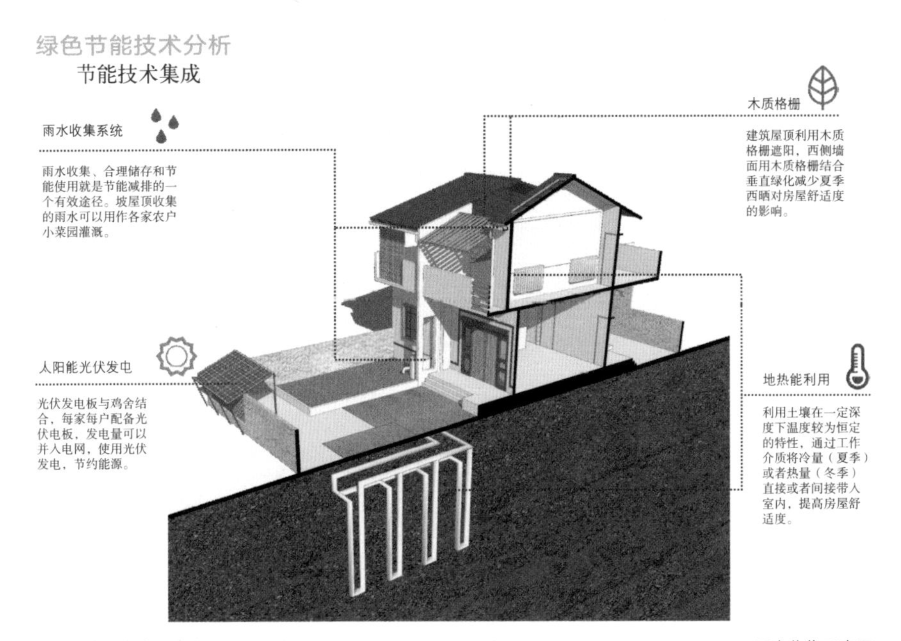

太阳能光伏发电示意图　　雨水收集示意图

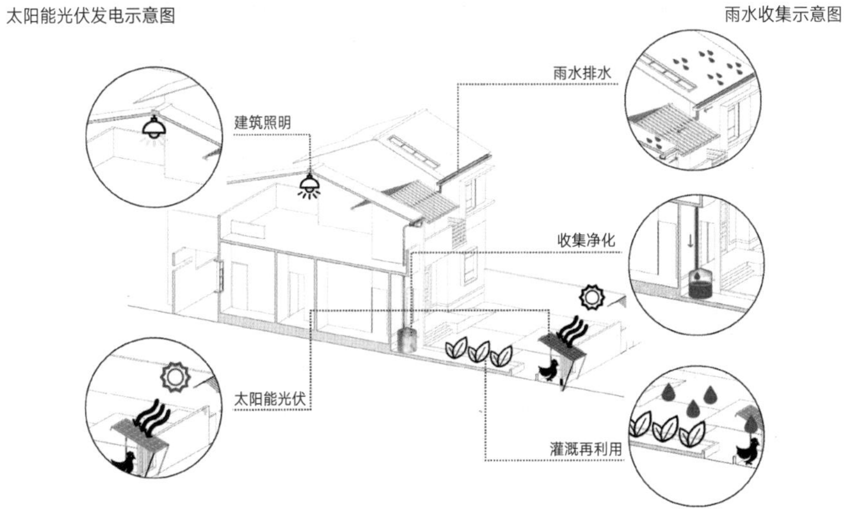

木质格栅节能示意图

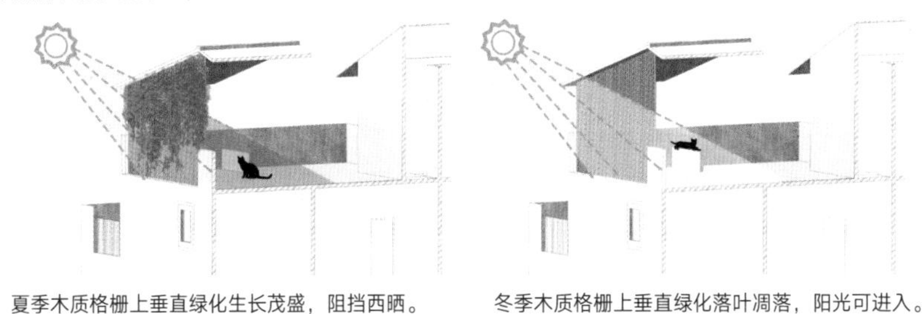

夏季木质格栅上垂直绿化生长茂盛，阻挡西晒。　　冬季木质格栅上垂直绿化落叶凋落，阳光可进入。

地热能利用示意图

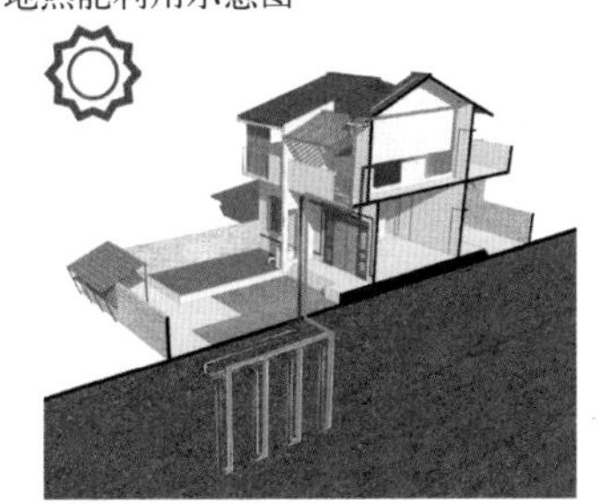

夏季闭式循环系统将室内较高的温度与地底较低的温度进行热交换，从而降低室内温度。

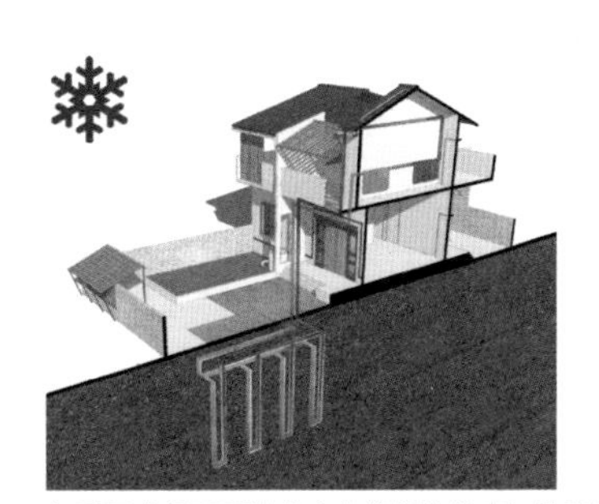

冬季闭式循环系统将室内较低的温度与地底较高的温度进行热交换，从而升高室内温度。

未来可期

模数化递增建设概念

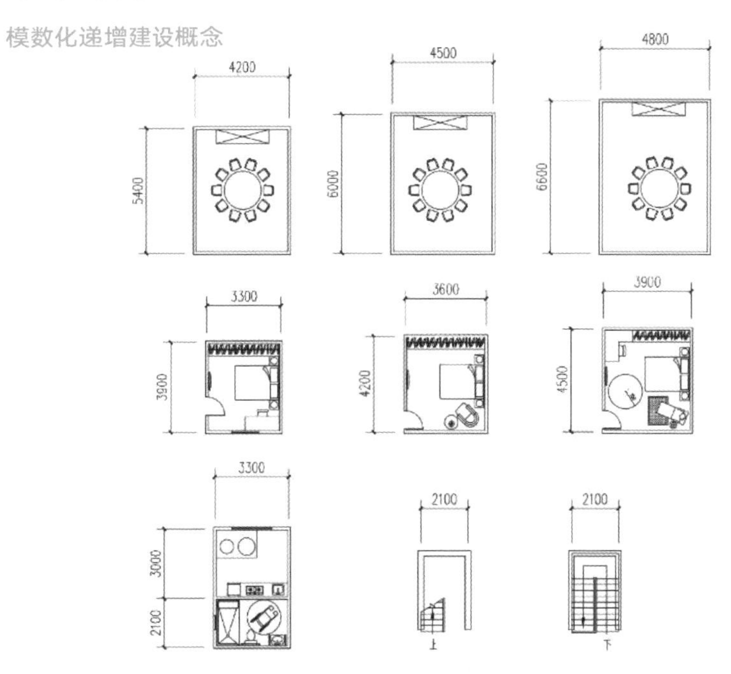

四大模块

农宅的层高选择在 3.3m 之间，墙厚 120mm。

1. 堂屋 20 ~ 35m^2，开间大于 4.2m。尺寸大小按照 300 模数递增。

2. 卧室面积面宽 3.3 ~ 3.9m，进深 3.9 ~ 4.5m。分为大、中、小三个尺寸，面积不宜大于 18m^2，不宜小于 8m^2，按照模数化依次递增。

3. 厨卫一体化，厨卫面积固定。满足残疾人厕所和大锅灶厨房的要求。

4. 楼梯间尺寸按照层高确定。

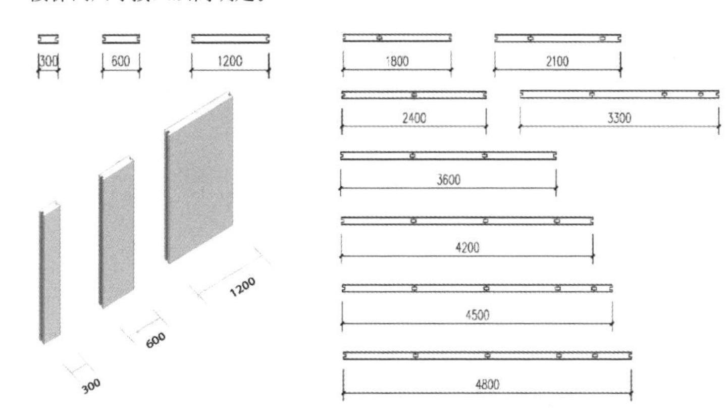

三大模数板

工厂预制三种模数板 300mm、600mm、900mm。

在运输车允许的最大范围内，先在工厂预制装配，再去现场二次装配、吊装。

模块化的组合方式

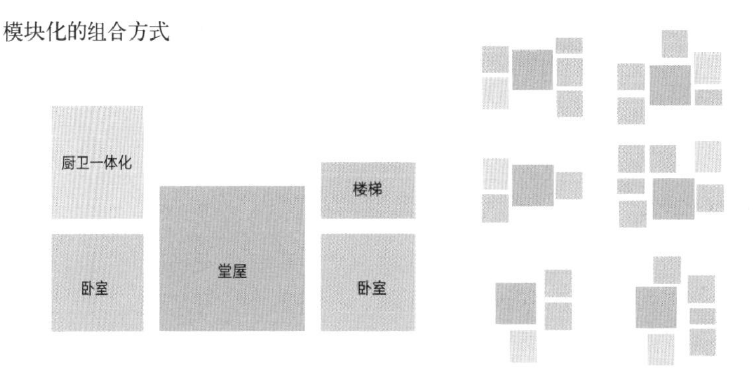

空间的灵活性

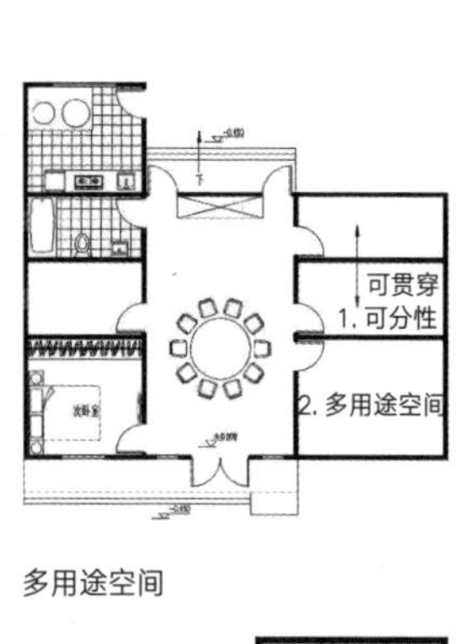

可分性

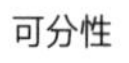

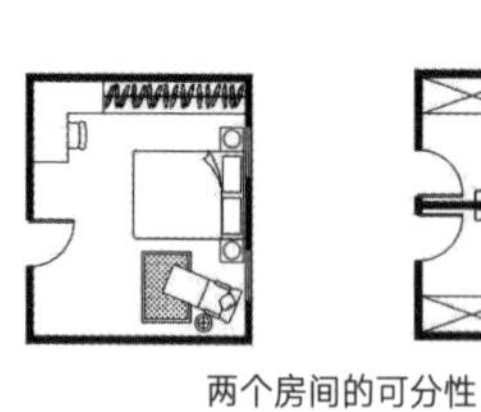

两个房间的可分性

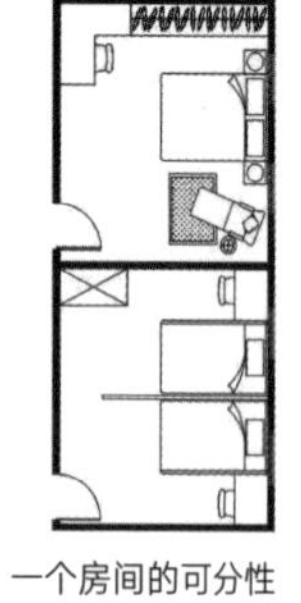

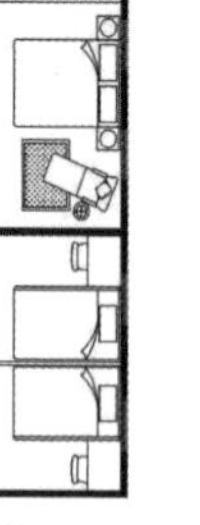

一个房间的可分性

多用途空间

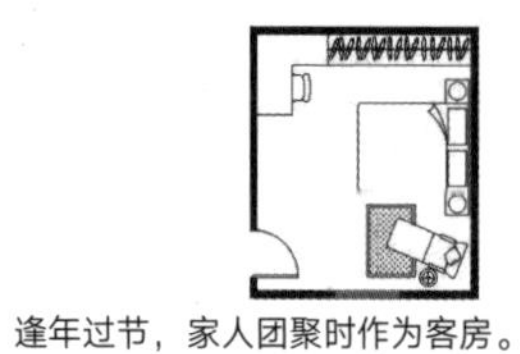

逢年过节，家人团聚时作为客房。

家人居住空间。

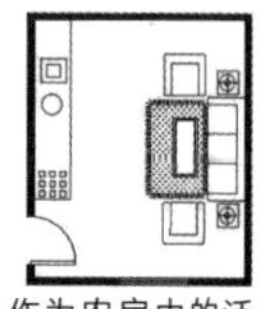

乡村农房可以根据需求改成民宿。

作为农房中的活动室、棋牌室等。

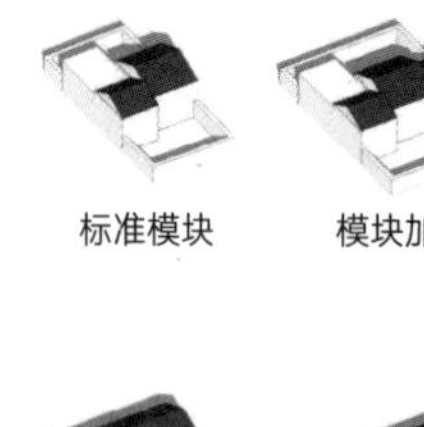

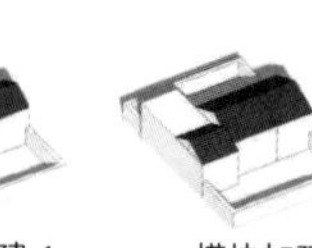

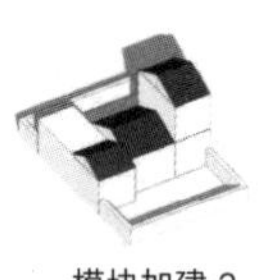

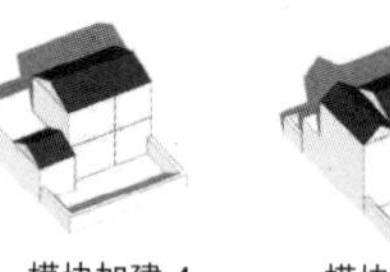

标准模块　模块加建 1　模块加建 2　模块加建 3　模块加建 4　模块加建 5

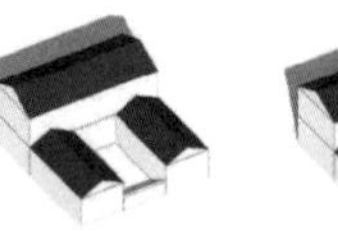

标准模块　模块加建 1　模块加建 2　模块加建 3　模块加建 4

标准模块　模块加建 1　模块加建 2　模块加建 3　模块加建 4

学校：合肥工业大学　指导老师：李早　设计人员：沈虹婷　蔚澜　李春阳　潘可　孙慧　杨成龙　崔巍懿

【锦江木屋村】——吉林省白山市锦江木屋村

调研分析

区位分析

锦江木屋村隶属于吉林省白山市漫江镇，位于漫江镇西北约5km处锦江西岸的密林。距环长白山旅游公路s302约0.8km，可谓依山傍水、交通便利。在锦江木屋村中完整保存的木屋建筑群，是满族文化在长白山的依存，历经沧桑、延续至今，完整地体现了满族民间建筑在漫漫历史长河中形成的独特风格。

气候分析

锦江木屋村属北温带大陆性季风气候，是吉林省最寒冷地区。春季昼夜温差大；夏季短，温热多雨；秋季凉爽，多晴朗天气；冬季长，干燥寒冷。市区年平均气温4.6℃，夏季最高气温历史极值36.5℃，冬季最低气温历史极值-42.2℃，年平均降水量883.4mm，日照时数2259h，无霜期140天。

锦江木屋村地处长白山腹地，境内山峰林立，绵亘起伏，沟谷交错，河流纵横。村中的土壤为山地暗棕壤土、棕色针叶林土。

锦江木屋村的植被绝大多数为红松阔叶林和针叶林。植被隶属于针阔混交林。

满族文化分析

有关“长白山虎魂记忆”，抚松境内“木屋村落旧日主人”的留守生存情景，吉林省文化人类学专家经过史学意蕴信息梳理，进行了细致感人的情节描摹：那些留守者在长白山腹地松花江上游盖房建屋，顽强热烈地生活生产，智慧地生存，渐渐分工明确，形成了五个营盘：“山场子营”负责伐木、铺道、建房；“水场子营”负责穿排、垛排、放排外运木头；“狩猎营”负责打猎捕鱼、熟皮子制衣裤；“采集营”负责春秋季节的山菜、野果以及人参土特产的采集和晾晒贮存；“烧炭营”负责在炭窑中烧制木炭，以用于冬季取暖和点燃做饭。据考，当时的烧炭营部就设在孤顶子村。如今在漫江镇孤顶子村仍可找到炭窑遗址，仿佛提示我们联想当年这座长白山木屋古村落里生动丰富的生存图景。作为后人，我们更应该保护和继承木屋传统文化。

长白山地域分析

长白山文化是中华文化的组成部分。长白山文化的内涵丰富、外延广阔，做好长白山文化资源的发掘、保护、研究、传承工作，对于实现吉林文化的发展繁荣、推动吉林的全面振兴有着重要意义。

长白山文化是吉林省独有的标志性文化，是包容吉林各民族文化、反映吉林人性格特质、凸显吉林气派的“大文化”，是以吉林为中心，辐射、渗透、影响、统领周边区域文化的代名词，是中华民族“多元一体”文化的重要组成部分，是传统渔猎文化、游牧文化、农耕文化和现代工业文明相互融合、相互激荡的复合型文化，是包括汉族、肃慎、秽貊、东胡四大族系在内的历史上各民族共同创造的融合型文化，是具有成长性、交互性、创新性、现代性的开放型文化。

设计路线图

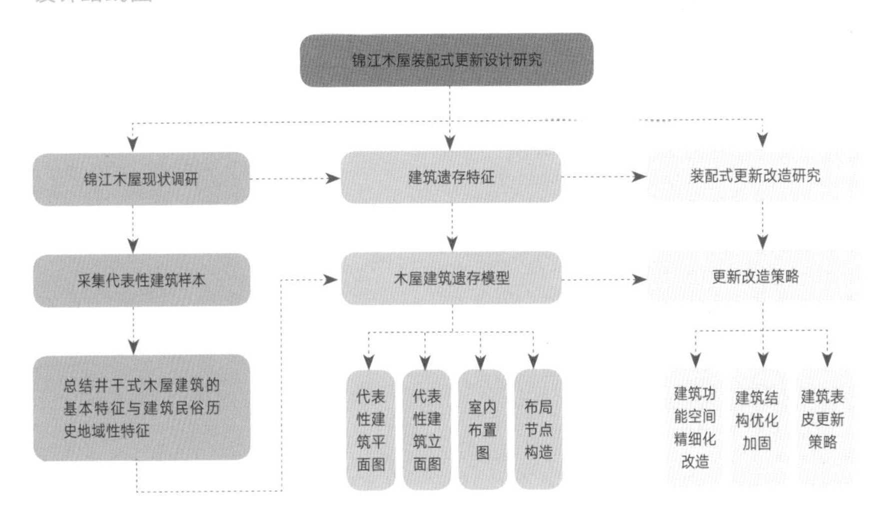

保护政策

2006年，锦江木屋被抚松县列为县级传统民居文化遗产保护单位，2008年，被白山市人民政府列为第一批非物质文化遗产之一。在这次全国文物普查工作中，工作队对锦江木屋再次考察，确定列入吉林省申报全国文物保护单位项目。有关部门也将结合长白山旅游经济发展，在保护的基础上对锦江木屋进行开发，让更多的人来了解长白山脚下的“国宝”。

木屋要素分析

要素	要素分析	现场调研状况
屋顶	1. 形制：井干式搭接 2. 材料：原木、木瓦 3. 色彩：木色	
外墙	1. 形制：井干式搭接 2. 材料：原木、黄泥 3. 色彩：土黄色 4. 做法：木骨架搭接支撑，黄泥抹面	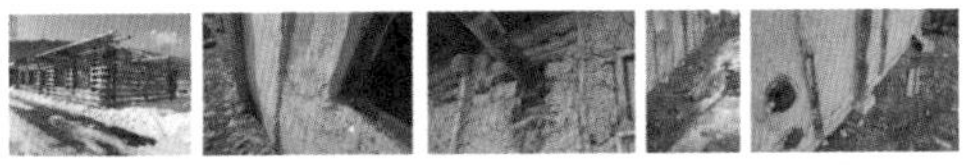
内墙	1. 形制：井干式搭接 2. 材料：原木、黄泥 3. 色彩：土黄色 4. 做法：木骨架搭接支撑，黄泥抹面	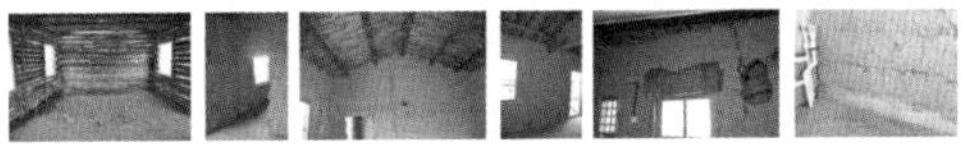
窗户	1. 形制：支摘窗 2. 材料：木质 3. 色彩：木色 4. 做法：木条穿插，刷漆防水防腐	
内饰	1. 材料：纸张 2. 做法：墙面贴上纸张，作为室内壁纸	
烟囱	1. 形制：原始树木形态 2. 材料：原木 3. 色彩：木色 4. 做法：倒木掏空，晾晒烘干，涂抹泥巴	

村落整体分析

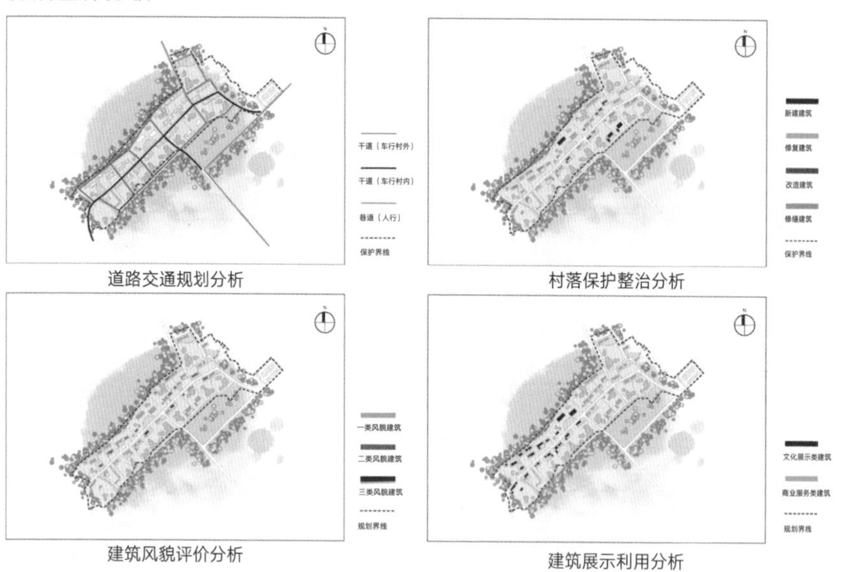

测绘一

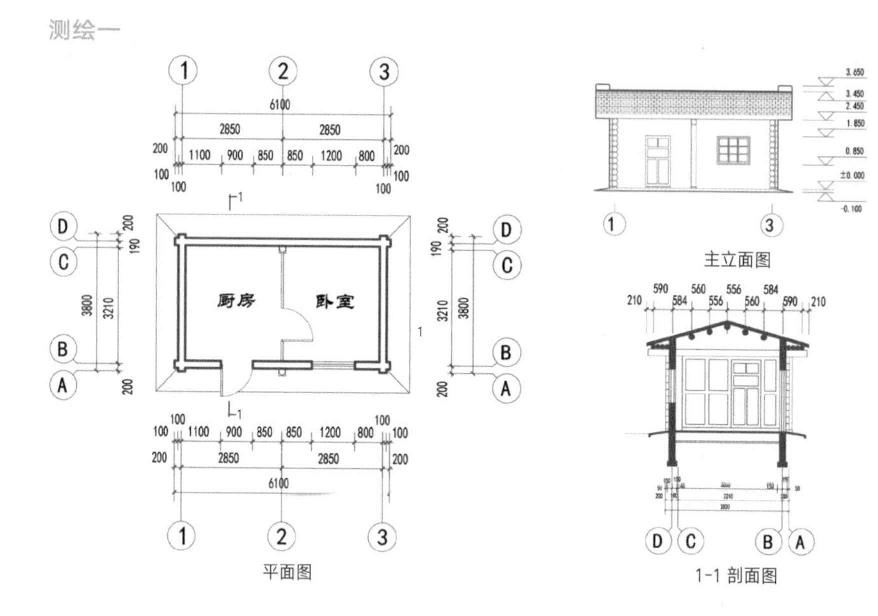

发现问题及对策

问题	对策
1. 木屋空间使用功能不完善 空间分化单一，缺少必要功能空间，如：卫生间。	1. 完善木屋空间使用功能 丰富室内外功能空间，如：客厅，储藏，卫生间。
2. 基础设施不完善 缺少指引性的游客中心，缺少次干道； 遗存建筑的保护状况堪忧； 传统木屋建筑遗存较少，保护情况堪忧。	2. 完善基础设施 梳理村镇整体规划，分析对内对外区域优势； 借鉴特色小镇建设理念，增添基础设施，如：游客中心； 重新规划路网体系，设计村落共享道路。
3. 主材问题多 建筑主材依旧是原木，本身有许多限制，且需要经过一年左右的晒干处理才能开始搭建，准备时间较长；且处理不当会在建造过程中出现二次缩水。	3. 替换主材 建筑本体保留木结构，采用装配式体系建造； 用复合墙体（外挂原木装饰）代替纯原木维护体系。
4. 围护体系不保温 墙体结构层次少，没有保温层，施工工艺粗糙，内饰面比较简单。	4. 改变围护体系 增设外保温层，采用装配式预制整体符合墙体，提高保温性能。
5. 火炕采暖不稳定 室温提升较炕温延迟较大，炕头炕尾受热不均，温差较大，热效率低。	5. 改变采暖方式 利用新能源锅炉燃烧方式，将地热水循环作为全屋的采暖方式，摒弃火炕采暖方式，保留火炕的形制，炕面采用电热板取暖（方便调节）。

设计说明：

两开间建筑面积 21.24m²，单开间 2850mm，进深 3200mm，高度 3400mm，左边的空间面积 8.69m²，是入户空间兼有厨房功能，右边的空间面积 8.69m²，是卧室兼会客空间。

原始形态手工模型

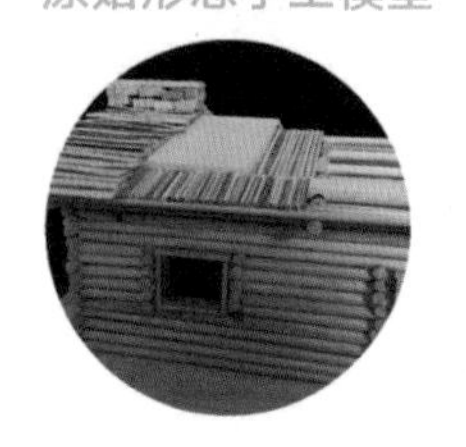

测绘二

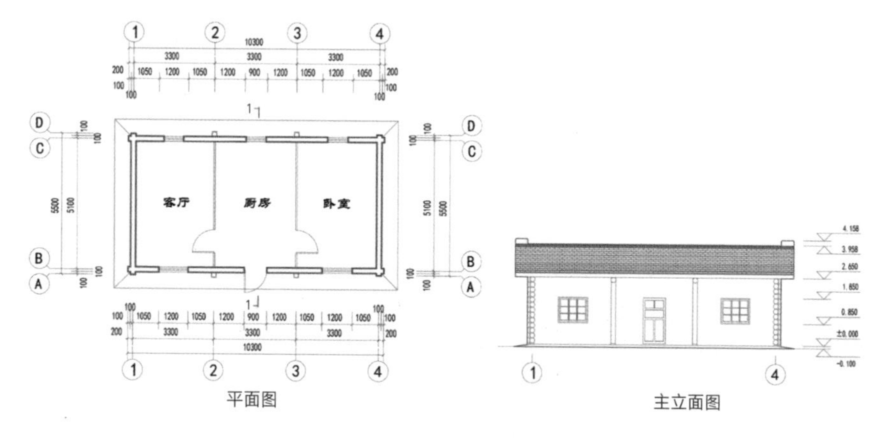

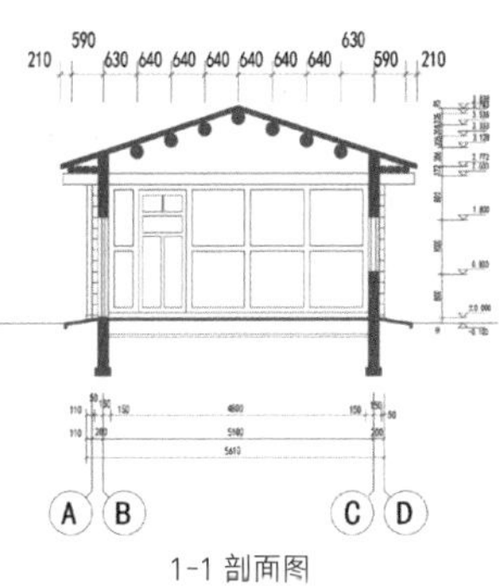
1-1 剖面图

设计说明：

三开间建筑面积 53.53m²，单开间 3300mm，进深 5100mm，高度 3900mm，左边和右边的空间面积 15.519m²，是卧室兼会客空间。中间的空间面积 18.848m² 是入户空间兼有厨房功能。

方案分析

设计说明

本设计方案为一新建绿色装配式农房住宅的概念设计，建筑层数为一层，总建筑面积为 108.94m²，建筑高度 5.477m（计屋顶高度）。使用功能按照一个农户居住需要的基本功能定位，设有客厅、卧室、餐厅、厨房、卫生间及杂物间等功能空间，适宜于东北地区的农村广泛推广建设。建筑采暖拟用地热系统代替传统的烧炕取暖。结构形式拟采用木结构。建筑设计注重绿色装配式推广的设计理念，尽可能采用统一模数设计取值及标准的构件组合，有利于工厂化加工、批量化生产、快速安装实施及大规模推广。本项目的设计对在东北地区推广绿色装配式农房及广泛提高农民的基本居住条件有非常重要的意义。

设计从建筑模块化装配入手，利用数字化设计手段，从而建立新型结构体系（即预制装配式结构体系）。生产制造环节，按照统一定型的详细设计图纸，在工厂完成批量生产，运至现场进行安装。

技术经济指标

总占地地面：350.81m²

建筑占地面积：155.09m²

建筑面积：108.94m²

使用面积：5.49m²（杂物间）+1.25m²（管道）+1.2m²（能源设备）+8.66m²（厨房）+5.52m²（卫生间）+14.06m²（卧室）+14.06m²（卧室）+14.62m²（厨房）+15.91m²（客厅）+13.56m²（玄关）=94.33m²

使用率：0.86%

建筑高度：5.447m

设计依据

1.《装配式木结构建筑技术标准》GB/T 51233-2016

2.《木结构工程设计规范》GB 50005-2003（2005 版）

3.《轻型木桁架技术规范》JGJ/T 265-2012

4.《木骨架型组合墙体技术规范》

5.《建筑设计防火规范》GB 50016-2014（2018 年版）

6.《吉林省人民政府办公厅关于大力发展装配式建筑的实施意见》吉政办发〔2017〕55 号

7.《吉林省人民政府办公厅关于推进木结构建筑产业化发展的指导意见》吉政办发〔2017〕17 号

8.《吉林省民用建筑节能与发展新型墙体材料条例》

9.《建筑给水排水及采暖工程设计规范》GB 50242-2002

10.《采暖与卫生工程施工及验收规范》GBJ 242-82

11.《建筑给水排水及采暖工程施工质量验收规范》GB 50242-2013

12.《严寒和寒冷地区居住建筑节能设计标准》JGJ 26-2010

13.《民用建筑热工设计规范》GB 50176-2016

14.《民用建筑设计通则》GB 50352-2005

吉林省装配式目标及政策

目标

1. 到 2020 年，创建 2 ~ 3 家国家级装配式建筑产业基地；全省装配式建筑面积不少于 500 万平方米；长春、吉林两市装配式建筑占新建建筑面积比例达到 20%以上，其他城市达到 10%以上；

2. 2021 ~ 2025 年，全省装配式建筑占新建建筑面积的比例达到 30%以上。

政策

设立专项资金；税费优惠；优先保障装配式建筑产业基地（园区）、装配式建筑项目建设用地；优先推荐装配式建筑参与评优评奖等。

——《吉林省人民政府办公厅关于大力发展装配式建筑的实施意见》

效果图

展示模型

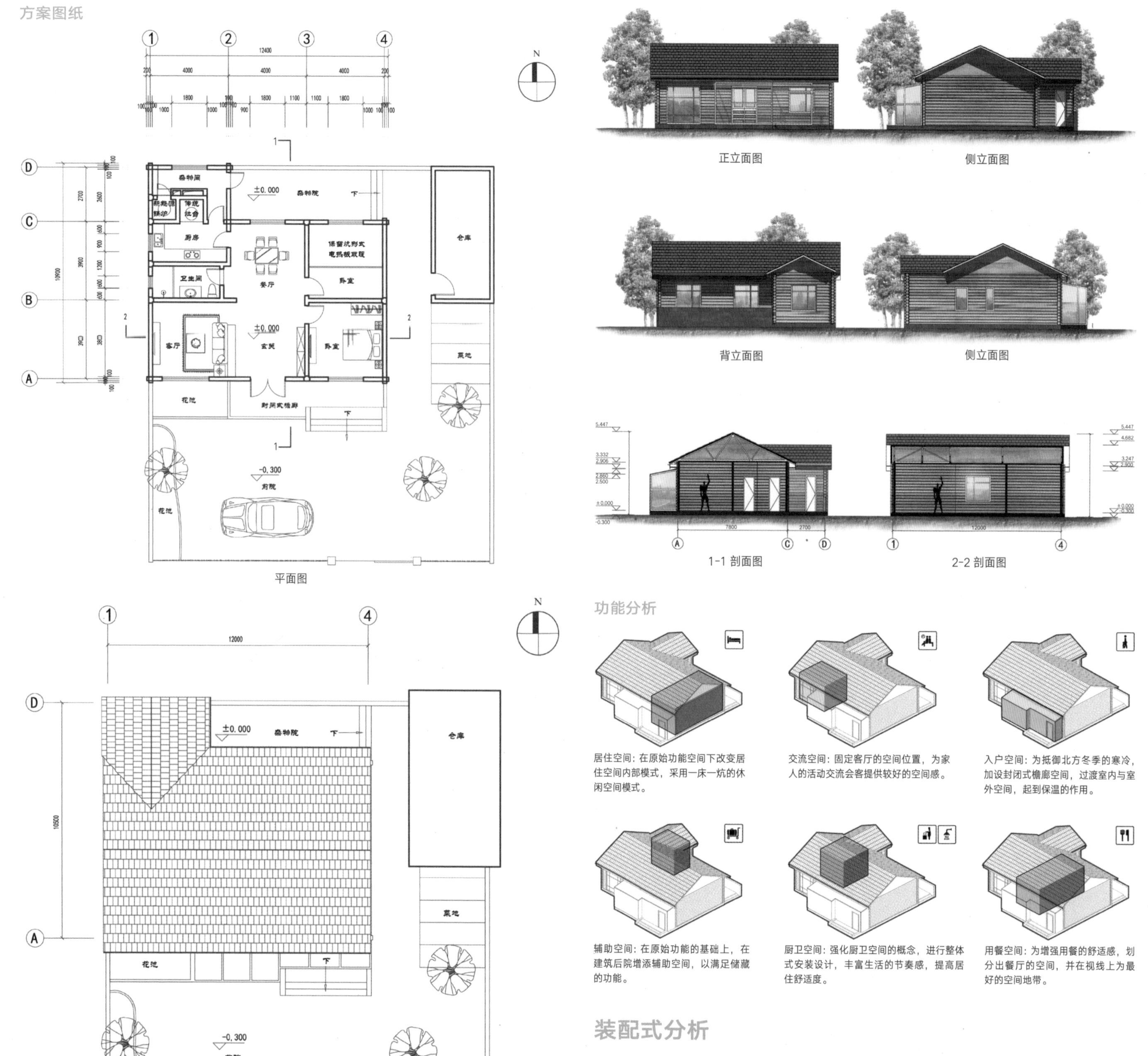

装配式分析

装配式木结构

装配式木结构建筑是指主要的木结构承重构件、木组件和部品在工厂预制生产，并通过现场安装而成的木结构建筑。装配式木结构建筑在建筑全寿命周期中应符合可持续性原则，且应满足装配式建筑标准化设计、工厂化制作、装配化施工、一体化装修、信息化管理和智能化应用的“六化”要术。装配式木结构建筑按承重构件选用的材料可分为轻型木结构、胶合木结构、方木原木结构以及木混合结构。

装配式产业链

装配式建筑产业链包括项目管理、设计、构件生产、施工和验收，其中构件生产涉及原材料、配件、生产设备、模具，施工流程需要专用设备、验收流程涉及工程检测。

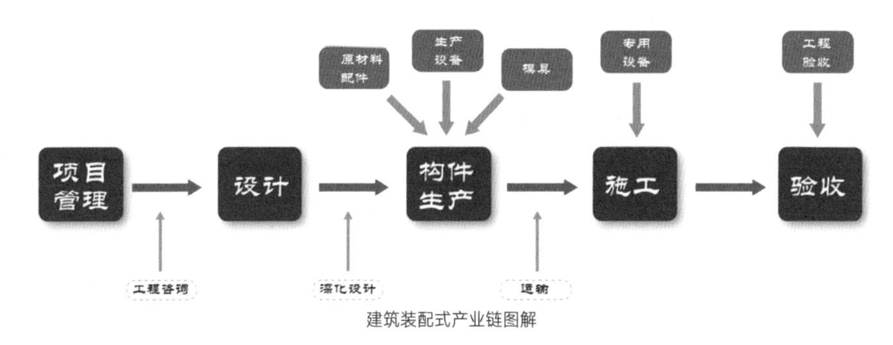

建筑装配式产业链图解

现阶段发展情况

国内装配式建筑目前仍处于试点探索阶段，还存在一些不确定因素，需要一个总结完善的过程，使装配式建筑稳步进入规模化、标准化的发展阶段。

1. 装配式建筑发展阻力

根据优采大数据平台对已建设装配式建筑项目的开发商数据统计显示，开发商认为制约装配式建筑发展的阻力主要有：技术不成熟；上下游产业不健全；标准不健全；成本增加和设计施工一体化管理难度增大等。

2. 装配式建筑施工难点

根据优采大数据平台对已建设装配式建筑项目的开发商数据统计显示，开发商认为装配式建筑施工的难点主要有：装配式建筑需较高的投入成本，装配式建筑外观较为单一、缺乏多样性，缺乏装配式建筑结构标准体系和装配式建筑目前频频出现质量问题等。

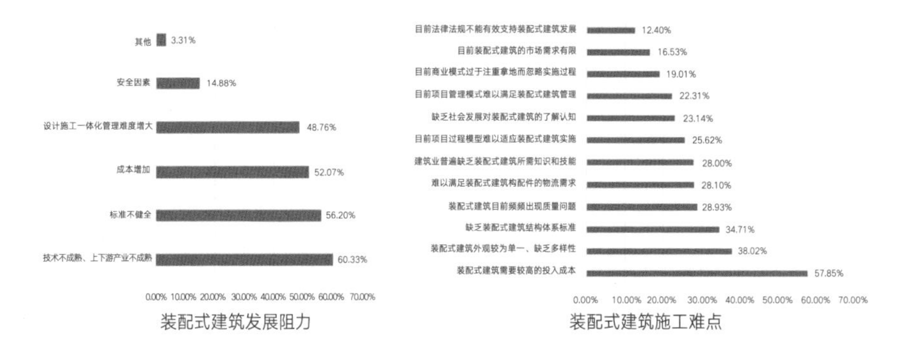

装配式建筑发展阻力　　装配式建筑施工难点

对比分析

现代的木结构建筑与中国传统的木结构建筑相比，虽然它们的主要材料都是木材，但它们在本质上有着很大的区别。

1. 结构体系不同

传统的木结构建筑主要采用梁柱式的建筑体系，而现代木结构选择更加宽泛，也可以采用轻型木结构体系。

2. 建筑材料不同

传统的木结构多采用未经加工的原木，而现代木结构使用的木材都是经过一系列加工处理后的，木材材料和规格也会有所不同。

3. 连接方式不同

传统木结构采用了榫卯连接，不需要一钉一胶即可将整座房子建立起来。而细看现代木结构，其连接处都是由金属连接件连接而成的。

传统的木结构到现代逐渐没落，现在主要建造庙宇建筑为主；而由海外传过来的现代木结构建筑，能够适用普通住宅，也能在公共建筑上大展拳脚，正在被越来越多的人所喜爱。

整体卫浴

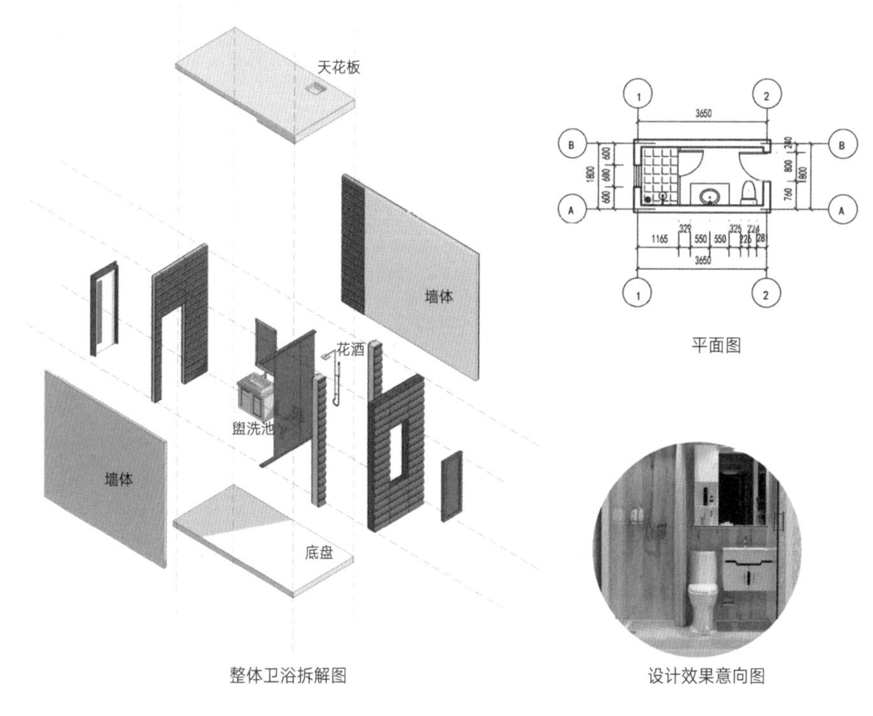

整体卫浴拆解图　　设计效果意向图

整体厨房

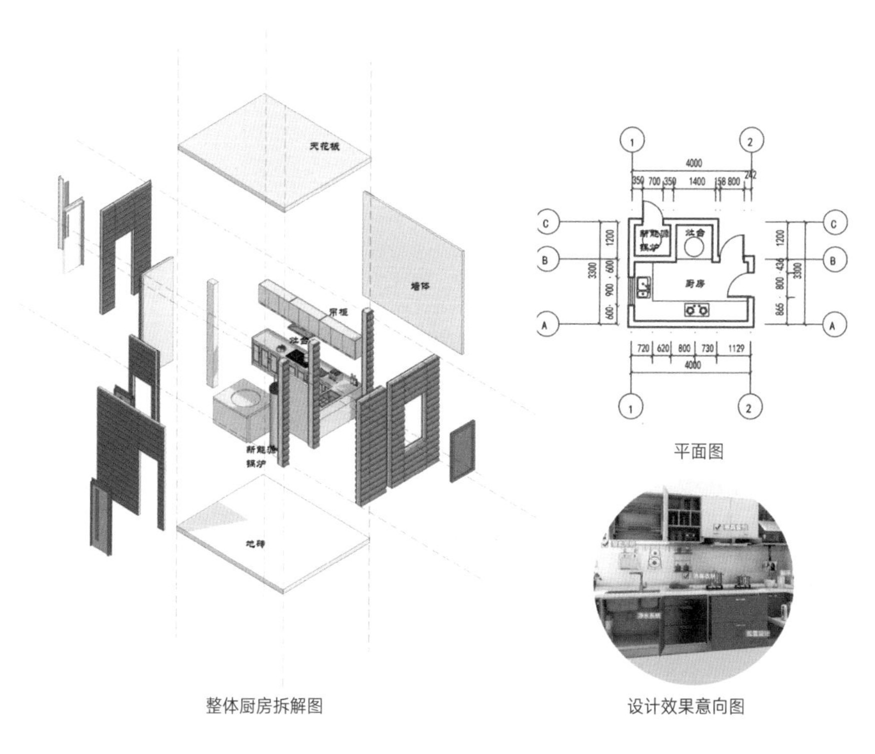

整体厨房拆解图　　设计效果意向图

节点分析

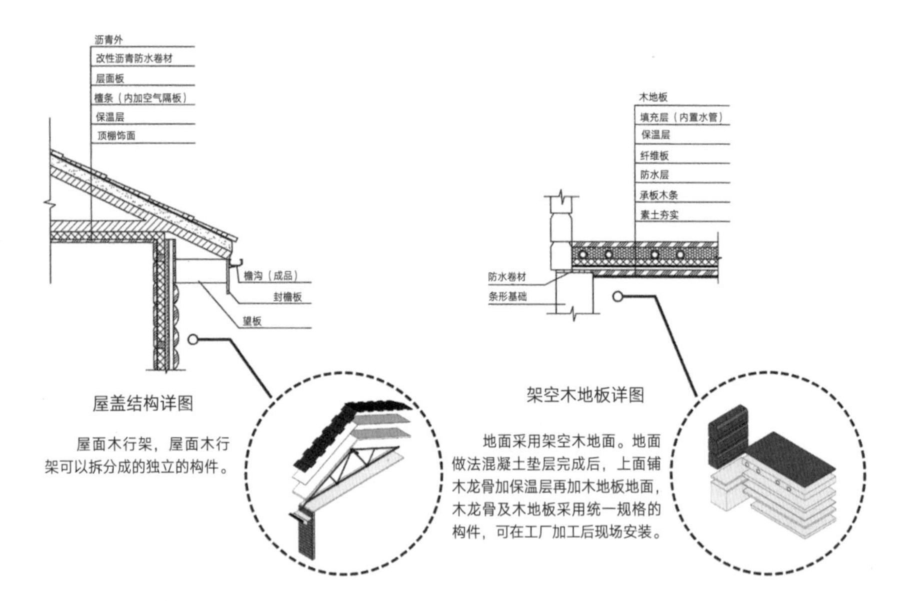

屋盖结构详图

屋面木行架，屋面木行架可以拆分成的独立的构件。

架空木地板详图

地面采用架空木地面。地面做法混凝土垫层完成后，上面铺木龙骨加保温层再加木地板地面，木龙骨及木地板采用统一规格的构件，可在工厂加工后现场安装。

节点分析

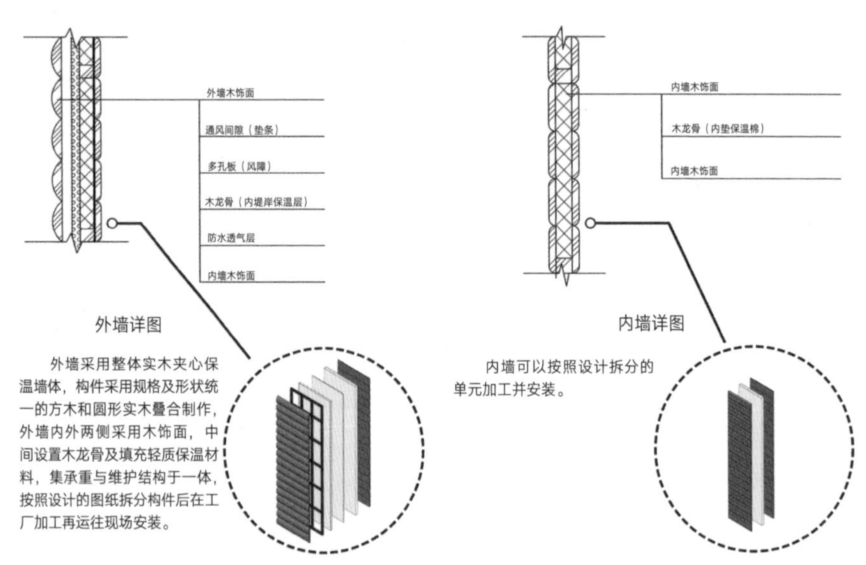

外墙详图

外墙采用整体实木夹心保温墙体，构件采用规格及形状统一的方木和圆形实木叠合制作，外墙内外两侧采用木饰面，中间设置木龙骨及填充轻质保温材料，集承重与维护结构于一体，按照设计的图纸拆分构件后在工厂加工再运往现场安装。

内墙详图

内墙可以按照设计拆分的单元加工并安装。

建筑结构拆解

木结构装配式住宅可行性分析

经过对锦江木屋村的调查研究，村落常驻村民数量稀少，以中老年为主，大多以种植业为主要产业，经济来源较为单一。但在冬季，会有观光旅游、农家乐居住体验等产业，用以补贴收入。但居住体验极差，改善住宅环境刻不容缓。装配式住宅有许多优越性：(1) 构件在工厂内进行产业化生产，施工现场直接安装，方便快捷，避免了冬季施工的不便；(2) 构件在工厂采用机械化生产，产品质量更易控制；(3) 周转料具投入少，造价低；(4) 现场湿作业少，利于环保；(5) 减少材料浪费；(6) 构件机械化程度高，施工人员少。

但是经过与村民的交流，村民对装配式住宅的了解不多，对建筑的各个方面认可程度不高，所以需要与当地政府一起加大关于装配式建筑的宣传与推广，也让装配式建筑以更加贴合村民的需要来设计制造。

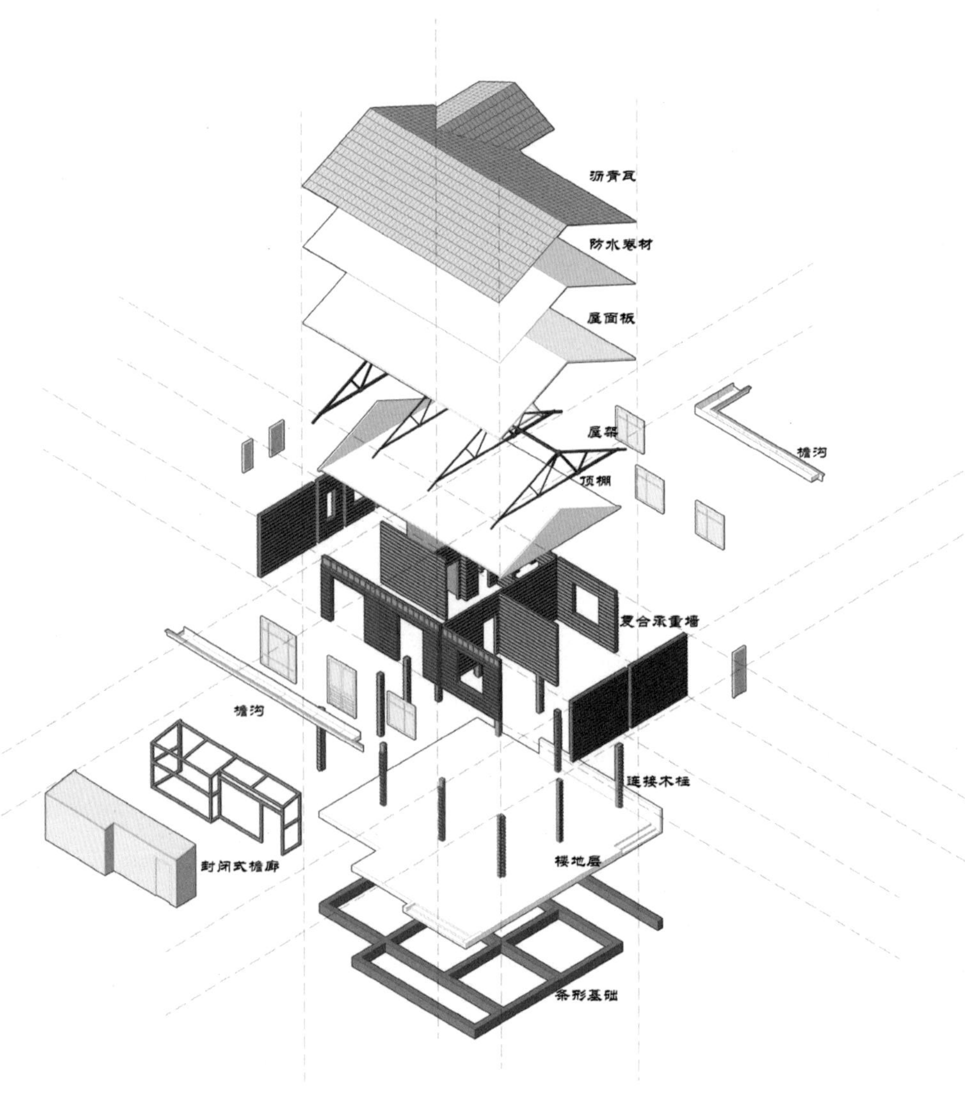

学校：长春工程学院　指导老师：窦立军　秦迪　设计人员：张达　叶子龙　蔡嘉润

三等奖

【豫见·未来】——河南省村落

前期调研部分

2016年暑假期间本小组在河南地区开展了为期5天的调研工作，调研地区分别为周口西华县、南阳唐河县、南阳桐柏县和济源邵原县。我们对调研的农房进行了测绘工作并绘制了相关的图纸，这部分主要展示我们调研的相关成果以及对河南地区的一些感悟。

背景——生态文明下的新农村

我国现有近170万个村庄。农民的房屋建设至今还是以黏土砖为主要建筑材料，抗震及保温性能较差，也由此造成了巨大的土地和人力资源浪费和环境污染。

在资源与环境的双重约束下，随着劳动力成本的持续增加，研究和探索适合我国农村不同地域特点，与现代生产建造、材料、生活习惯相适宜的农房技术体系和产业发展模式势在必行。

背景——装配式农房在河南农村面临的问题

在全国范围内，装配式农房相比于城市的装配式建筑而言，建设规模总体偏小。

1. 建筑造价偏高，尚未达到老百姓可以接受的标准；
2. 房屋认知差异大，接受度不高；与传统砖房相比，农村农民对装配式房屋，尤其是对钢结构农房的心理接受还需要一个培养过程；
3. 无论是规范性、针对性还是成熟度等方面，农房与城市高层建筑相比都存在较大差距；
4. 缺乏既能体现装配式优势又能满足农村地域和文化多样性特点的装配式农房建筑；
5. 目前装配式农房尚处于初级阶段，真正意义上适合于农村的装配式农房技术、产品还有待研究、开发与实践。

周口市西华县红花镇龙池头村调研

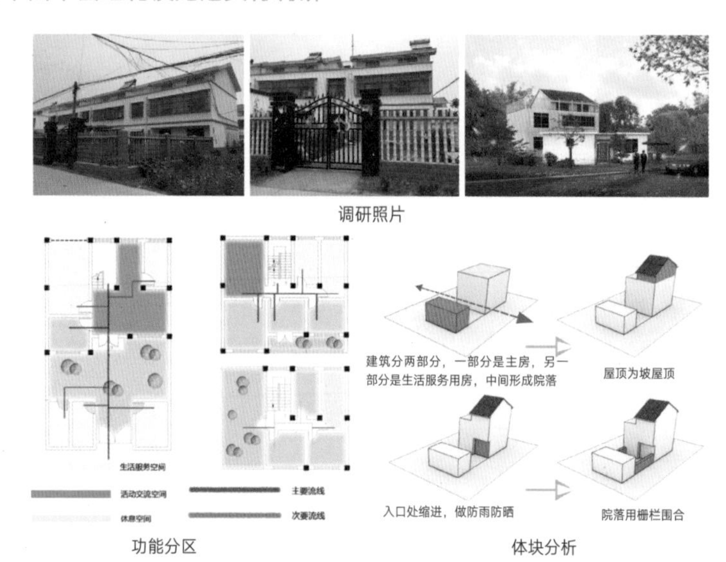

调研照片

功能分区　　体块分析

南阳市桐柏县程湾乡栗子园村新建住宅调研

调研照片

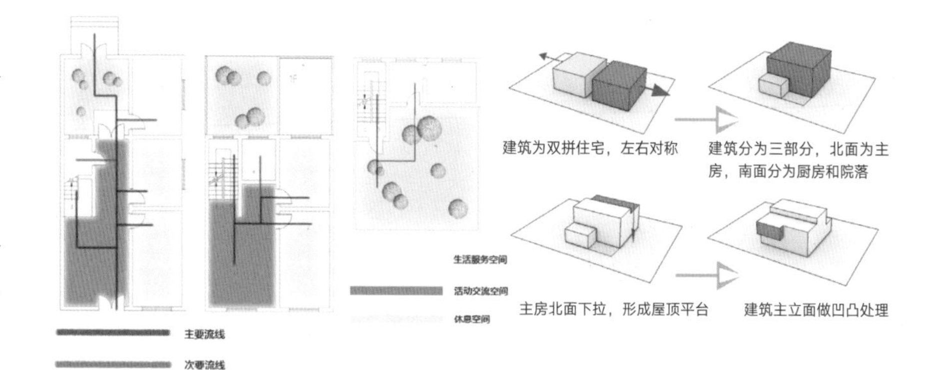

功能分区　　体块分析

农村现状——以实际调研为例

黏土砖的使用普遍

用黏土烧制的实心砖，曾经是我国建筑行业的主要材料，在我国的烧制使用历史已有2000多年，因此有“秦砖汉瓦”之称。然而，随着人类社会的不断进步，烧制黏土砖所造成的巨大危害也越来越惊人。

危害一：会损毁大量耕地；

危害二：将消耗大量能源；

危害三：将对环境造成极大的污染；

危害四：建筑一旦拆除，会产生许多建筑垃圾。

农房住宅质量及安全堪忧

1. 普遍缺乏正规建筑设计，难以达到国家规定的质量标准；
2. 结构缺乏设计，或结构设计不合理，存在较大的安全隐患；
3. 施工队伍混杂，施工水平不一，常常不按规范施工。

农房能耗大，能源利用率低

广大农村特别是寒冷地区，能源供应不足，农村住宅外墙、屋面和门窗等仍采用常规做法，房屋围护结构保温性能差，外墙和屋面传热系数分别比建筑节能设计标准大50%以上，致使采暖耗能浪费严重。农村住宅建筑能耗达到同等气候条件下发达国家的5倍以上，能源利用率偏低。

缺乏污水处理和基础设施配套，生态环境堪忧

因缺乏统一规划和正确引导，村民建房大都是无序发展，同时由于基础设施缺乏，自建房常常不考虑污水处理，或只从自身角度出发，住宅污水随意排放，使农村居住的环境受到污染的威胁（同样垃圾处理也是一大问题）。

忽视农村的地域性与文化多样性，形式单一

农村房屋面貌千村一面，没有大的差别，尤其是进行过新农村建设的村庄，多数建设忽视了房屋当地的地域性和文化多样性的特点。

总结——新型装配式农房的设计原则

1. 经济适用原则　　2. 安全耐久原则　　3. 绿色环保原则
4. 技术适宜原则　　5. 美观多样原则　　6. 易于推广原则

南阳市唐河县龙潭乡小河陈村新建住宅调研

调研照片

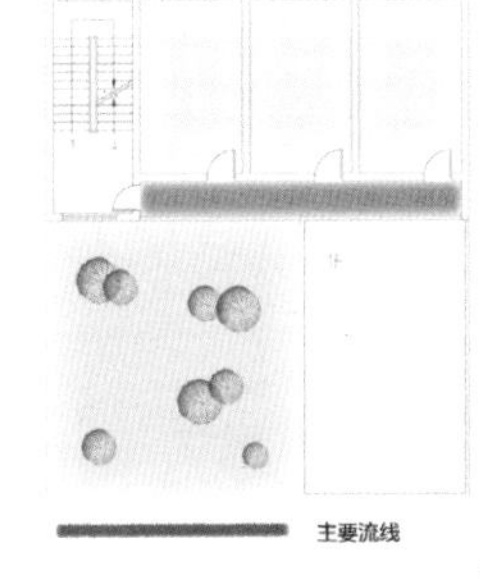

功能分区

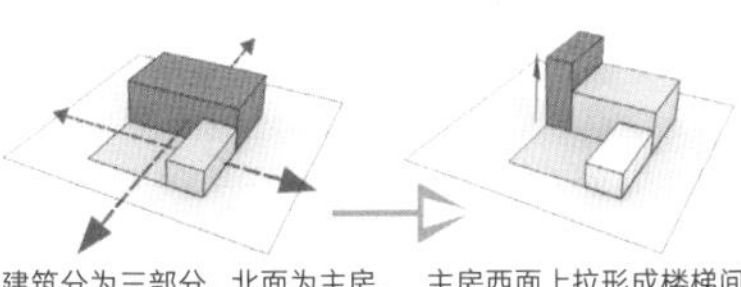

体块分析

济源市邵原镇刘沟村新建住宅调研

调研照片

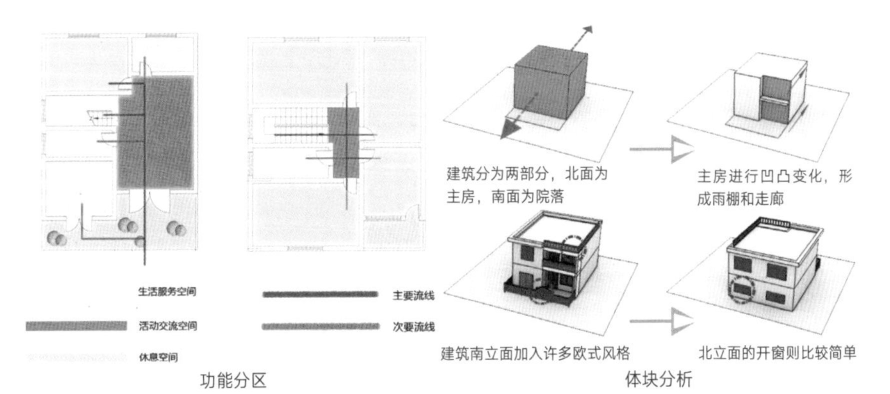

周口市西华县红花镇龙池头村调研图纸

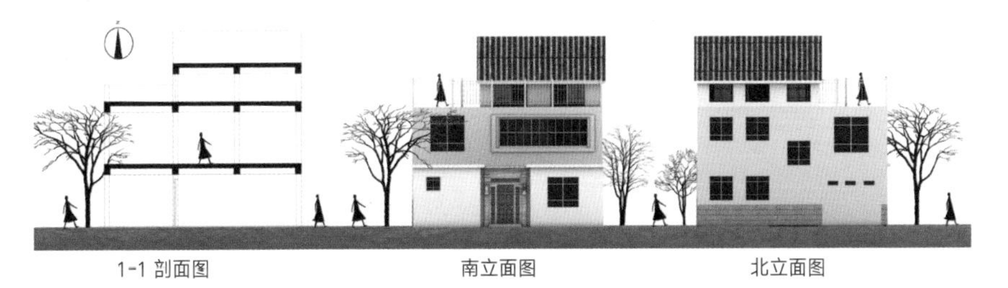

1-1 剖面图　　南立面图　　北立面图

首层平面图

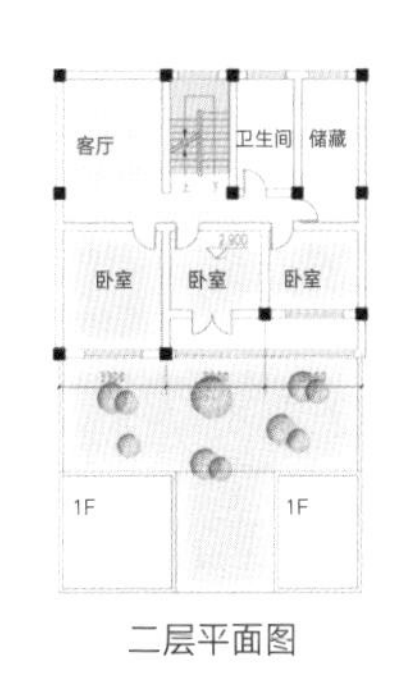

二层平面图

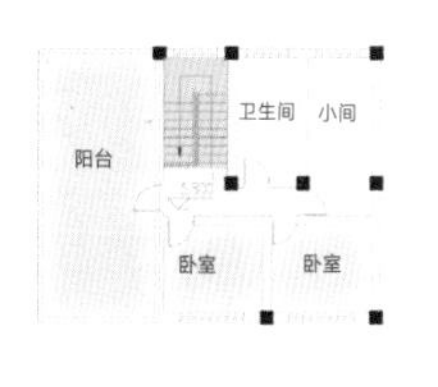

三层平面图

南阳市桐柏县程湾乡栗子园村新建住宅调研图纸

三层平面图　　二层平面图　　首层平面图

1-1 剖面图　　南立面图　　北立面图

南阳市唐河县龙潭乡小河陈村新建住宅调研图纸

三层平面图　　二层平面图　　首层平面图

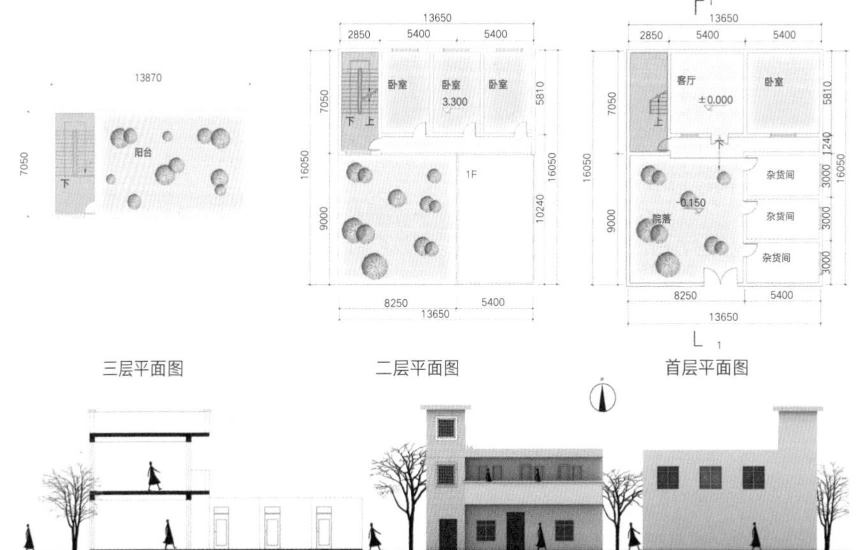

1-1 剖面图　　南立面图　　北立面图

济源市邵原镇刘沟村新建住宅调研图纸

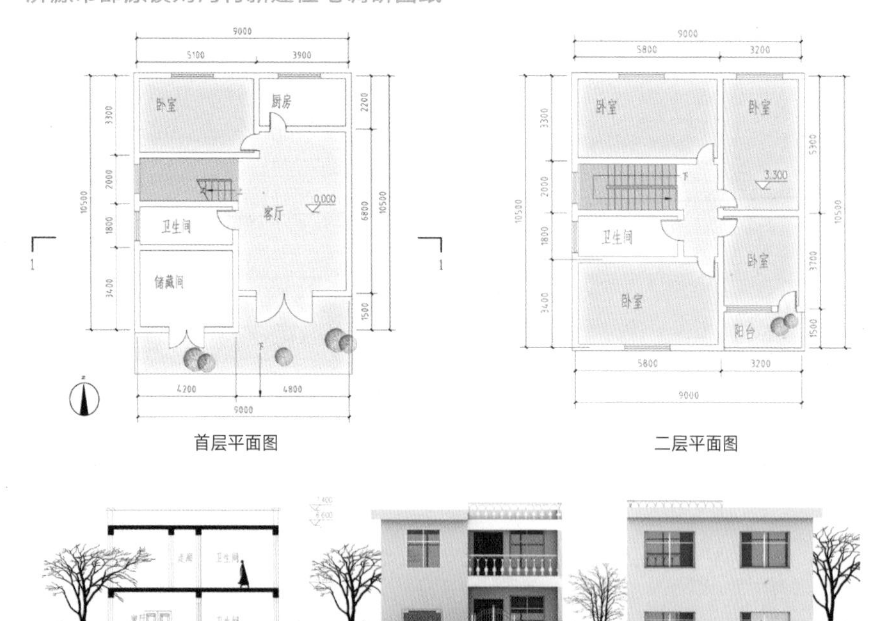

首层平面图

二层平面图

1-1 剖面图

南立面图

北立面图

方案概要简介

本组的方案分析主要涉及三个部分，分别为施工装配化部分、生产工业化部分和设计标准化部分，本组将通过这三部分的分析来展示本次的农房设计方案和如何将装配式思路运用到我们的方案当中。

施工装配化部分

方案材料分析

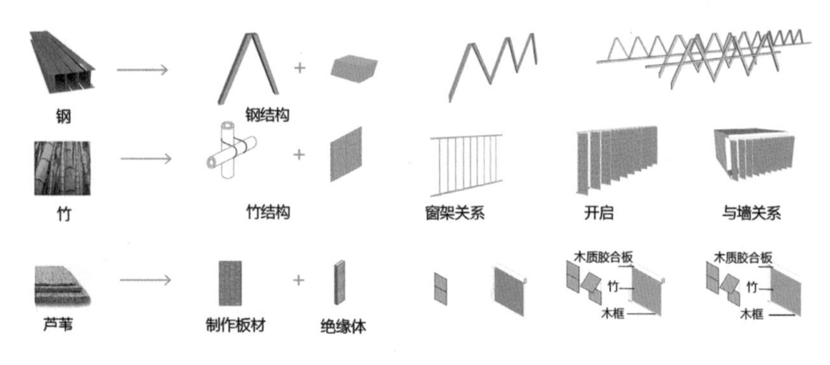

方案结构主要技术分析

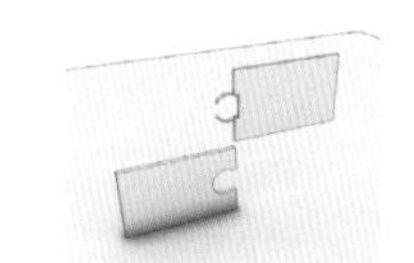

构件之间关键点的连接方法

装配化柱网体系单元构造

预制墙板的构造

预制楼板的构造

坡屋顶起坡所用的预制钢结构构造

BIM 技术的使用

平台功能

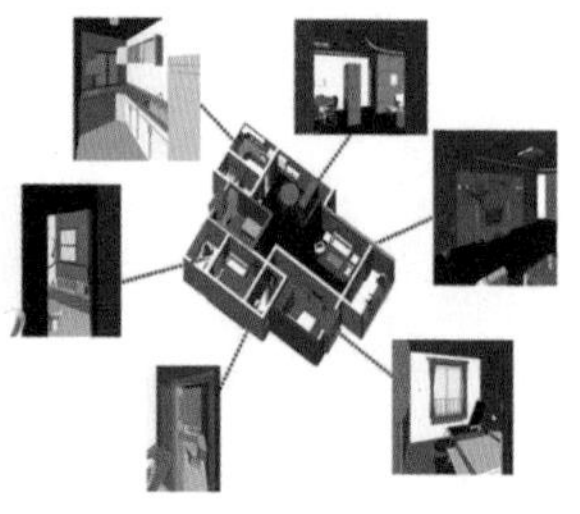

户型查看

1. 户型查看：室内漫游，室内体验，信息查询。

2. 工程材料清单统计：目前新型软件通过智能识别，可对安装各个专业设备构件一键转换，计算后分型号、分楼层、分系统形成统计报表。利用新型软件还可以使施工单位提前预览各专业的空间布局，检查设计的合理性，避免返工，从而降低成本。

3. 标准化构件库：BIM 能够支持建筑从设计到制造的信息传递，将设计阶段产生的 BIM 模型供生产阶段提取和更新。BIM 在构件生产阶段的显著优势在于信息传递的准确性与时效性强，这使得构件生产的精益生产技术有可能得以真正实现。

4. 现场移动终端：采用 BIM 先进质量技术方法和管理经验，可以降低信息传递过程中的衰减，提高施工质量，加强施工过程中的安全管理。

5. 参数化设计：通过改变某一个或某几个参数快速调整整个模型的尺寸程序可以在其他类似项目中直接复制应用，提高设计效率。

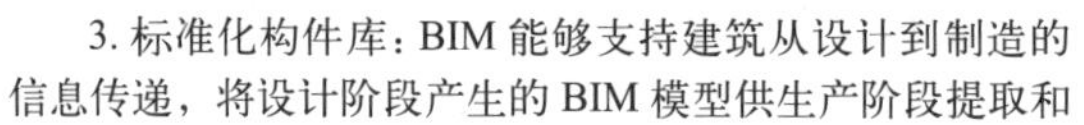

施工过程管理

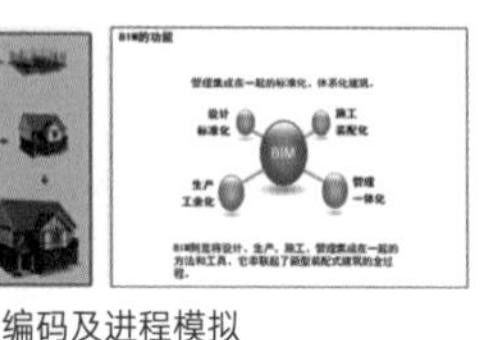

编码及进程模拟

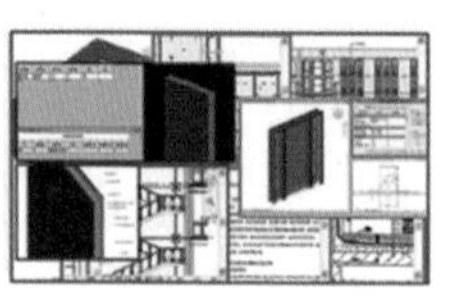

模型设计

河南地区气候分析

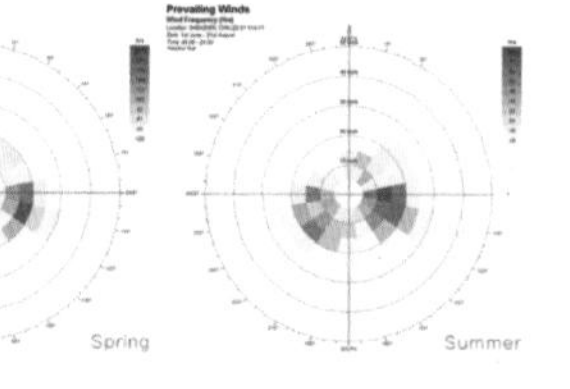

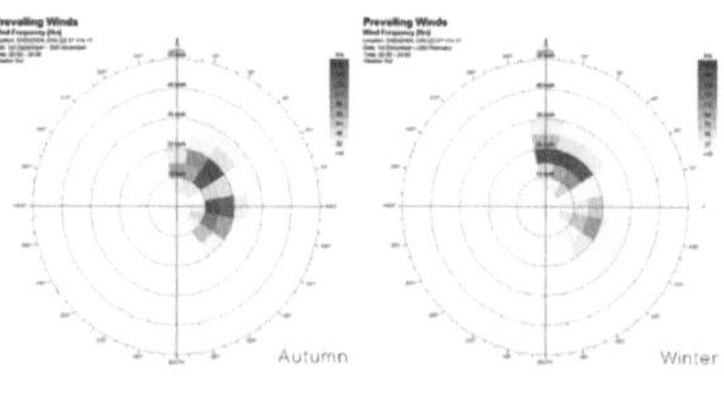

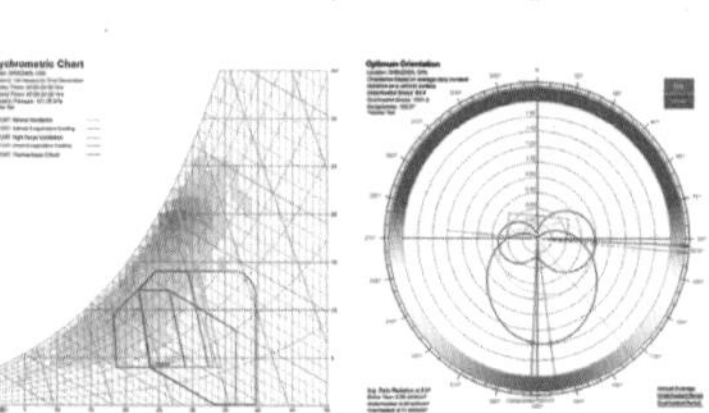

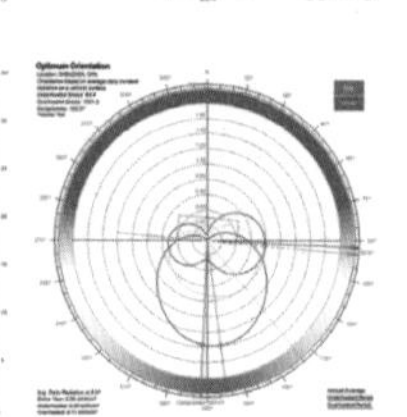

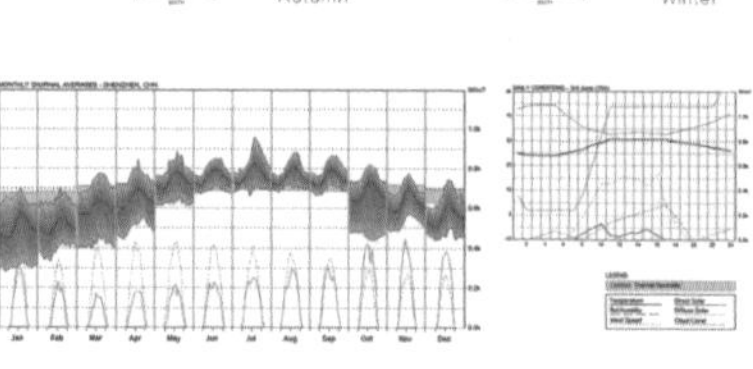

河南地区以平原为主，属暖温带 - 亚热带、湿润 - 半湿润季风气候。一般特点是冬季寒冷雨雪少，春季干旱风沙多，夏季炎热雨丰沛，秋季晴和日照足。因此在设计中应充分考虑建筑的通风遮阳，此外还应充分利用丰富的太阳能资源。

生产工业化部分

效果图

中水系统

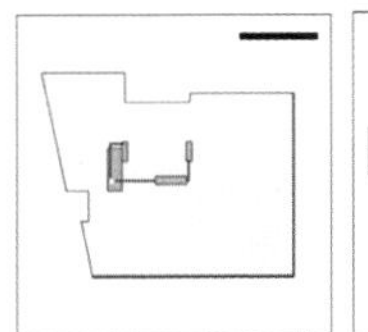

废水收集

将废水统一由竖向管道排进位于房屋周围底层的水池中，进行生态净化

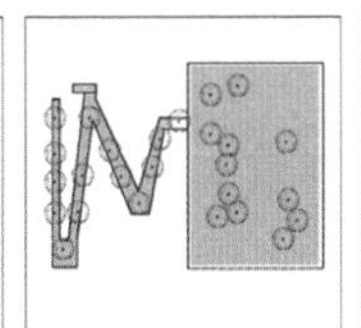

尽量延长污水流动距离，更好地净化水质

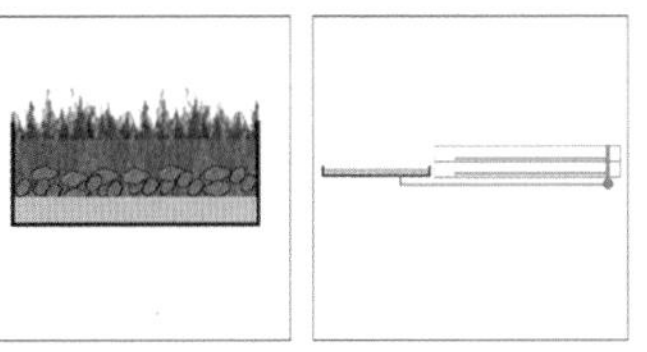

水池结构示意图，主要依赖水中的微生物及植物综合作用达到净水的目的

净化的水由水泵送至各层

传统百叶窗经过弯折

形成 retroluxa 系统　　系统构成与机能　　retroluxa 系统位置划分

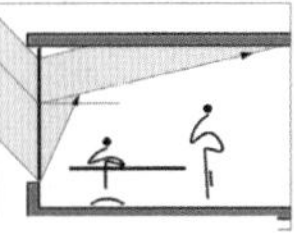

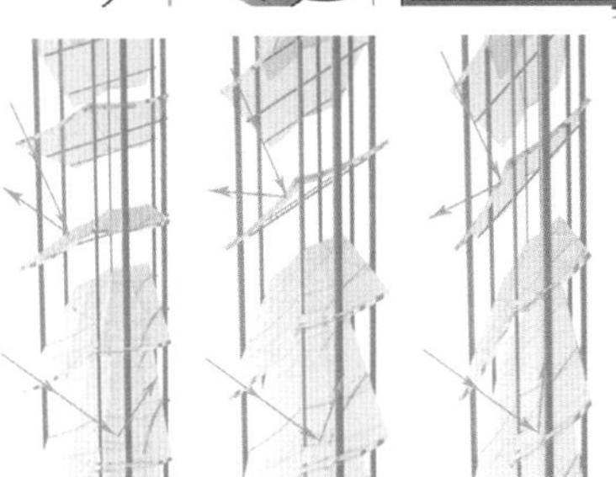

retroluxa 系统变换角度后的回复与采光发射作用示意图

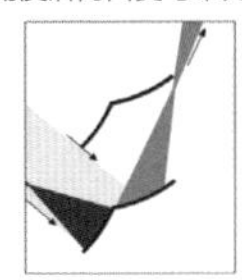

辐射吊顶

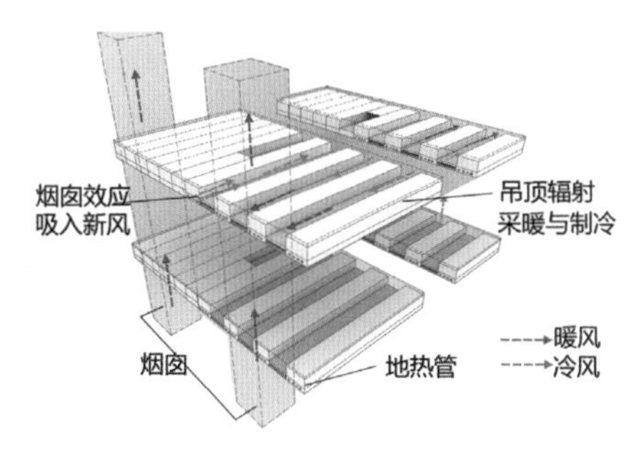

墙体保温

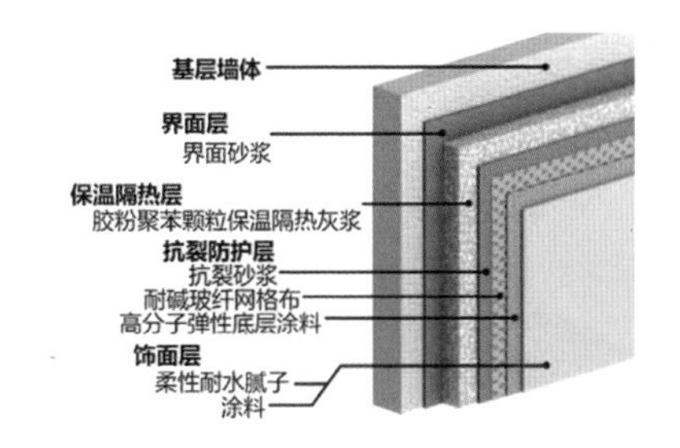

节能太阳能屋面

光伏发电过程图

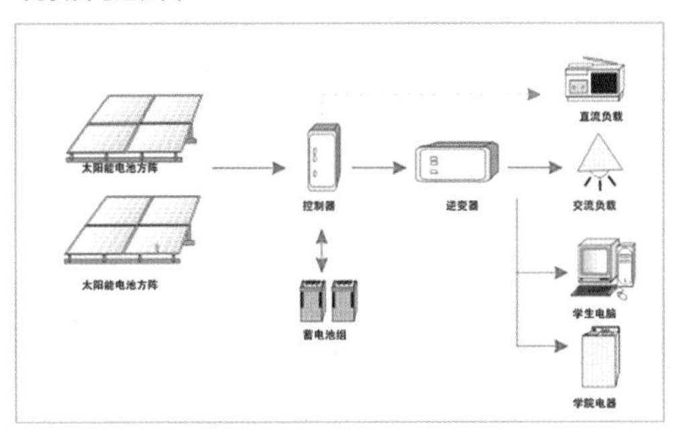

太阳能电池板构造

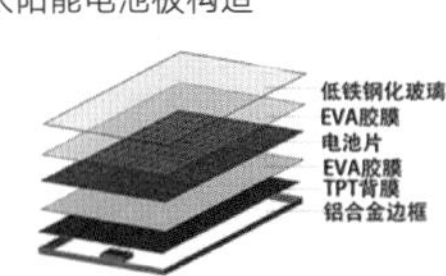

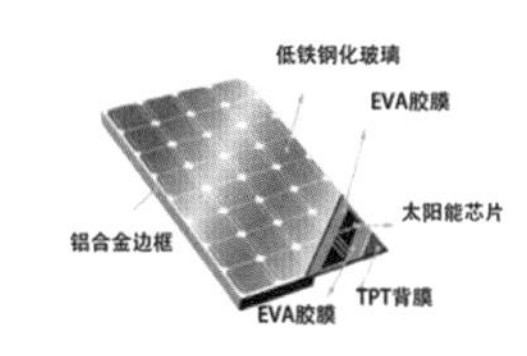

双层绿化屋顶构造示意

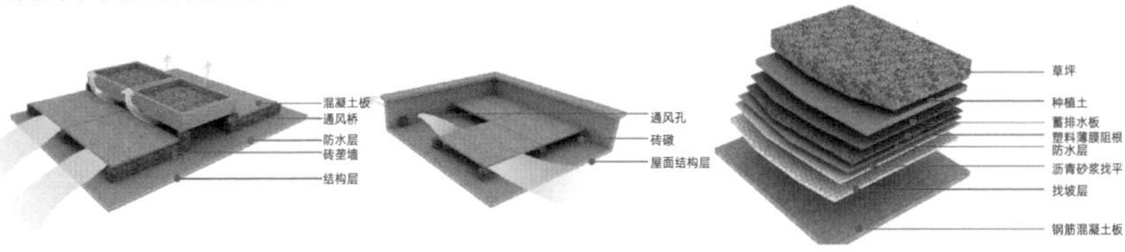

设计策略

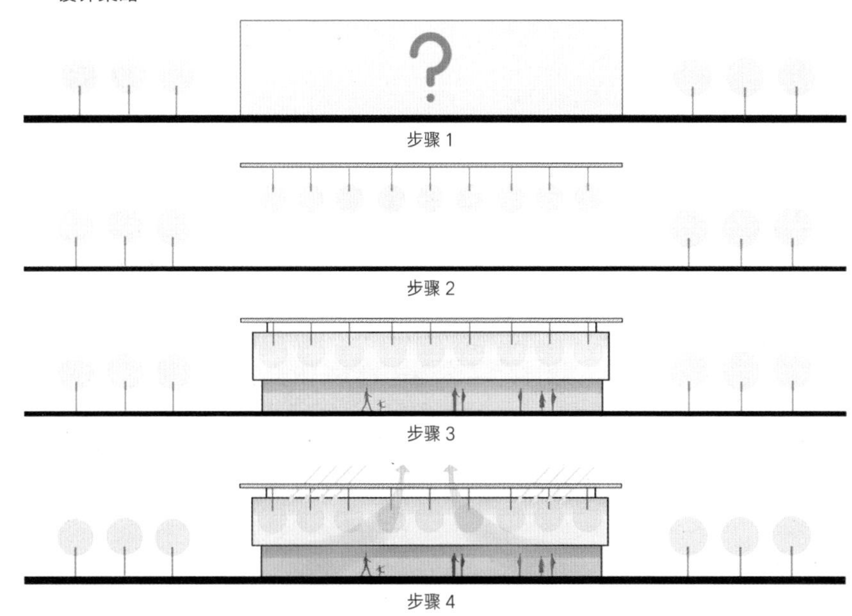

步骤 1　思考应该如何考虑装配式地域性的问题

步骤 2　应考虑将绿色建筑的理念用到新农房当中，使之更加节能

步骤 3　采用当地传统的建筑形式，使居民更加容易接受

步骤 4　结合场地周边进行庭院绿化设计，使之更加宜居

双层玻璃构造节点

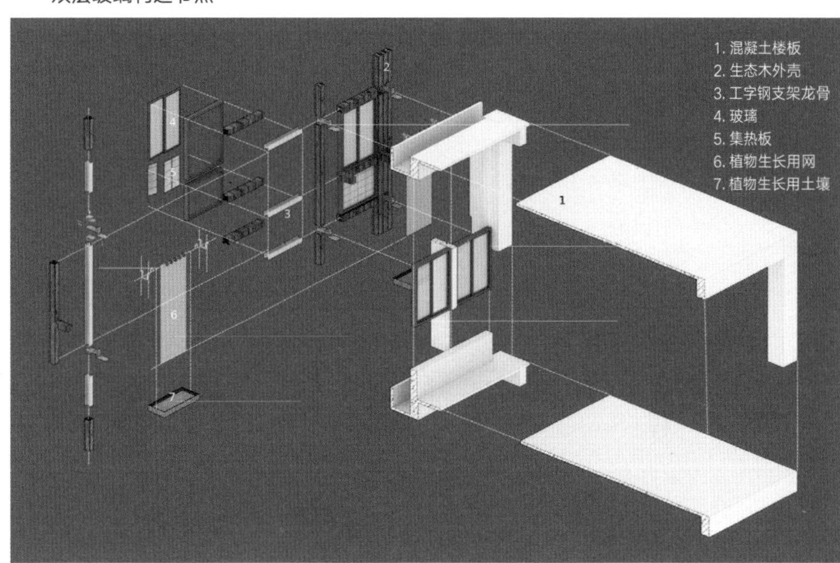

使用原理

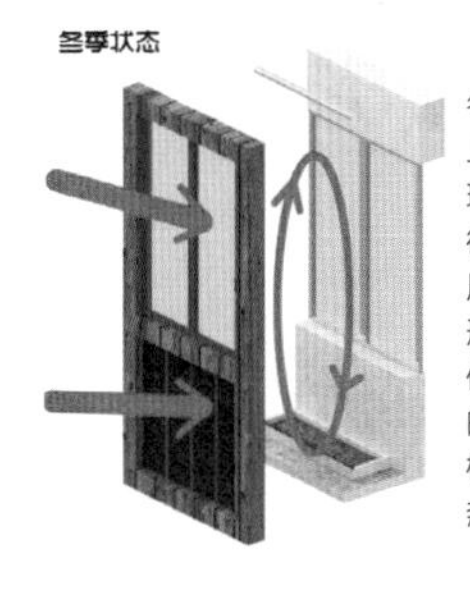

冬季关闭窗户，上部的双层玻璃起到了一个很好的气密作用，使得整体形成了双层腔体结构，下部的太阳能集热板为室内传递热量。

夏季状态

夏季打开外窗长满爬藤植物的金属网起到了遮阳作用，同时很好地降低了通过的风的温度。

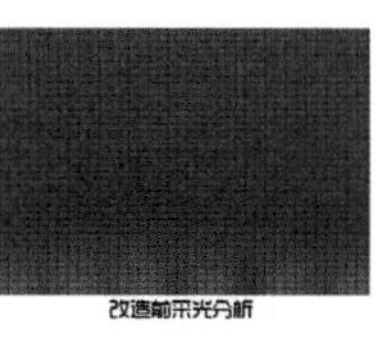

改造前采光分析

改造后采光分析

效果图

设计标准化部分

本组将设计标准化的思路引入到我们的设计当中。首先，本次设计所涉及的户型的柱网尺寸、门窗尺寸等都是以1.2m为模数单位。其次，本次设计我们采用的结构形式为板柱式的低层装配式建筑结构，所有楼板墙板等都在工厂预制加工后拿到现场组装即可。

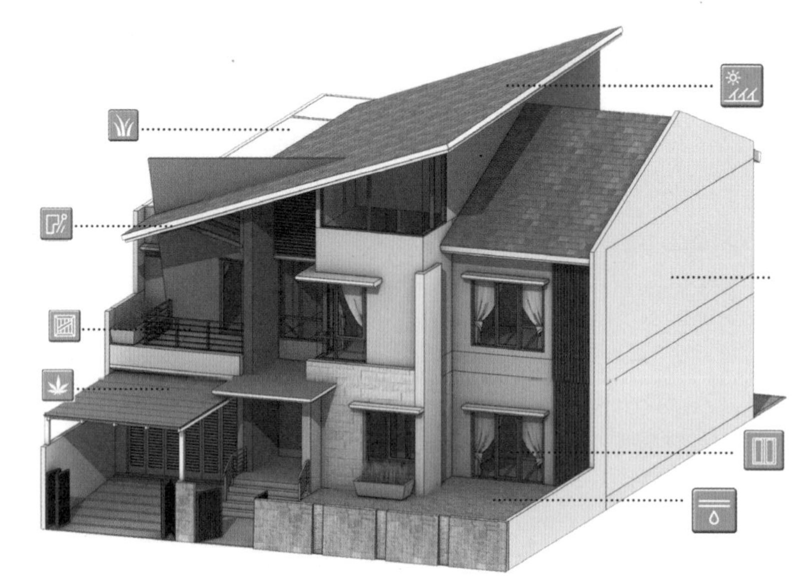

相关技术总览

经济技术指标

基地尺寸：13.5 × 12m
建筑基底面积：132m²
建筑总面积：400m²
结构类型：框架结构
建筑层数（地上）：3层

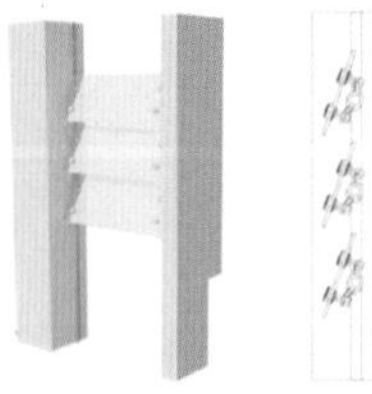

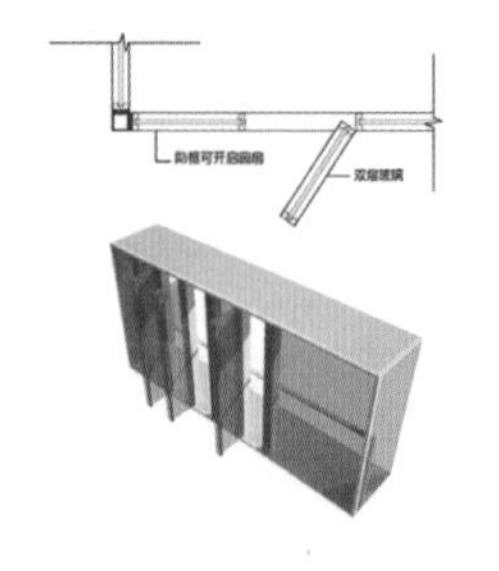

南向开窗形式：
与北面房间恰恰相反，南面房间更多的问题在于阳光直射。夏天强烈的阳光直射会导致温度升高，而拉上窗帘又会使光线过暗。因此我们采用玻璃百叶的做法，半透明的玻璃既可以反射一部分阳光，又不影响光线进入，并起到柔和光线的作用。

北面开窗形式：
北向开平凸窗，突出北立面的整体一致性。

减少空调负荷，提升空气的品质，有助于室外风进入建筑内部并保持气流流动，提高室内空气质量。

地板送风

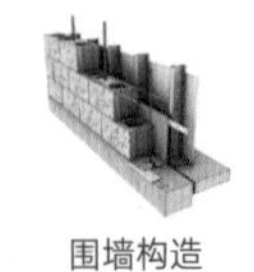
围墙构造

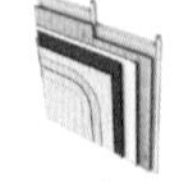
内墙构造

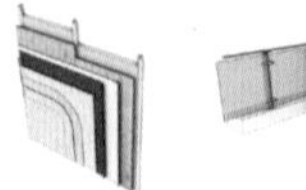

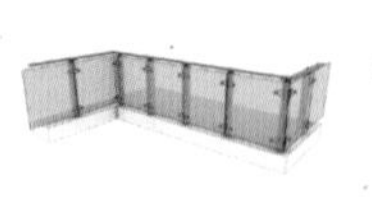
玻璃栏杆构造

窗与墙的连接

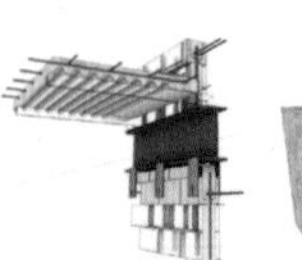
墙与楼板的连接方式

楼板下管道构造

地面构造

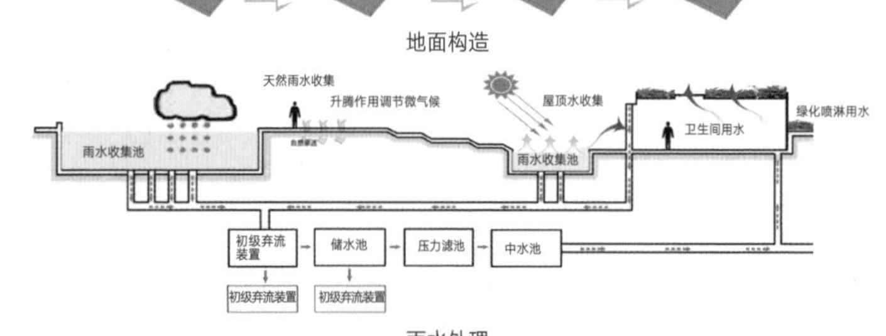

雨水处理

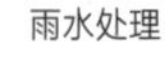

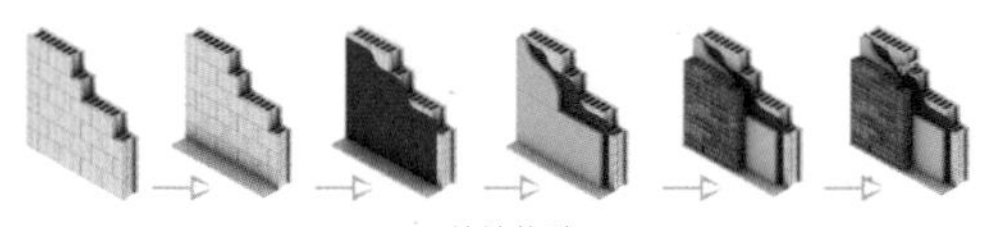

外墙构造

装配式－全钢龙骨薄壁轻钢龙骨体系

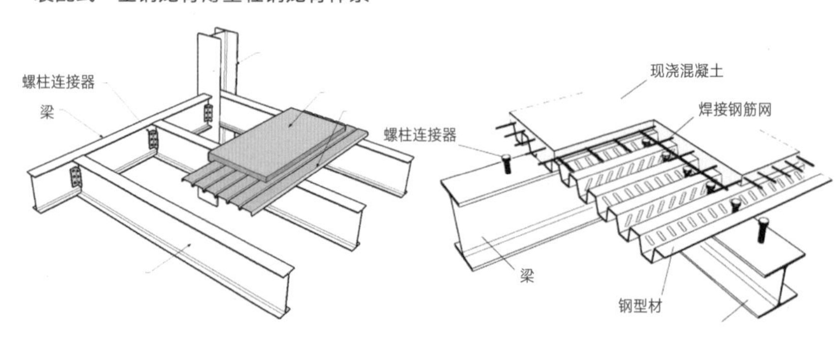

轻钢龙骨是设计中的一种新型材料，它质地较轻，硬度也较大，密度比较小，有一定的延展性，所以常常用作天花板吊顶。这种吊顶由主龙骨和副龙骨等部分构成，FRAMECAD轻钢龙骨的优势得以充分发挥。在装修完毕之后，要对成品进行一些必要的保护，比如已经安装的骨架不能被吊在轻钢骨架上面。而且为了对材料进行保护，罩面板在安装前要进行试水和保温，安装之后，也不能有任何损害。刷防锈漆要在装罩面板之前进行，在容易生锈的地方进行焊接。

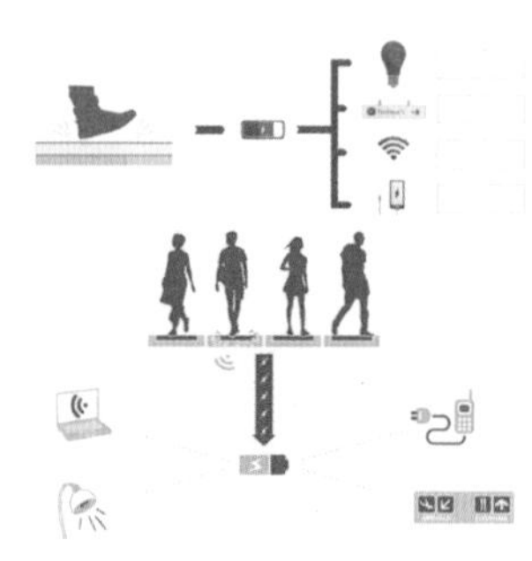

地板踩踏发电系统

通过地砖将脚步带来的动能转化为电能。当人们每一次踩在地砖上，地砖都能产生7W的能量，生成的能量都会被储存在电池中，然后当路灯需要使用时，会直接利用存储在电池中的电量，这是一个城市离网型电源。

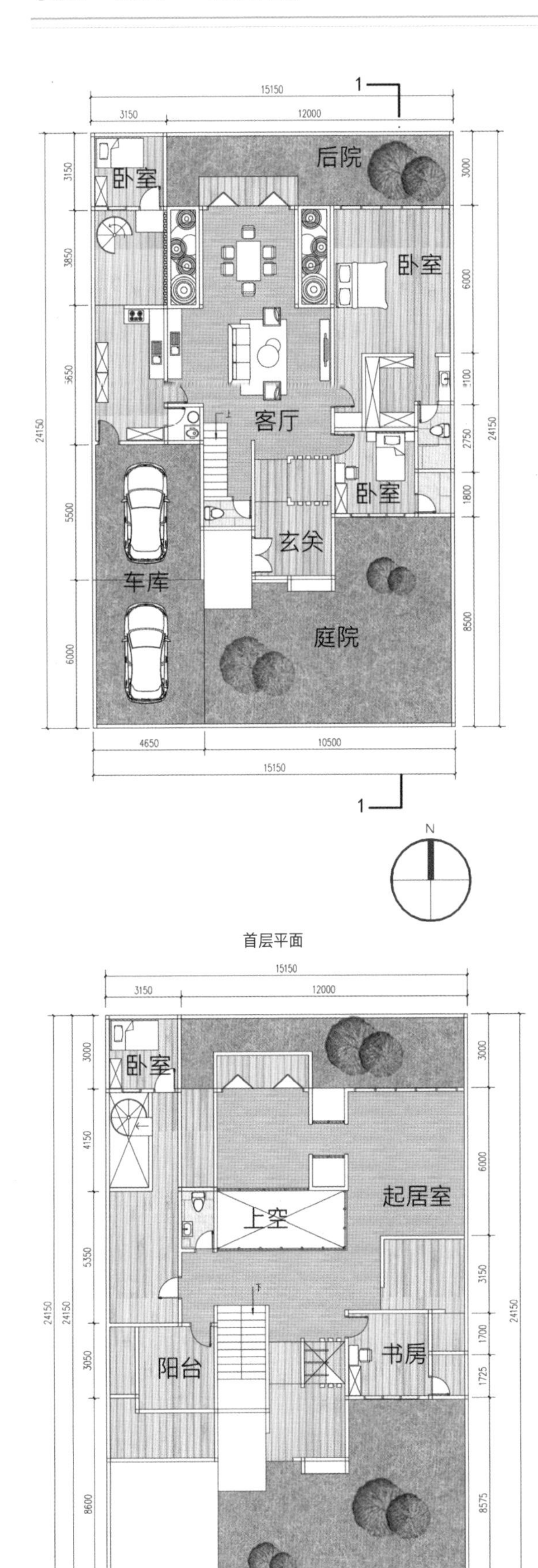

首层平面

二层平面

南立面图

1-1 剖面图

在户型的组合方面，我们将生产工业化的思路运用进去，首先由 10 座房子组成初级组团，这 10 座房子由南到北、从低到高依次排列。其次在组团中设置各类广场、小卖部、小型景观等以满足组团内居民的居住需求，最后，在初级组团的基础上一步步生长繁衍成小规模的农村。

初级组团示意图

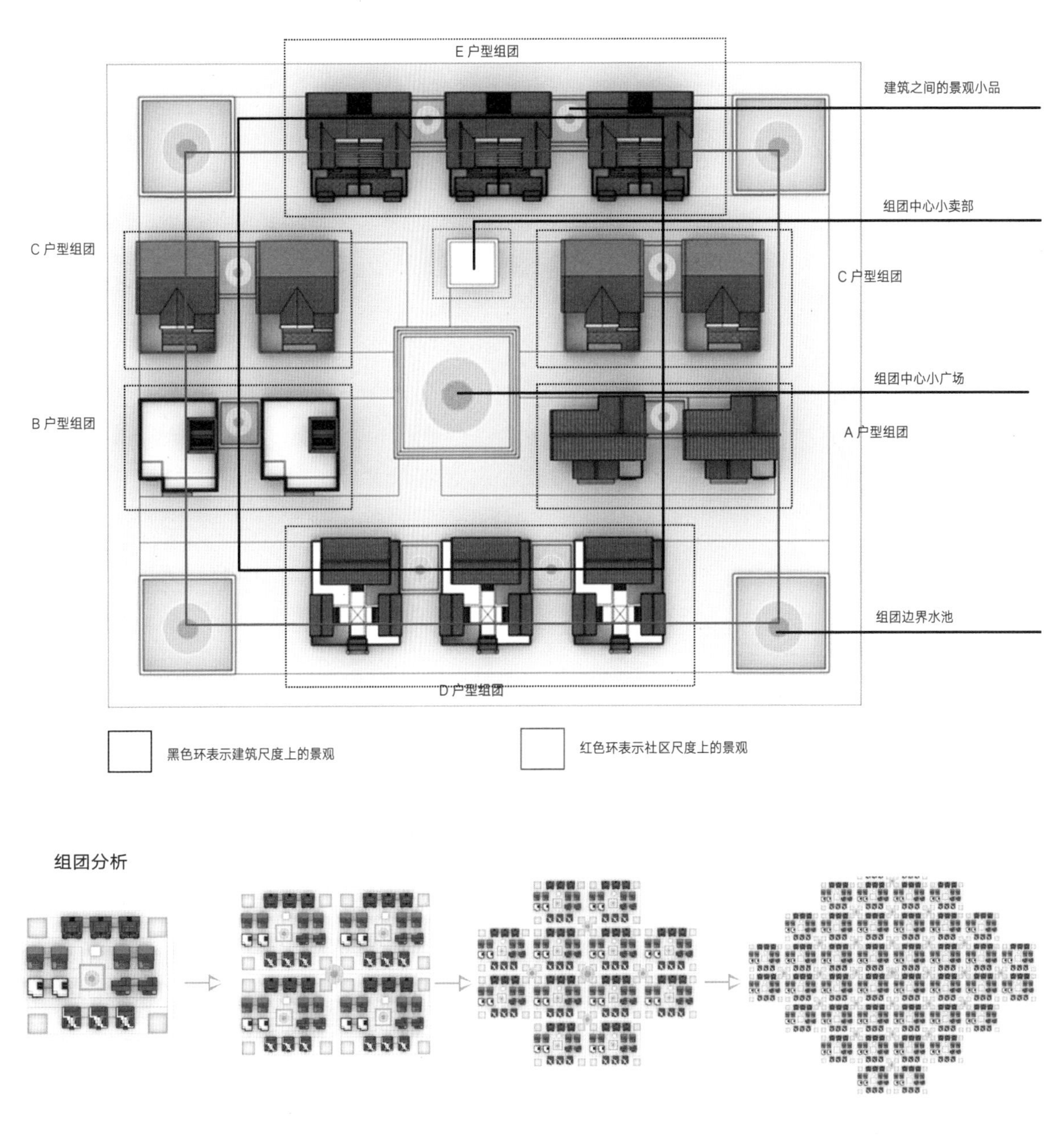

组团分析

学校：北京工业大学　指导老师：戴俭　设计人员：周佳巍　刘芳君

【生长的足迹】——山东省章丘市官庄乡朱家峪村落

设计背景

区位分析

设计项目坐落在山东省中部章丘市东南方向的官庄乡的朱家峪古村（参赛者家乡的周边）。

章丘市位于山东省省会济南市的东部，地形属于山区、丘陵、平原过渡地带，南高北低，黄河流经北境。气候属暖温带半湿润大陆性季风气候。四季分明，雨热同季。

官庄街道办事处位于章丘区东南部，因政府驻地在官庄村而得名。明清属东镜乡。

朱家峪，中国北方地区典型的山村型古村落，是山东省唯一的"中国历史文化名村"。村中最高峰是西南方向的胡山，三面环山，九峰环拱，是方山区古村落的特征。古村位于山脉的断层带，地势南高北低，地下水形成了一系列泉涌，周边山岭拥有丰富的植被，也盛产草药，滋养了一方百姓。

基地分析

朱家峪古村落在山东省章丘市官庄乡境内，位于泰沂山脉的北侧，北纬 36° ~ 37° 之间，东经 117° 10′ ~ 117° 35′之间。西距山东省会济南 45km，距章丘市东南 10km 处。

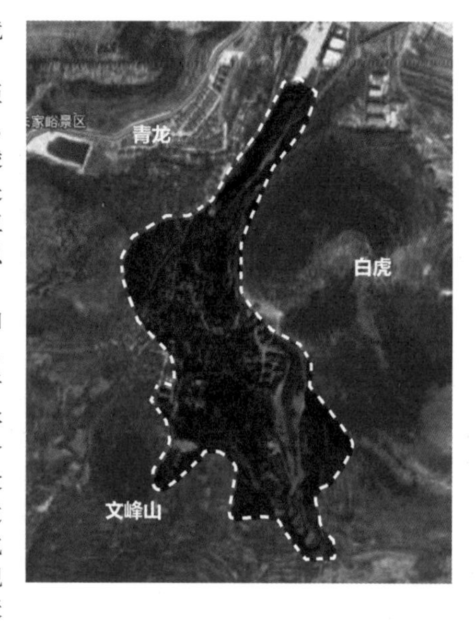

从地势来看，朱家峪位于鲁中山地丘陵区的西北部，东面是禹王山断裂带，南面是泰山大断裂带，西面是长清大沙河谷地，三面皆为断裂切割，属于鲁西断块区，主要以低山和丘陵地貌为主，平均海拔 600m。

朱家峪处于三面皆为断裂切割形成的山貌地形，东、南、西三面青山环绕，峰峦起伏，风光宜人。纵览整个古村错落有致，选址于美好的自然环境，古村南面是灵秀胡山，"脉源于岱，尾亘于海"，其中"岱"指的是如今的泰山，为道教的传播地，因此，古村落设计中受"道法自然"的影响，尊重自然、适应自然、利用自然、保护和谐的自然环境成为朱家峪人建村的设计理念。选址讲究，规划严谨，其布局与设计凭借自然，与山水天然自然融合。

气候分析

章丘，年平均气温 14.7℃，年平均降水量 671.1mm，年日照时数 2616.8h。最冷月为 1 月，月平均气温为 -0.4℃，最热月为 7 月，月平均气温为 27.5℃。

章丘属于暖温带气候区，由于所处的地理位置，形成了夏热冬冷、四季分明的大陆性季风气候。冬季，为极地或极地变形大陆气团所控制，不断受来自西伯利亚干冷气团的侵袭，盛行西北风、北风和东北风，造成了冬季干冷、天气晴朗、降水少的天气。夏季，受热带、副热带海洋气团所左右，使得冬季的西北季风由夏季的东南风所代替，因此盛吹西南、南和东南风，形成了夏季湿热、雨量集中、多雷暴天气。春、秋两季是冬季风和夏季风的过渡季节，风向多变。由于风随季节变化显著，形成了冬冷夏热明显、四季雨量不均的气候特点。

章丘四季气候的特点是：春季风多干燥，夏季炎热多雨，秋季天高气爽，冬季干冷期长。

春季

夏季

冬季

文化背景

朱家峪，地处山东省章丘市，是明清时期建造的北方典型的山地古村落。

朱家被誉为"齐鲁第一古村，江北聚落标本"，不仅具有独特的村落形态和丰厚的乡土文化底蕴，而且在历史长河中保持了完整的格局和风貌，自然环境优美。

耕读文化

耕读文化是朱家峪古村落文化中不可缺少的一部分，离开耕读文化来了解朱家峪文化是不现实的。耕读文化起源于"隐逸"，是文人志士半耕半读的一种理想生活方式，以耕读结合为价值取向，意味着高尚和超脱，是儒家"退则独善其身"和道家"复归返自然"的人格结构体现，是陶冶性情的精神寄托。

宗族文化

据考证，朱家峪村落在明朝以前是一个多种姓氏的聚居村落，明朝之后，朱氏家族势力不断强大，在以伦理道德为思想体系的村落环境中，宗法制度成了人们精神生活的依附，在朱家峪的整体布局、单体建筑中表现出生活化的宗族礼节。家祠是朱家峪宗族意识的集中体现，是家族制度的具体标志。

民俗文化

朱家峪人至今还保存着很多古老的民俗工艺，代代相传，成为古村落历史文化的一部分，有手工纺织、剪纸、印染、面塑、条编、石刻、石雕等。

手工纺织是朱家峪女性的手艺，至今保持着中国最古老、最原始的纺织方式生产布匹，这样的工艺产出的布结实耐用，没有污染，花色朴素，深受人们的喜爱。

耕读园

朱氏家祠

手工纺织

民居调研

民居特征

民居结构形式

朱家峪作为典型北方山区古村落，在公共建筑上多采用北方较为传统的抬梁式结构形式，例如文昌阁，采用石柱与木屋架榫卯结合的结构形式，周遭使用石墙围护。而民居基本上采用的是形式较为简单的墙承重结构，并非采用中国传统官式建筑的梁、柱、枋等构件承重的抬梁式结构形式，这也是朱家峪古村落的民居坍塌比较多的原因之一。

文昌阁石木结构

墙承重结构

民居建筑

房屋木架结构

屋顶结构

民居建筑材料

民居建筑之所以地域特色鲜明，地方材料的作用十分突出。建筑材料的选择往往决定了建筑结构的方式以及建筑构造的方法，因而表现出不同的建筑形式。传统的建筑材料在民居建筑的建造过程中与当地工匠们的聪明才智相结合，充分发挥了当地材料的特性，赋予济南朱家峪古村落民居建筑鲜明的地方特色。

土坯民居

原木屋架

石材民居

乱石台基

茅草屋面

民居装饰艺术

在朱家峪古村落民居建筑中最能体现中国传统建筑装饰艺术的是民居建筑的屋面、大门、照壁等。由于古代等级制度严格，朱家峪古村落的民居建筑只能通过这些建筑细部的装饰艺术来体现民族特征和地方特色。

房屋屋哨

入口门楼装饰

民居檐口做法

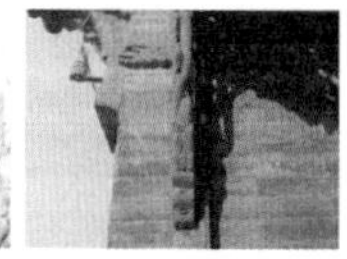
精美垂花

街道影壁

民居构造方法

对于济南朱家峪古村落的民居建筑的构造方法，经过调查与研究，主要是通过在地面与屋基、墙基与墙体、屋面与门窗方面来体现的。

地面与屋基

民居土坯墙体

民居乱石墙体

民居房门

民居窗子

民居现状

倾斜倒塌的老屋

破旧的老房子

倾斜倒塌的老屋

混凝土墙面

青砖墙面和防盗门

现代吊顶和地板砖图

村内乱扯乱拉电线

生活垃圾乱放

生活污水直接排放在公共区域

建筑现状

老屋年久失修

在朱家峪古村落的发展过程中，因为社会经济较落后以及对保护意识的疏忽，许多建筑已经很久没有修建，也由于风吹雨淋导致渐渐老化、倾倒坍塌，功能逐渐退化。

新老建筑的混杂

石头建筑是朱家峪村的一大特色，是构成村落整体风貌不可缺少的一部分。在实际的调研过程中，村落内部内在古老的建筑旁建有很多具有现代元素的新房，与传统风貌非常不协调，破坏了村落原有的氛围。

基础设施匮乏，环境质量低下

古村落的整体环境还显现出脏、乱、差的现状，基础设施也非常落后，在村内乱扯乱拉电线，一些年代较久的电线老化，造成了安全隐患，然而新设施的介入如电线、通信电缆公共设施建造，使得新老设施交错，杂乱不堪。

提出问题

在保留原始功能分区基本不变的基础上，充分考虑现代人的生活方式，针对民居保护性开发后的不同用途，使之更加符合现代人的生活理念。

对民居的建筑进行技术升级，在建筑结构方面，一方面加固原有结构体系，另一方面在局部增加新的结构，使得新旧结构共同受力。

原始民居技术图纸

由于朱家峪所处的地形条件，建筑多依地势而建，沿道路布局，布局上不像北京四合院方方正正,有绝对的对称关系。朱家峪院落大都是采取了围合的形式,但根据院落用地的不同,布局及建筑大小都有相应的改变，多坐北朝南，少数坐西朝东，院落有散居、四合院、三合院等多种形式，大院落在南北、东西向均有延伸，一般为两进，院落之间多有古巷相连。

民居建筑的外墙较厚、门窗的尺寸较小，符合北方山区日照充足、通风较好的气候特点，同时也满足了保温隔热的生活舒适性要求，这种充分利用自然条件的节能环保理念，体现出朱家峪人优秀的原生态智慧。民居建筑用材古朴，装饰多以实用为主，展示出朱家峪的文化内涵。

原始民居技术图纸

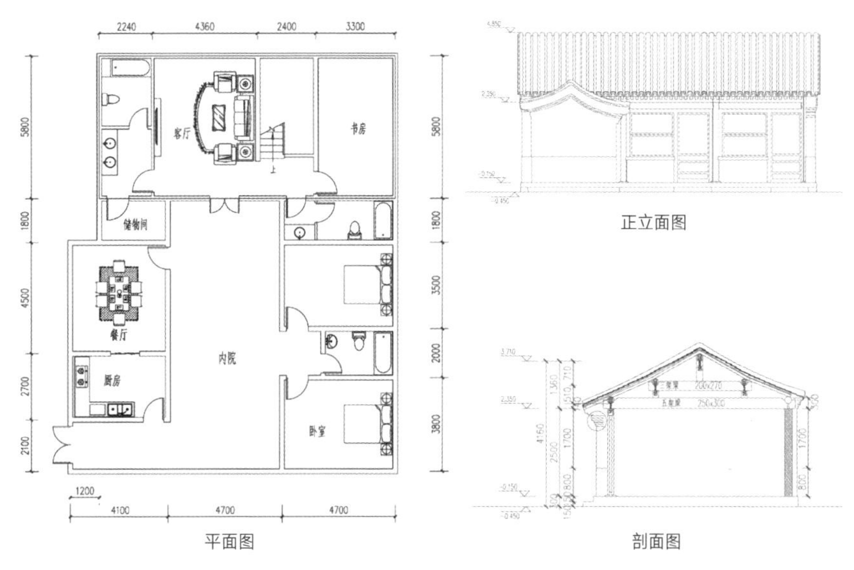

平面图

正立面图

剖面图

民居设计

重点民居改造设计

传统民居建筑是形成朱家峪古村落历史风貌的主要因素，构成了朱家峪古村落的一种历史建筑保护环境，因此对其大规模的成片改建是不合适的，应该根据建筑所处地段的具体情况，空间上相互交错、时间上先后交替进行改建更新，在保持朱家峪古村落整体风貌的同时，促进古村落的健康持续发展。

在保护原有建筑风貌基础上进行改造设计，满足居民生活需求。

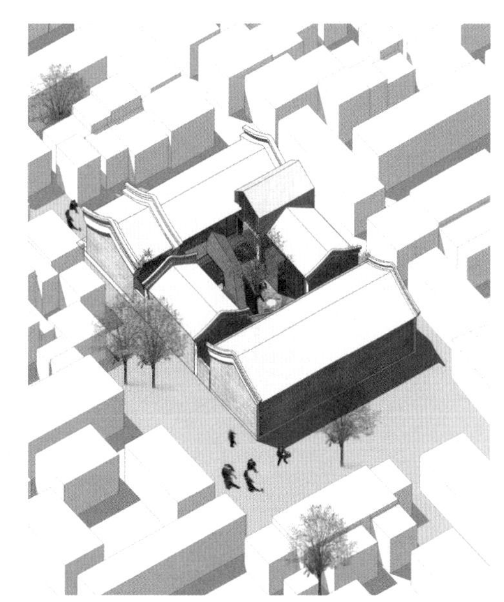

单体结构

保留原有建筑组合形式，在传统的合院建筑中，将装配式技术运用到设计中去，改善传统建筑的居住环境，提高居民住房品质。

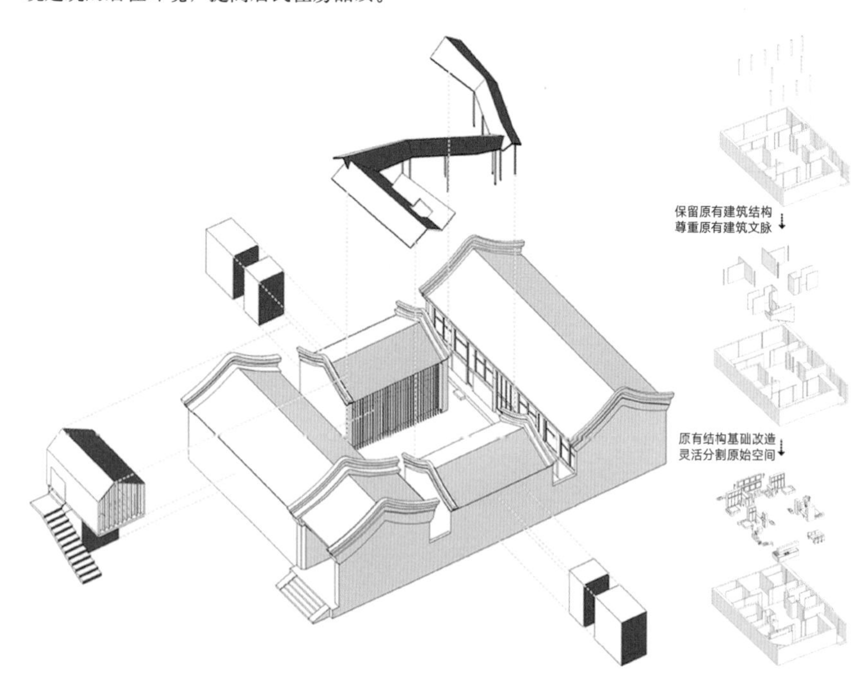

各层平面图

一层平面图

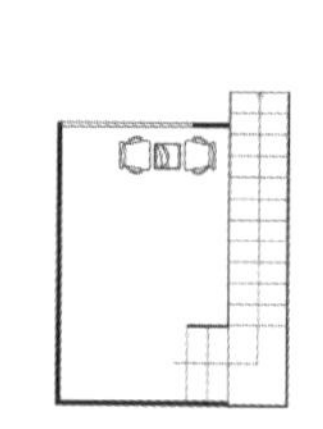

二层平面图

一般民居保护利用方案——耕读书屋

应对旅游冲击的方式就是实现功能的更新，应该在尽量保持建筑原真性的基础上，对其进行保护性开发和利用，这是朱家峪古村落民居建筑保护利用的中心任务。

这种以保护为前提的功能开发，既能保留这些传统民居建筑的地域特色，又能实现建筑功能的转换，既能显露这些传统民居建筑的历史价值，又能获得社会认同，从而使其空间得到充分的利用。

通过装配式建筑改造，将普通民居改造成现代民宿，实现民居充分利用。

立面图、剖面图

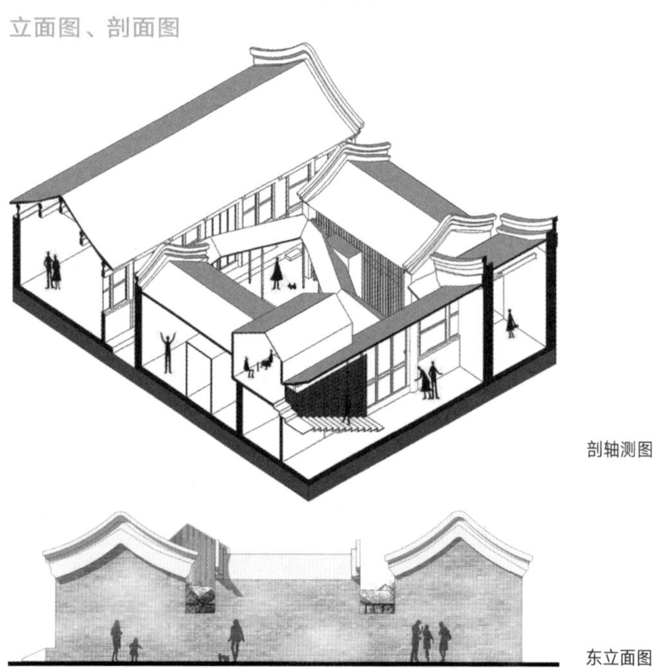

剖轴测图

东立面图

体块分析

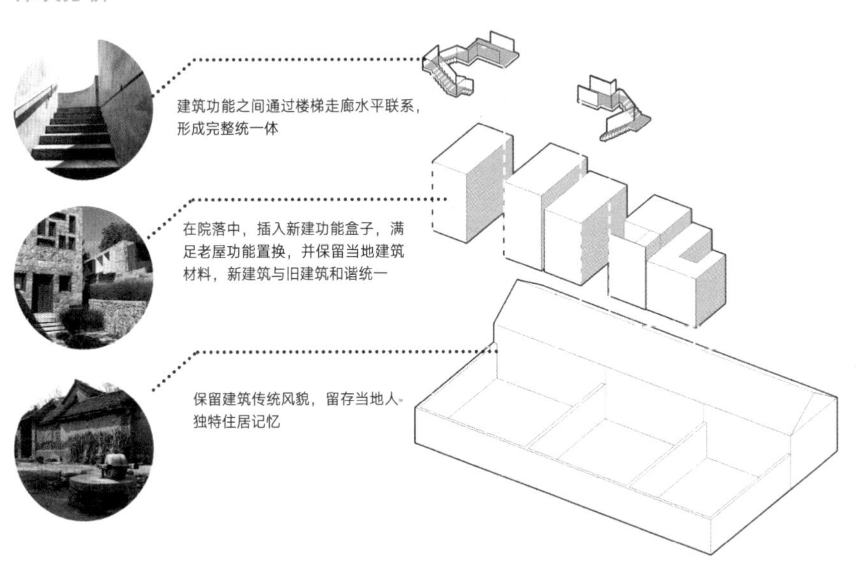

各层平面图

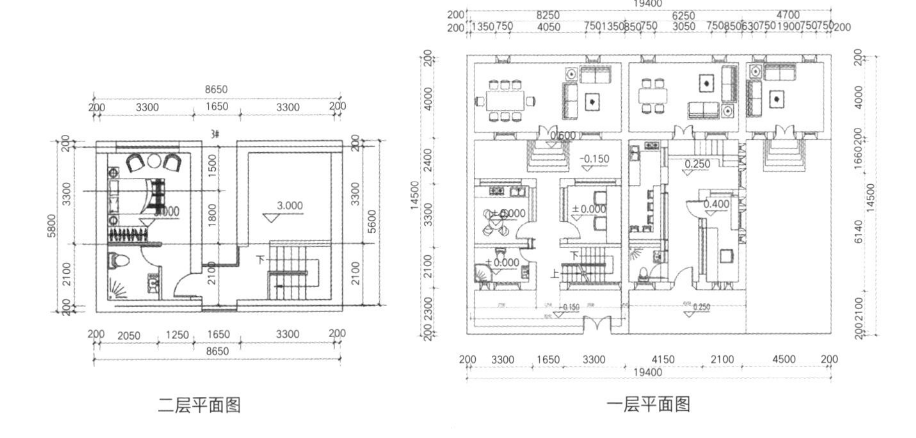

二层平面图　　一层平面图

立面图

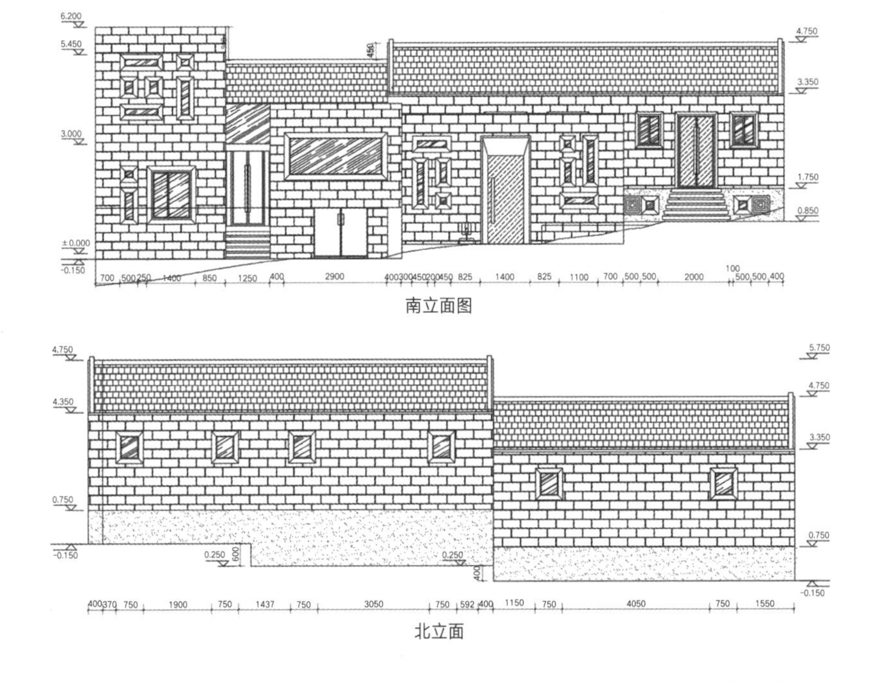

南立面图

北立面

立面图、剖面图

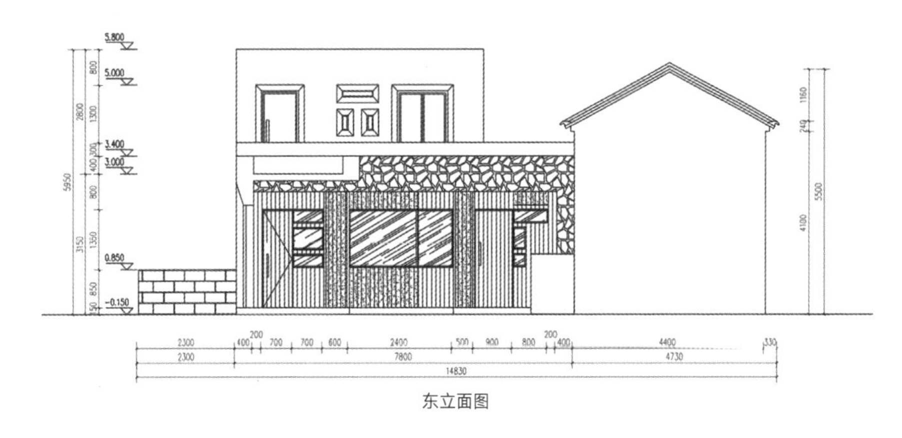

东立面图

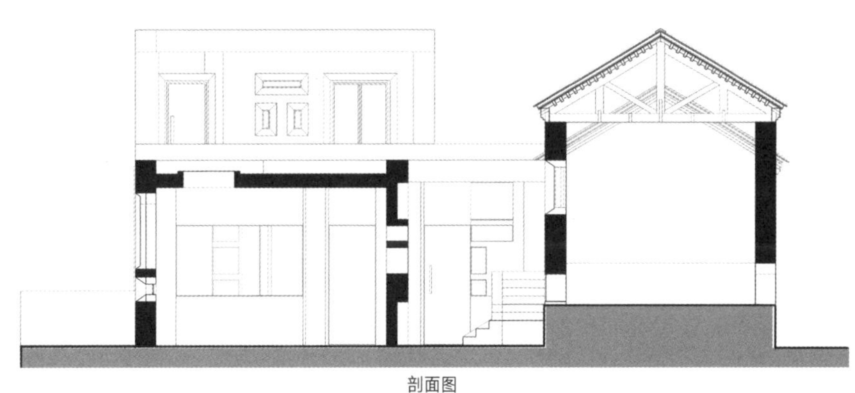

剖面图

技术支撑

装配式农宅技术体系介绍

装配式住宅具有节能、环保、节约板材的优点。在全面提高新型民房品质的基础上，通过数字化工业生产实现新型民宅的低成本、高性价比，使得农民可以以高性价比获得高质量民宅。

基础特征：设计标准化、生产工厂化、施工装配化、装修一体化、管理信息化。

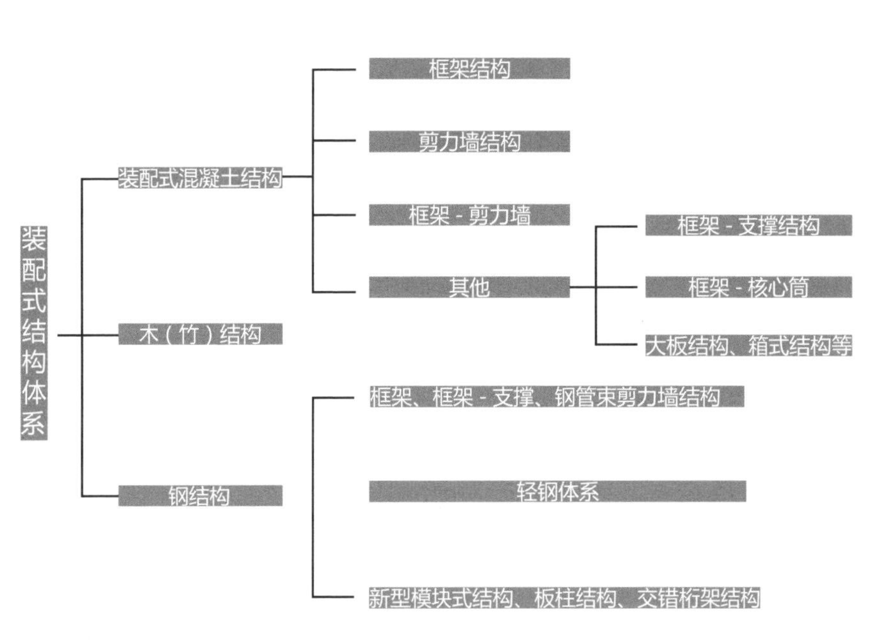

标准化分析

轴线尺寸统一化

平面轴线尺寸统一标准化，轴线有统一的基本模数，模数为 300 的倍数。

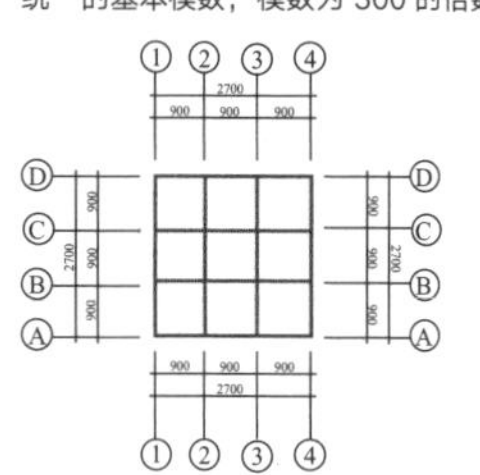

构件尺寸统一化

各个构件以 300 的倍数为模数预制成型，便于工业化生产与成型。

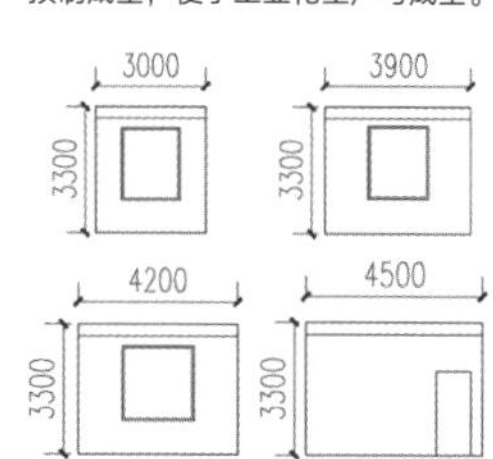

户型模块标准化

通过对户型模块的标准化，实现内部隔墙的灵活分布，遵循模数原则。

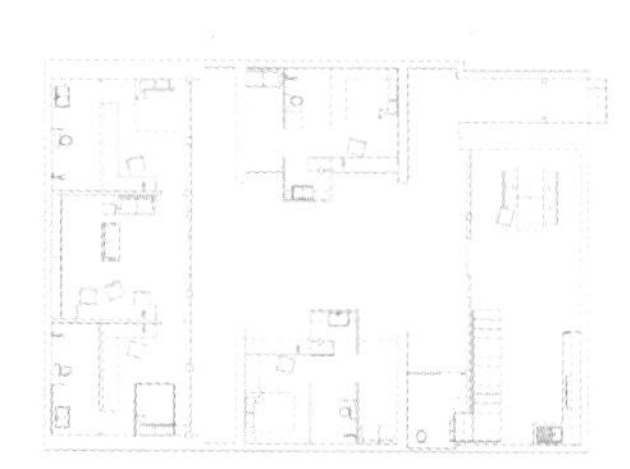

装配化分析

板式农宅结构体系

结构材料：轻型混凝土

连接方式：榫卯结构

结构优点：民宅建设成本相对较低；板式体系安全可靠，使用耐久；具有较强的推广性

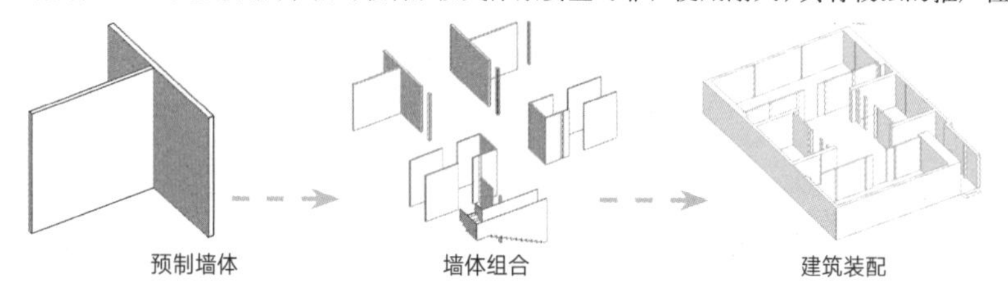

混合结构民宿体系

民宿项目中采用装配式钢结构与装配式混凝土结构相结合的混合结构体系。主体部分采用钢管束结构体系，非主体部分采用混凝土预制构件，主要的混凝土预制构件为桁架钢筋混凝土叠合板、预制外墙板、预制内墙板、预制楼梯、预制女儿墙。

混合结构的装配设计要点

预制钢结构承重构件

本项目竖向承重构件为钢管束剪力墙和钢结构柱，2 层一次焊接安装完成。其中，钢管束剪力墙由 U 形钢结构标准件焊接而成。标准件内部浇捣商品混凝土，外侧安装预制混凝土外挂墙板（自保温），内侧抹灰。竖向钢结构构件采用焊接连接，安全可靠，施工快捷。同时，可大量减少现场模板的工作量。

钢结构

竖向钢结构　　钢管束模型

预制混凝土外墙板

本项目的预制混凝土外墙有 3 种类型，钢梁外侧的外围护墙板、剪力墙外侧的外挂板、钢柱外侧的外挂板。外墙板厚度均为 100mm，根据不同的墙板类型，选择不同的连接方式。

外墙板墙节点大样

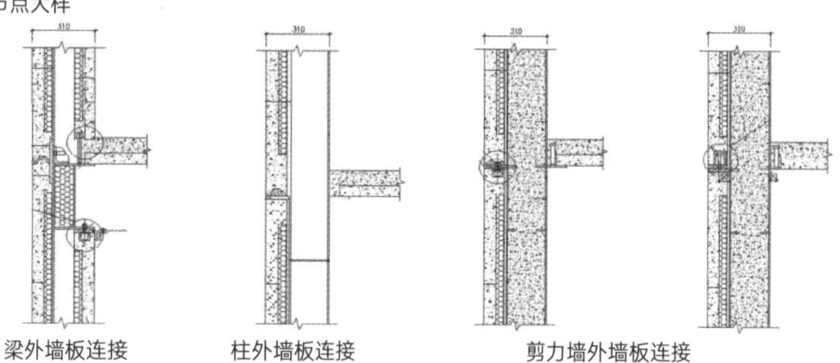

梁外墙板连接　　柱外墙板连接　　剪力墙外墙板连接

预制混凝土内墙板

本项目的内隔墙板为 200mm 厚预制混凝土墙体，墙体底部预埋槽钢，搁置与抗剪栓钉上；顶部预埋连接件，并通过插销件与钢梁相连。设计时，工艺专业充分考虑建筑功能和室内设计要求，对水电专业的管线、线盒等进行了预留预埋。

预制混凝土叠合板

本项目楼板采用 130mm 厚的单向桁架钢筋叠合板，其中预制层厚度 60mm。在阳台、厨房、卫生间的位置进行降板处理，为了实现降板尺寸的要求，设计时在钢梁上焊接 L 形角钢作为楼板的支座，进行有效支撑（搁置长度满足规范要求），并且通过叠合现浇层将密拼楼板连接成一个整体。

预制混凝土楼梯

本项目楼梯板采用标准化的全预制钢筋混凝土楼梯，上下端池座甩筋进入休息平台叠合板现浇层。

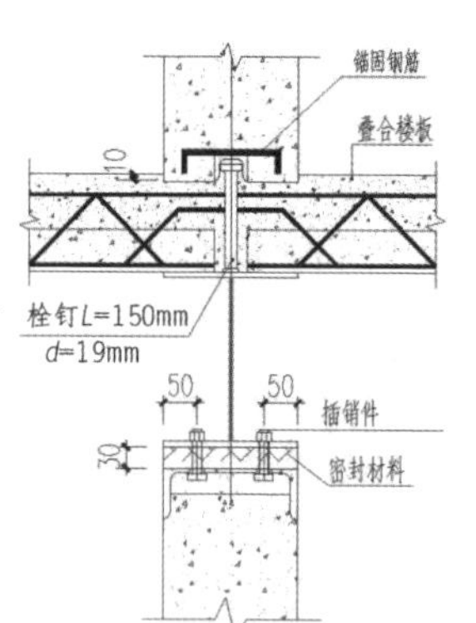

内墙板墙节点大样

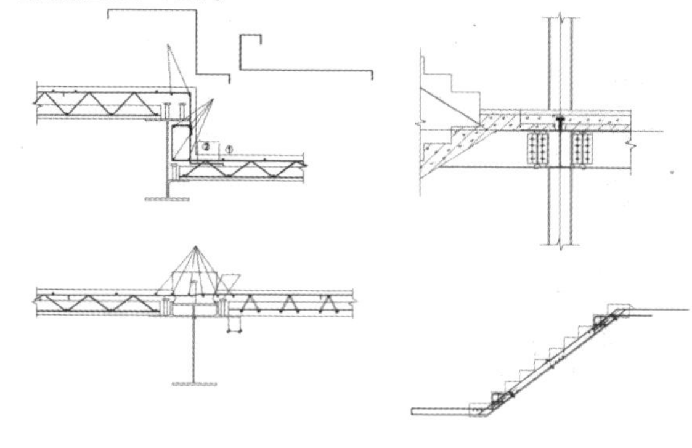

楼板节点大样　　楼板节点大样

节能技术分析

中水回用方案

1. 设计目标

（1）冲厕中水回用率

冲厕采用中水占总用水量比例不低于 50%。

（2）其他中水回用率

绿化灌溉、道路冲洗、洗车用水采用中水占用水量比例不低于 80%。

2. 设施选择

（1）生物接触氧化器

（2）石英砂过滤器、活性炭吸附

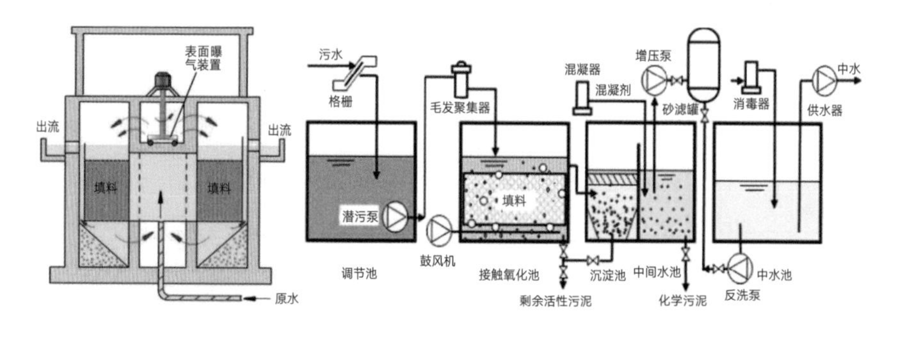

学校：北京工业大学　指导老师：戴俭　设计人员：赵彬　张越　张新琪

【乘月·叩门】——新型农村住房设计

基础调研篇

区域简介

村落梗概

苇山村位于山东省青岛市城阳区流亭街道西北向，东靠胶济铁路、流亭国际机场，西依胶州湾畔、某空港工业园，南北接临其他村落。村域最大横距1669m，最大纵距1313m，总面积2.10km²，平均海拔7m。苇山村属青岛内陆地区，距市区较远，因靠近流亭国际机场，韩国、日本等外籍人口众多，基地周边工业发展较为蓬勃，国内外来人口亦众多。

苇山村域属北温带季风型大陆气候，季风进退较明显，因受黄海及胶州湾的影响，雨水丰富（年均降水量约为710mm）但青岛属严重缺水城市，设计时考虑屋面蓄水功能。年温适中，且无较大昼夜温差。全年主导风向以南风和西北风为主，冬季春初多西北风，春末夏季多东南风。自2012年以来冬季少雪，故可以适当降低屋顶坡度。

青岛自十二五规划以来对各市区发展重新定位，市南区、市北区、黄岛新区等着重发展工业与旅游业，而对于崂山城阳区则致力打造宜居城市，基地现状多为老年居住者，随着近年乡土文化的发展，部分乡绅回家改造老宅用作周末休闲养生用。故基地未来多为养老住宅，在设计中以养老宜居等功能为主，适当考虑无障碍设计和未来做民俗产业的使用。

苇山村住宅历代为起脊平房，1964年苇山村统一规划，现有房屋宅基地基本为东西11.5m南北12.5m的大小，房屋坐北朝南，由明暗间构成，中间为堂屋（明间），东西各有房间，共四间。正屋东西两侧建厢房，围合内庭院，南侧做入口。根据苇山村规划，房屋檐高不得超过3.2m。每排建筑的后墙在统一直线上。每条胡同统一规划2.5m。由于常年管理的不严谨性，很多居民占用胡同，加建房屋，部分遭到破坏。

建筑风格方面，是典型的青岛红瓦坡顶建筑，具有浓郁的青岛农村特点。

建筑材料结构方面，基本使用砖混结构，砖石垒墙，钢筋水泥圈梁，红瓦坡顶。建筑外墙多用马赛克、瓷瓦、瓷砖镶贴，也有直接暴露建筑材料的，形成别样的特色。

建筑风貌与元素提取

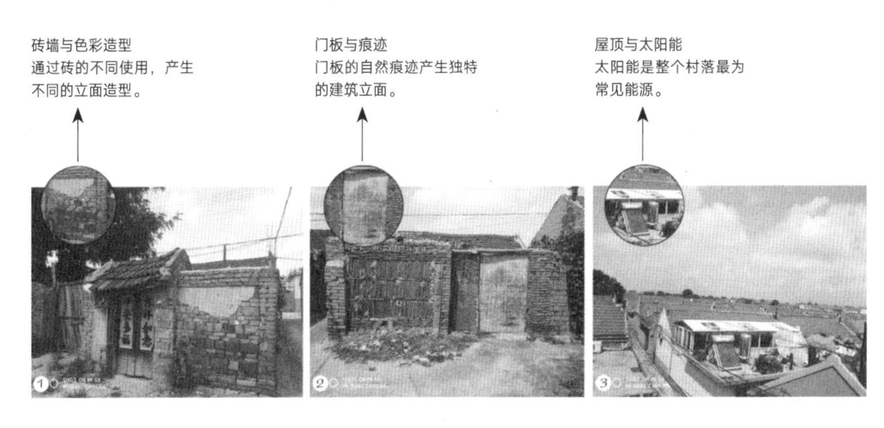

苇山村2000年每户家庭成员构成统计表

家庭成员构成	一代户（1-2）	二代户（3+）	三代户（5+）	单身户（1）	平均每户人数
户数	189	1001	45	47	—
所占比例（%）	14.8	77.9	3.6	3.7	2.9人

苇山村2008年人口统计表

年龄组成	学龄前儿童(0~6岁)	学龄儿童（7~14岁）	青少年(15~22岁)	青中年(23~49岁)	老年（60岁+）
人口数	350	268	693	1909	476
所占比例（%）	9.49	7.21	18.75	51.65	12.88

现村内居住家庭，平均每户人数2.7人，这一数值逐年下降。根据现有数据可以推测，今后苇山村内居民，每个家庭最多为二代户，且每个家庭成员最多不超过5人。

本地居民从事农业生产活动的人口逐年下降，现有从事农业生产方式的居民多为老年人，预估多年后苇山村将由其他产业完全代替农业生产生活方式，农业则多为外来人口参与生产生活。

随着二胎政策的开放，现有居住民中适宜生育的人口多外迁，故苇山村内每户家庭会常年保持2~3人的构成情况。

平面形式	说明	综述	问题
	原始“L”形户型。东西厢房设置自由可根据不同居民随意调换位置。在整个村落内已经逐步被淘汰。但可保留大的院落	苇山村统一规划宅基地每户南北长12.5m，东西长11.5m，全部将正屋放置在基地北侧，进深统一为5m（室内南北净距离），正屋共四间，包括堂屋和东西两侧房间，堂屋往往偏向一侧，根据家庭设计而变；正屋前东西两侧建厢房，或其中一侧建厢房，其中多为单侧建基地，南侧为入口和门档，亦或建厢房。由于期间管理遗漏，很大部分居民占用交通用地，宅基地面积与规划面积有出入	使用空间较小，许多储物空间被安置在院子内。大的院落空旷，村民也往往没有塑造景观的意识，使大面积空间浪费
	“工”形户型。东西厢房也可以随意置换位置。在整个村落内居多，不但可以保留大的院落，亦可以利用南侧空间		使用较为方便，但是厕所、厨房等的空间也往往在东南厢房，与堂屋并不互通，致使行动不便，尤其在冬季
	“回”形户型。多为人口较多的家庭采用，或由外出居住的村民改建出租使用		院子较小，堂屋采光不足

目标基地平面测绘与问题分析

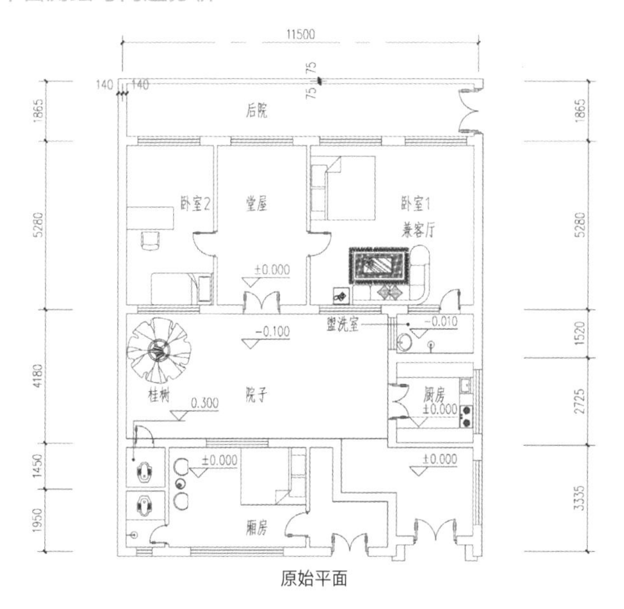

原始平面

本次目标基地选择的是苇山村127号房，其占用北侧交通空间，加建后院，与规定宅基地面积存在出入（调查出建筑外墙和中间部分隔墙为280mm厚，测量室内净宽度，得出结论），但在调查中发现，127号房所在的片区，几乎所有居民都加建后院，但不影响正常交通和邻里使用，村委会未给出否定结论，于是在选取其宅基地面积时，算入了其加建部分，总面积约169.57m²。

1. 127号房入口处是“L形”，在使用时前入口起缓冲空间的作用，多人来访时作用明显，但“L形”的空间在使用上也存在浪费。

2. 南侧的厢房起初是为爷爷奶奶修建，但建成后作为爷爷奶奶的仓库使用，爷爷奶奶去世后，对内使用极为不便，收放东西要先出大门才能进入仓库。

3. 厕所在正屋外，厢房厕所已停止使用，家用厕所没有开窗，起初院子是不覆顶的，能实现空气交换，后加盖玻璃顶，导致厕所不能正常通风，且冬季厕所没有暖气，极为不便，往往在室内穿单薄衣服，上厕所要再套衣服。

4. 厨房可供两人同时使用，但厨房也属正屋外，院子无顶之前下雨做饭非常不便，同理冬季做饭也极为不便。

5. 堂屋内不做功能房使用，只在节庆时做祭礼使用，平时只有冰箱在堂屋放置，造成空间大量浪费。

6. 起居室与父母卧室合用，不能保障卧室的私密性。起居室又承担餐厅和平时会客聚餐的作用，使卧室卫生不能保障，人多时空间狭小拥挤，空气不流通。

7. 起居室内有盥洗室，但西侧卧室内没有，其他人每次洗澡需穿过父母卧室，使盥洗室没有其相应的私密性。盥洗室内有暖气锅炉，冬季相对舒适，但锅炉烧煤，每次从院子搬运煤块很麻烦且穿过卧室，对卧室卫生有影响。

8. 后院基本用来堆放杂物，与南侧厢房作用重复，利用率低。

新型农房设计篇

首要思路

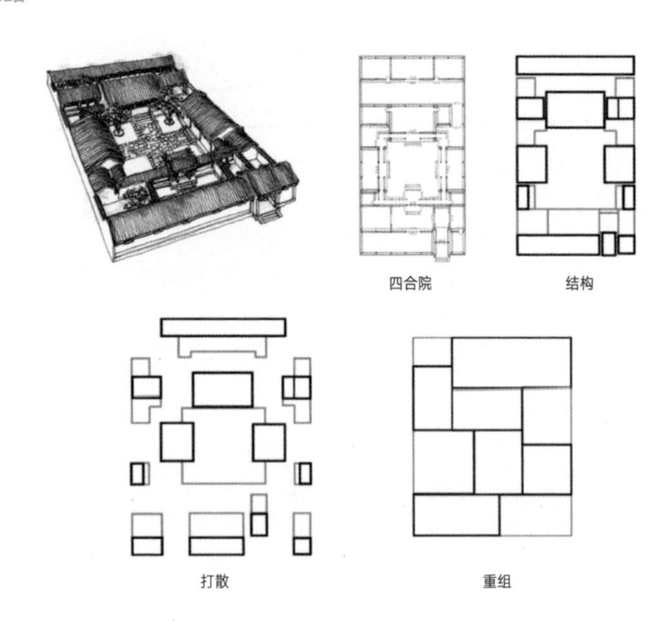

北方民居的传统建筑往往少不了院子的部分，即使是狭小的院落空间，也会产生丰富的趣味性。同时院落的设计往往起到起承转合的作用。

四合院为古代基本院落代表，分析经典三进式院落组成。打散重组，形成最后基本的院落组合，多院落的组合形式，利于建筑的通风采光，更增加建筑的趣味性。

总平面与设计总则

设计思路

“乘月·叩门”出自陆游《游山西村》，末尾两句表达了诗人对美好生活的向往。以此为题设计本方案。

目标基地近年青壮年多外出居住，随乡土文化的发展，部分乡绅回村意向改造农居作休闲养老之用，随着社会发展人们审美提高，村落现有农居接近后现代主义。故在设计时舍弃村落陈旧的建筑形式，别墅形式的新农居更符合当代人的需求。

风格上运用新中式风，黑白灰的关系更加着重简朴，在周围建筑中不会突兀又特立独行。材质上使用金属与木质材料，适应社会发展。装配式结构上采用钢架装配式相结合的结构，利于施工搭建，适应建筑造型。

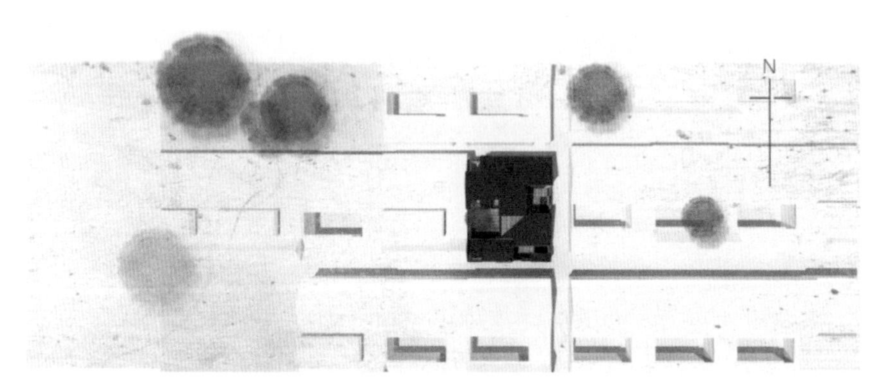

总平面图

思路深化

合院式平面

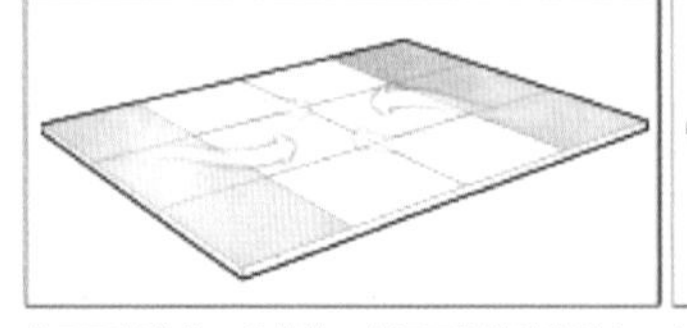

将平面划分为四个模块，中间两个模块为核心，北侧作生活区，南侧作辅助空间

确立庭院位置，利于各功能空间采光，南北对应的庭院形式又利于通风

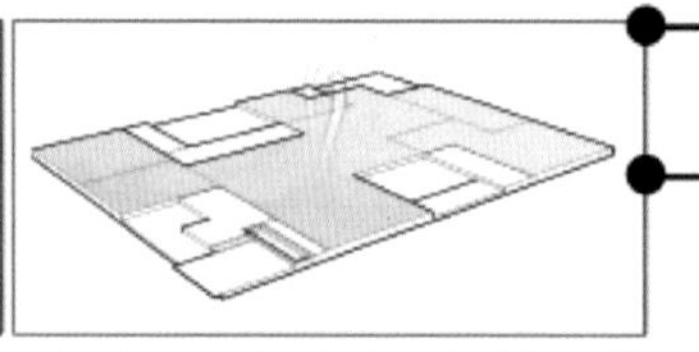

逐步深化平面庭院形式，在不影响功能使用的情况下扩大庭院，形成良好的视野景观

以四合院为依据重组院落形式

结合环境分析引入新形势思考

环境的处理

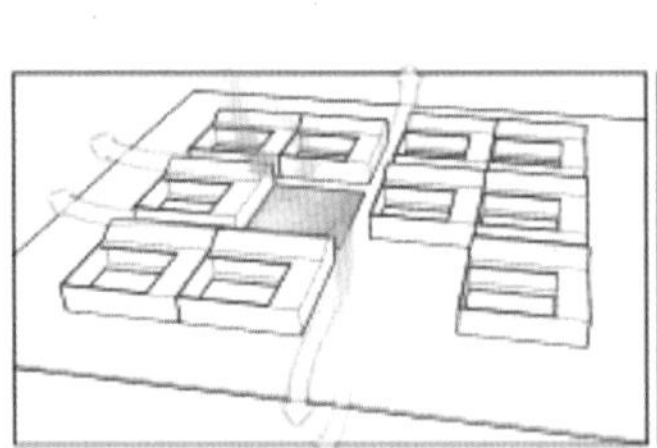

基地位于东西向胡同尽头，南北东侧方向均有胡同可以通行，市场位于基地西北方向，基地主人多从市场采购食材，但基地主人下班多从南侧开门回家，且基地东南侧夏季常有老年人乘凉

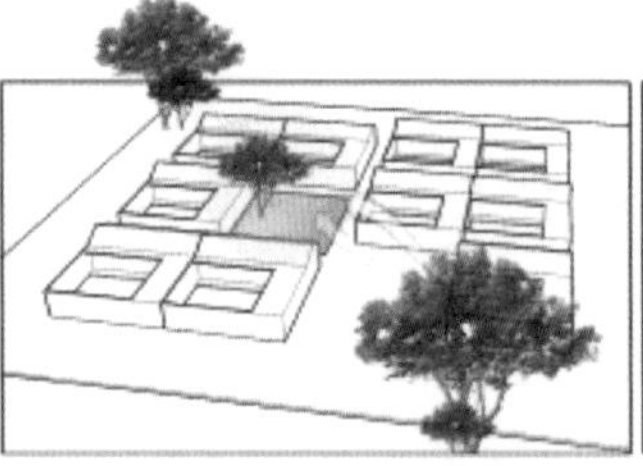

基地本身存在景观点，即基地西南侧的绿植，而村落人家多种植绿树，形成多个景观节点，进而形成景观轴，在设计中融入各个景观点

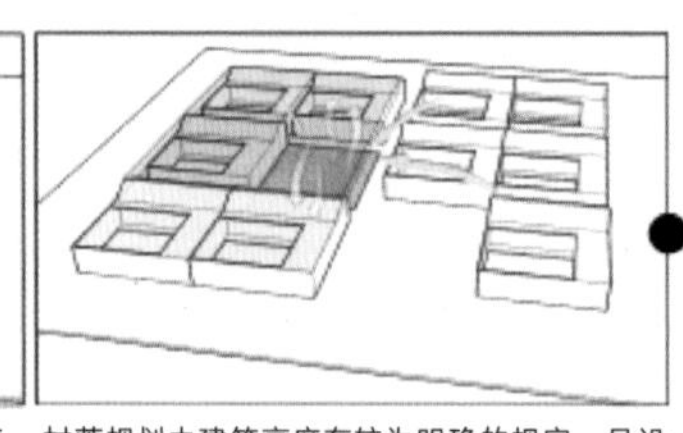

村落规划中建筑高度有较为明确的规定，且设计中考虑周边建筑高度对方案本身的影响，又考虑方案对周边建筑的影响，即尽量压低建筑层高

整合思路产生新的体块关系

多选院落的传统形式在当代狭小地块的限制下不能合理的利用，错位院落的新形式与传统院落的形式相结合产生新的建筑形体

形体的生成

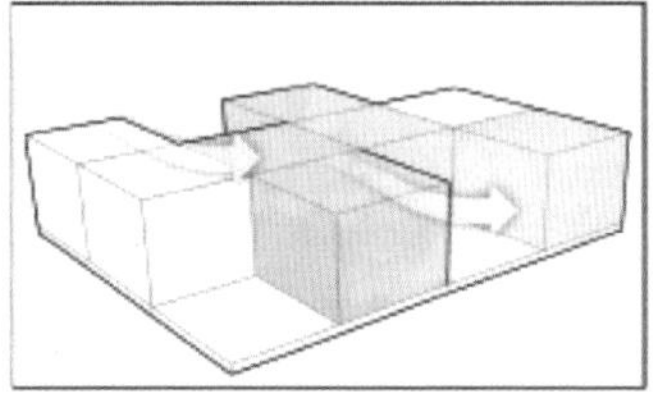

根据平面基本形式拉升体块，分析日照通风

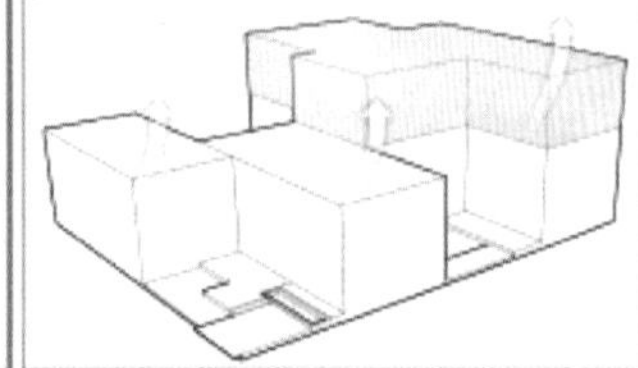

产生高差，做二层夹层设计，向上延伸屋顶

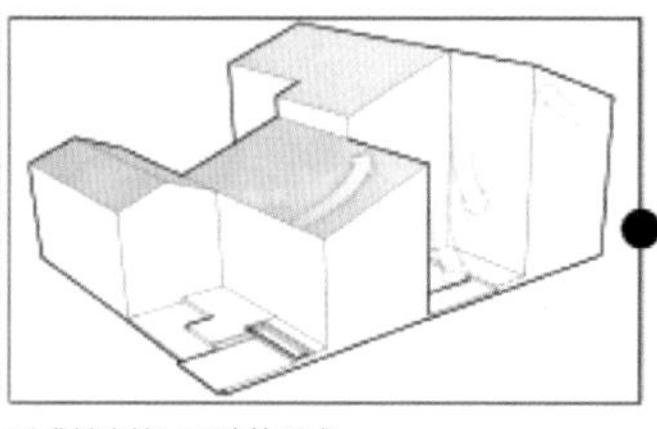

形成基本坡屋顶建筑形式

立面

南立面效果　　东立面效果

剖面

剖面透视示意

人视效果图

鸟瞰效果图

平面

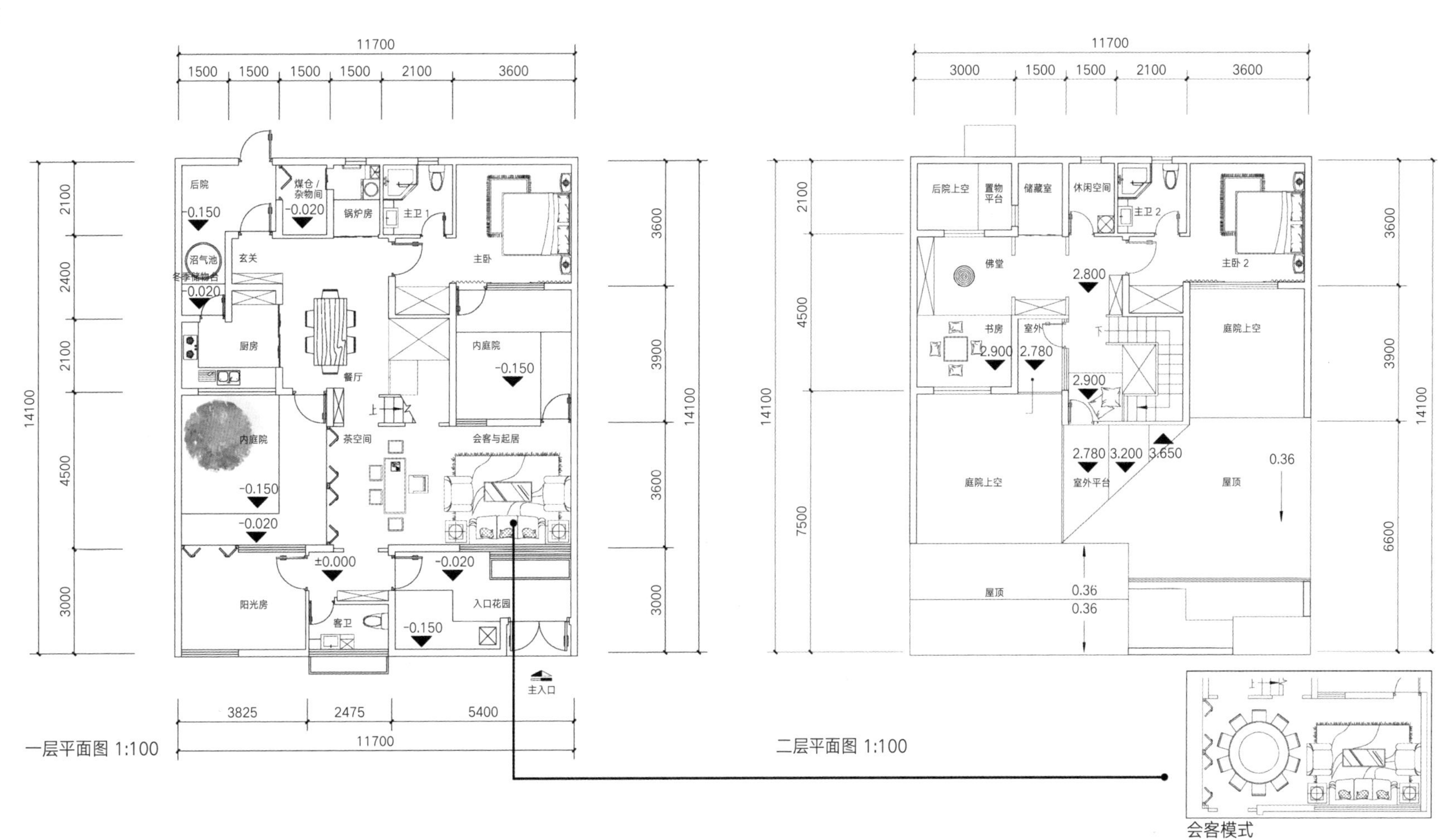

概念分析

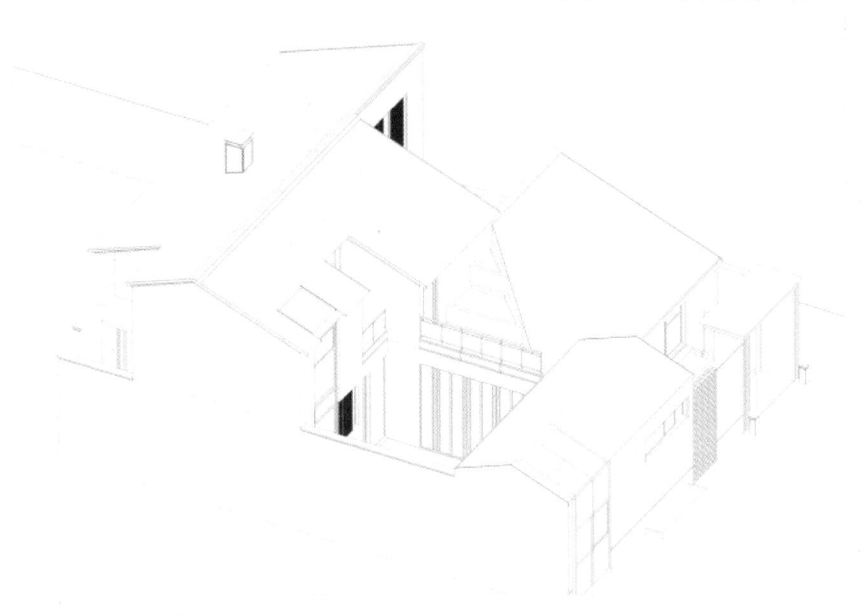

1 起

入口透视：强调小院精致的闲情，设计入口树景与高差，移步异景。

2 承

大庭院：给人一片静心养身的休闲空间，原有的桂树保留延续传承。

3 接

阳光房透视：闲来养花丰富生活。满足主人归乡后的生活需求。

4 转

小庭院：夫妻或家人的私密空间，不待客时躲懒的去处。

5 落

屋顶透视：屋顶适应孩子活泼的好奇心，二层的栏杆亦可以晾晒衣物。

6 合

后院：野猫家宠的娱乐之地，杂物堆放的好去处。

装配设计篇

建筑立面装配

墙面绿化分析

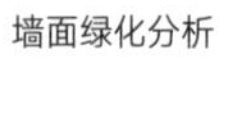

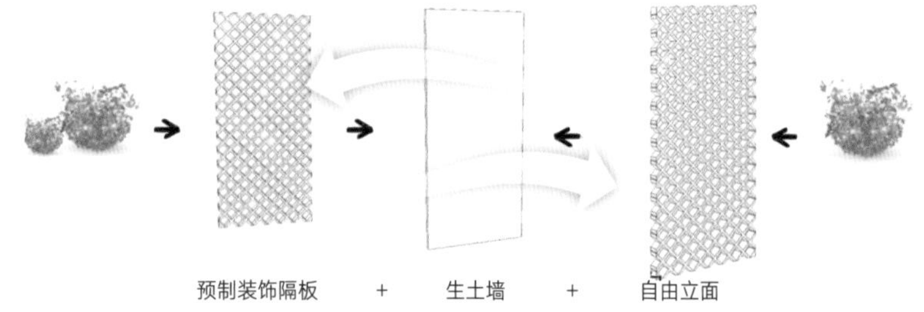

预制装饰隔板　+　生土墙　+　自由立面

屋顶绿化分析

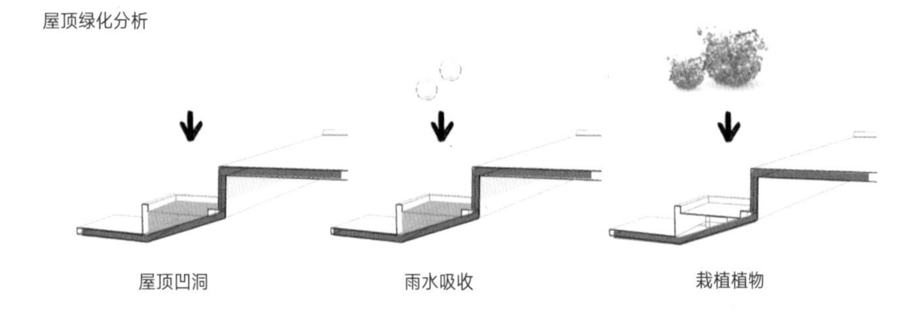

屋顶凹洞　　雨水吸收　　栽植植物

坡屋顶雨水回收分析

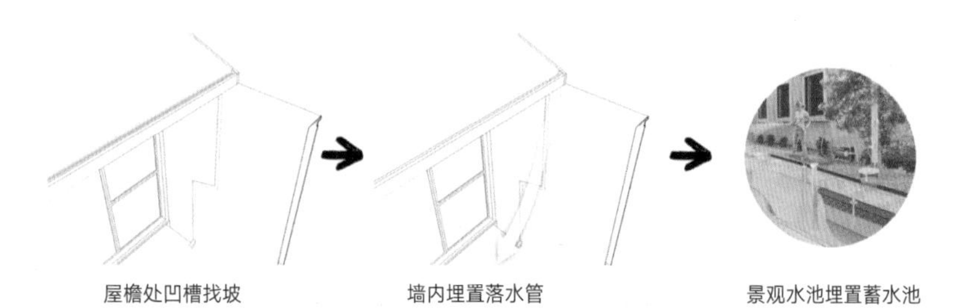

屋檐处凹槽找坡　　墙内埋置落水管　　景观水池埋置蓄水池

建筑安装分解

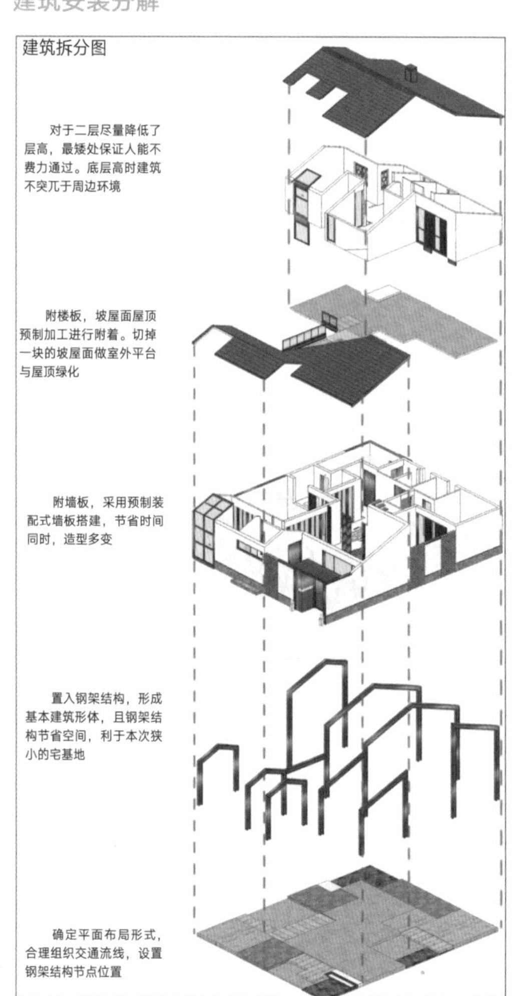

学校：山东农业大学　指导老师：刘经强　设计人员：赵杰

【琉璃居】——北京市门头沟区琉璃渠村

前期调研

历史沿革

价值评估

琉璃渠村位于北京市门头沟区龙泉镇北部，依山傍水，格局完整，历史悠久，自元代中统四年(1263年)在此设琉璃局烧造琉璃，至今已有七百余年的历史，因“琉璃之乡”的美誉而声名远扬。

琉璃渠还是古“西山大道”沿线和永定河畔名村之一，是历史上通往北京西部山区和张家口、内蒙古等地的交通要道，又是妙峰山古巷道、新南道的必经之地，于2007年入选第三批中国历史文化名村，具有较高的历史、文化、艺术价值。

【关键词】古村落 历史沿革 空间格局 建筑风貌 新农房

传统围墙　院落和绿化自然融合　特色民居　道路绿化（见缝插绿）

院落和绿化自然融合　建筑、矮山、农田、树木巧妙融合　庭院绿化　山、田现状照片

琉璃渠村

千年传统村落

琉璃文明千年传承，依山傍水而建的山区聚落，“山、水、田、屋、人”完美结合。

现状解读

地理位置

琉璃渠村位于古西山大道的入山口，地处京西九龙山北麓的洪积阶段。村东有谷水码头联系两岸，隔永定河与北京著名历史文化街区——京西门户三家店遥遥相望。村落东靠晋家沟，西临丑儿岭，南临九龙山，北靠龙泉务，是水路、陆路、铁路的交汇地带，交通便利。此外，村东与永定河有一段距离，既滨水景佳，又能防洪。村落地势西北高东南低，既是永定河冲积扇的顶点，也是山区与平原的交接部分，其山势平缓绵延，坡度小、土层厚、土质肥沃，适于农耕，便于灌溉。

气候环境

该地区冬季盛行西北季风，村落北侧的北天岭、西北的落坡岭、西侧的丑儿岭共同形成“察砂”之势。此类山林既能保持水土、绿化居所，又能避免山体滑坡等自然灾难。此外，村东有被誉为北京第一大河的永定河蜿蜒穿过，既可美化环境，保持适宜湿度，为村民提供生活饮用、琉璃生产的水源，又满足了当地人聚财之意——“水流前不见头，后不见尾”，从而形成宜居的“观水”之势。

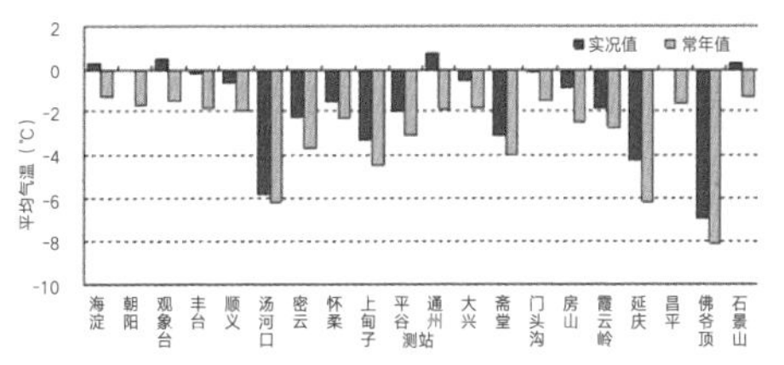

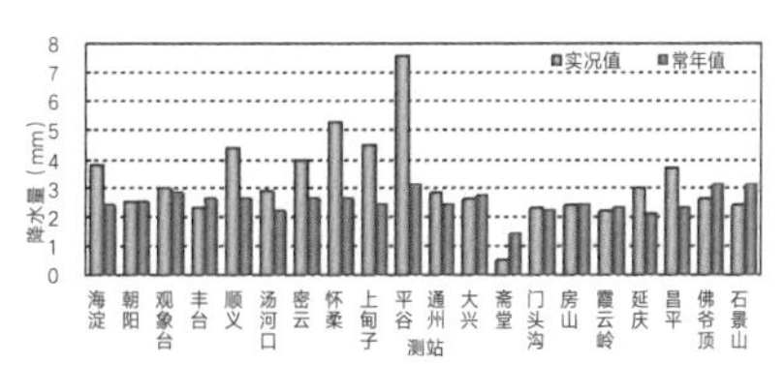

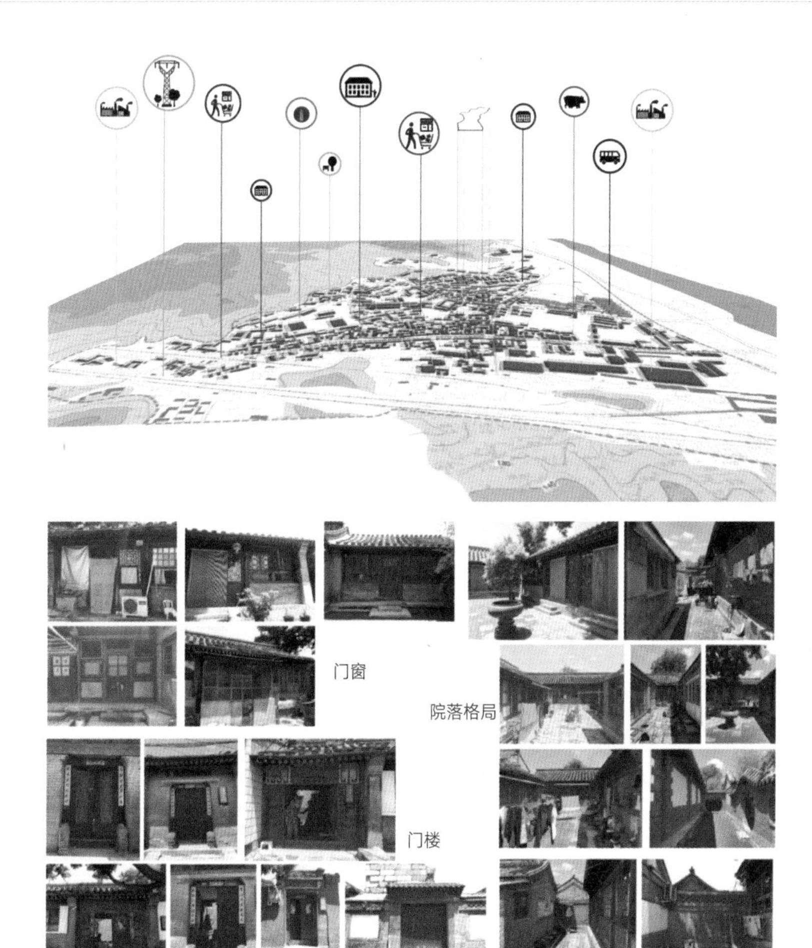

问题总结

1. 村落新建建筑风貌突兀；
2. 新建筑所用材质的颜色与质感破坏整体风貌；
3. 新建多为砖混结构，建造过程繁琐且浪费资源、破坏环境。

典型院落调研

邓氏宅院

位于门头沟琉璃渠村琉璃渠后街153号，建筑年代为清代（1644～1911年），占地面积545.2m^2，建筑面积386.5m^2，砖木结构，主要功能为居住。

宅院为二进院落，入口位于东侧。现院落格局保存完好，虽有部分修葺加固，但并未对建筑结构等要素造成破坏。砖瓦门窗保存较好，建筑整体风貌和谐，是琉璃村较为典型的民居院落之一，具有一定的历史文化价值。建筑构件保存较好，可对其建筑和院落进行整体修缮，赋予其新的商业、接待等功能。

特色总结

1. 西山永定河文化特色：琉璃渠村的民居建筑有明显的文化特色，建筑风貌比较统一。其古代建筑群造型精美、工艺精良，亦成为永定河文化的重要组成部分。

2. 山村建筑特色：结合琉璃渠村所处的地形条件，以及西山永定河文化带的影响，建筑特色显著。

3. 空间特色：村落民居多为独门独院的肌理，自然形成的公共空间如前街后街，构成了琉璃渠村特色的街巷肌理。

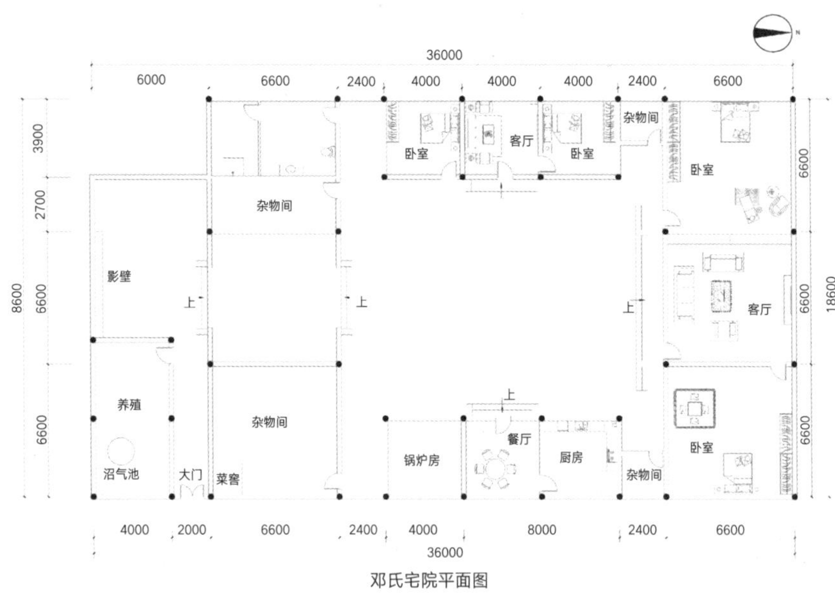

邓氏宅院平面图

邓氏宅院

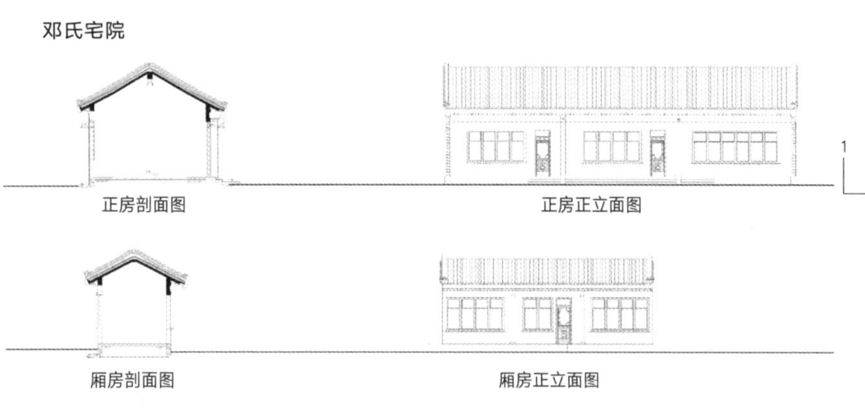
正房剖面图　　正房正立面图

厢房剖面图　　厢房正立面图

现状总结

发展方向

依托村落发展条件，落实村落定位下的新农房功能。

1. 传承文化特色。农房设计延续琉璃渠村的文化特色，保持原有的建筑风貌。在原有文化与风貌的基础上，以多种建筑户型单元为母体，形成风格传统、功能便利的装配式实用农房建筑。

2. 延续山村风光。结合琉璃渠村所处的地形条件，将永定河文化带和西山文化带元素融入新农房设计，将田园景观引入院落空间，形成自然风光与现代品质生活于一体的新型农房院落。

3. 促进邻里交流。设计依旧遵循独门独院的居住形态，适当调整部分民居的入户方向，形成几户一合院，促进邻里之间的交流，形成庭院空间的共享。

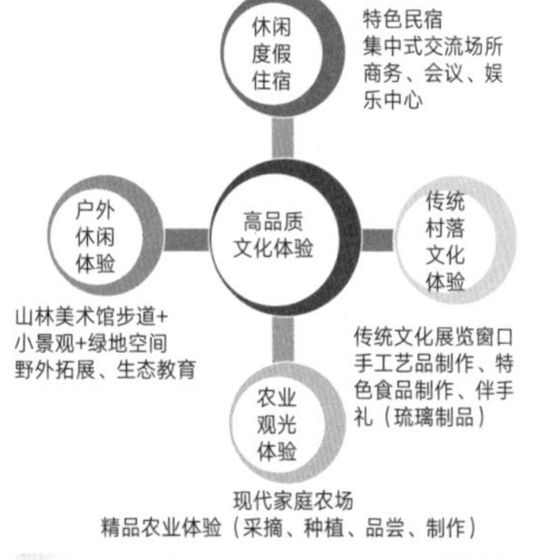

方案设计

设计说明

该设计位于门头沟龙泉镇琉璃渠村，基地古为邓氏宅院，是琉璃村较为典型的民居院落之一。新型农宅的设计基于转配式建筑构造的基础上由传统合院造型演变而来，既考虑建筑的实用性又追求造型上的美感，同时注重使用者生活的舒适性和情趣。整个空间的把控显得张弛有度，十分流畅。建筑的墙体、屋顶以及门窗使用模数化设计，方便制作和施工，可以节省时间，提高工作效率。建筑的颜色延续了当地传统民居单檐灰墙的主色调，补以红色的木构件和浅色调的基底，充分表达了对环境的尊重，显得赏心悦目。平面的设计由“盒子”出发，同时兼备模数化的特征，将楼梯间、储藏室、厨房灯小空间设置于单元内，进行组合排列，较大的空间占据两个单元，这样的设计也考虑到了施工的便捷性。

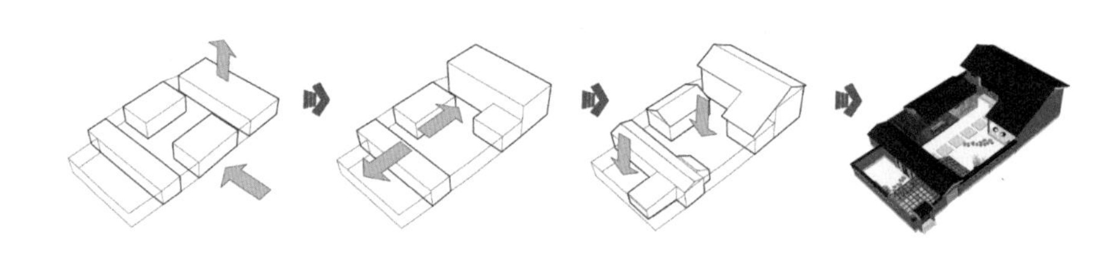

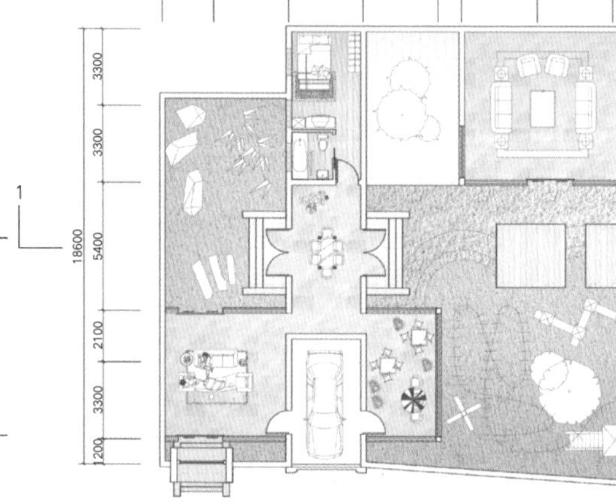
改造平面图

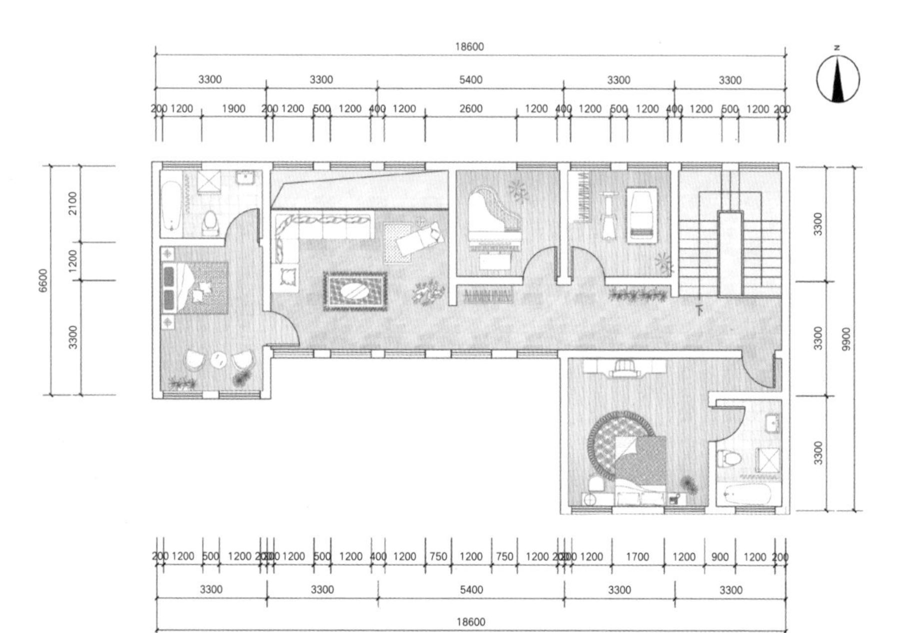
二层平面图

1-1 剖面图　　西立面图　　南立面图

东立面图　　院落鸟瞰图　　庭院节点图

装配式技术分析

本方案采用钢结构板拼装配式技术。

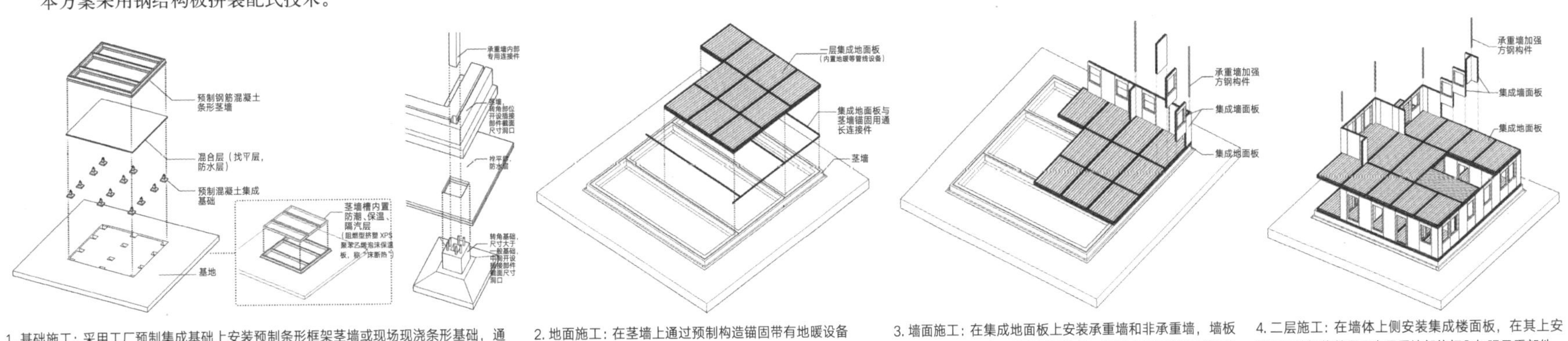

1. 基础施工：采用工厂预制集成基础上安装预制条形框架茎墙或现场现浇条形基础，通过余留钢筋安装预制条形框架茎墙作为整个结构稳定的保证。

2. 地面施工：在茎墙上通过预制构造锚固带有地暖设备（或没有的）集成地面板。

3. 墙面施工：在集成地面板上安装承重墙和非承重墙，墙板与楼板之间采用专用的连接件连接，墙体安装固定完毕后在承重墙内部打入通长加强承重方钢构件。

4. 二层施工：在墙体上侧安装集成楼面板，在其上安装二层墙板依然需要在承重墙部位打入加强承重部件。

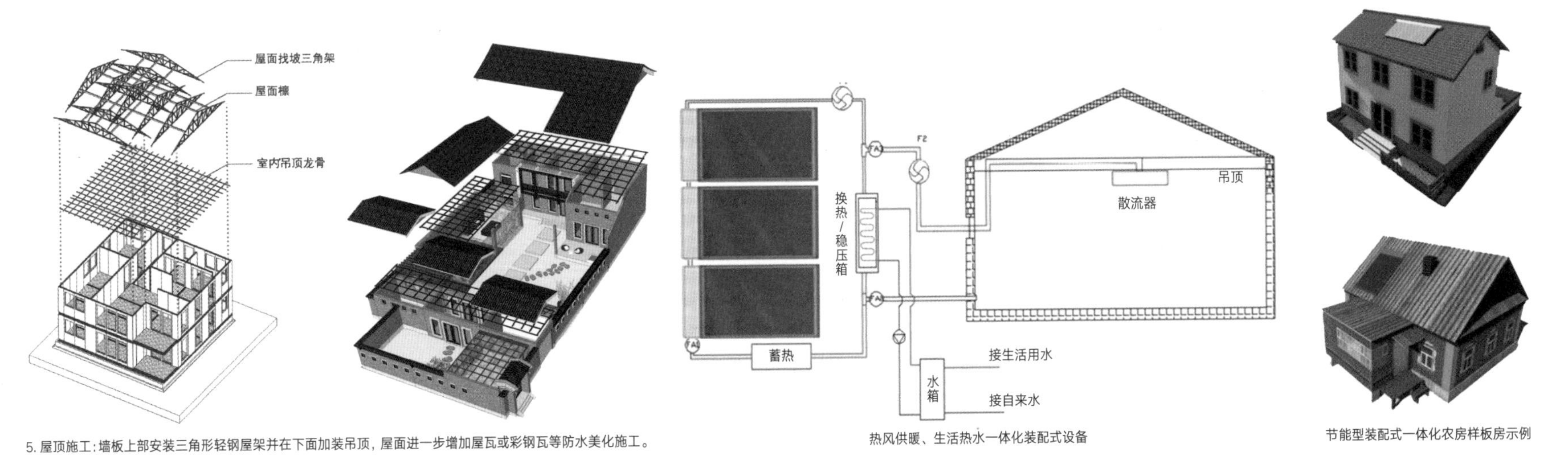

5. 屋顶施工：墙板上部安装三角形轻钢屋架并在下面加装吊顶，屋面进一步增加屋瓦或彩钢瓦等防水美化施工。

热风供暖、生活热水一体化装配式设备

节能型装配式一体化农房样板房示例

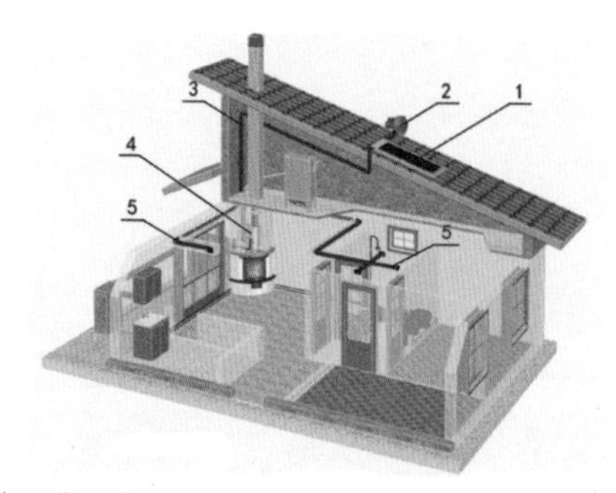

节能型装配式一体化
农房供暖系统
1—空气集热器本体；
2—送风风机；
3—送风干管；
4—壁炉（辅助能源）；
5—送风支管

6. 装配式节能技术应用：将热风供暖、生活热水一体化装配式设备、装配式一体化农房供暖系统等技术，应用于新型装配式农房。

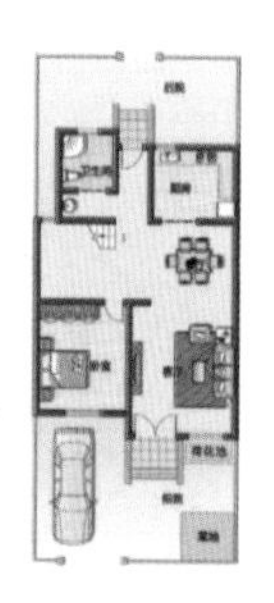

一层平面

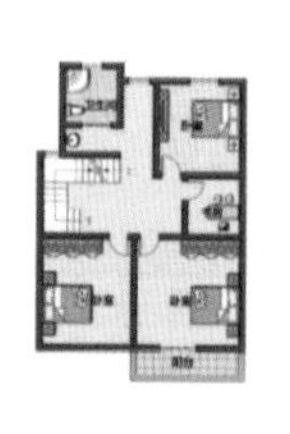

二层平面

引导户型二：二层，建筑面积 $100m^2$

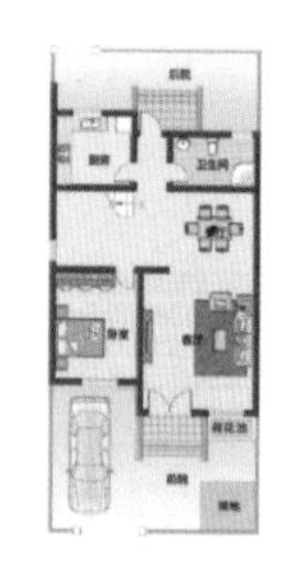

一层平面

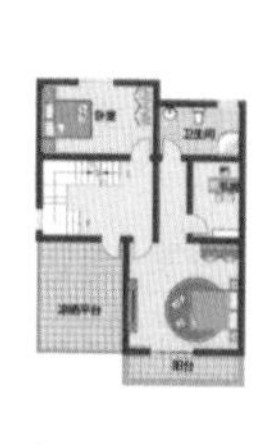

二层平面

引导户型三：二层，建筑面积 $80m^2$

农房改造引导作用

建筑色彩与材料引导

整体建筑色彩以灰墙黑瓦为基调，以体现传统的门头沟民居特色为宗旨。

建筑材料以当地传统材料为主，严格控制大面积玻璃、不锈钢、彩瓦的使用。

建筑朝向与高度引导

现状村落内部建筑朝向基本以南为主。设计延续村落的整体风貌与空间格局，根据地形地势以及景观的有利观赏面，新建建筑以朝南偏东、偏西为主，原则上不超过 15°。

建筑层数以两层为主，延续村落的整体风貌与空间格局。新建建筑控制在三层内，确保建筑体量宜人。

建筑风貌引导

通过本次新农房设计，引导农民新建房向北京传统村落农房风格，体现西山永定河文化带门楼、砖雕、木门窗、四合院格局等的建筑风貌特点。

建筑户型引导

一、二、三层功能分开

一层布置客厅、厨房、餐厅、老人房及储藏室，作为日常活动的场所，其中储藏室设置靠近北门，方便村民参加完农事之后农具的置放。

二、三层安排儿童房、客房、卫生间、主卧、书房等比较私密的生活空间。

庭院以相等大小，每户形状变化组合，形成多样空间，引导庭院用矮墙作为围墙设置。庭院内部设置菜地、花池等。

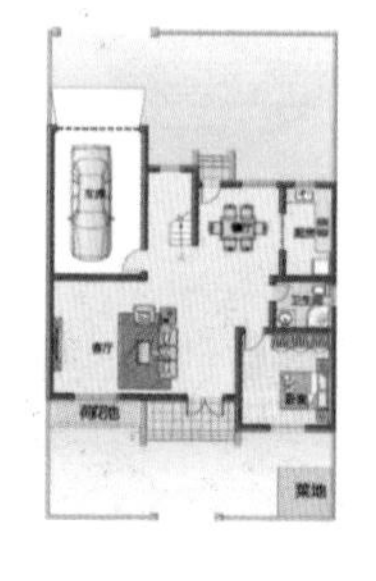

一层平面

二层平面

三层平面

引导户型一：三层，建筑面积 $120m^2$

铺装

铺装主要包括路面铺装和场地铺装。

以人行为主，采用自然块石、青砖等进行铺设；场地铺装主要采用自然块石、条石、青砖、卵石等自然材料，局部可结合木材铺设。

护栏

以琉璃为主题的石材栏杆，整体统一协调，沿永定河打造滨水休闲空间，沿河设置木材料栏杆，款式要求简洁、自然、轻巧。

围墙

现状院子的围墙形式丰富、质量较好，但由于用材及形式不统一，造成整体风貌欠佳。建议通过政策鼓励，积极引导居民对自家院落围墙按要求进行改造，采用自然块石和木条形式的通透式围墙，对部分驳坎或院子较小的围墙也可采用自然块石挡墙。

坐凳

在公共空间等各个景观节点设置坐凳。坐凳形式要求自然，建议采用石凳、木凳等乡土材质，避免过于城市化，部分坐凳可结合树池设置。

树池

在主要建筑的院落等位置设置树池，种植乔木，树池形采用自然条石铺砌、灌木种植的形式或卵石自然铺砌，材料选用本地石材，局部树池可作为坐凳使用。

垃圾转运站及垃圾桶

转运站结合村落内组团设置，并尽量分布均匀。

在主要节点均匀设置垃圾桶，平均 100 ~ 200m 设 1 处。垃圾桶造型力求简单，材料选用木材、竹编或石材，避免使用塑料或不锈钢等现代材料。

标识系统引导

规划在村口及主要景点设置指示牌，介绍村落相关情况以及指引游客旅游线路。指示牌宜凸显莲文化主题，显环溪特色、乡土气息，形式质朴、大方、标志性强，充分展现环溪村形象。

公厕

新建公厕建筑造型不宜复杂，体量不宜太大，建筑风格需与村落整体风格相协调，屋顶采用青瓦坡屋顶，避免使用琉璃瓦等现代材料。

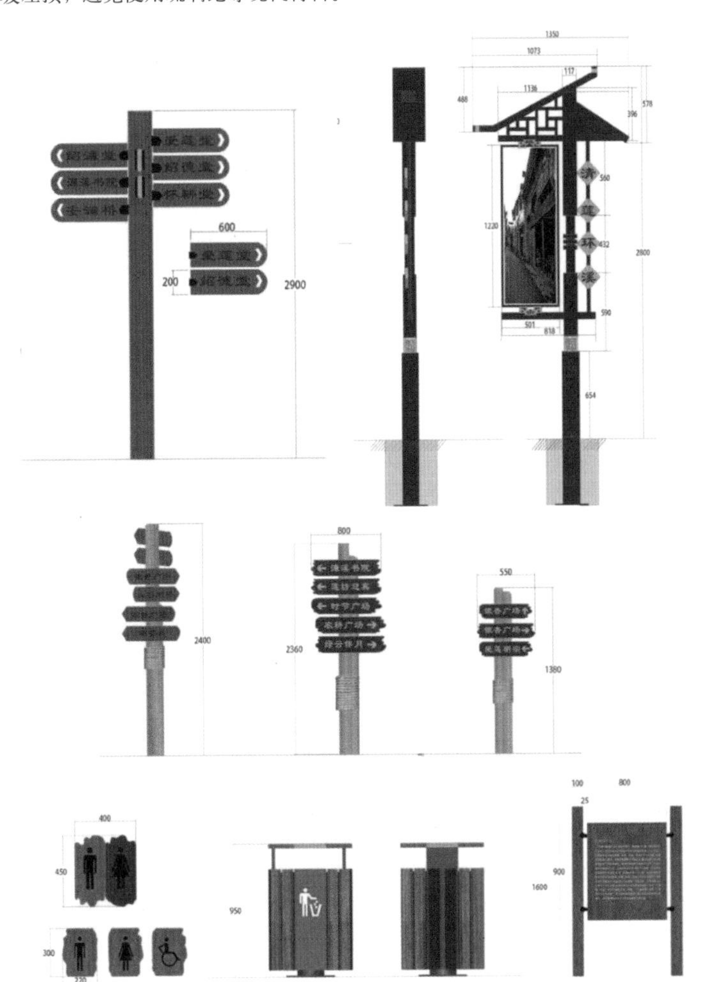

树种配置引导

干路植物配置：香樟、水杉、枫香、葱兰、萱草。

支路植物配置：紫薇、菊花碧桃、木绣球、三七景天。

开放空间植物配置：红枫、垂丝海棠、紫玉兰、桃花、樱花、杜鹃、黄杨、黄馨、紫藤、向日葵等。

溪边河道植物配置：莲花、荷花、醉鱼草、香蒲、美人蕉、三棱草等。

三边彩化植物配置：枫香、银杏、乌桕、黄山栾树、无患子等。

村干路植物配置

村支路植物配置

村开放空间植物配置

溪边河道植物配置

莲花　荷花　醉鱼草　香蒲　美人蕉　三棱草

学校：北京工业大学　指导老师：戴俭　设计人员：韩晓静　胡雪舟　李梦

【荆楚民居】——湖北省荆州市

江汉平原区位分析

区域分析

荆州，古时又称“江陵”，为湖北省地级市，地处湖北省中南部，长江中游，江汉平原腹地，河流纵横交错，湖泊星罗棋布，是我国著名的鱼米之乡。

荆州地区具有悠久的历史文化，其中最为人所熟知的当属三国时期的刘备借荆州和关羽大意失荆州。其同时也是荆楚文化的重要发祥地。

地形条件

荆州市以平原地区为主体，海拔 20 ~ 50m，相对高度在 20m 以下。丘陵主要分布于松滋市的老城、王家桥、斯家场和荆州区的川店、八岭、石首市桃花山等地，海拔 100 ~ 500m，相对海拔 50 ~ 100m，低山主要分布于松滋市西南部与湖南省交界处，海拔 500m 左右。

气候特征

荆州年平均气温：16.5℃；年平均最高气温：20℃；年平均最低气温：13℃；历史最高气温：39℃，出现在 1961 年；历史最低气温：-15℃，出现在 1977 年，年平均降雨量：1098mm，属亚热带季风气候。

从全国平均降雨图来看，荆州地区的年降水总量在 1200 ~ 1400mm 之间，降水量丰富，属于湿润地区。

从全国最低气温分布图来看，荆州地区年平均最低气温为 -4℃。

从全国气候区划图来看，荆州地区属于夏热冬冷地区。

从全国最高气温分布图来看，荆州地区年平均最高气温为 35℃。

荆楚传统民居调研

荆楚民居

荆楚文化是中华民族文化的重要组成部分，湖北是荆楚文化的发祥地，位于中国内陆的长江中游地区，承北起南，联系东西，在与周边文化的频繁交流中形成丰富的文化形态。

提到一个地方的传统文化，就不得不涉及其建筑形式和建筑风格，荆州地区具有代表性的当属荆楚民居，荆楚民居建筑是湖北地区宝贵的文化财富，也是中国传统建筑文化遗产不可或缺的重要组成部分。

天井院民居

荆楚民居建筑形式

1. 天井院

天井院是湖北传统民居最基本的空间组织方式。一组天井院就是一个居住单元，通常包括门屋、天井、面向天井的厅堂、厅堂两边的房间（耳房）、天井两侧的厢房以及联系这些房舍的廊道等要素。在厢房的另一侧常常还辟有小天井，用于解决厢房和正屋稍间的通风和采光问题。因此，一组居住单元通常由一个主天井及两个小天井组合而成。

2. 庄园

庄园式民居是由一些较大规模的合院形成，通常是官吏宅邸或士绅庄园。这一类带有天井的四合院建筑群，不仅仅有着宏大的规模，还常在居所旁设置花园，用以休闲。同时，会采用一般民居不使用的勾头、滴水等屋顶装饰，让建筑显得精巧细致。整个建筑群外围设高墙围合，形成内部或开敞或紧凑的节奏有致的空间以及整体对外封闭的空间效果。

3. 吊脚楼

吊脚楼主要分布在鄂西南地区，包括恩施土家族苗族自治州和宜昌的部分县市。鄂西南属大武陵地区，境内地貌、风俗相似，地貌属云贵高原东延部分，由一系列东北—西南走向山岭组成，地势高耸，顶部宽旷，呈波状起伏，有“山原”之称，是土家族和苗族人口分布最密集地区。吊脚楼是当地的主要建筑形式，它是结合当地山多岭陡、木多土少、潮湿多雨、夏热冬冷等生态特点而建造的具有典型生态适应性特征的传统山地建筑。

4. 商宅

商宅是以商贸文化为背景的民居类型，是一种商住合二为一的传统民居建筑。和传统住宅相比，商宅不仅要满足人们最基本的居住功能，而且要解决好面街的商业功能，多采用“前店后宅”或者“下店上宅”的布局模式，在布局与空间组织上自由度不大，需要考虑与街道以及相邻建筑的关系，一般在纵深方向变化较多，依地形处理成两进三进，并设天井，也有在临江而建的背街侧采用吊脚楼形式的，以及采用前后连褡屋形式的。为了充分利用好寸土寸金的商业门面，通常商宅并列排布得十分密集，每户的进深较大，并且其空间形态根据地形条件和户主当时的财力不同而灵活多样。

商贸背景之下形成的商宅建筑内部常采用穿斗木构建造，为利于防火，前檐为木板壁，两山及后檐墙为砖墙。封火山墙从上至下分割相互紧挨着的铺面，对整个街面的防火能力有了较大的提高，是建筑富有特定经济文化背景的地域特征的突出体现。封火山墙沿街排列，给人一气呵成的感觉，也加强了街市的整体感觉。

三盛院鸟瞰

襄樊市南漳县的冯哲夫老宅

陶家老宅一层平面

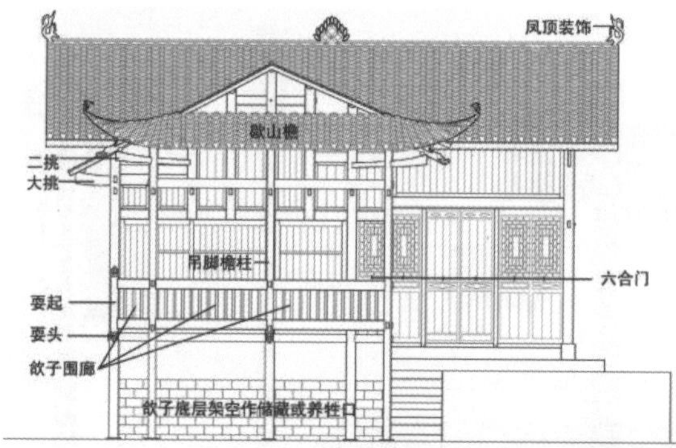

荆州胜利街

宝石南街商铺

红安长胜街的封火山墙

荆楚民居建筑元素

荆楚文化是中国传统文化中源远流长的一个组成部分，荆楚建筑作为荆楚文化的物质载体，拥有丰富而庞大的建筑符号和纹饰体系。古代楚人崇尚唯美的线条，对曲线尤为钟爱，因为曲线构成的物体既拥有流畅感而又富于韵律感。荆楚建筑在建筑屋顶、屋脊以及屋檐的装饰上采用了柔和的曲线造型设计，动态的曲线线条不像直线线条那样僵直呆板，而是很自然的与周边环境相融，很好地反映出了楚人对于自然环境的向往和追求。

元素		实例
槽门	槽门是荆楚民居庭院空间序列的第一个组成元素，一般合院式的民居都建有槽门	
檐廊	檐廊是民居中非常生动的空间，一般是指前（后）檐柱和前（后）金柱（或檐墙）之间的部分	
山墙	湖北地区的山墙颇具特点，成为荆楚民居有别于其他地方民居的外在表征，虽然表面上看上去比较接近徽州民居，但荆楚民居的山墙形式更为丰富	
天斗	天斗是天井的一种进化，是荆楚地区民居特有的建筑元素。天井本是人们在家中接天连日的地方，但有时雨雪过多，或是烈日当头的情况下，需要一定的避雨和遮阳	
木雕	荆楚民居多为木构建筑，因此木雕作品非常丰富，大多分布在槅扇门窗、梁枋、雀替、撑拱、栏杆等处	
石雕石刻	一般民居采用石雕装饰的部位最常见的是柱础、门枕石、护角石、门楣和其他部位	

荆州地区住宅现状

村庄规划和建筑选址

由于处于平原地带，房屋的建设不受地形条件的限制，且地处湖北中南部地区，日照充足，所以会存在各种朝向的房屋。由于江汉平原多河流，通过调研发现，大多数房子沿河流分布，朝向多面向河流，顺着河流蜿蜒前行，这属于第一类布局（图 1）；第二类是散布于田间地头，多以三、两栋房屋为一个小组团，这样分布的优点是离田地最近，方便劳作，其主要缺点是交通不便（图 2）；第三类是面向道路呈一字展开，这一类房屋的交通优势最为明显（图 3）。通过这三个规划方面的特点可知，江汉平原地区建造的房屋，选址多以方便实用为主。

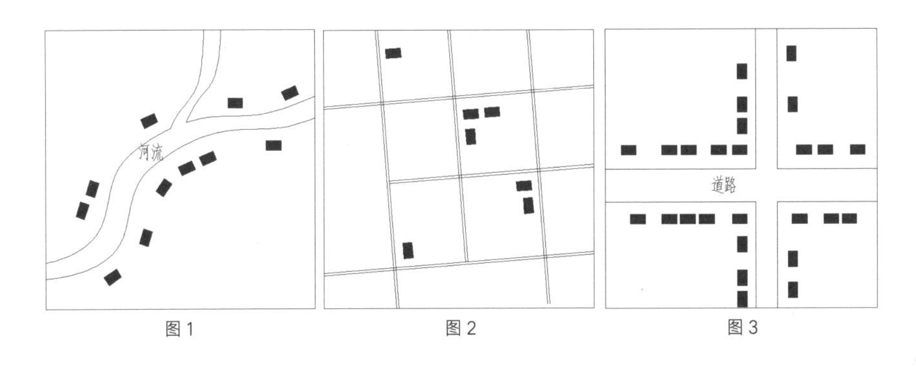

图 1　　图 2　　图 3

农宅建筑现状分析

时期	主要建材	平面型制	典型造型	主要问题
20 世纪 70 年代及以前	土坯砖	一层三开间	无造型	阴暗潮湿
20 世纪八、九十年代	红砖	二层三开间	无造型	结构安全性不高
21 世纪初期	红砖、混凝土	平面布局多样	欧式居多	风格、造型无地方特色

1. 20 世纪 70 年代及以前

由于生产力水平的限制，20 世纪 70 年代的广大农村地区经济水平极为落后，由于人多地少、农业生产的靠天收的特性，人们的生活水平处于温饱线以下，住房条件更是恶劣，大多数家庭居住在茅草房和土坯房中。

2. 20 世纪八、九十年代

20 世纪 80 年代的房屋大多数为一层住宅，像土坯房一样，也为三开间，中间为堂屋，兼作餐厅，两侧为四间卧室，厨房移出了房屋主体之外，位于主体建筑的左侧或右侧，厕所条件也有所改善，虽然还是旱厕，但是围护结构改用砖砌。

20 世纪 90 年代的房屋大多为两层住宅，多数也为三开间建筑，也有少部分为两开间，中间堂屋的功能相对单一，除了传统节日比较正式的聚餐之外，一般作待客之用，楼梯间位于堂屋北侧，左右两侧均为卧室，由于卧室进深较深，除了衣柜和床之外，有条件的家庭还会布置沙发及电视，形制类似于公寓。厨房垂直布置于主体建筑北侧，有些家庭在厨房北侧还布置了猪圈。二楼的平面布置与一楼类似，但是通过调研发现，二楼的使用率几乎为零，多数情况下用来堆放杂物。

3. 21 世纪初期

21 世纪头十年，在外立面造型方面存在三类不同的风格，第一类为单纯满足使用功能要求的，立面没有任何造型的建筑，这一类分布最广；第二类是在屋檐及阳台处设计造型的建筑，屋檐出挑，上覆赭红色琉璃瓦，造型类似于中式建筑屋顶，阳台一般为装饰性阳台，装饰以花瓶栏杆，一般不上人；第三类为带有欧式建筑元素的立面风格，主要做法为入口处设置两根罗马柱，支撑二楼阳台，屋顶檐口处设置装饰性的线脚，窗户也装饰以成品的欧式窗套。

2010 年之后，农村建筑更新换代势头更加迅猛，大量 20 世纪八、九十年代的房子被拆除，在原址上盖起了新的小洋楼，建筑平面布局的合理性较以往有了很大的改善，最显著的改善体现在厨房与卫生间的设置，从以往位于室外偏僻的角落，搬到了主体建筑内，所以农村的卫生条件得到了极大的改善。建筑风格基本上是以欧式风格为主，人们想通过罗马柱、欧式线脚和窗套、彩色的外墙砖这些元素使得建筑看上去更加美观。

从调研情况来看，农村建筑的发展速度逐步加快，这反映了人们追求美好生活的迫切愿望，但是“欧风美雨”的产物在我国农村遍地开花，特别是江汉平原地区。荆楚民居建筑该何去何从，这值得我们深思。

荆州地区现有民居

现状住宅分析 A

本实际案例位于荆州市沙市区，在调研过程中，建筑还未最终完工，这对于我们了解其建筑构造和建筑结构是有利的，业主还为我们提供了建造过程图，也积极配合此次调研工作。

优点：建筑风格属于地中海建筑风格，细部处理也较为仔细，内部功能分区较为明确，符合业主的期望值。

缺点：如何传承荆楚民居建筑文化，这是本项目忽略的主要问题，全欧式的建筑风格与当地建筑环境和文化环境不相符合，也与当前我国农村建筑发展趋势相悖。

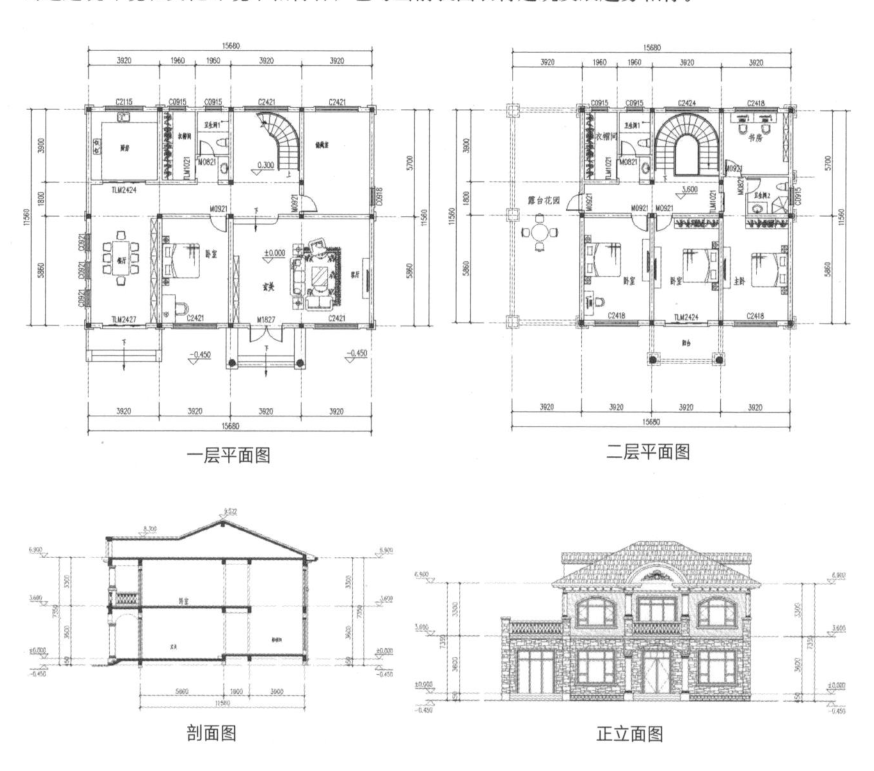

一层平面图　二层平面图

剖面图　正立面图

现状住宅分析 B

本项目主体建筑部分为二层，两栋附属建筑和院落一起构成完整的居住空间。据调研：主体部分建于 1995 年，在 2008 年时进行改造，外墙材料改为砖红色面砖，还增加了前院部分的一层附属建筑，在 2017 年进行第二次改造，增加了厨房、餐厅和取暖房，通过几次改造，形成了三个院落空间。从空间层次方面来看，具有荆楚民居建筑的进深感觉，但是建筑风格还是偏向欧式风格。

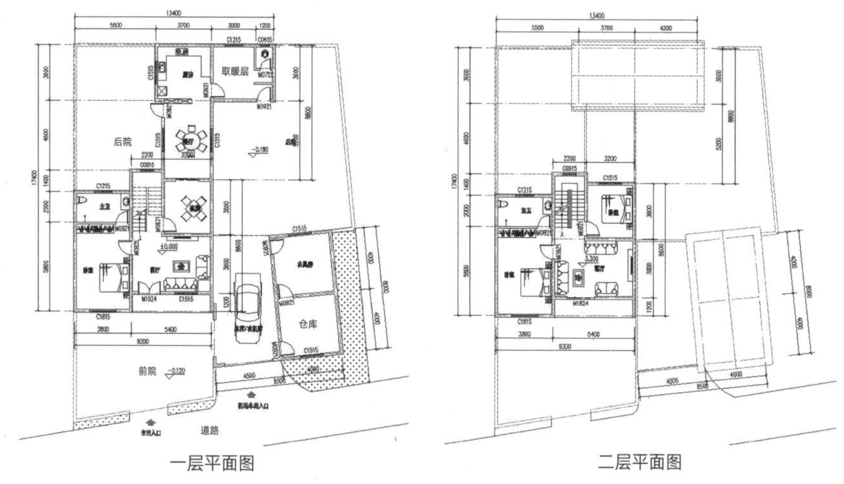

一层平面图　二层平面图

正立面图

侧立面图

新型农宅设计

设计理念

院落空间重构

院落是中国传统民居灵魂所在，讲究通而不畅，荆楚民居亦是如此。随着城市化进程的不断推进，传统民居的实用性受到质疑。的确，建筑首要考虑的就是其实用性，但是传统文化不能丢，建筑是传统文化的物质载体，它是精神场所。在乡村，尤其需要传统建筑这一精神线索串联起“过去”“现在”和“将来”。

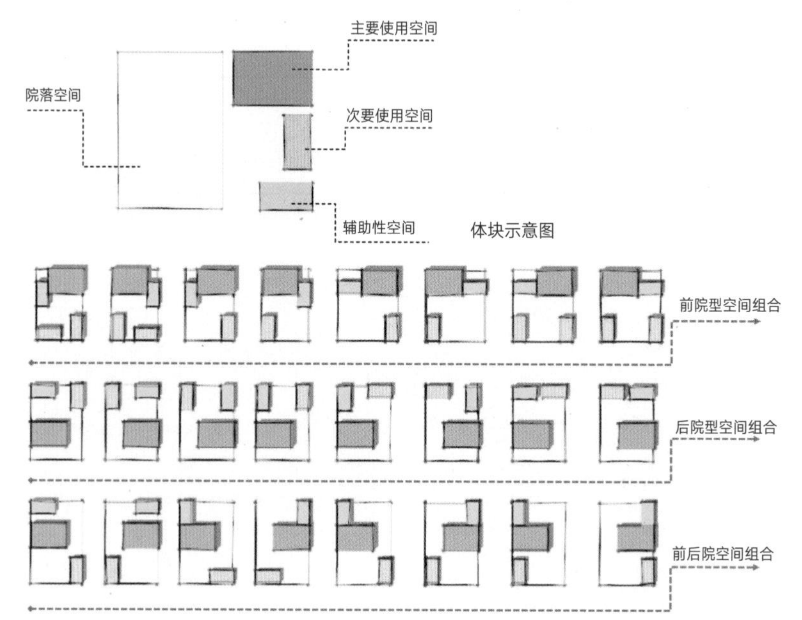

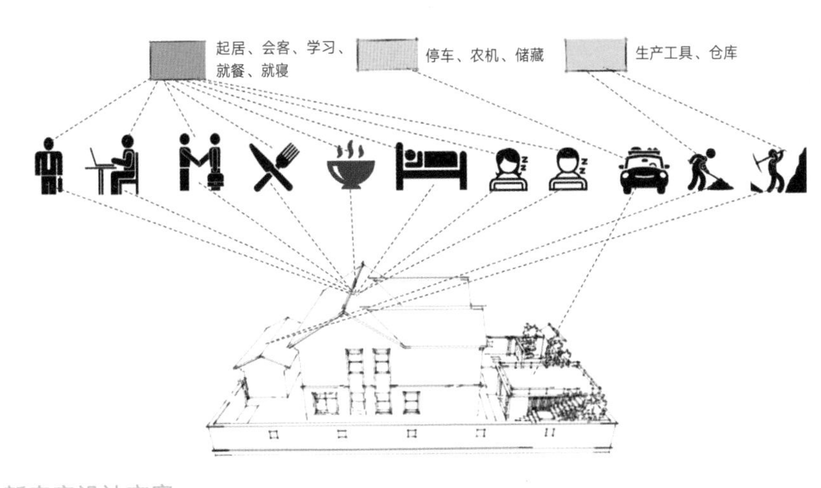

经济技术指标	
占地面积	376.09m²
建筑面积	297.07m²
主体建筑	247.01m²
农具房仓库	24.64m²
车库 / 农机房	25.42m²
建筑层数	2 层

由于江汉平原地区住宅普遍占地较大，且住宅大多为 2 层住宅，所以本设计方案拟设计为带院落的 2 层民居，具有普遍适应性。

新农宅设计方案

效果图　　鸟瞰图

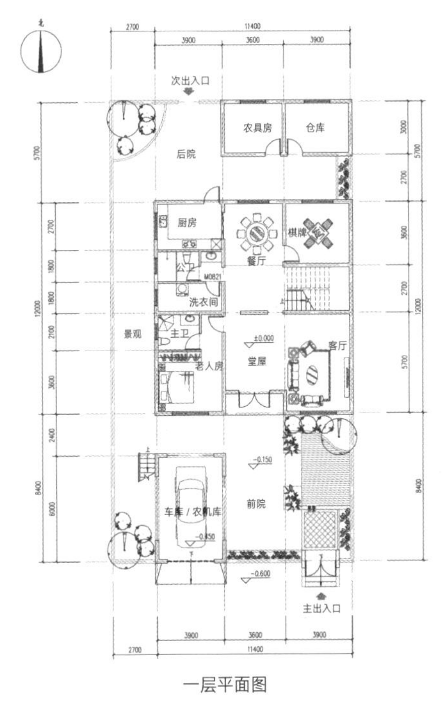

一层平面图

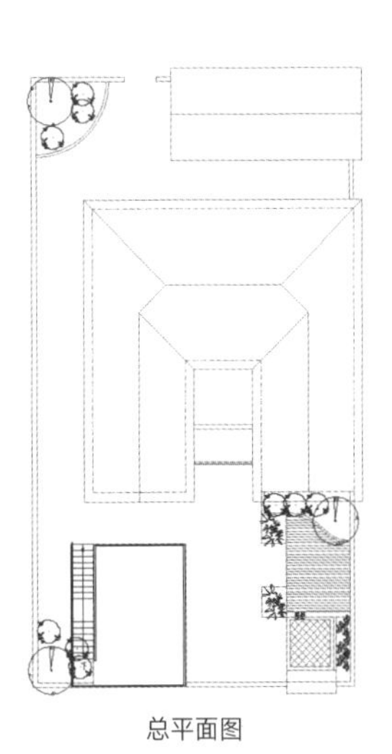
总平面图

从院落组合方面来看，采用了前后院组合型的模式，前院设置入口景观和机动车库，后院为农具房和仓库等辅助用房，使得功能分区更加明确，生产生活流线互不干扰。

从内部功能分区来看，各个功能空间分工明确。考虑到老人行动不便，将老人房布置在一楼，并且配备独立卫生间，方便老年人的日常生活。客厅与门厅既相互联系又互相独立，门厅为入户后的过度空间，客厅为家庭聚会和接待客人之用，并且与二楼茶室产生对话，为大空间设计。主卧室内设置了衣帽间和独立卫生间，这是目前独立式住宅的一大趋势，很好地保护了家庭成员之间的隐私。厨房布置在西侧且向西开窗，有利于西晒时对厨房进行杀菌消毒。书房布置在厨房的上层，书房向北开窗，有利于北向采光，符合书房的设计要求。

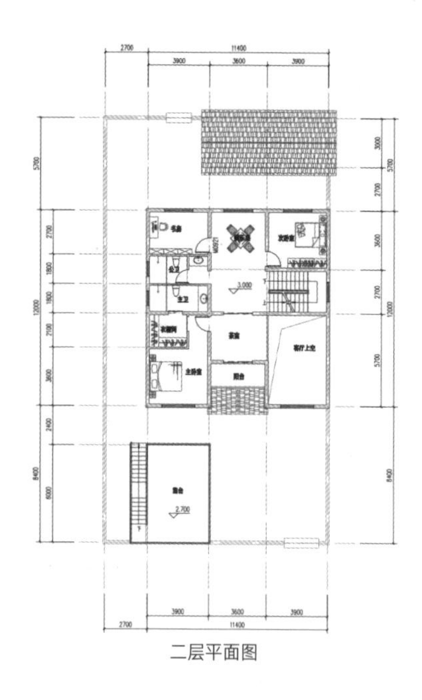

二层平面图

立面图

立面风格与江汉平原地区传统的荆楚民居建筑风格相适应，采用对称式立面，屋顶为人字坡，建筑入口处的雨篷采用传统的屋架结构设计手法。外墙材料采用了青灰色外墙砖结合白墙面的色彩搭配，与徽派建筑类似。从细节方面来看，屋檐处采用传统的建筑元素，屋脊收口处也与传统建筑相呼应。

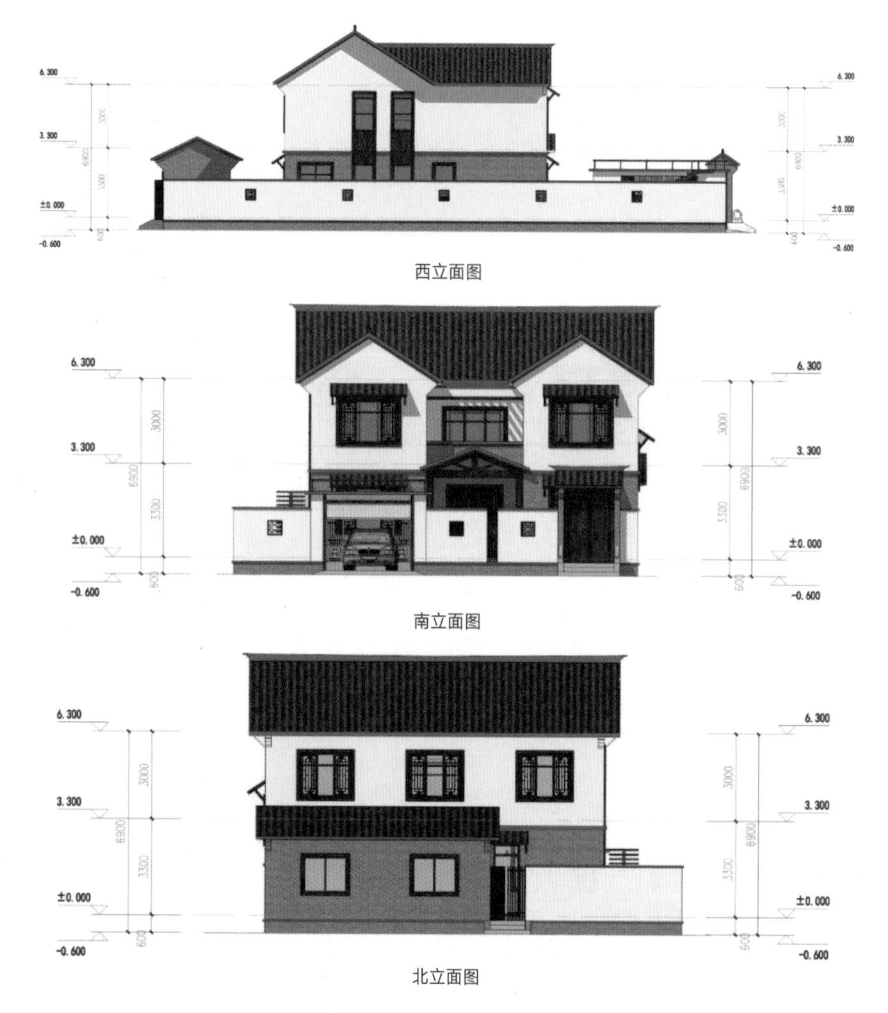

西立面图

南立面图

北立面图

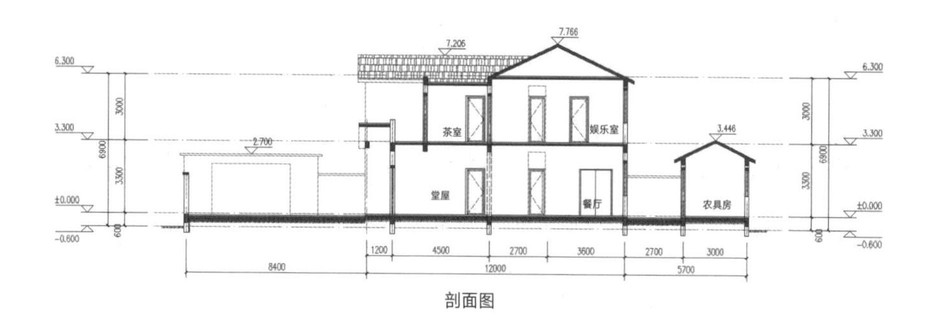

剖面图

装配式农宅体系

新农宅装配式设计

装配式住宅的定义

由预制部品部件在工地装配而成的建筑，称为装配式建筑。按预制构件的形式和施工方法分为砌块建筑、板材建筑、盒式建筑、骨架板材建筑及升板升层建筑等五种类型。

随着现代工业技术的发展，建造房屋可以像机器生产那样，成批成套地制造。只要把预制好的房屋构件运到工地装配起来就可以。

装配式建筑在20世纪初就开始引起人们的兴趣，由于装配式建筑的建造速度快，而且生产成本较低，迅速在世界各地推广开来。

装配式住宅的特点

1. 大量的建筑部品由车间生产加工完成，构件种类主要有：外墙板；内墙板；叠合板；阳台；空调板；楼梯；预制梁；预制柱等。

2. 现场大量的装配作业，比原始现浇作业大大减少。

3. 采用建筑、装修一体化设计、施工，理想状态是装修可随主体施工同步进行。

4. 设计的标准化和管理的信息化，构件越标准，生产效率越高，相应的构件成本就会下降，配合工厂的数字化管理，整个装配式建筑的性价比会越来越高。

5. 符合绿色建筑的要求。

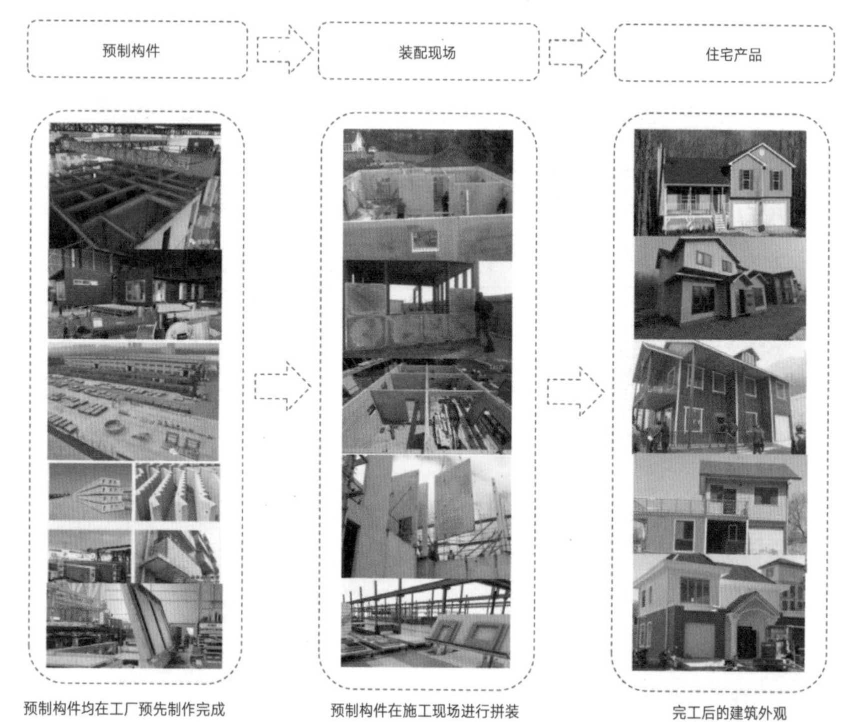

预制构件均在工厂预先制作完成

预制构件在施工现场进行拼装

完工后的建筑外观

传统建筑与装配式建筑能耗比

120%
100%
80%
60%
40%
20%
0%
20%
30%
30%
80%
80%
水资源
能源
时间
建筑材料
土地
■装配式建筑 ■传统建筑

各种材料结构的主要特点

结构种类	特点
混凝土结构	技术成熟、造价低廉；可塑性强、建筑形式多样；产业链上下游较为完整
钢结构	自重轻、安装维护方便；灵活性强、满足大空间需求、便于装修；结构及维护面小、得房率高
木结构	绿色环保、舒适耐久、保温节能、抗震隔音性能优良

钢结构构件由各种型材组成，制作简便，工业化程度高，加工精度高；现场装配采用螺栓或焊接连接，能确保施工的精度，为外围护墙和内隔墙的安装及装饰装修提供了方便。钢结构的加工制造企业和安装企业质量体系均比较健全，钢结构建筑的建造质量容易保证。钢结构构件属于绿色建材，不仅污染小，而且材料可回收。

钢结构构件均为工厂化生产，现场装配，一般每层为2~3天，施工速度很快；外围护墙和内隔墙采用工厂生产的一体化墙板运到现场进行装配，不仅能保证外围护和内隔墙的质量，而且能大大缩短施工周期。

钢结构建筑相对于传统的混凝土建筑重量轻，再加上钢结构延展性好、塑形变形能力强，因此钢结构建筑在大地震下的安全可靠性大大提高，尤其适用于高烈度区幼儿园、学校、医院等重点设防类建筑。

在预制厂或建筑工地加工制成供建筑装配用的加筋混凝土板型构件，简称墙板或壁板。采用预制混凝土墙板建造装配式大板建筑，可以提高工厂化、机械化施工程度，减少现场湿作业，节约现场用工，克服季节影响，缩短建筑施工周期。

按使用功能分为内墙板和外墙板两大类。内墙板有横墙板、纵墙板和隔墙板三种。横墙板与纵墙板均为承重墙板，隔墙板为非承重墙板。内墙板应具有隔声与防火的功能。内墙板一般采用单一材料（普通混凝土、硅酸盐混凝土或轻集料混凝土）制成，有实心与空心两种。外墙板有正面外墙板、山墙板和檐墙板三种。正面外墙板为自承重墙板，山墙板与檐墙板为承重墙板。外墙板除应具有隔声与防火的功能外，还应具有隔热保温、抗渗、抗冻融、防碳化等作用和满足建筑艺术装饰的要求，外墙板可用轻集料单一材料制成，也可采用复合材料（结构层、保温隔热层和饰面层）制成。

混凝土预制楼梯克服了原传统混凝土现浇楼梯施工方法陈旧、施工工艺繁琐，成品观感质量较低、施工精度低、对工人技术要求高、混凝土浇筑时难于振捣等问题。伴随着装配式结构施工对安全设计需求的不断提高，预制构件安装施工已经成为加快施工进度、保证施工质量和反映施工文明程度的标志之一。快速、安全可靠、拆装便捷、施工管理方便的混凝土预制楼梯安装施工技术是建筑施工单位的必然选择。

采用预制混凝土楼梯可节省现场施工时间，结构可先行施工，楼梯跟随结构施工后进行安装，省去了现场设计、支模、浇筑和二次修整的工序，节约了工期和工程成本。预制混凝土楼梯安装施工主要依靠专人指挥塔式起重机连接起重吊具，将混凝土预制楼梯吊至指定安装位置，并进行安装加固施工。

本项目采用钢结构装配式住宅体系进行设计与施工，施工时，先将钢框架结构体系搭建完成，再将墙板填充在框架之间，墙板预先在工厂制作完成，运往施工现场进行吊装，墙板与钢结构采用高强螺栓连接。

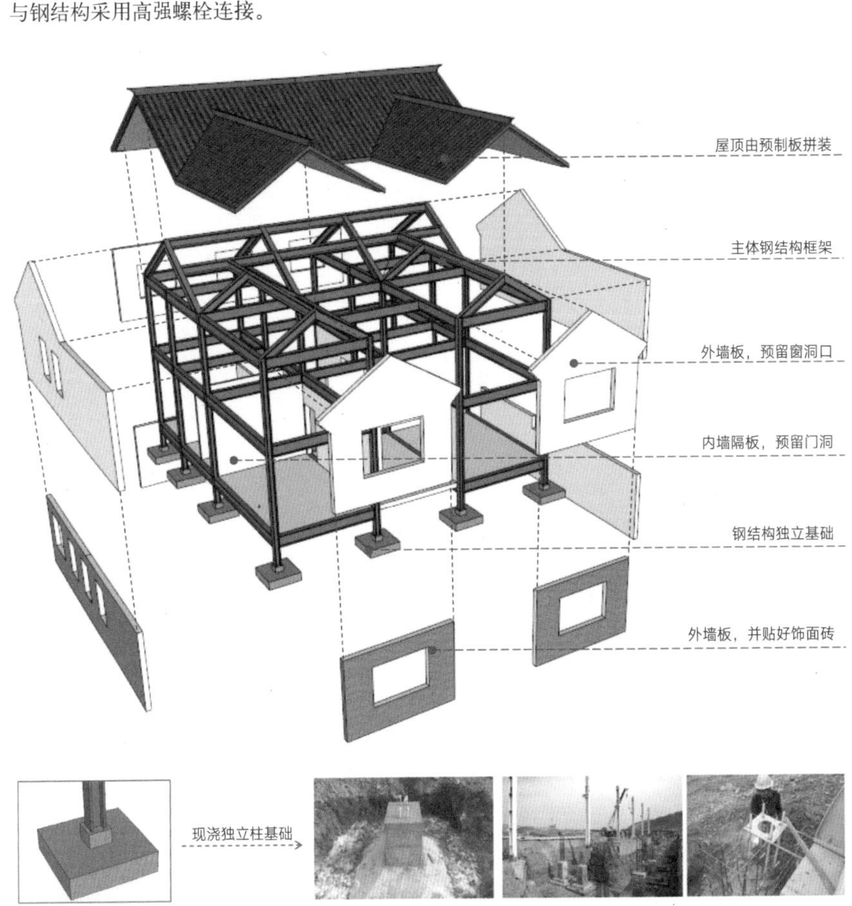

学校：长春工程学院　指导老师：秦迪　设计人员：裴野　甘吴厅

其他参赛作品

【新型农房设计】——四川农村木结构装配式房屋技术开发

四川盆地四周高山峻岭，封闭围合，盆地内河流遍布，沟谷深堑，地形地貌丰富多变。这种独特的与外界相对隔离的地理特征，世所罕见。

四川民居大多依山临水，后高前低，层层拔高，与四邻环境协调，并用古林修竹、挖池堆石加以点化，使之具有特殊的韵味。平面布局均依山就势，十分灵活，弯折不拘，扩展随宜，尽量与周围自然环境融洽契合，成为融于自然环境的有机组成部分，是镶嵌在山川大地上最美丽的生活图景，是从大地自然上生长出来的“有根的建筑”，是富于“情感的建筑”，是“有机建筑”理念的真正代表。

顺应地形是四川城镇及建筑群体布局的一大特征。如“沿山而行，顺江而建。随弯就弯，开合有致”“筑台为基、吊脚为楼、顺坡造房、随坡就势”，这是根据四川山多水多的特点，克服不利地形因素，巧妙利用自然条件，创造良好生活空间的又一“绝活”。民居建筑普遍采用台、吊、挑、拖、坡、梭、错等多种手法。例如福宝古镇依山傍水，青山翠叠，高低起伏的房屋鳞次栉比地分布在河岸边，排排的吊脚楼随山势而建，错落有致。

为适应本地湿热气候，川内普遍采用廊坊式、凉厅式街坊制度，并形成场镇统一的建筑风格。达到最大的遮阳通风效果。在以前房屋产权私有的社会环境下，要做到这样统一规划和建造，是很不容易的，充分证明了这种建筑制度非常适合炎热多雨的气候条件，而为当地广大民众喜爱与接受，所以有各式各样类似的廊式街、骑楼街、大披檐通廊得以流行各地。

四川盆地特征相对其他地区，大风较少，气流稳定，不像东南沿海与北方平原地区常年多风，因此，加强通风除了积极迎纳山风之外，还需注意增强房屋主动排气抽风的功能。如抱厅、气楼一类富有创意的建筑形式，集抽风、采光、防晒、遮雨多功能于一身，又扩展了室内的使用空间，是一种较成功的应对手法。小口天井和窄长夹巷式天井有很好的抽风作用，所以大型宅院常采用多天井的形制，特别是二、三层楼房带楼井的有更佳的抽风效果。有的在屋后与围墙间设扁长小口天井，或仅留 0.9m 左右宽的抽风口；像一颗印天井院、竹筒式店宅等建筑类型以及城镇中联排式小天井院，都是利用小天井院的这种原理来解决住居的通风、透气和采光问题的。

在前期的资料调研之后，我们选取了两处有代表性的地方进行了实地的走访调研，分别是广元与龙泉驿。在此期间一共走访了四个村镇，分别为广元市利州区荣山镇、广元市昭化区昭化镇、成都市简阳市五合乡简乐村、成都市龙泉驿区洛带镇。

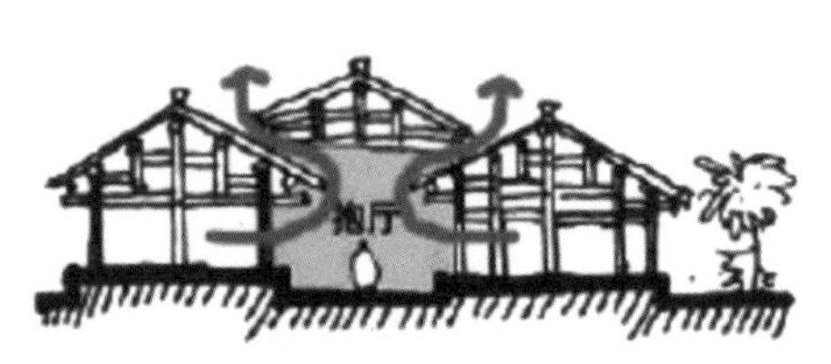

方案设计与研究

设计理念

当地建筑材料的应用

在国家林业局发布的《全国木材战略储备生产基地建设规划 (2013—2020 年)》中，规划四川东北部地区所在的“秦岭大巴山基地”和四川东南部的“大娄山基地”应主要发展包括杉木、竹子等在内的中短周期用材树种。四川早期民居的主要类型为干栏式建筑。当代，大多农民自建房为了节约成本、缩短施工周期，仍然采用传统木结构的形式。因此，使用本地丰富的杉木木材建造木结构农房既是对四川传统木构的传承，又能有效降低建造成本。

作为现代四大基础原材料之一，木材与钢筋、水泥、塑料相比，是唯一可再生、可降解、可循环的绿色材料，具有固碳的独特优势。林木的固碳能力随着树龄的增长而减弱，增加本地木材在建筑中的使用，促进林业的持续性发展是低碳建设与绿色节能的重要因素。

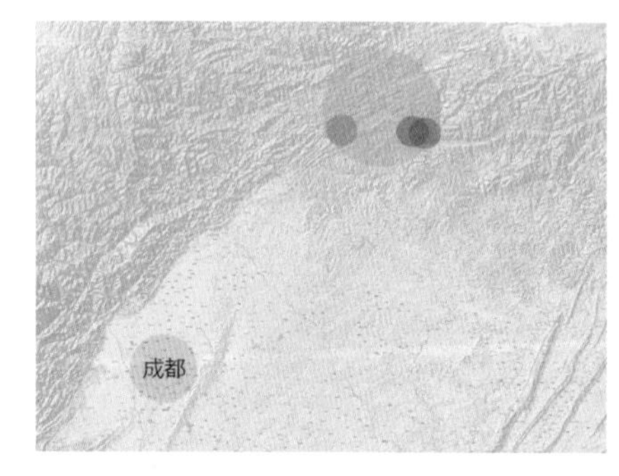

基地 1 广元昭化古城
基地 2 广元利州区荣山镇高坑村
基地 3 广元利州区荣山镇
秦岭大巴山基地

标准化预制木材接口

结合建筑结构与户型设计，预制木材接口，实现施工现场的简洁快速组装。

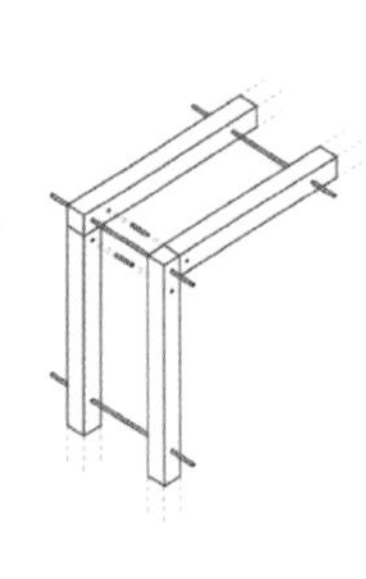

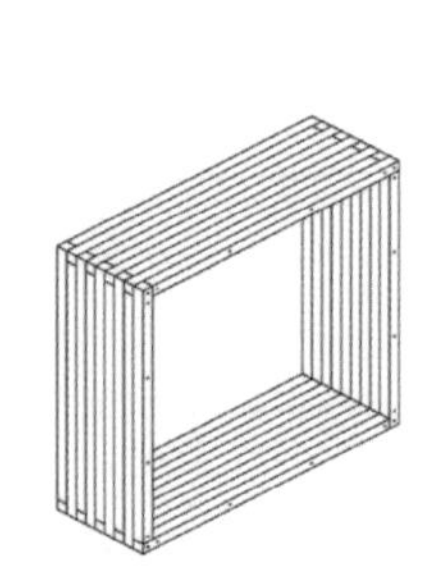

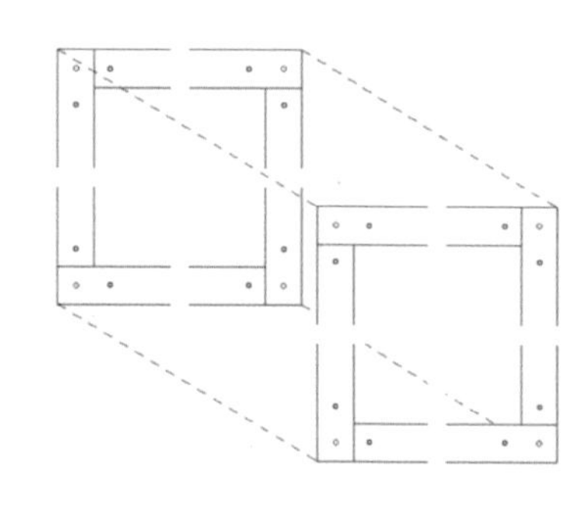

标准化开间进深

住宅每个主要房间开间均为 3.6m 或 3.6m 的倍数，除大批檐通廊外，住宅其他部分进深均为 4.5m，尽可能减少构件种类数量，最大限度提高预制构件模板的重复利用率，大大降低成本和施工难度。同时，模块化的房间更加灵活多变，村民可以根据自己家庭结构、是否需要民宿功能等选择不同的房间组合方式。

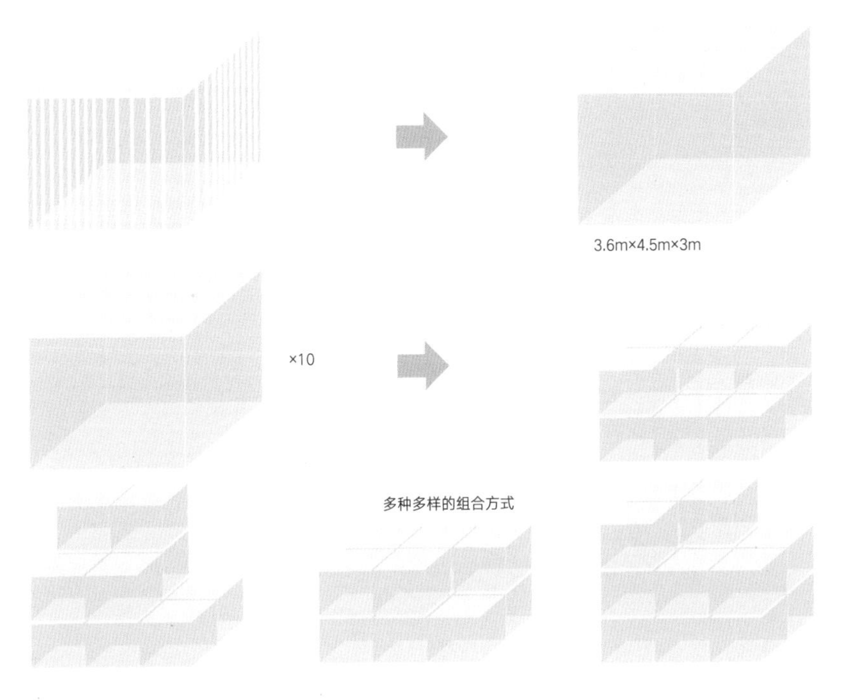

本土建筑特色的提取

根据对当地传统木结构农房的调研，扁长的小口天井、大批檐通廊和建筑底部架空等都是传统四川民居的特点。这些建筑特点是当地居民长久以来创造的适应生态环境、符合传统生活方式的低成本建造手法。本方案对这些建筑手法进行提取并加以改进，使之成为现代化的节能措施，同时使建筑更有地域特色。

方案展示

平面设计

农房在平面功能的设置上除开间进深均符合模数以利于工业化生产外，还具有以下特点：

1. 一、二层均设置 $6m^2$ 的储物间，符合农村储物量大的需求。

2. 东西侧墙均无开窗，便于多栋农房并联，既节省资源又可以在正立面前形成通廊，符合当地传统生活方式。

3. 将传统的天井式庭院空间改为二层开敞的露台，补充庭院生活功能的同时节约用地。

4. 卧室面积大且房间多，符合农村生活习惯。

5. 农村家庭以三代同居居多，一层巧妙地将两个卧室的面积用家具重新划分成一大一小两个房间，分别作为儿童房间和老人卧室，避免其上下楼可能存在的安全隐患。

一层平面

二层平面

不同家庭需求的自由组合

由于该方案的整体尺寸是模数化的，因此可以方便地根据不同家庭人数及是否需要开放民宿自由增加或减少房间的数量，以下为一些可能的组合方案。

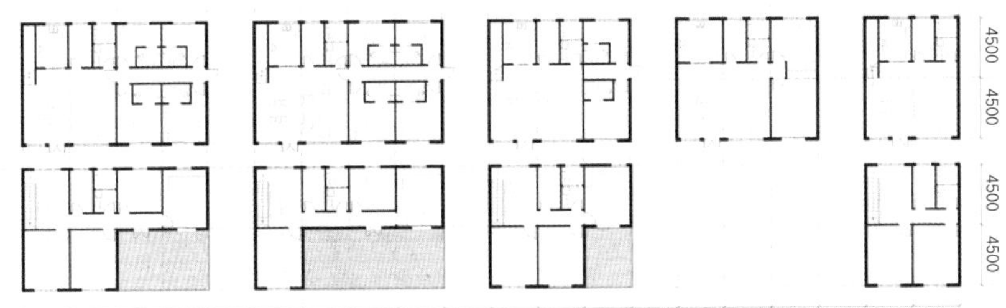

外部空间设计

农房在外部空间设计上，将四川传统农房的特点、空间组织方式和一些被动式生态设计理念充分融合。

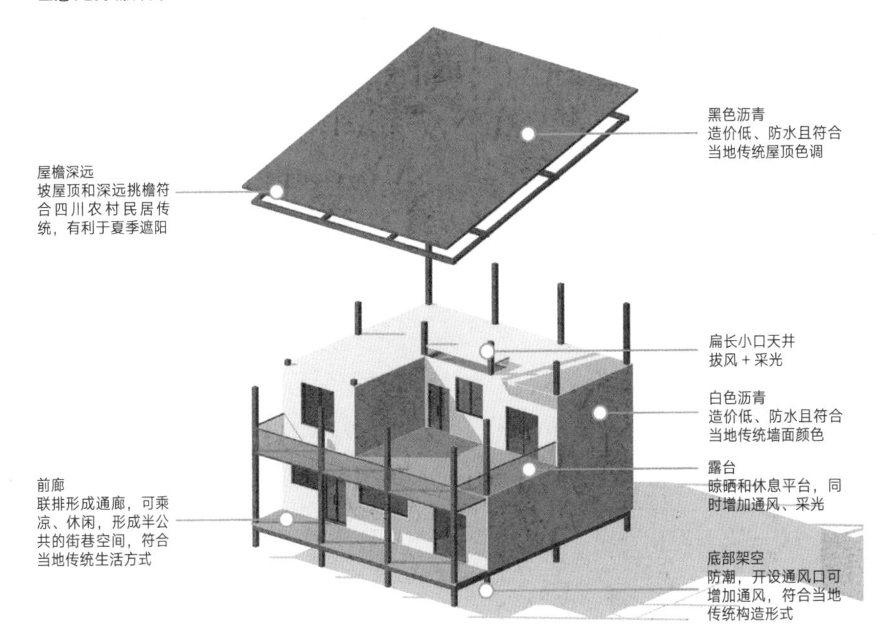

立面图

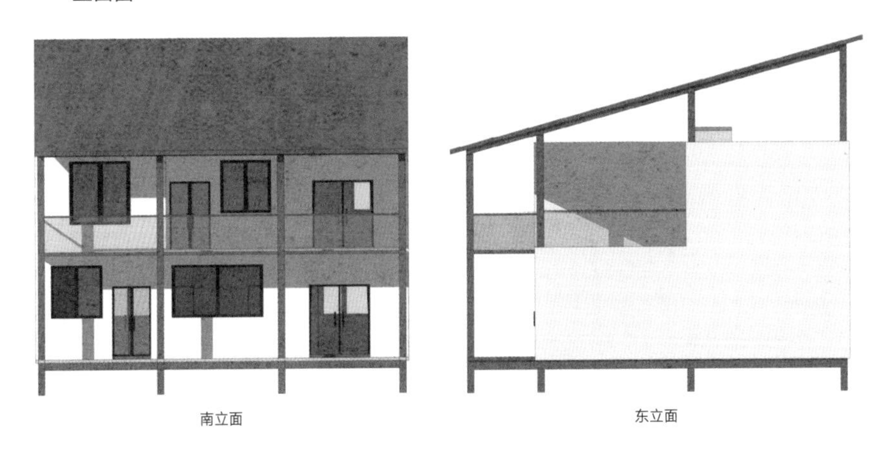

南立面　　东立面

结构及构造展示

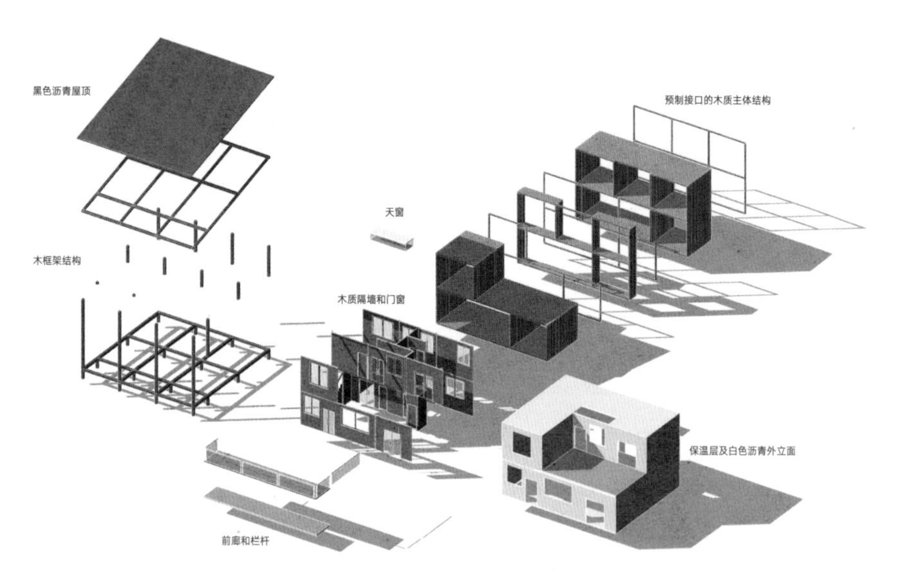

剖透视效果图

主体部分构造

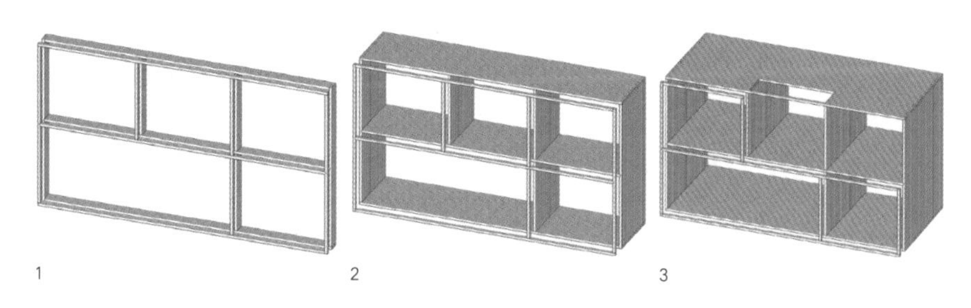

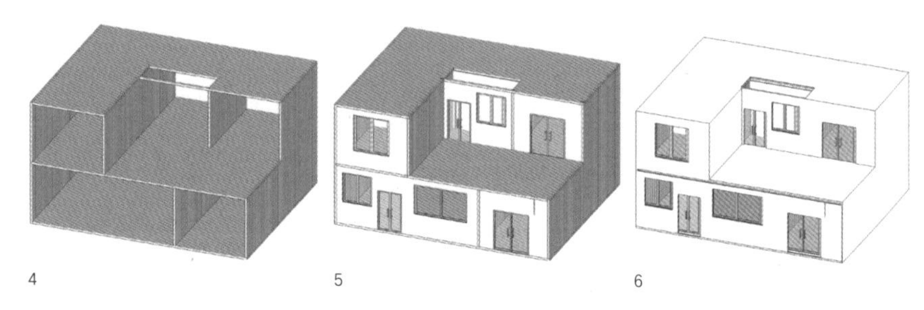

效果图

剖面图

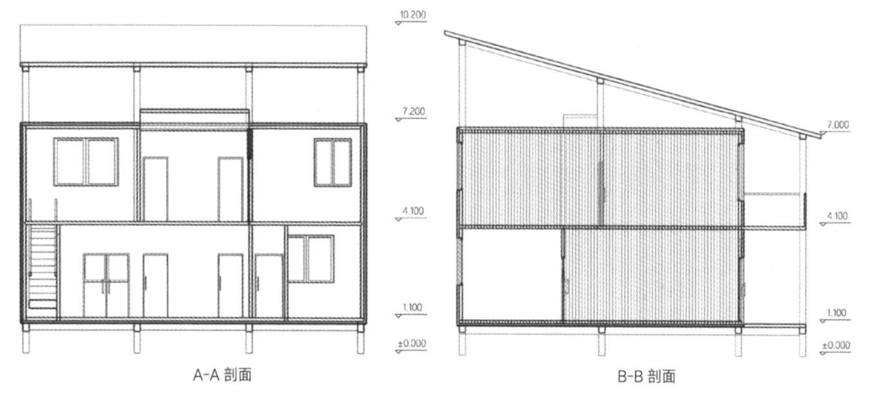

A-A 剖面　　B-B 剖面

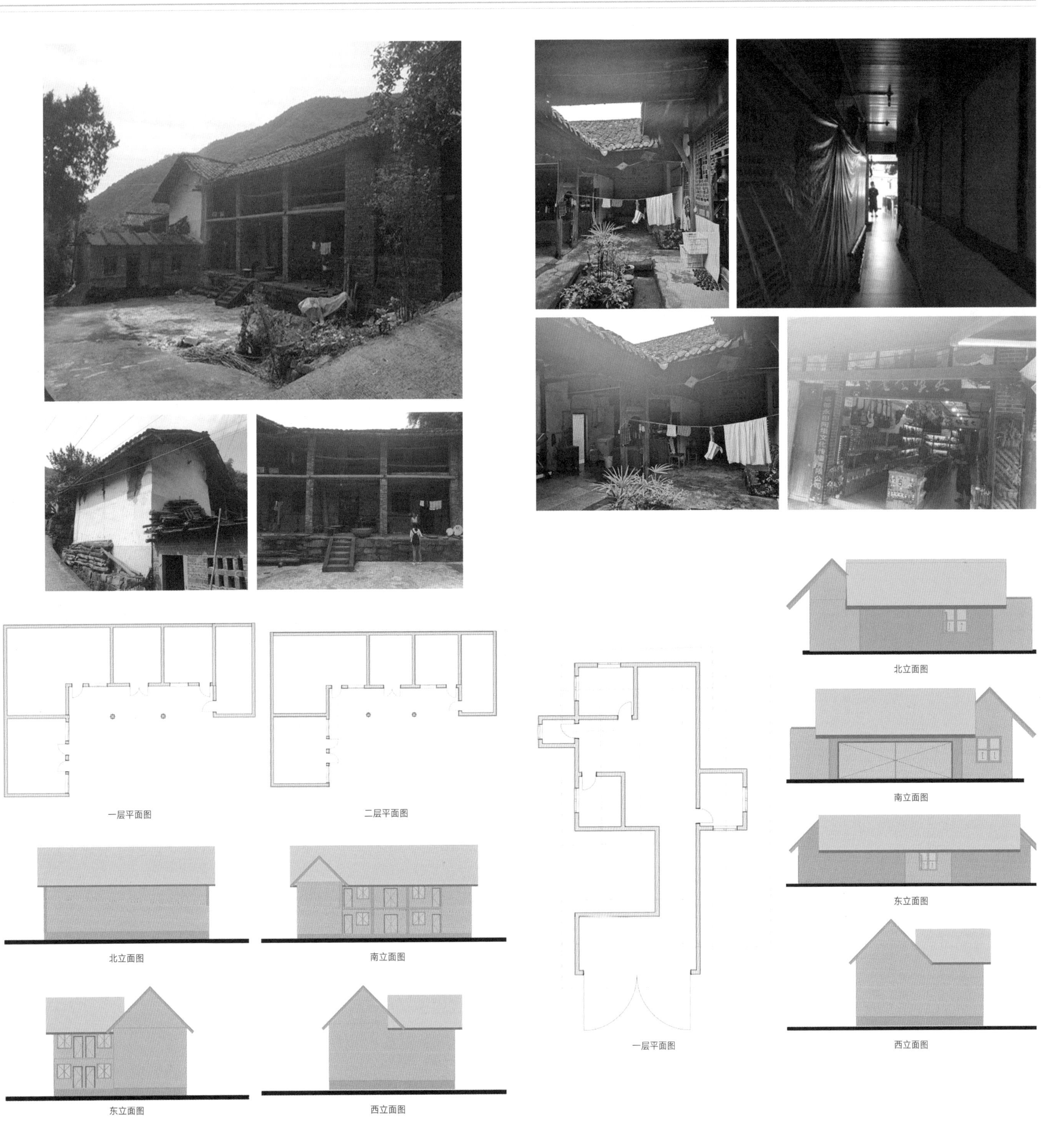

一层平面图

二层平面图

北立面图

南立面图

东立面图

西立面图

一层平面图

北立面图

南立面图

东立面图

西立面图

洛带古镇位于龙泉镇北 10km，坐落在龙泉山脉中段的二峨山麓。建于三国蜀汉时期，传说因蜀汉后主刘禅的玉带落入镇旁的八角井中而得名。镇上居民中客家人有 2 万多人，占全镇人数的 9 成，故有中国西部客家第一镇之称。洛带古镇地处成都市龙泉驿区境内，属亚热带季风气候，年平均气温 16 ~ 17℃，冬无严寒、夏无酷暑、气候宜人，水质、空气均达国家标准。旅游资源十分丰富，文化底蕴非常厚重。镇内千年老街、客家民居保存完好，老街呈“一街七巷子”格局，空间变化丰富；街道两边商铺林立，属典型的明清建筑风格。“一街”由上街和下街组成，宽约 8m，长约 1200m，东高西低，石板镶嵌；街衢两边纵横交错着的“七巷”分别为北巷子、凤仪巷、槐树巷、江西会馆巷、柴市巷、马槽堰巷和糠市巷。

学校：西安交通大学　指导老师：王宇鹏　设计人员：闫威　刘孙伟　费哲洋　康昌通　吕雨恒

【安悠居】——北京市门头沟区雁翅镇松树村

区位分析

此次调研村落松树村位于北京市门头沟区雁翅镇东部，位于109国道59km处向北的高芹路约9km处，紧邻省道219，四面环山。

气候分析

门头沟区属中纬度大陆性季风气候，春季干旱多风，夏季炎热多雨，秋季凉爽湿润，冬季寒冷干燥。西部山区与东部平原气候呈明显差异。年平均气温东部平原11.7℃，西部斋堂镇一带10.2℃。极端最高气温东部40.2℃，西部37.6℃。极端最低气温东部-19.5℃，西部-22.9℃。春季60天，夏季76天，秋季60天，冬季169天，冬季漫长是境内气候的一大特征。春秋季节，境内风、霜频繁，年平均风速为2.7m/s，8级以上大风21次，年平均无霜期200天左右，江水河村一带无霜期仅100天。日照时数较多，年平均日照2470h。降水量自东向西逐渐减少，受中纬度大气环流的不稳定和季风影响，降水量年际变化大，最多为970.1mm，最少为377.4mm，年平均降水量约600mm。

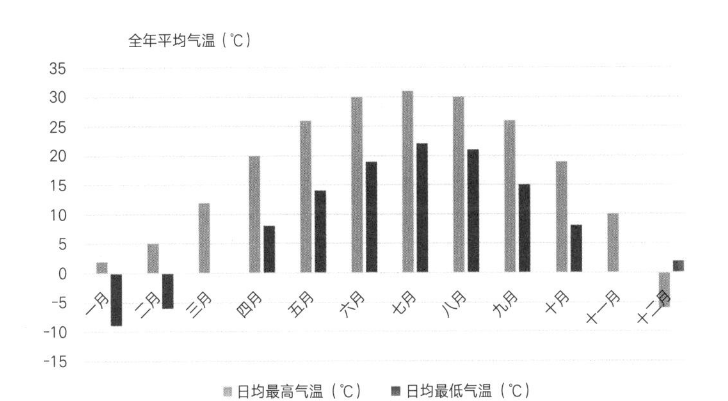

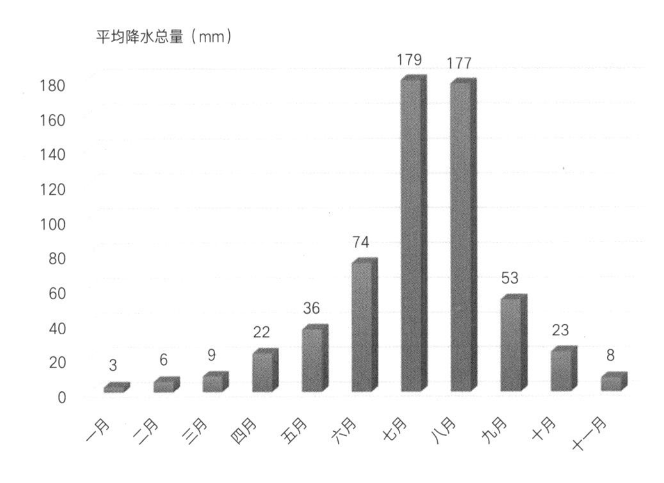

松树村现状

1. 村域情况

松树村四面环山，地形较陡，村中地势比较平坦，属典型的北方山村。村域面积3.11km^2，耕地12.8ha，林地385.9ha，全村主导产业为林果业，主要以种植核桃、大枣、杏等为主，尤其是核桃和苹果，已经初具规模。

2. 人口现状

松树村现有人口133人(83户)，在村常住人口约为35人。常住人口年龄多在50岁以上。

3. 基础设施

松树村内道路通畅，环境干净卫生，村内有公共浴室、图书室、党员活动室、公共厕所等基础设施，同时，通过2017年的疏解整治促提升专项活动的努力后，松树村房前屋后干净整洁，不存在乱放乱放、污水横流等脏乱差情况。

图书室、党员活动室

在埋排水管道

4. 建筑现状

（1）建筑布局

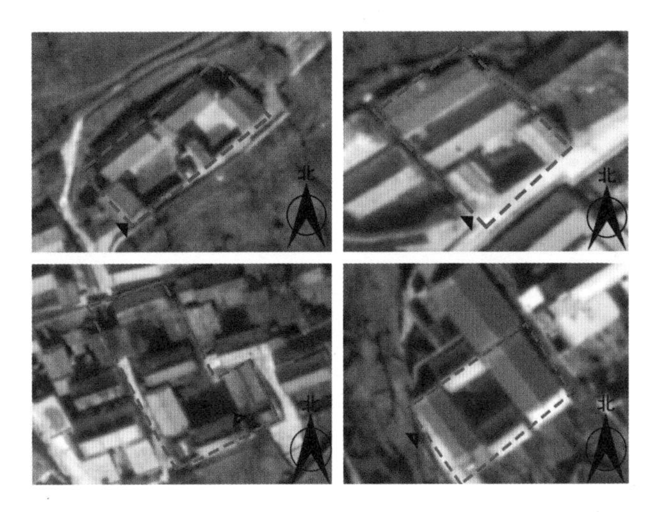

（2）建筑立面

（3）建筑材料

（4）传统建筑要素

问题梳理

1. 院落布局不规整

村落地形不平坦，高差较大。院落不是北方建筑坐北朝南的布局。院落随地形呈两合院、三合院、四合院、两进院落、单栋建筑等不规整布局。院落内部空间较为狭长或者地势不平坦。

2. 建筑立面杂乱

松树村经济建设较为落后，村内建筑风格不统一，有些为自然石块垒砌而成的墙体，但这些建筑因年代较久有些已经坍塌。一些为灰砖与石块砌筑而成的墙体。早期建筑保持传统建筑的做法，但因长期无人居住而损害严重。另一些为红砖砌筑加混凝土粉刷的墙体及贴瓷砖的墙体，与村内传统建筑风格差异较大。由于门窗改造导致现在居住的建筑门窗都为玻璃窗、金属门。这些导致松树村的建筑没有很明显的统一风格。

3. 公共活动空间较差

除村庄入口的一个活动场所外，没有其他公共活动空间。

典型院落一

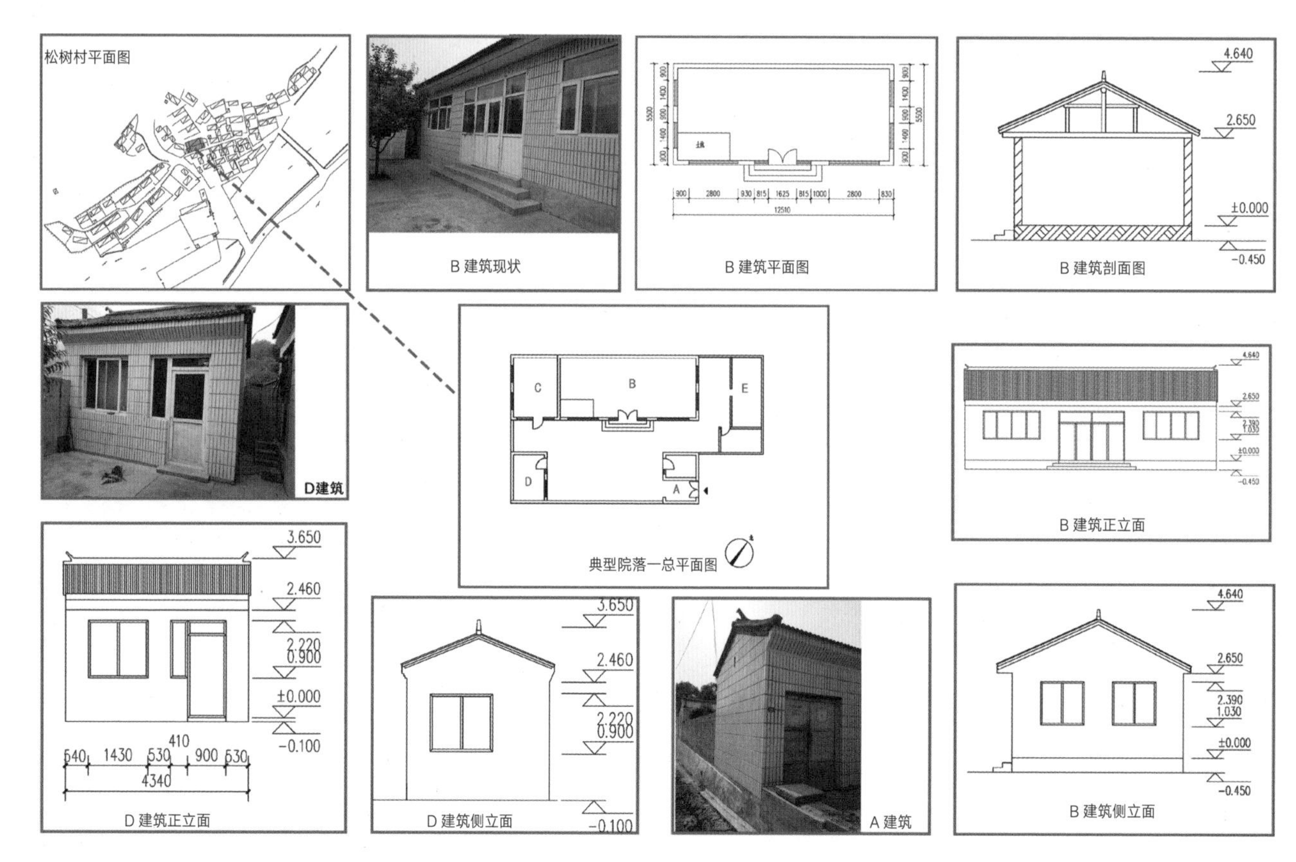

典型院落二

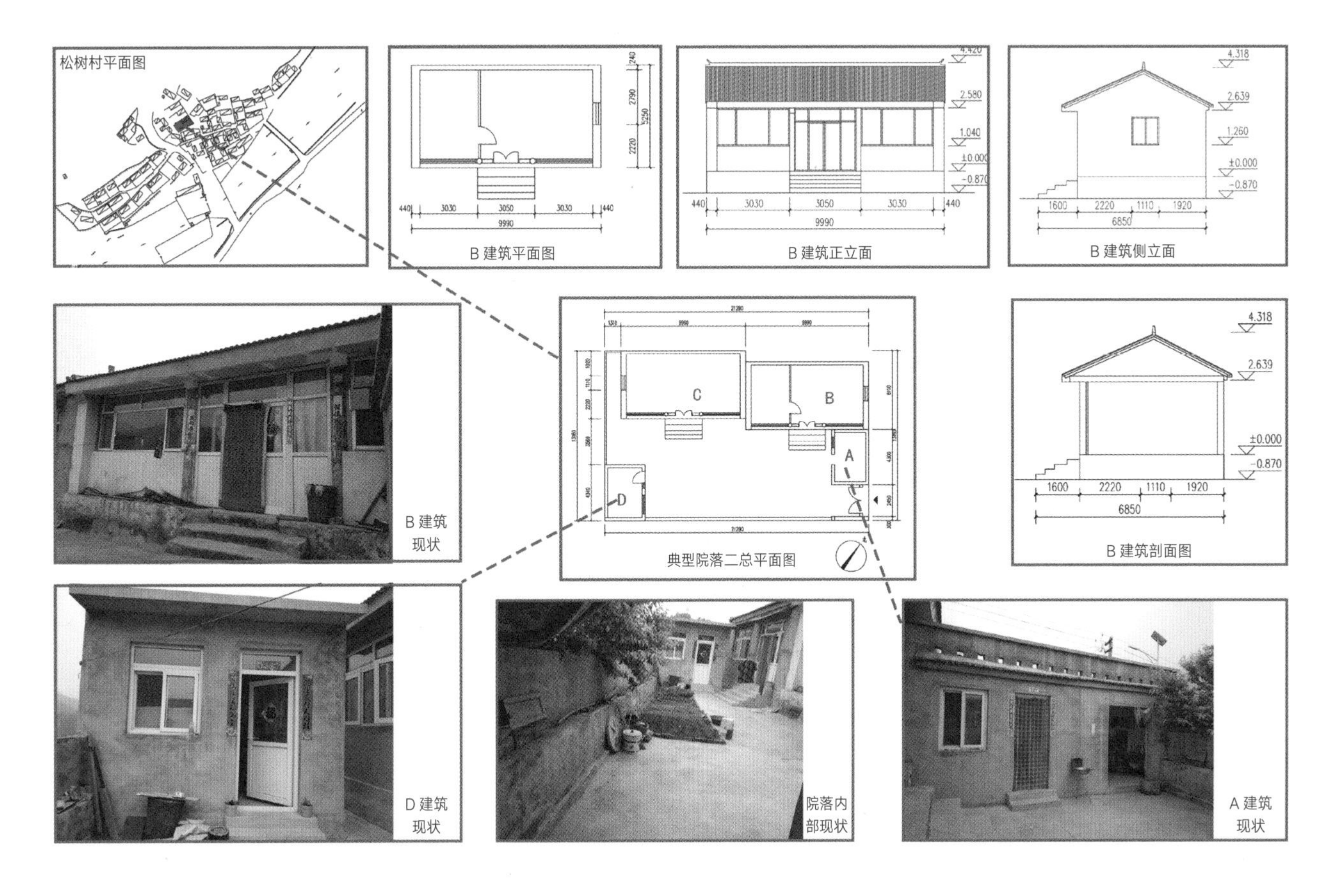
松树村平面图
B 建筑平面图
B 建筑正立面
B 建筑侧立面
B 建筑现状
典型院落二总平面图
B 建筑剖面图
D 建筑现状
院落内部现状
A 建筑现状

典型院落三

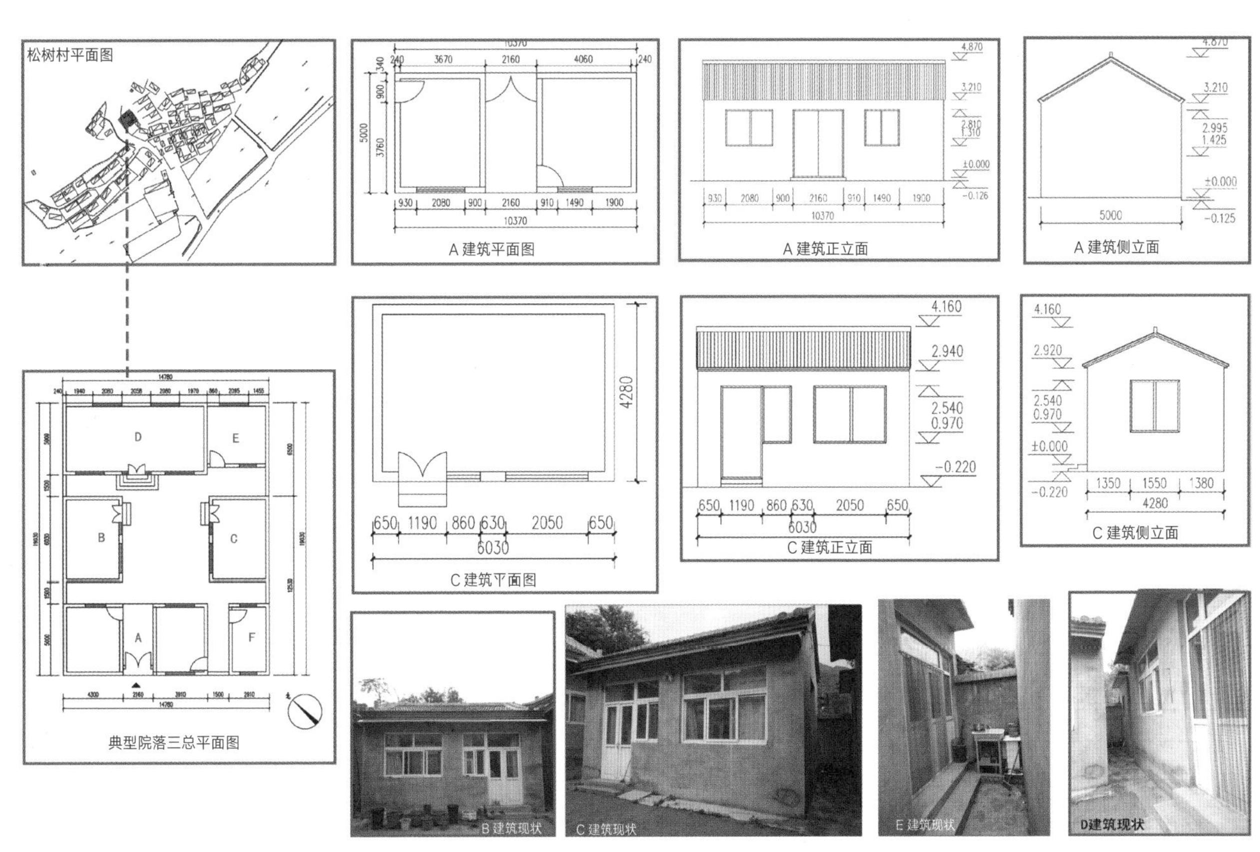
松树村平面图
A 建筑平面图
A 建筑正立面
A 建筑侧立面
C 建筑平面图
C 建筑正立面
C 建筑侧立面
典型院落三总平面图
B 建筑现状
C 建筑现状
E 建筑现状
D建筑现状

方案一：村落文娱中心

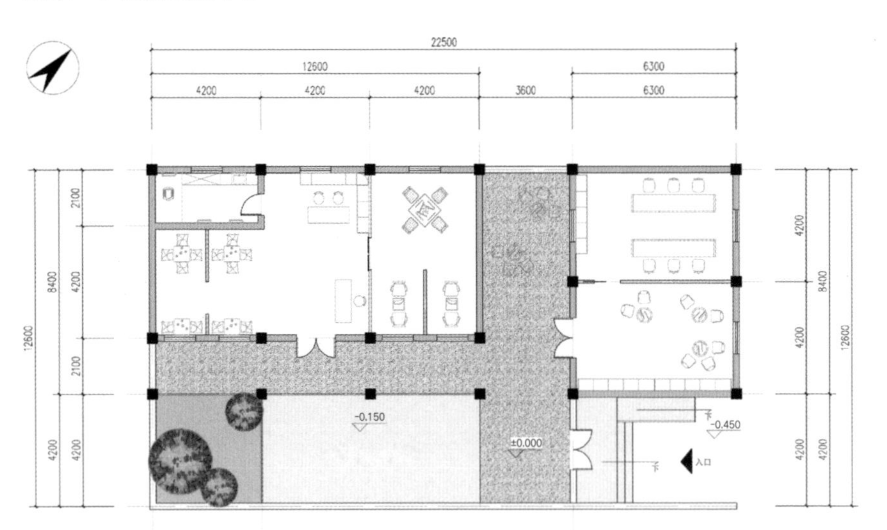

平面图

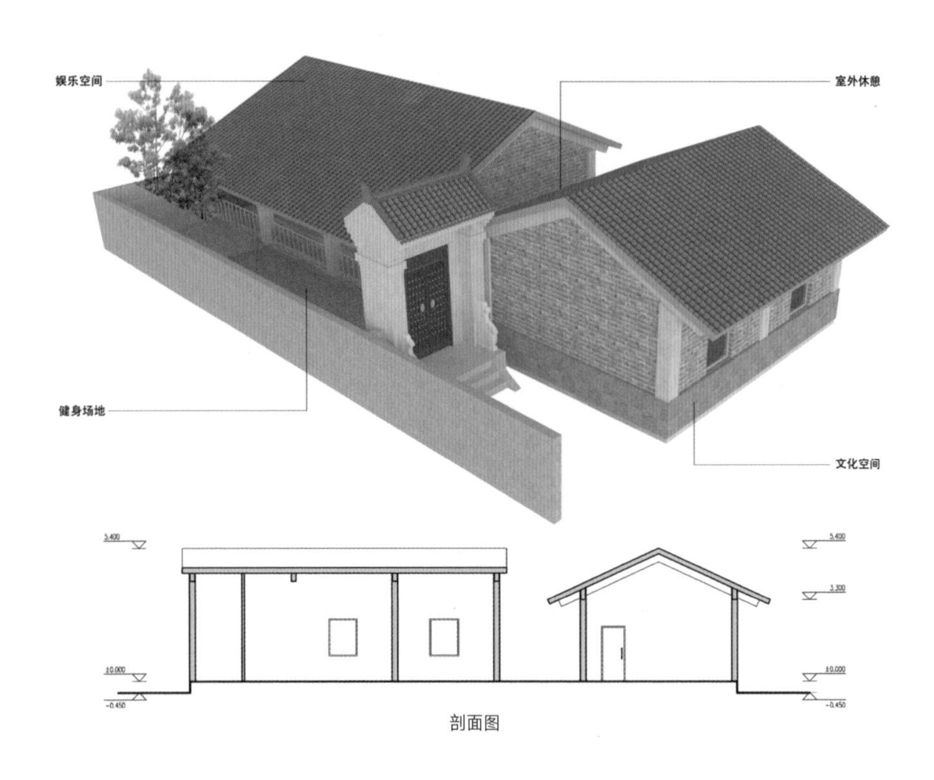

剖面图

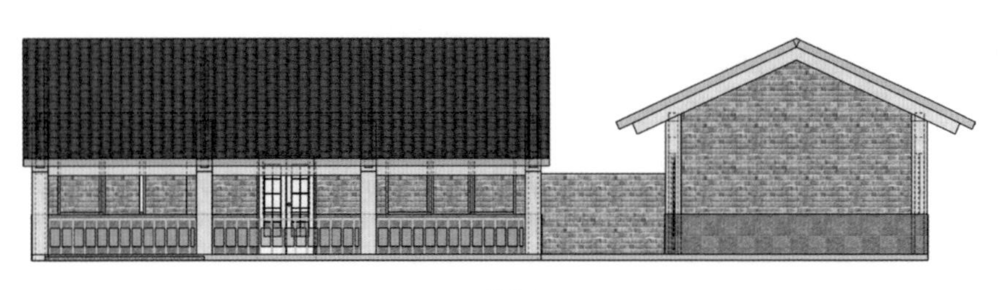

立面图

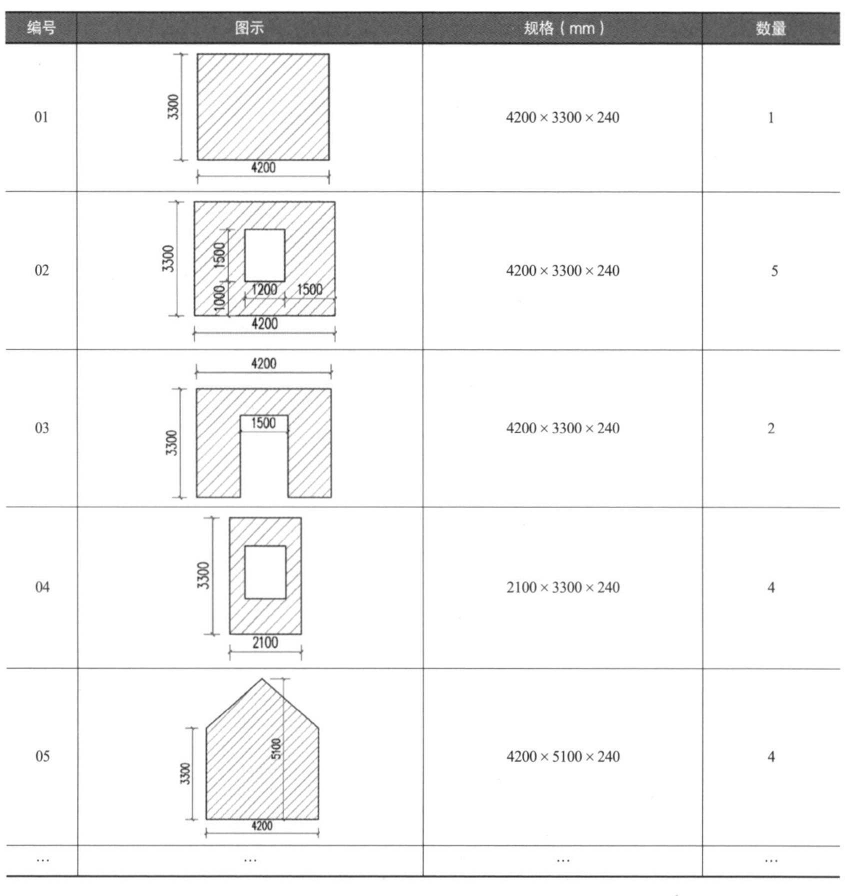

编号	图示	规格（mm）	数量
01		4200 × 3300 × 240	1
02		4200 × 3300 × 240	5
03		4200 × 3300 × 240	2
04		2100 × 3300 × 240	4
05		4200 × 5100 × 240	4
…	…	…	…

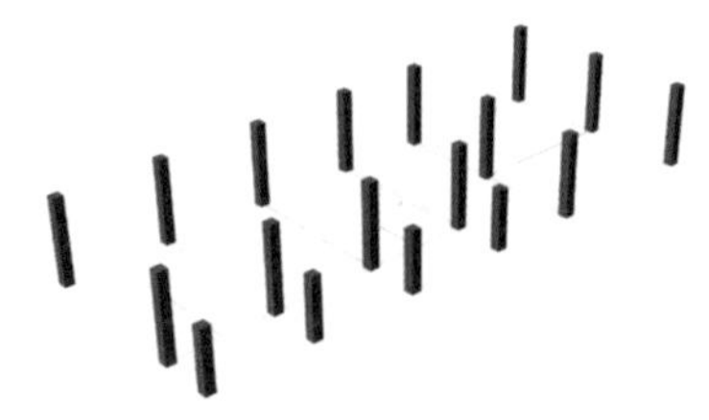

1.柱吊装

2.主梁吊装

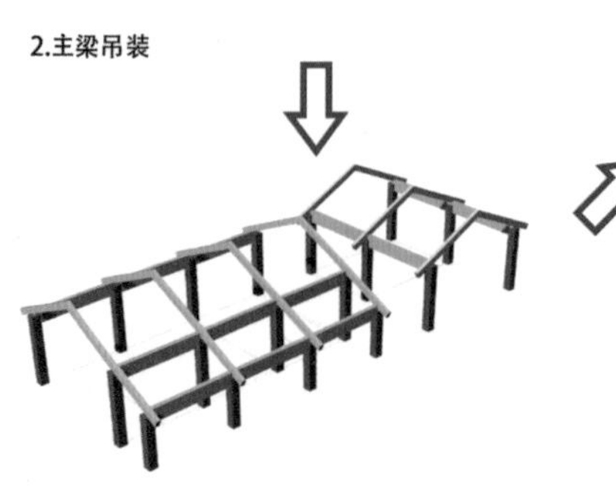

3.次梁吊装

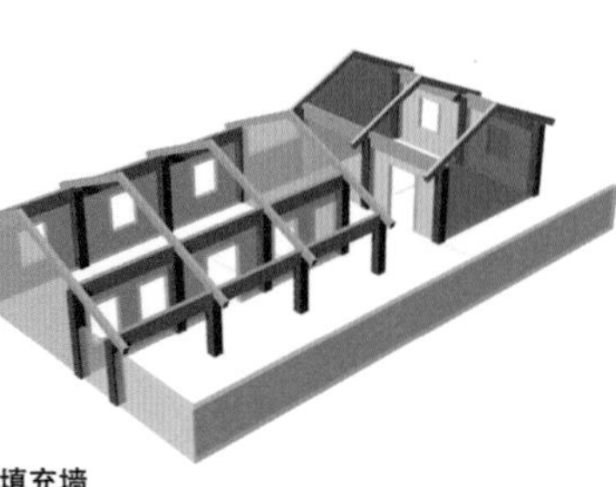

4.填充墙

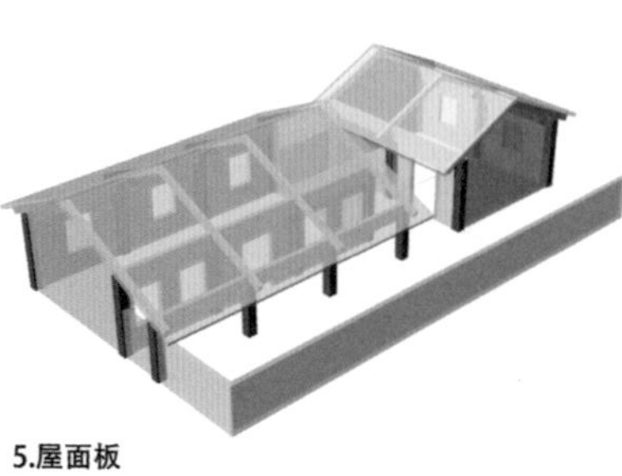

5.屋面板

施工过程示意图

技术分析

1. 体系选择——装配式

将预制板、梁、柱等构件吊装就位后，在其上或者与其他部位相接处浇筑钢筋混凝土连接成整体，从而形成了装配式建筑。

特性：整体性及抗震性介于现浇整体式和预制装配式之间，模板消耗及批量生产水准亦然。

选择原因：考虑到北京市较为严格的抗震需求和农宅建造成本，选择钢筋混凝土预制梁、柱、填充墙、屋面板等构件，既能节省模板，降低工程费用，现浇节点等建造办法又能够提升工程的整体性和抗震性。

2. 参数化介入的标准化

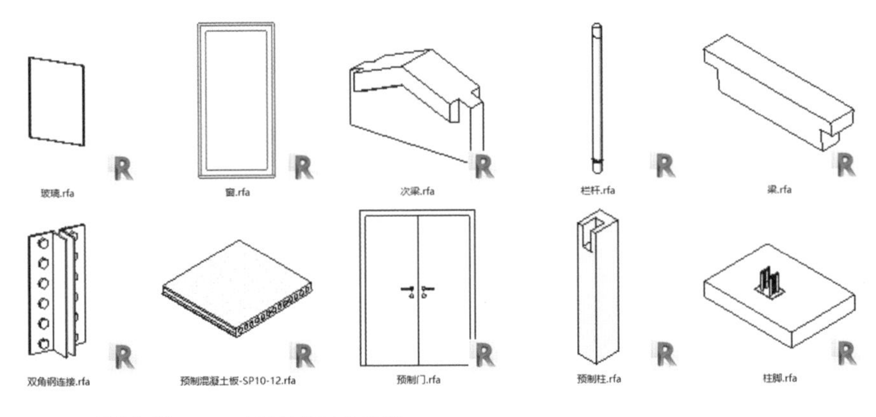

3. 节能设计——三明治外墙被动节能

墙板之间按照节能标准设计相应厚度的保温层，这种构造不仅具有良好的保温性能，而且具备很好的热惰性，夏季隔绝高温，冬季保温及储蓄热量。

4. 材料选择——陶粒混凝土

5. 施工流程

工厂预制构件　现场预制柱吊装　现场预制梁吊装　现场墙体吊装

预制板现浇连接　预留现浇节点　现场吊装屋面板　饰面粘贴

方案二——平面图

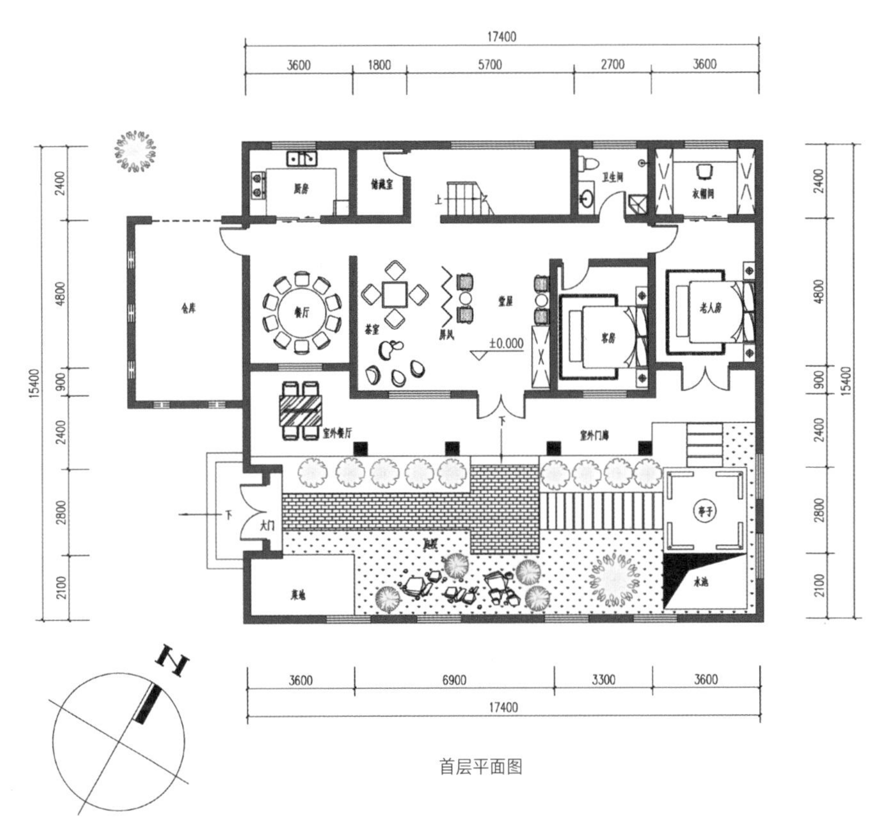

首层平面图

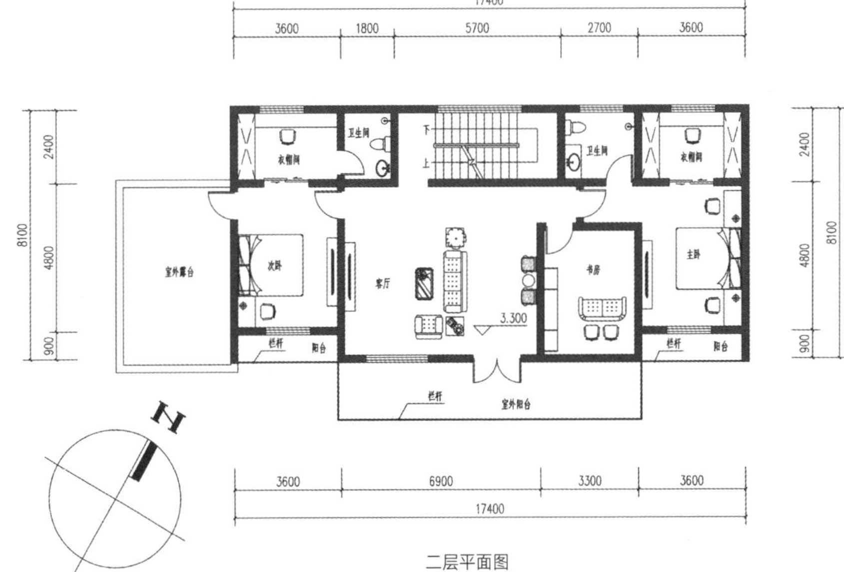

二层平面图

方案二——立面设计理念

此住宅建筑设计山墙起伏的屋顶形态来源于中国传统建筑白墙黑瓦的隐喻，学习古典园林漏窗、木格窗、灰砖，并采用了借景等手法，营造了室外的庭院，为住户营造了共享交流的空间。

借鉴绩溪博物馆的屋顶设计，本住宅的屋顶设计采用了双坡屋顶，并添加了现代元素，实现了传统与现代的结合，力求突显北京深厚的人文底蕴。

此住宅设计的围墙上有云纹形砖墙表皮形体隐喻中国古代印章，有着“拈笔古心生篆刻，引觞侠气上云空”之寓意。

提取古代门窗设计的元素，运用到此住宅设计中，体现了“不忘过去，把握未来”的设计理念。

方案二——立面图

西立面图　　南立面图

北立面图　　东立面图

方案二——鸟瞰图 1

方案二——鸟瞰图 2

屋面节能设计：屋面 XPS（挤塑板）保温隔热系统目前应用较为广泛，技术比较成熟，热工性能较好。墙面及门窗部分：外墙选用 EPS 保温隔热系统；减少外门窗面积；选用断桥隔热中空玻璃节能门窗。

方案二——透视图 1

节能设计：随着全球环境保护理念的浪潮，建筑设计如何节约能源，如何充分利用太阳的光和热以及风力等新能源，如何利用雨水等自然资源，已成为今日建筑设计所要考虑的重大课题之一。太阳能利用将解决通风问题以及热水供应问题。

方案二——透视图 2

给水排水系统节能设计：(1) 节水卫生器具、中水系统采用建筑中水系统，既减少污染，又可增加可利用的水资源，建筑中水系统成为建筑给排水的一个发展方向；(2) 滴灌、渗灌节水浇灌技术；(3) 地面雨水回收回渗技术，屋面雨水通过去除初期径流，并经过过滤处理后，储存在设置在地下的雨水蓄水池中，直接作为景观绿化浇灌用水，使用绿地雨水渗透、存储灌溉技术，室外硬质铺装区域采用透水砖，增强透水能力，补充地下水。

方案二——结构构造设计

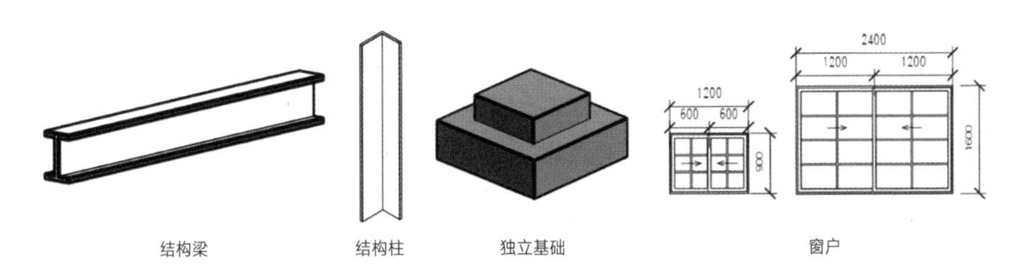

结构梁　结构柱　独立基础　窗户

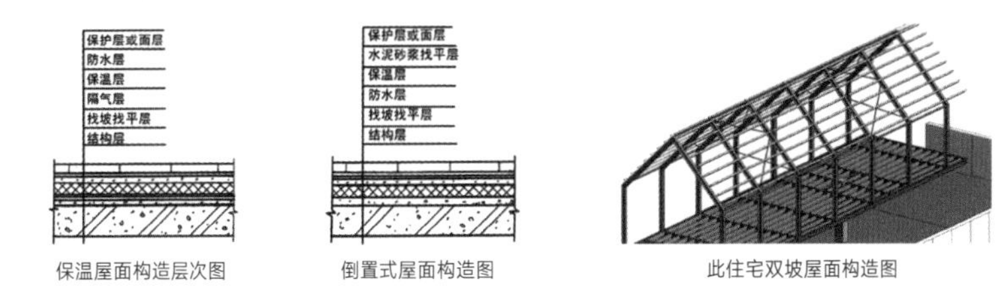

保温屋面构造层次图　倒置式屋面构造图　此住宅双坡屋面构造图

方案三——小别墅设计

设计说明：原有住宅主要为老人居住，老人冬季有睡火炕的习惯，考虑到这一习惯与需求，该方案在功能空间的布置上将厨房与老人房相邻布置。

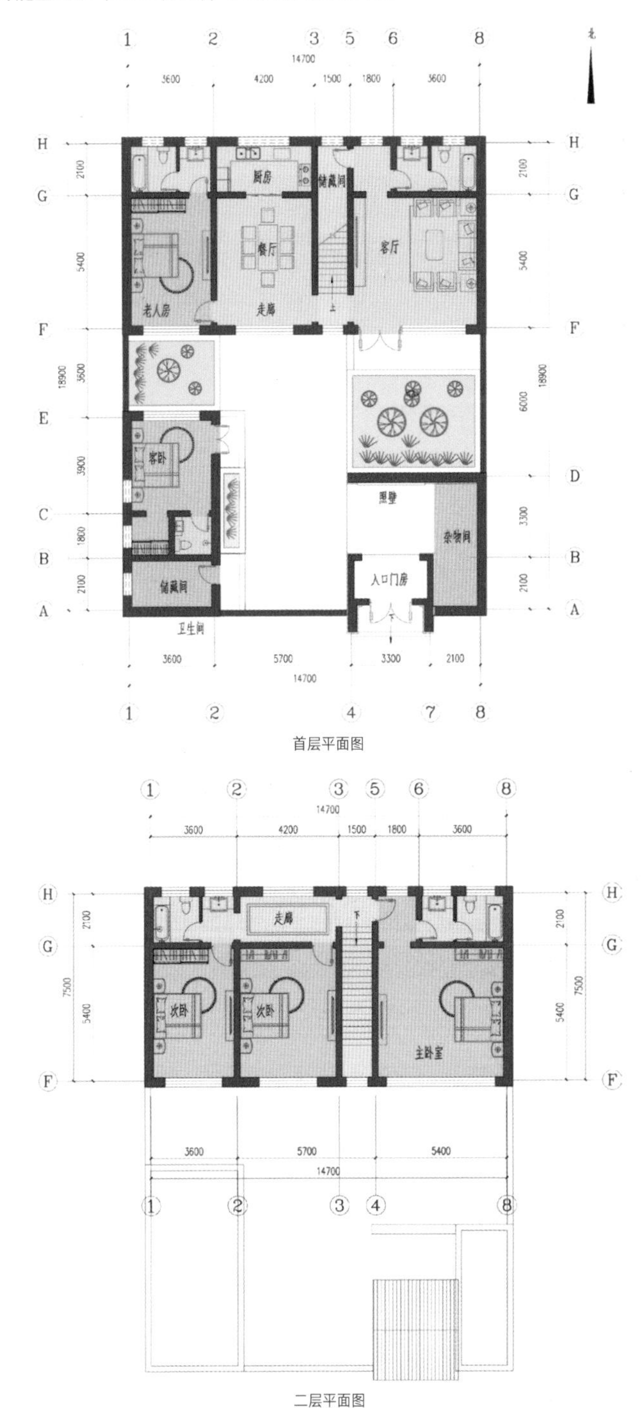

首层平面图

二层平面图

学校：北京工业大学　指导老师：戴俭　设计人员：贾文芳　田增林　苗月　黄炎

【归去来兮】——山东省临清市村庄群落

规划要素

区位背景

区域层面

历史文化概况

临清市是山东省历史文化名城，文化底蕴深厚。明清时期，临清依靠运河漕运迅速崛起，成为江北五大商埠之一，繁荣兴盛达五百年之久，有“繁华压两京”“富庶甲齐郡”之美誉。

教育概况

临清市教育水平位于聊城市前列，聚集了较多的优秀师资力量。

经济发展概况

产业结构日趋高级化，第一产业比重稳步下降，第二产业比重快速提高，第三产业比重缓慢增长。但是区内发展不平衡，外向型经济发展不足，总体水平仍不高。

村庄肌理

SWOT（Strength, Weakness, Opportunity, Threat）分析

优势S

1. 项目背临风景秀丽的村庄广场，自然环境优美，空气清新，适宜居住。
2. 基地北侧已有新兴工业产业园，人流增加，不断提升项目潜在价值。
3. 周边建筑少，遮挡少，采光好，地势平坦方正，易于产品规划。
4. 项目地处农村发展的新崛起板块，有较好的市场价值预期。

劣势W

1. 目前，东部发展相对滞后，该项目缺乏居住氛围，市民对本地块缺乏“认同感”。
2. 距市区较远，但紧邻次主干道，车流量大。
3. 周围缺乏生活服务设施，在很多方面没有满足居民的基本生活需求。
4. 该项目用地内有一条“高压走廊”经过，在一定程度上影响了建筑的布局。

机遇O

1. 该项目用地，北邻新兴工业园区，升值空间较大。
2. 规划中的硬化有望将站点开设在用地附近，有助于增加该地块的区位价值。
3. 村庄文化的人文熏陶，提升了本案未来的人文环境。

挑战T

1. 附近区域的房地产项目将会逐渐增多，加剧竞争态势。
2. 高压走廊的存在、配套设施的不完善会给项目带来一定的压力。
3. 同类型的物业的供应量可能会在短时间内有较大的增加。
4. 该地区居住意识是跟随政治中心和较好的生活服务设施的迁移而择居，还没有进入“城郊居住”阶段。

规划设计

总平面图

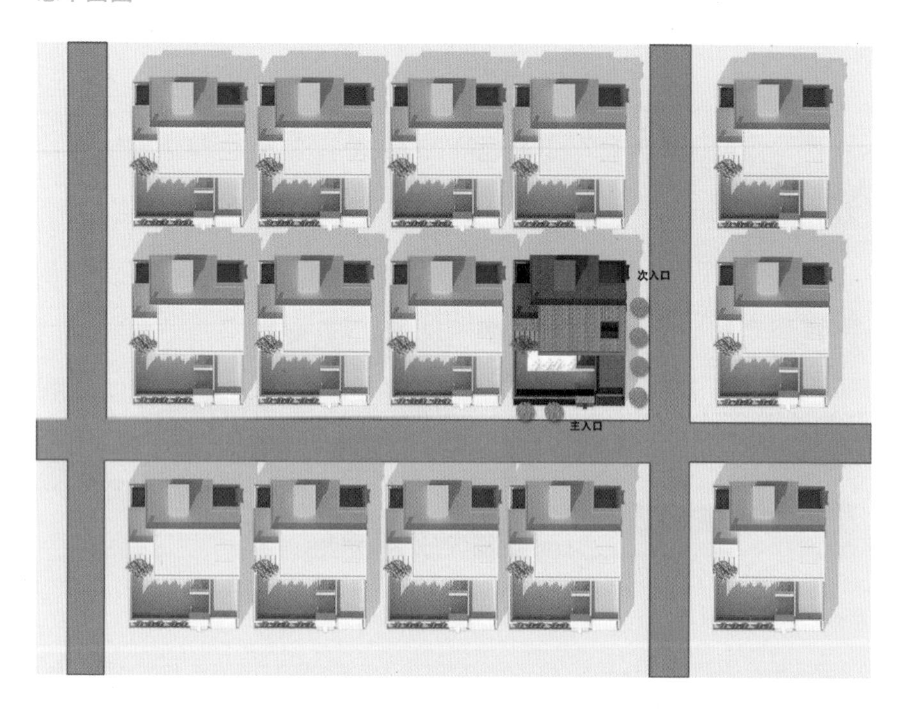

鸟瞰图

透视图

平面图

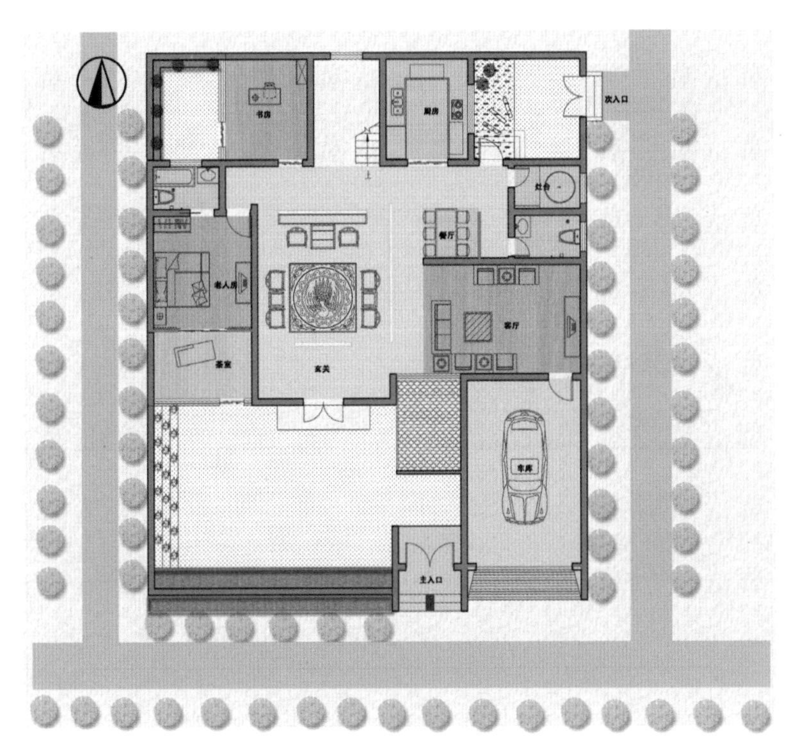

一层平面图

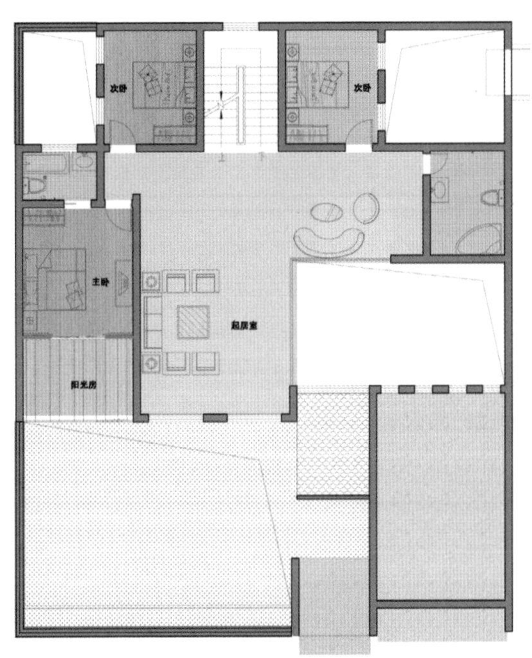

二层平面图

细部设计

道路断面

小区级道路：小区内部主干道，串联各居住组团，沿线设置绿化带，提高小区绿化覆盖率。在主要的交叉路口设置景观节点，一方面，能够满足车辆分流的要求，另一方面，可以满足道路的景观性要求。

组团级道路：连接小区级道路，串联组团内部各个居住单元，道路的一侧是集中绿地，为人们提供休闲娱乐的活动场地，保证人们步行空间的舒适性、安全性。

入户路：提供舒适宜人的步行空间，通过软质景观和硬质铺装来界定线性空间，保证视线通廊和活动通廊的无阻碍。

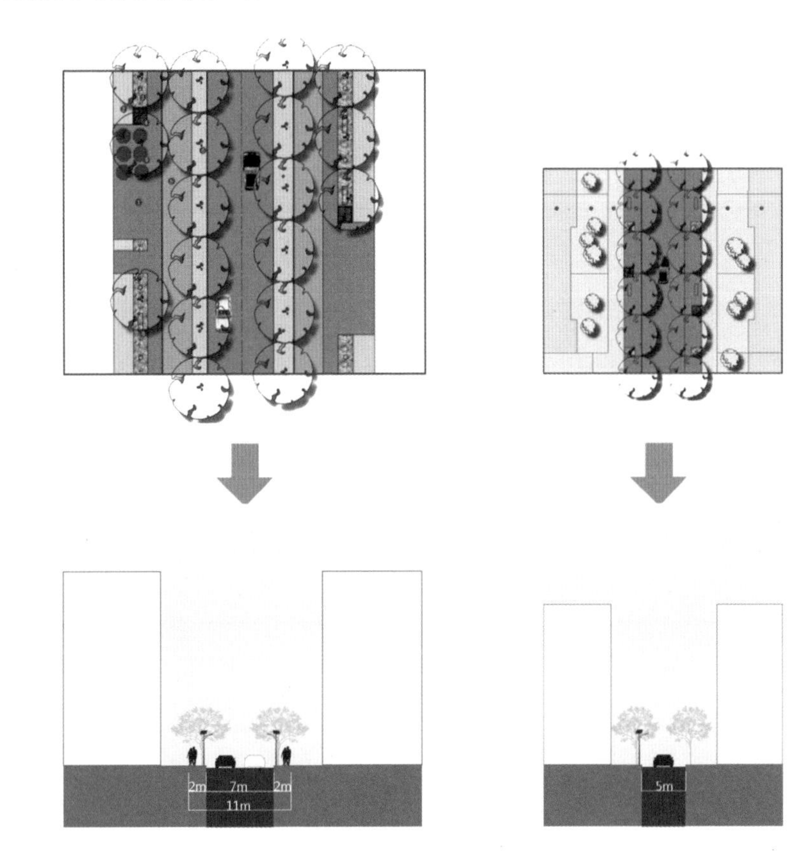

铺装设计

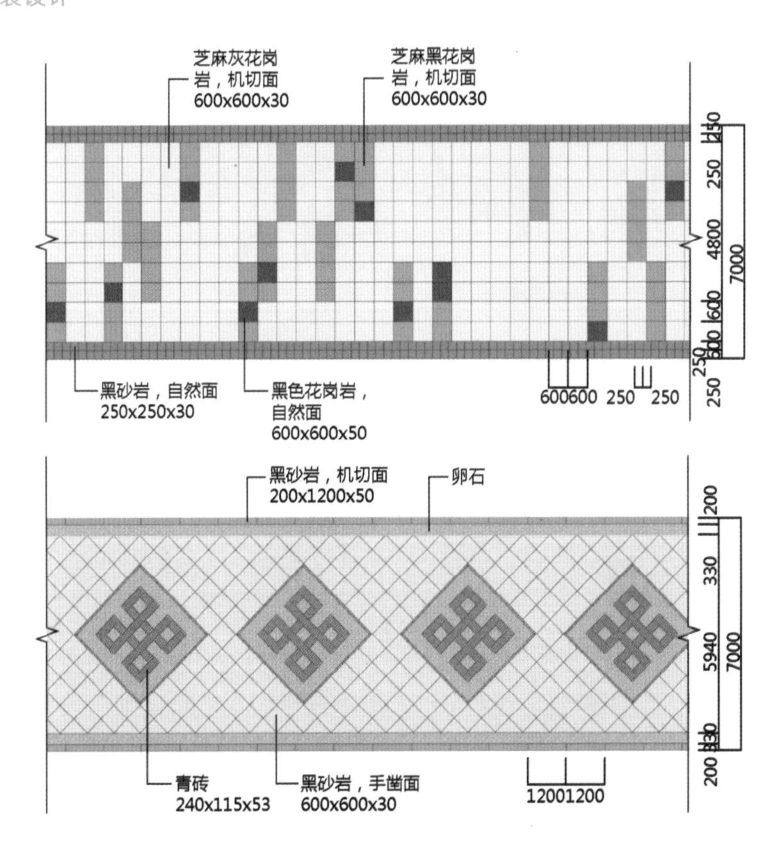

绿色装配式

装配式设计

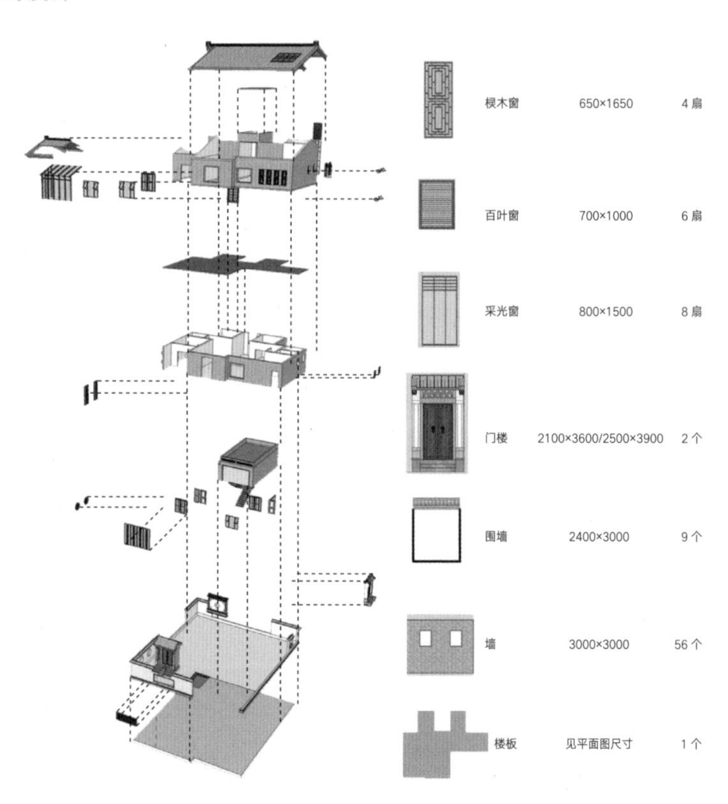

生态设计

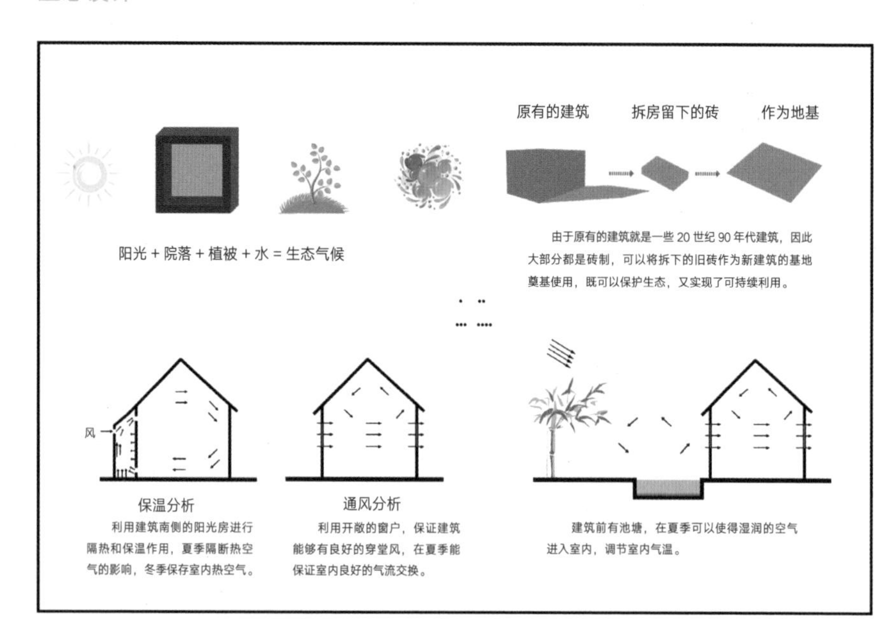

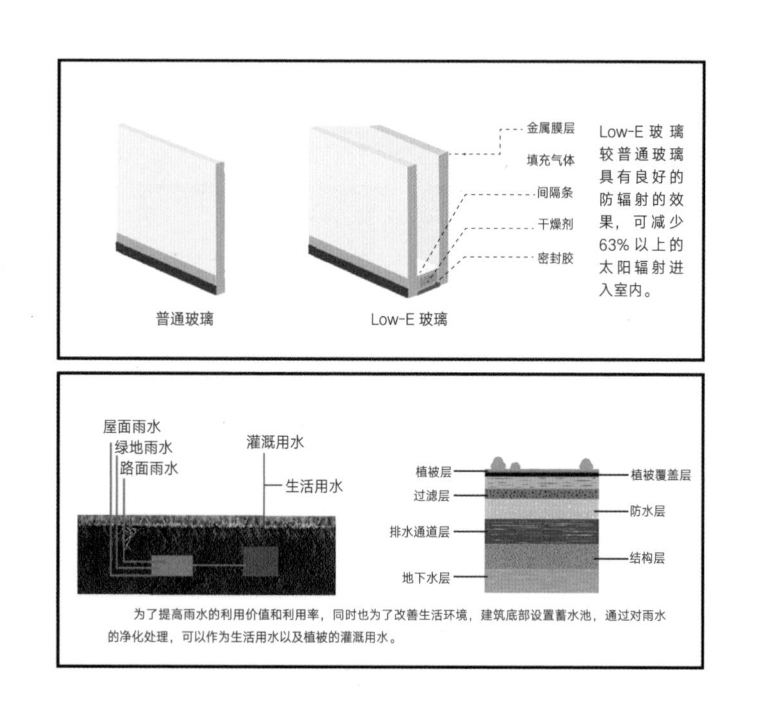

学校：山东农业大学　指导老师：刘经强　设计人员：张威昌　李世贤　王银平

【规院田居】——北京市门头沟区草甸水村

区位分析

地理位置：门头沟区地处京西太行山，在全区 1447km^2 面积中，98.5% 为山地。草甸水村位于京西地区，北京市门头沟区潭柘寺镇西部，东南距镇政府驻地 3km，东距贾沟村 0.5km，东北距阳坡园村 1km。草甸石村共 247 户，因村址建在三面环山的低洼山沟中，常年流水，又有大片草地，故名草甸水，明代曾名草店村。

水文：草甸水村为干旱缺水地区，村域范围内处于大清河流域，属于季节性河流。由于采矿导致大量地表水渗入，地下水位下降明显，地下水资源缺乏，因此村内供水水源有限。

气候：草甸水村属于暖温带半湿润、半干旱大陆性季风气候，华北类型，春季干旱多风，夏季高温多雨，空气较为干燥，昼夜温差较大。

调研

调研要素提取

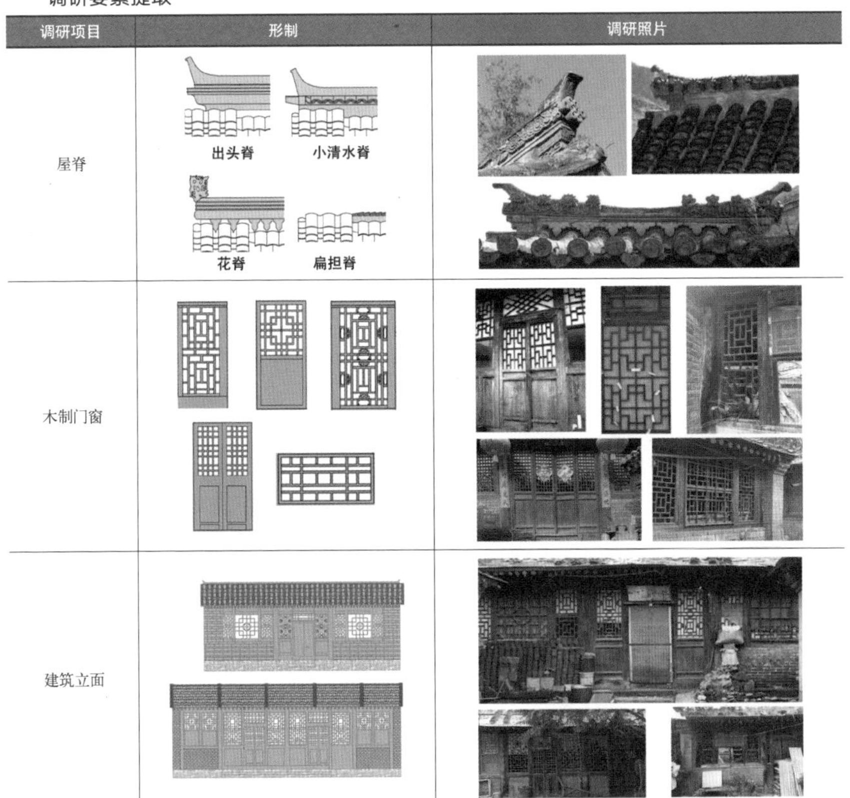

当地建筑材料

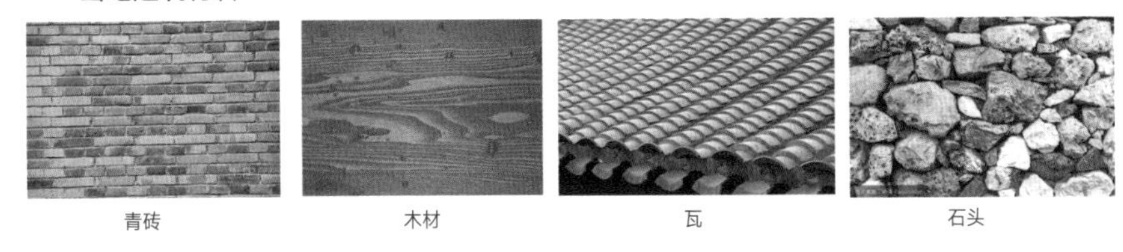

院落形式

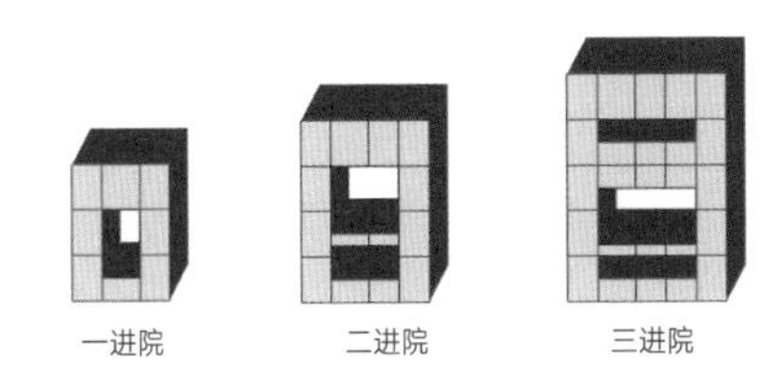

调研现状

传统住宅质量存在问题：门窗破损、墙体开裂、采光通风不佳等。空间合理性问题：私搭私建，空间尺度失调，存在穿套和死角甚至危险空间。

测绘图纸

2-2 剖面图

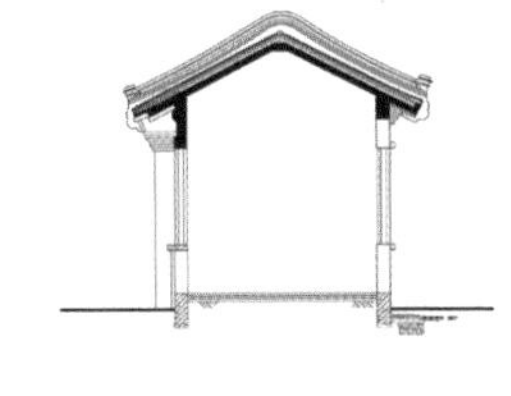

东厢房立面图

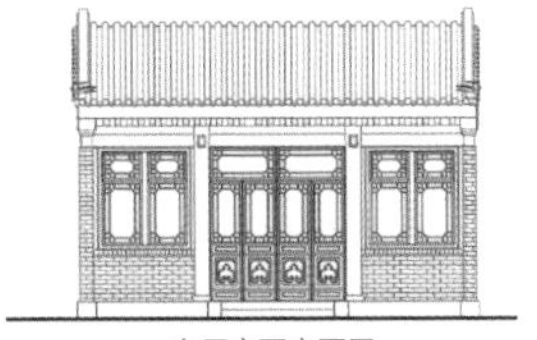

东厢房西立面图

合院平面图

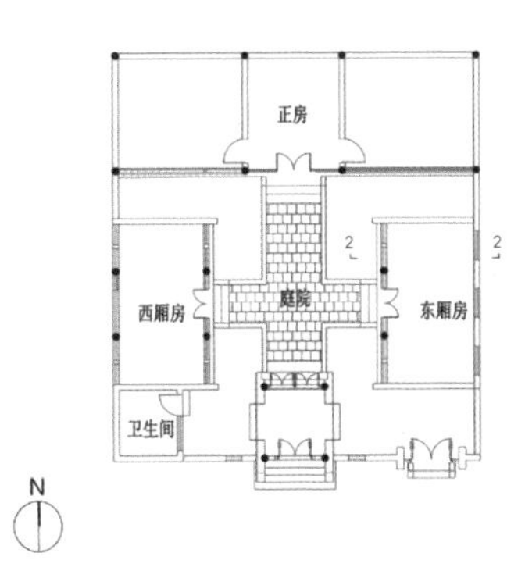

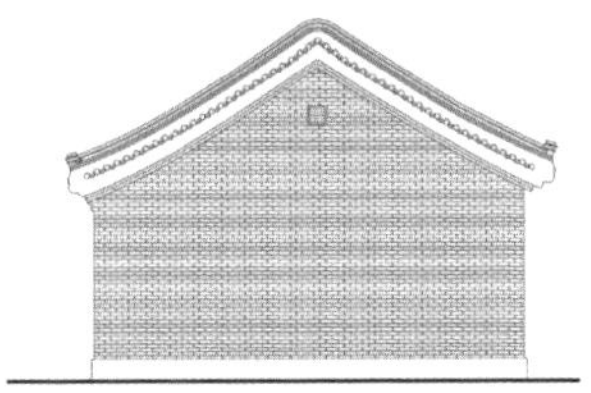

东厢房南立面图

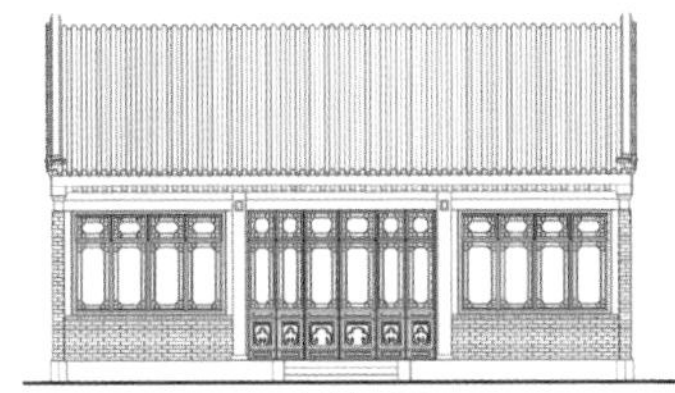

正房南立面图

体块生成

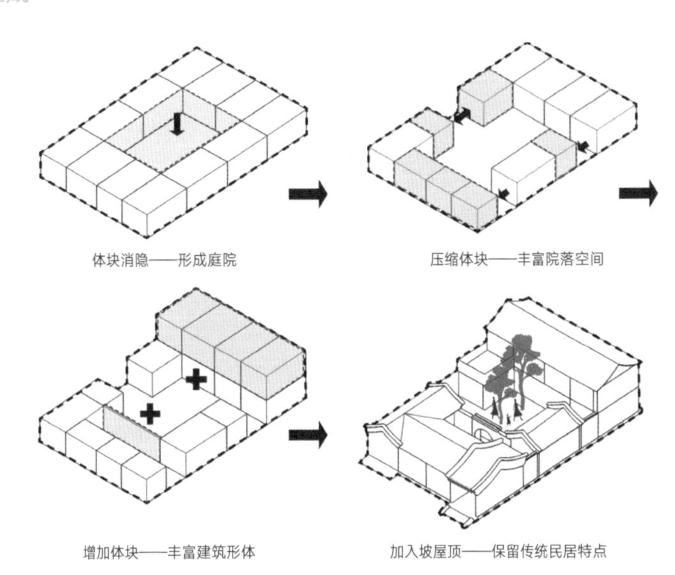

京西四合院

京西四合院形制接近山西四合院，山地用地条件紧张，房屋间数一般正房三间，少有耳房；厢房为两间；受地形影响，山地四合院多数在平面尺寸上，面宽、檐口高度还是院落进深，均小于平原四合院。

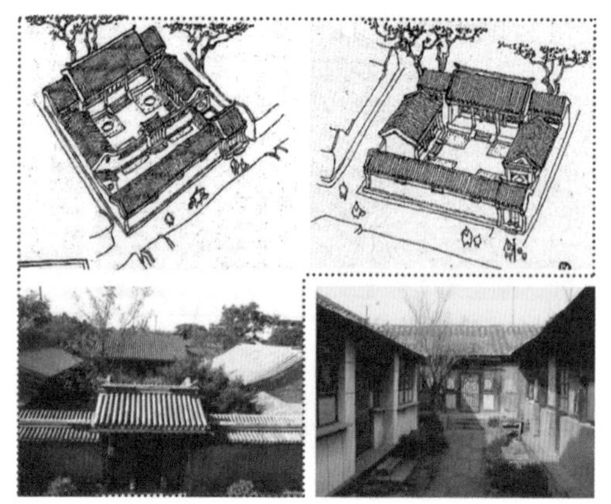

北京平原四合院　　京西地区典型四合院

设计说明——规·院·田·居

规：田园将芜胡不规？农村居住环境杂乱，美丽的乡村在逐步退化。本方案采用装备式标准化设计，保证居住品质，提升施工速度。

院：草甸水村民宅为京西合院式。本设计提取合院元素，围绕院落进行室内空间设计，希望达到“好在其合，贵在其敞工”的效果。

田：本设计基于田字格模数化，采用 3600mm × 6000mm、4500mm × 6000mm 两种柱网，根据院落数量模数化增加，达到批量生产，快速施工。

居：院和宁，家和兴。村民居住有温暖遮护，院落清宁，享受田园生活。

合院功能设计

一进院基本户型

采用 3600mm × 6000mm、4500mm × 6000mm 两种标准模块形式，满足一家三代基本生活需求，围合内庭院留给家人一方天地。

三进院民宿型

采用与一进院相同的两种标准模块形式，三进院落将内外、动静分区，旅客、服务流线分开，为住户提供一个集休憩、娱乐、人文、自然为一体的住宿环境。

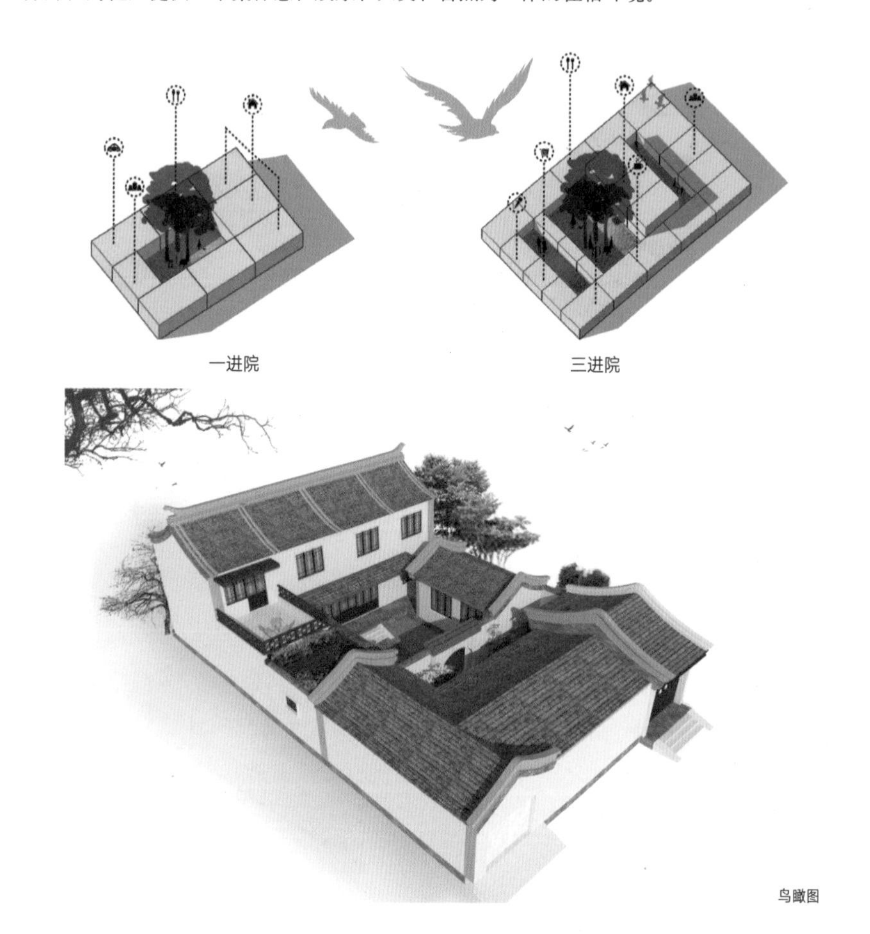

一进院　　三进院

鸟瞰图

二进院

一进院

露台

月亮门

户型一：一进院

首层平面图

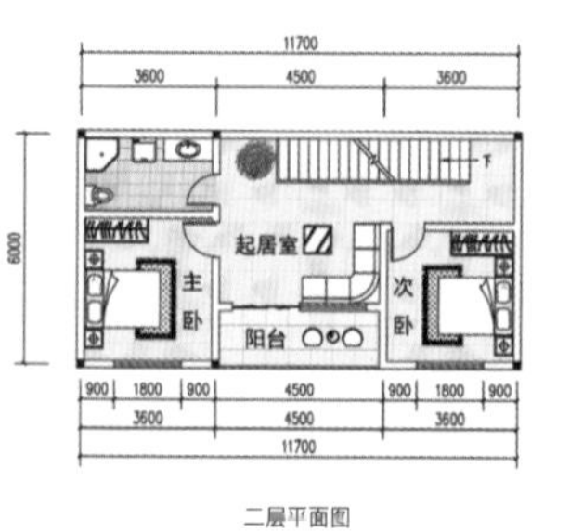

二层平面图

经济技术指标
建筑面积：226.37m²
占地面积：152.59m²
建筑层数：2 层
院落：一进

户型介绍：一进院

包括正房、厢房、倒座房。正房两层，设卧室、客厅、餐厅；厢房设置厨房，与正房及倒座房连通；倒座房设车库与客房。

适宜家庭：核心户（指一对夫妻和其未婚子女所组成的家庭）；主干户（指一对夫妻和其一对已婚子女所组成的家庭）。

户型特点：

1. 面积小，布局紧凑又不失舒适性。
2. 四室、三厅、三卫，可满足两代或三代人生活。
3. 设置车库，满足现代出行要求，且车库与厢房、正房联通，避免雨雪天气的影响。
4. 入口处设置影壁，延续传统民居习俗。

户型二：二进院

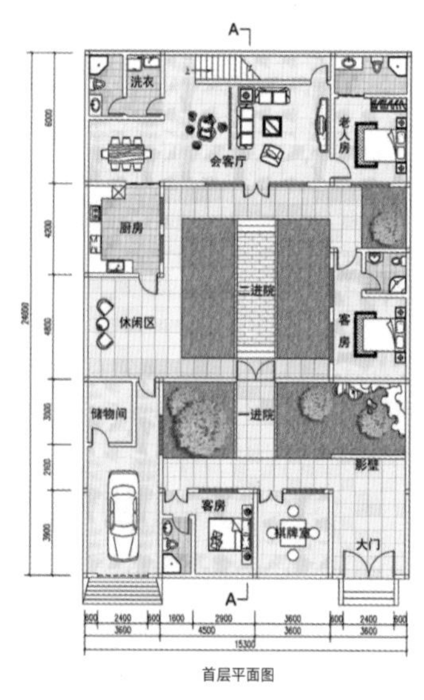

首层平面图

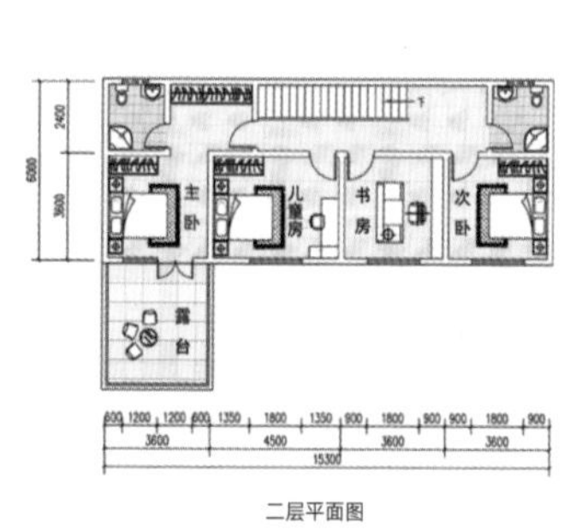

二层平面图

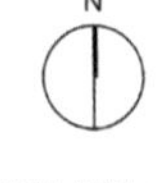

经济技术指标
建筑面积：314.65m²
占地面积：218.55m²
建筑层数：2 层
院落：二进

户型介绍：二进院

包括正房、东西厢房、倒座房、两进院落。正房两层，设卧室、客厅、餐厅；西厢房设置厨房，与正房连通；东厢房可做次卧或客房；倒座房设车库、客房及棋牌室。

适宜家庭：核心户、主干户、联合户（指一对夫妻和其多对已婚子女所组成的家庭）。

户型特点：

1. 面积较大，有两进院落，种植花草，美化生活环境。
2. 七室、三厅、六卫，可满足两代或三代人共同生活，同时可招待客人居住。
3. 设置有棋牌室、露台等休闲娱乐区，丰富人们的生活。
4. 入口处设置影壁，延续传统民居习俗。

模数化分析

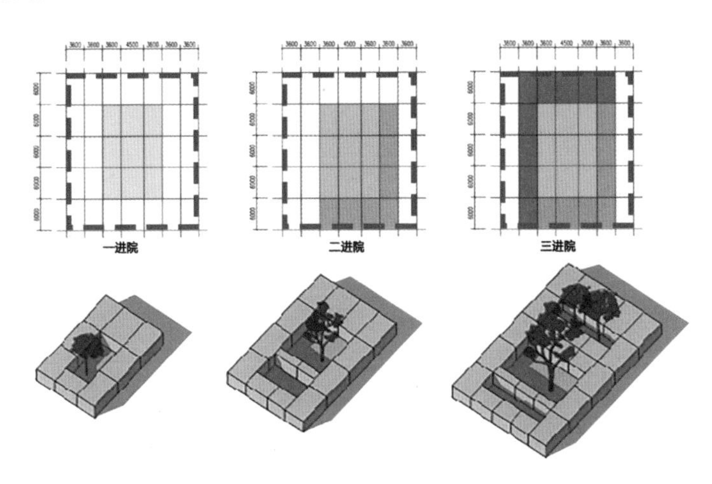

本方案采用3600mm、4500mm两个开间模数，6000mm进深。以一进院为雏形，进行扩展，生成二、三进院。将每一单元模块模数化、标准化，使其适用于不同基地大小、不同使用人数、不同功能需求的当地建筑。

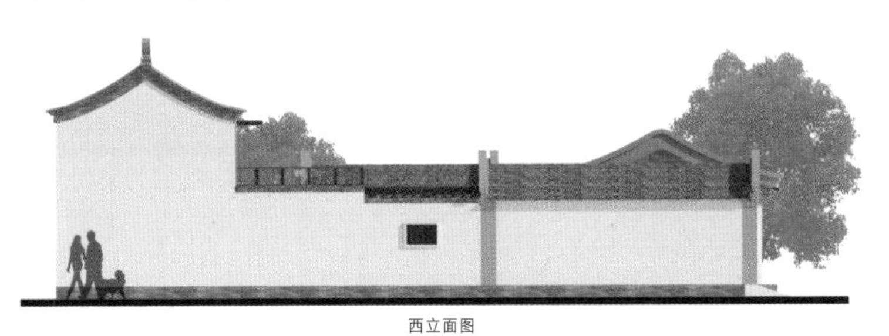

西立面图

柱的尺寸及构件连接形式

装配示意图

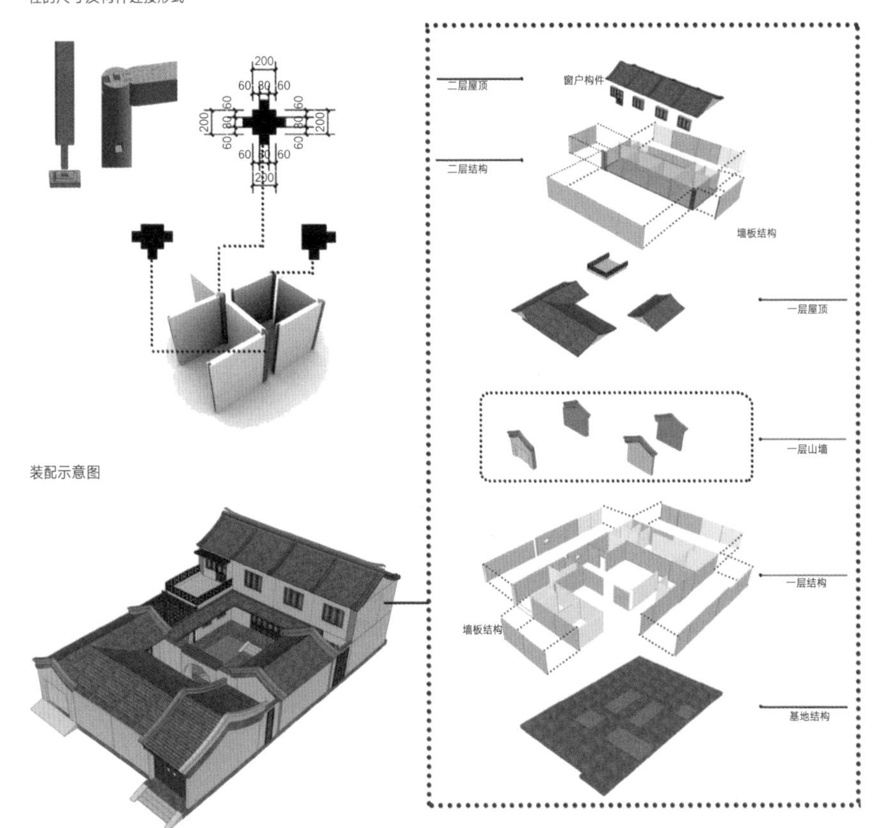

新型农宅装配式建筑

节点详图

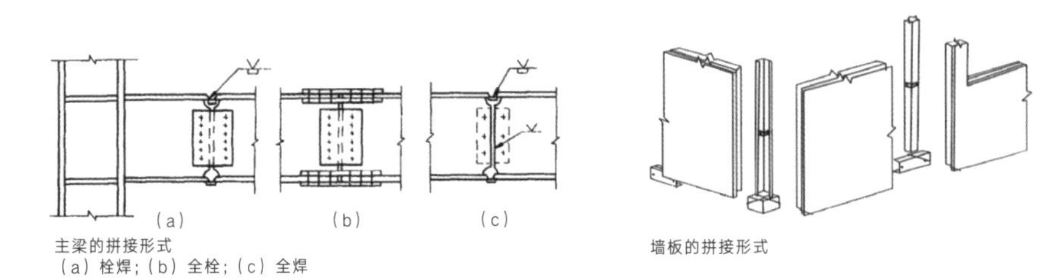

主梁的拼接形式
(a) 栓焊; (b) 全栓; (c) 全焊

墙板的拼接形式

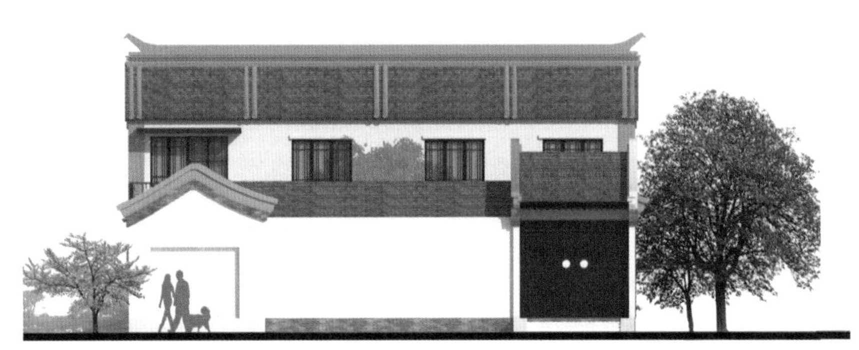

南立面图

绿色技术

农业秸秆再利用制成铝材

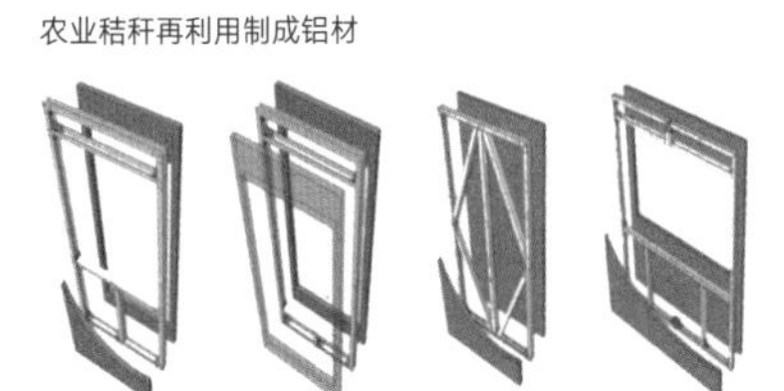

沼气系统

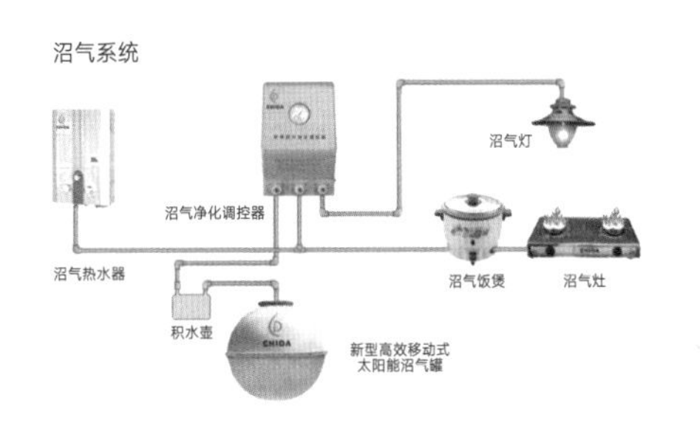

A-A 剖面图

建筑模数标准体系化

示例：板的形式

示例：窗的形式

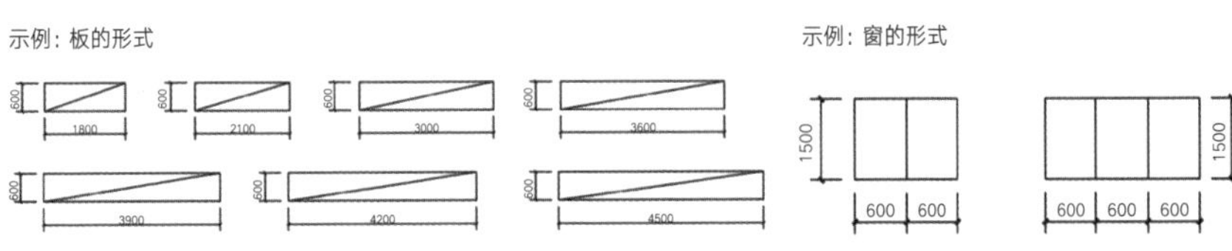

学校：北京工业大学　指导老师：戴俭　设计人员：林亚平　韦承君　刘帅霖　张文浩

【归否？归否！】——山东省淄博市淄川区王家村

总平面图

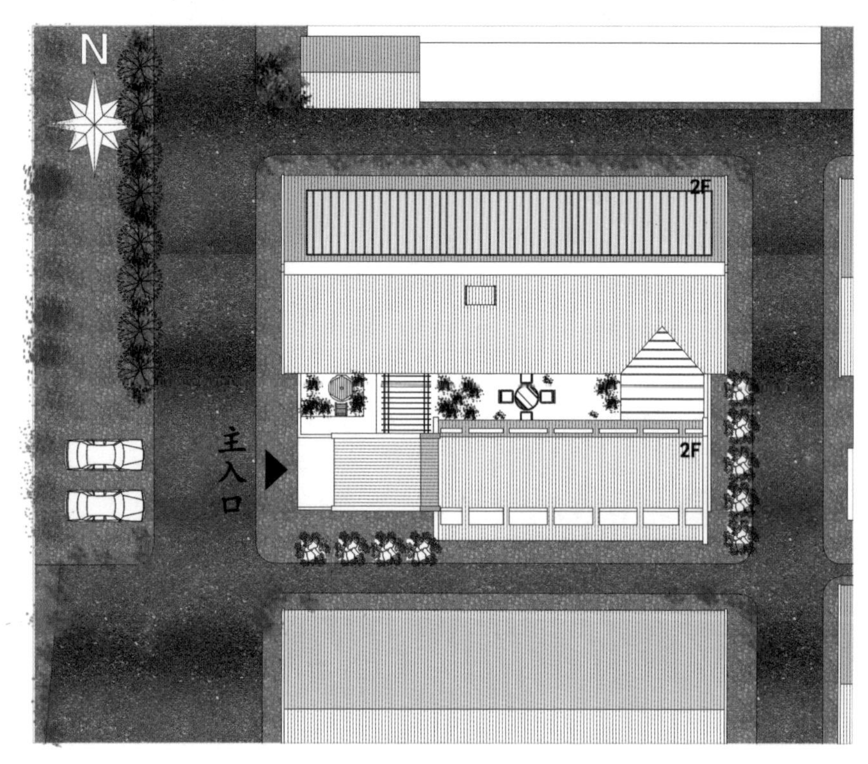

总平面图

区位分析

地理位置：

王家村位于淄川区西北部山地地区，距离淄川市区约7km，距滨莱高速约800m，面积为9km^2，耕地面积500hm^2，北起奂山，南临文昌湖，北边村庄呈现鱼骨状分布，周边分支为胡同，一条主干道宽大约3.5m，分支各个胡同的宽度不一，2～4m不等；而最南边住房临近路边，没有规划主干道6～9m，住宅均为新建底层平房院落，混凝土建筑，大门口朝向路面，道路较宽，房屋较为现代化。

概念生成

场地周边交通情况以及主要人流限制主次入口位于东、西方向

将农业区域与日常生活区域划分，中间庭院过渡，削弱彼此的干扰

结合风进行开窗通风采光设计，保证室内光线充足，空气清新

添加传统元素，进行细部处理，插入形体，均衡体量，形成完整方案

设计说明

新旧文化的碰撞与融合，提取当地具有特色的符号辅以现代先进的技术，采取景观渗透、白墙作画等手法，创造未来农村住宅的新形势，最大的特点是将晾晒移入室内，加以强烈的光照与通风，不仅达到与在屋顶晾晒相同的结果，还避免了鸟类的啄食与雨天特殊情况。此设计是在创新生产模式下的新农居符合当代住户生活需求。

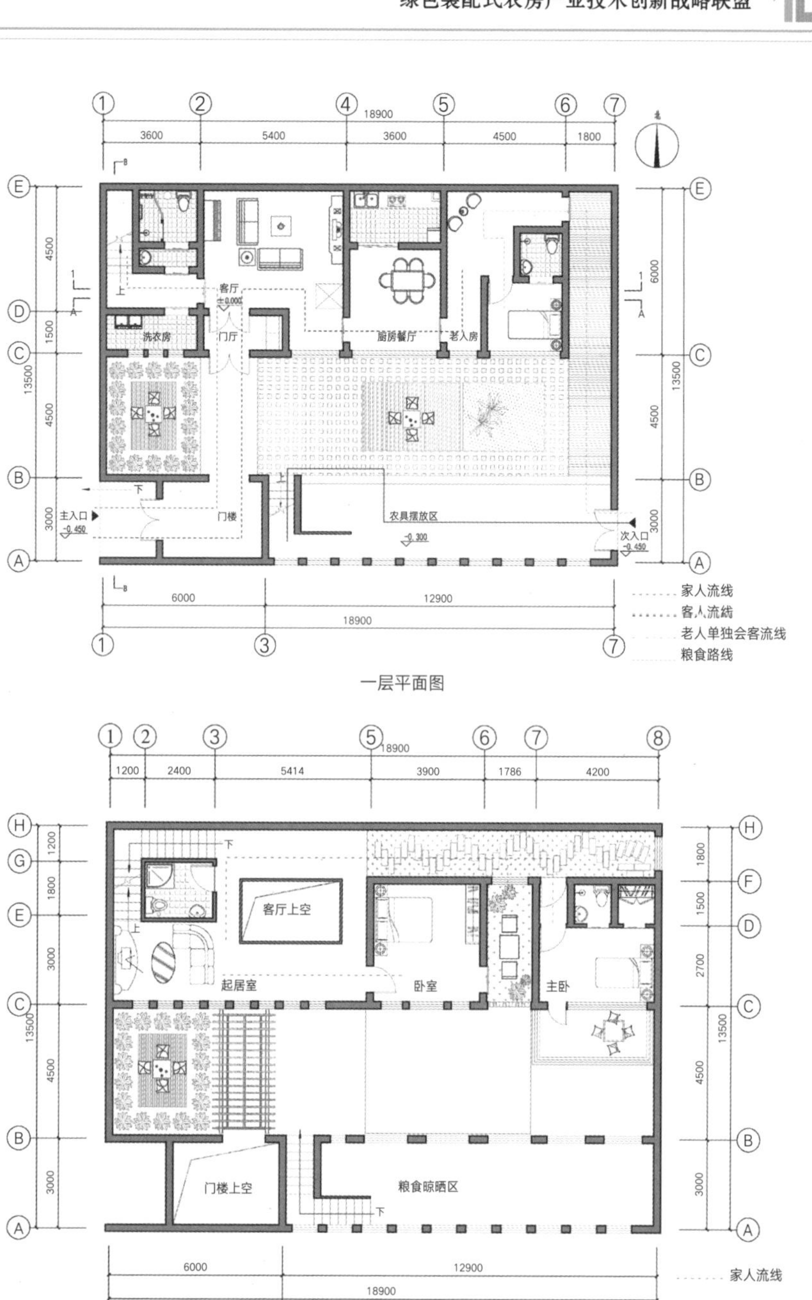

一层平面图

二层平面图

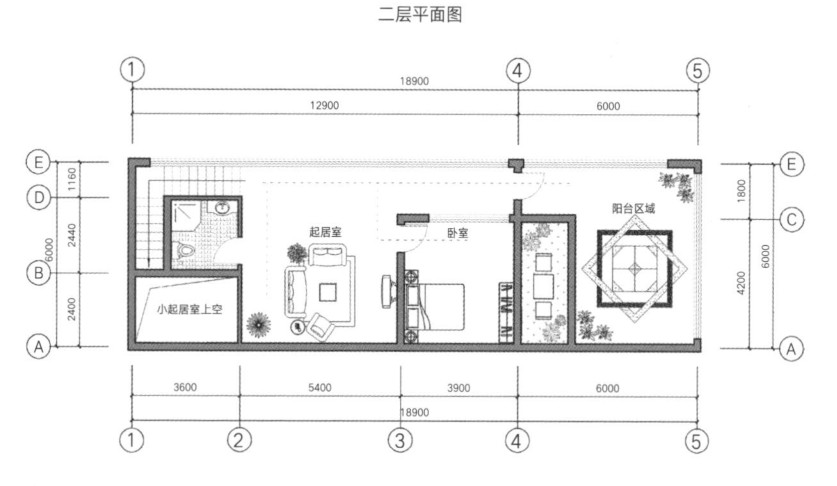

阁楼平面图

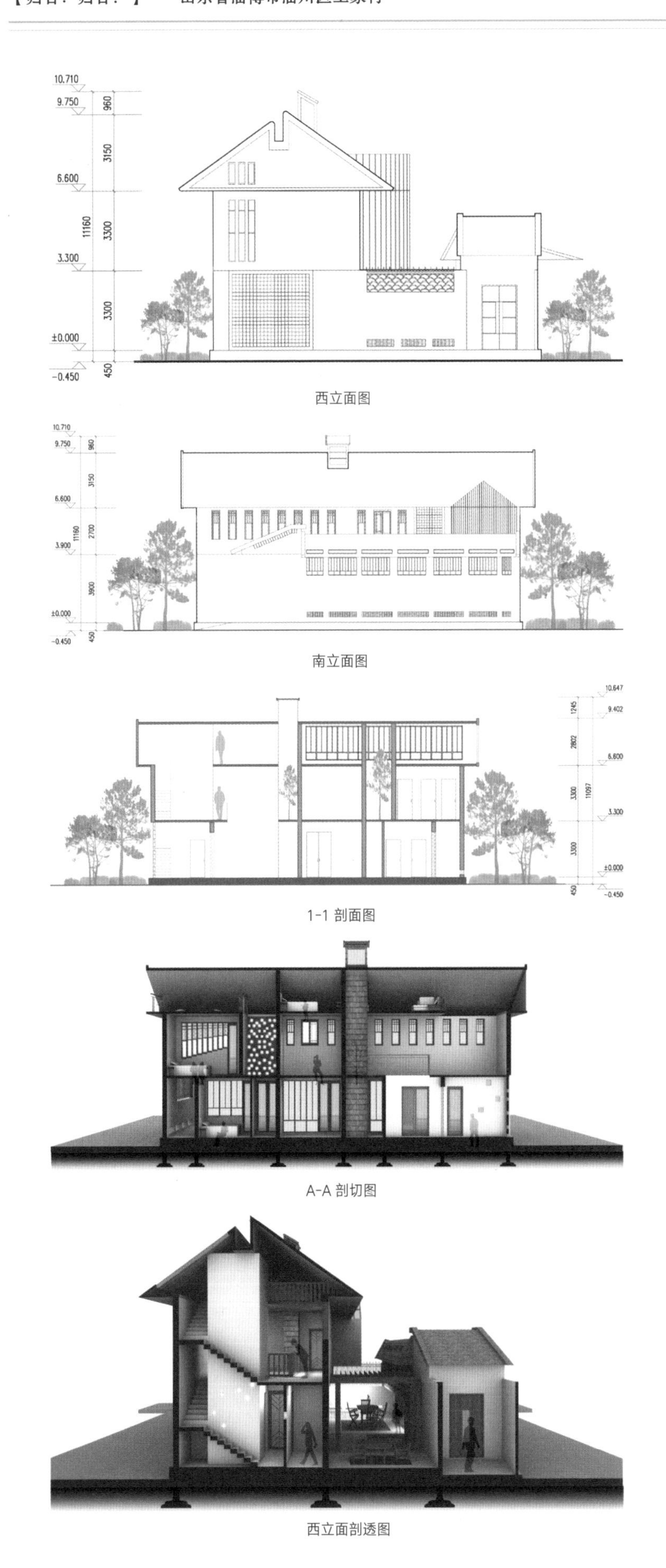

西立面图

南立面图

1-1 剖面图

A-A 剖切图

西立面剖透图

功能分区

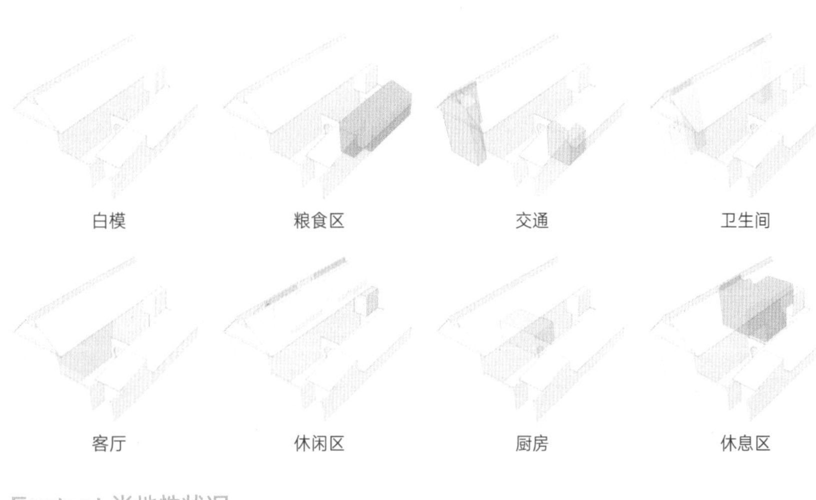

Ecatect 当地性状况

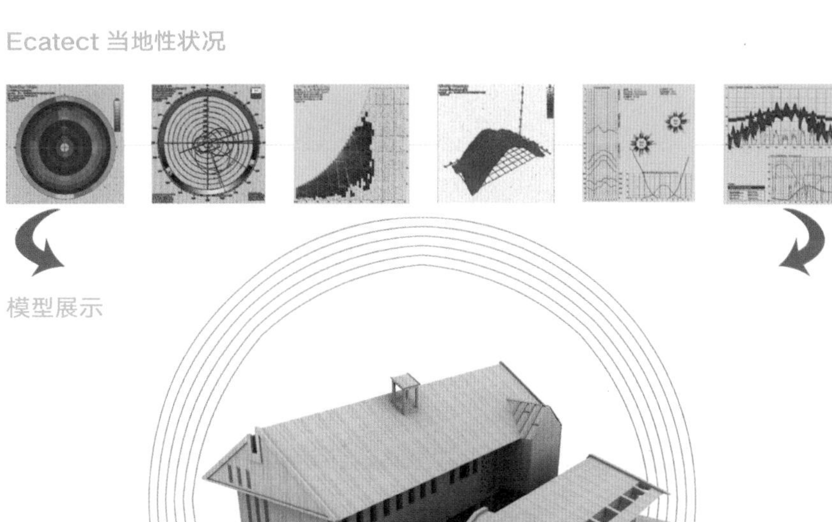

模型展示

局部透视

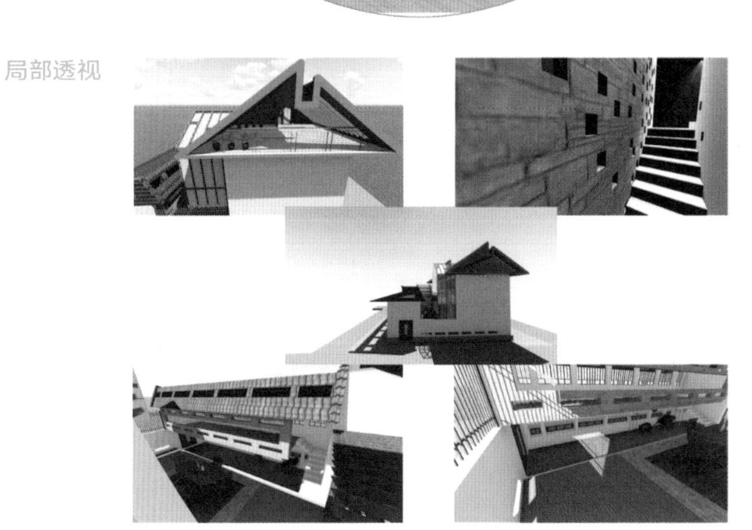

效果图

特色分析

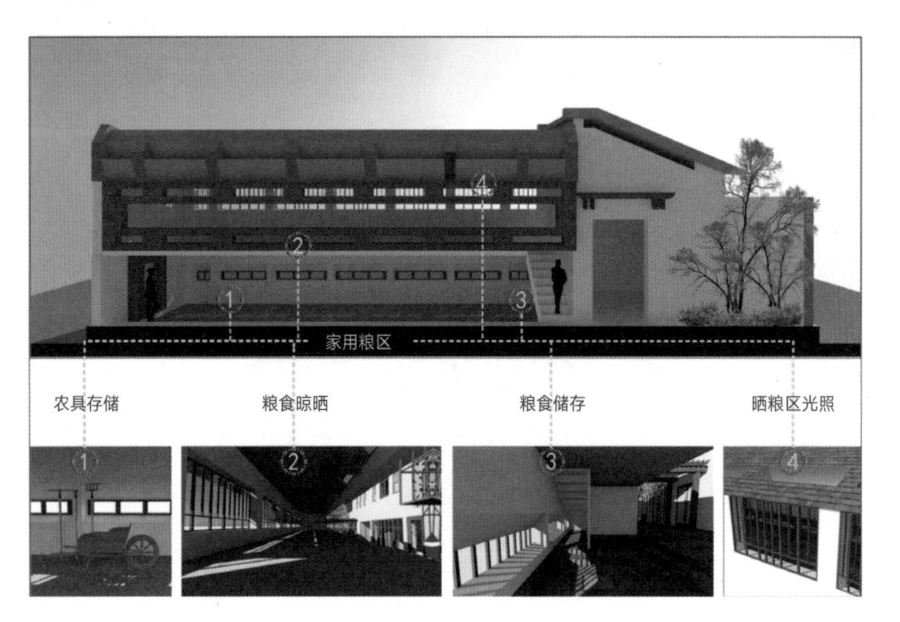

家庭成员行为分析

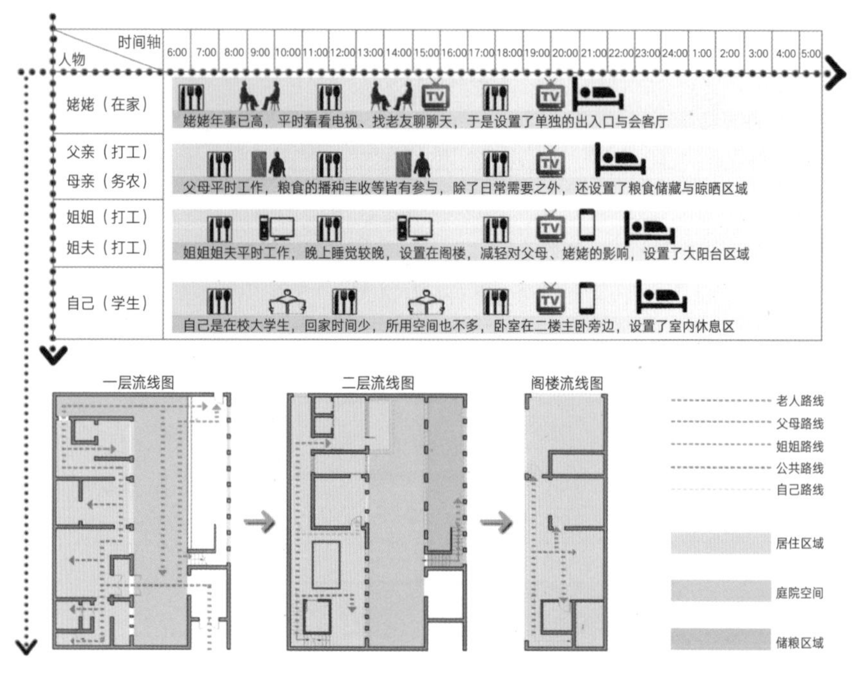

传统户型四大分区

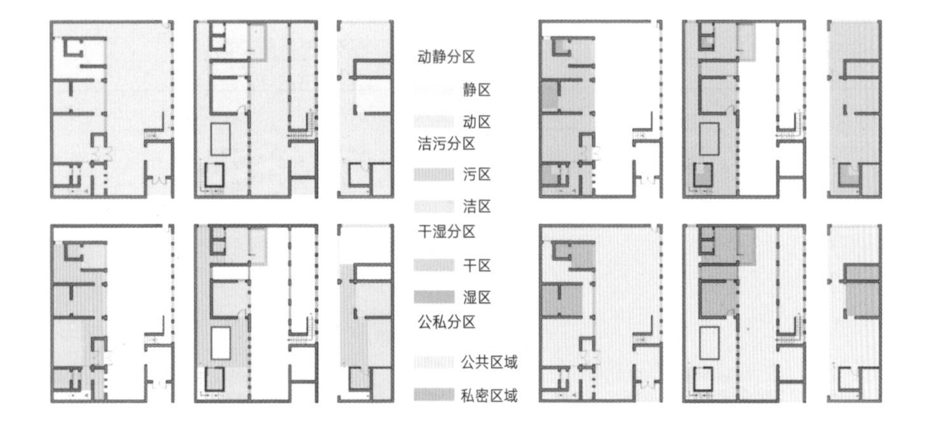

学校：山东农业大学　指导老师：刘经强　设计人员：王银平　杨陆瑛　张威昌

【东北民居】——吉林省临江市松岭雪村

前期调研与分析

设计项目背景

地理位置

松岭屯雪村坐落在吉林省东南部临江市花山镇20km外的偏僻山上，距临江市区西北部24km，距珍珠门风景区5km，地理位置优越，平均海拔900～1100m。

松岭屯区面积11km²，共120余户村民，该村以关东木把文化遗风而著称，农田耕种、山野菜采集及中草药种植为村民主要生产方式，民风淳朴，民居风貌多保持东北林区的原生态结构，尚存有众多古朴的乡土建筑。

自然条件

松岭区域属北寒温带大陆性季风气候，是白山地区较为寒冷的地区。冬季漫长且寒冷，冰雪覆盖率达95%以上。全年中有近6个月积雪期，将近半年的积雪期使雪景观理所当然的成为了该地最具特色的乡土景观之一。

松岭屯雪村地处深山，森林资源得天独厚，植物种类丰富，长势良好，森林覆盖率达83%以上。绿化率较高，自然环境优美。

“松岭雪村”，具有浓郁的东北地方特色，春夏秋冬景色清新迷人，一年四季分明：春季冰雪融化，溪水潺潺，山花初绽，千树梨花；夏季嵩山翠绿，田野覆膜，银蛇群舞，一派生机；秋季一夜寒霜，层林尽染，五花山峦，耀眼云天；冬季林海雪原，银装素裹，神奇雾凇，水墨丹青，呈现出一副五彩缤纷、浑然天成的美景，惹得游人魂牵梦绕，流连忘返……山路弯弯，曲径通幽，遍地青松，美景如画，魅力无穷，每年吸引摄影、绘画爱好者蜂拥而至。关于松岭的摄影作品在国内知名度很高，被誉为“关东雪村——水墨松岭”。

现状与问题分析

松岭雪村现状

这里是长白山脉延伸部分松岭山脉的深处，群山环绕，地势陡峭，梯田遍布，山村错落有致，农家房屋顺山势而建，一条条羊肠小道将家家户户隔开，每家都有个小篱笆院，篱笆墙随意又有规则，是较为典型的山东移民村，景致特别，民风淳朴。

存在的问题

1. 松岭雪村整体村民文化水平较低，经济水平低下，村民思想僵化，导致文化精神流失，时常出现一些对传统历史风貌不利的情况。

2. 乡村现状基础设施薄弱，松岭雪村地势险峻、道路泥泞行走不便、导向系统杂乱、与外界交流不便等在很大程度上阻碍了村落的进一步发展。

3. 村内整体环境脏乱差、建筑分布零散、道路杂乱泥泞，导致水资源质量较差，传统自然的秩序美丢失，同时严重破坏了传统村落空间的延续性。

4. 村内只有露天公共厕所，农户家中没有室内厕所，生活条件较差，生活水平不高。

当地典型农房

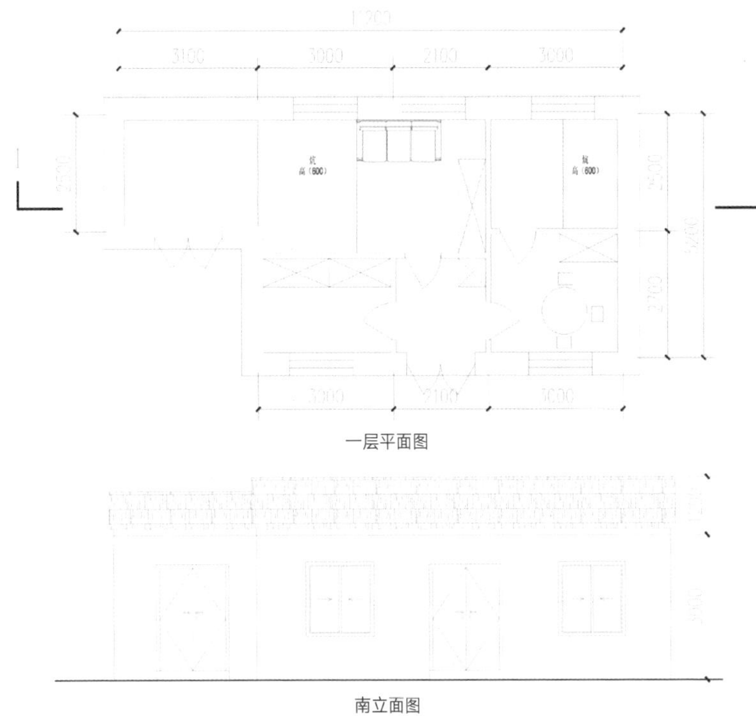

一层平面图

南立面图

设计方案一

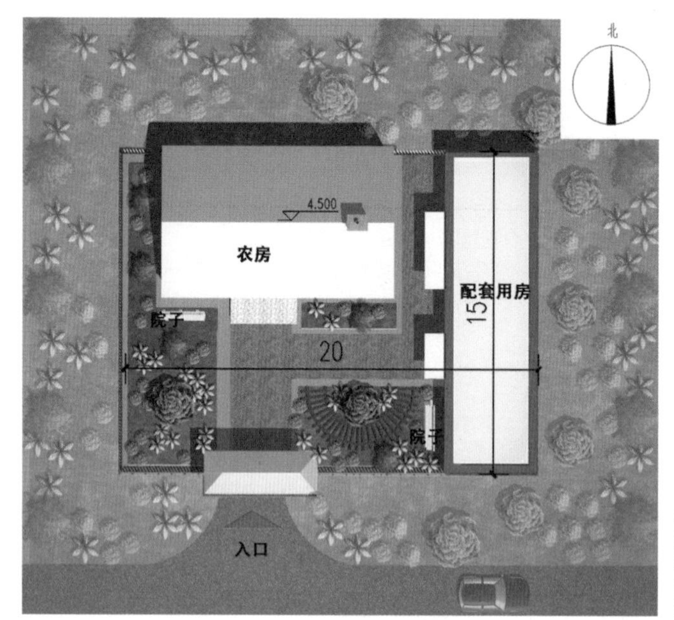

经济技术指标
用地面积：300m²
建筑面积：62.62m²
配套用房使用面积：48.22m²
居住人口：2 人

总平面图

本方案为一室一厅一卫，主要适用于一对夫妻的农户。
卧室通过门斗中的火炕燃烧生物质颗粒散发的热量实现冬季的采暖，减少对环境的污染。

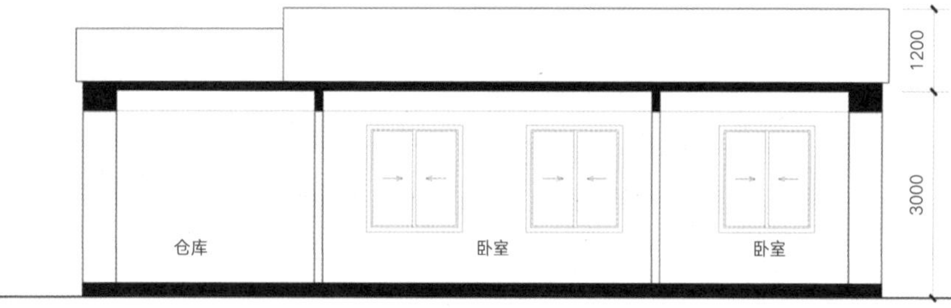

1-1 剖面图

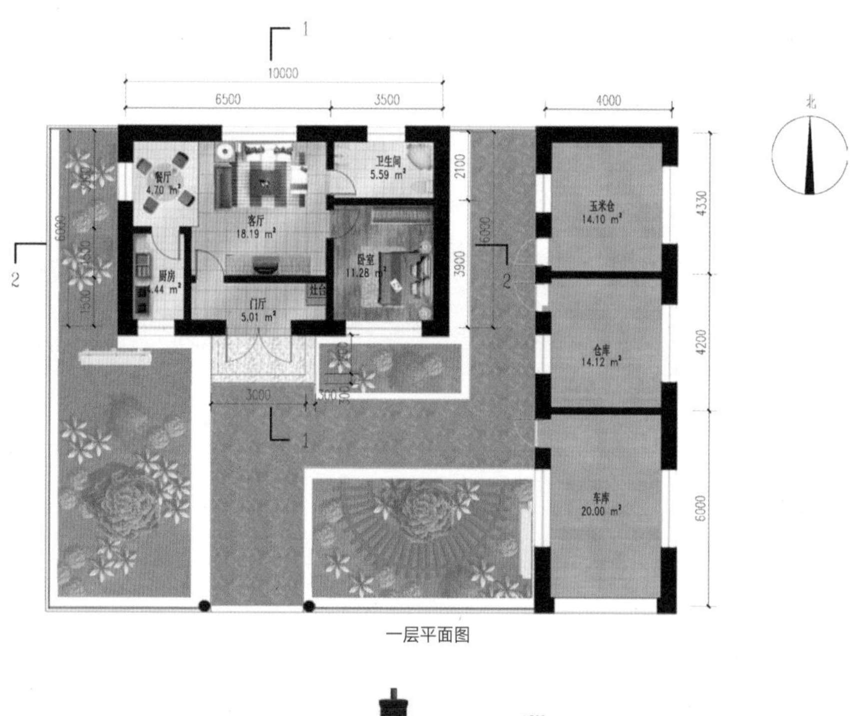

一层平面图

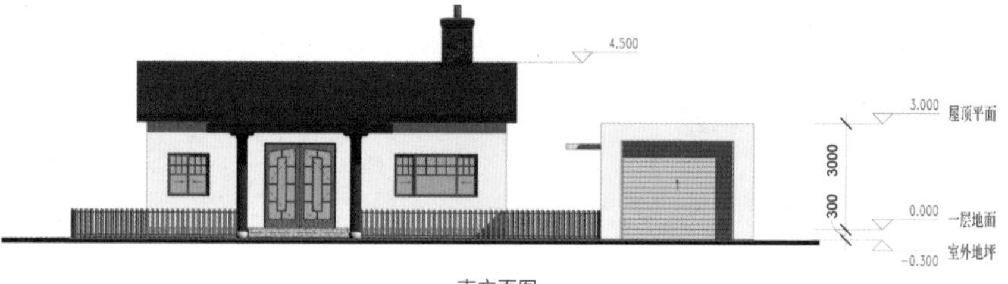

南立面图

方案设计

设计说明

基于对吉林省白山市松岭雪村的调查研究，选址为松岭雪村某农户，基地约 300 ~ 360m²，地形比较平坦，交通便利。

目前该农户为一对年轻夫妻，考虑其现在的状况及以后的发展，本设计由三个方案组成。方案一的户型为一室一厅一卫，满足该农户现在的居住要求。考虑该农户近期的发展，方案二的户型为两室两厅一卫，主要适用于一对夫妻和一个小孩的一家三口农户。考虑该夫妻的远期发展，方案三的户型为三室两厅两卫，主要适用于三代同堂的农户。

方案一的卧室通过门斗中的火炕燃烧生物质颗粒散发的热量实现冬季的采暖，方案二的两个卧室分别通过火炕燃烧生物质颗粒散发的热量实现冬季的采暖，方案三中三个卧室采用统一供热的形式，通过火炕燃烧生物质颗粒散发的热量实现冬季的采暖，减少对环境的污染。在调研过程中发现农户有在炕上吃饭的生活习惯，主要原因是室内没有餐厅并且冬季农户喜欢在炕上取暖。卫生间从室外搬到了室内，提高了农户的生活卫生质量。

农房立面造型及屋顶形式保留村落原有风貌。农房的结构使用轻钢结构建造，外围护结构采用预制石墨烯 EPS 模块夹芯混凝土墙板组成；将太阳光伏板附在墙面上，充分利用严寒地区的太阳能资源，实现环保、节能的新型农宅建设。

在严寒地区的农村住宅，冬天的温度相当低，建筑的体形系数尽量做到最小，建筑的层数只考虑一层，并且为了减少造价不考虑设地下室，考虑节约能源、减少消耗的因素，采用装配式建筑建设新型的东北民居。

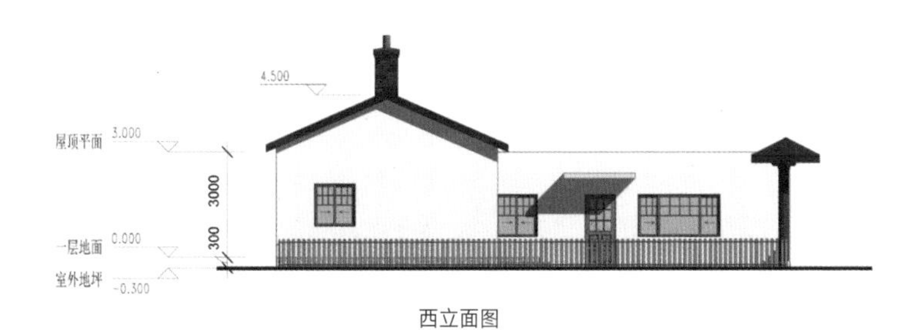

西立面图

4.500
3.000 屋顶平面
3000
300
0.000 一层地面
室外地坪
-0.300

1-1 剖面图

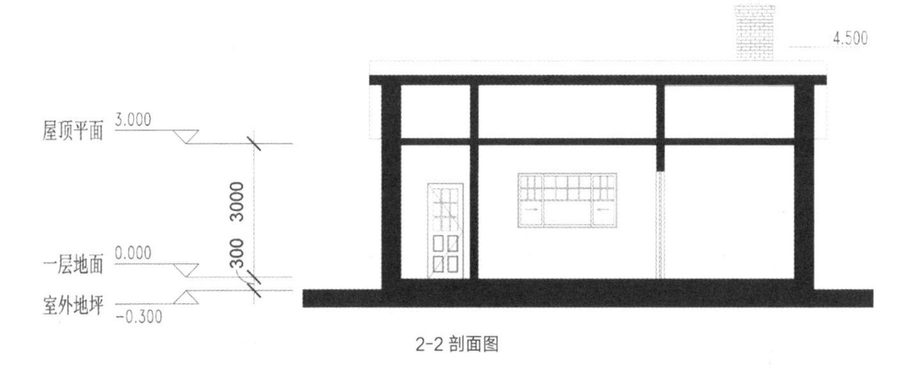

2-2 剖面图

效果图

设计方案二

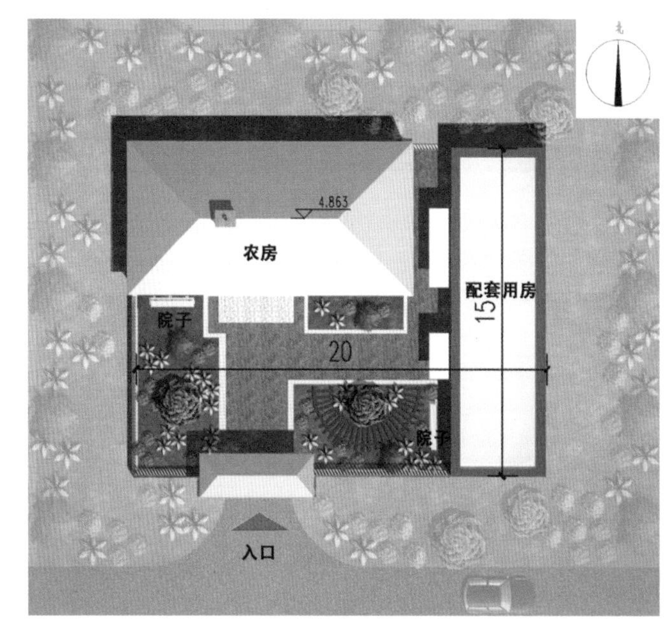

总平面图

经济技术指标
用地面积：300m²
建筑面积：79.36m²
配套用房使用面积：48.91m²
居住人口：3 ~ 4 人

本方案为两室两厅一卫，主要适用于一对夫妻和一个小孩的一家三口农户。
两个卧室分别通过火炕燃烧生物质颗粒散发的热量实现冬季的采暖，减少对环境的污染。

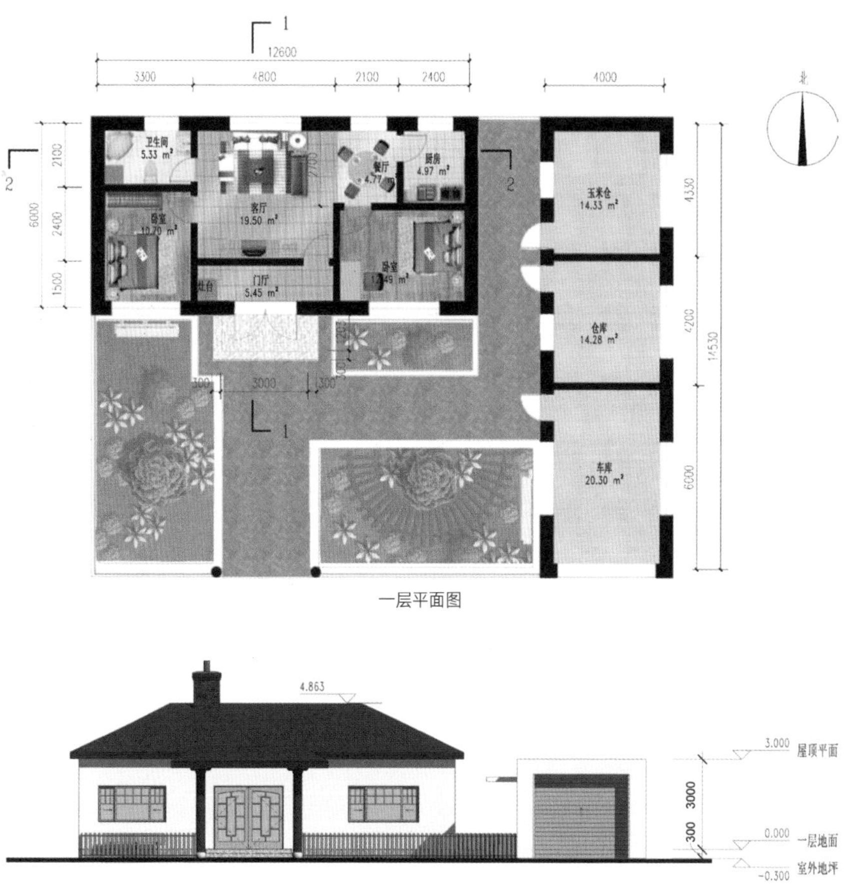

南立面图

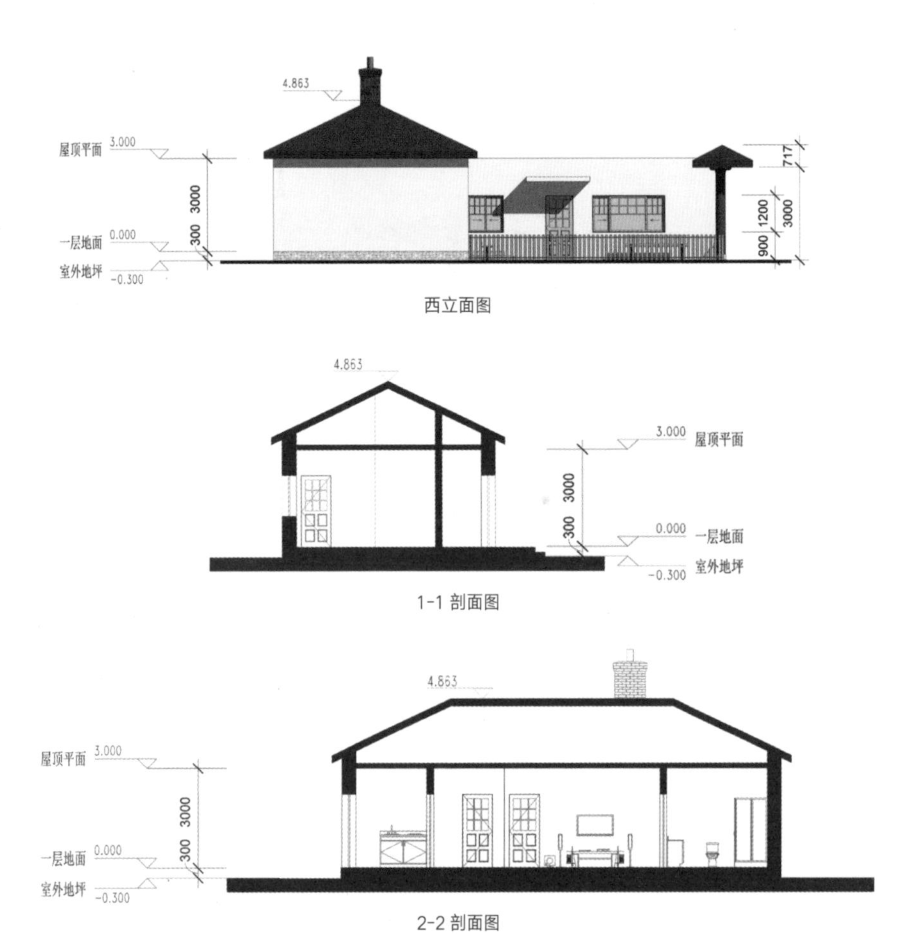

西立面图

1-1 剖面图

2-2 剖面图

效果图

设计方案三

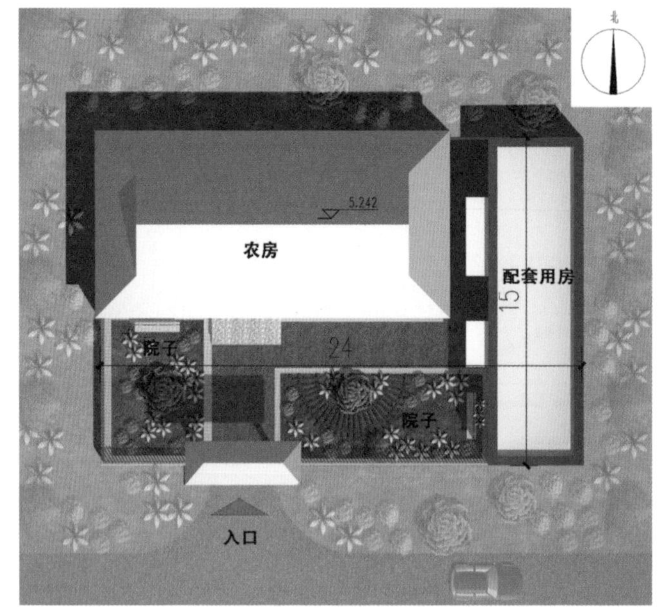

经济技术指标：
用地面积：360m^2
建筑面积：121.66m^2
配套用房使用面积：48.91m^2
居住人口：5 人

总平面图

本方案为三室两厅两卫，主要适用于三代同堂的农户。

三个卧室的采用统一供热的形式，通过门斗中的火炕燃烧生物质颗粒散发的热量实现冬季的采暖，减少对环境的污染。

一层平面图

南立面图

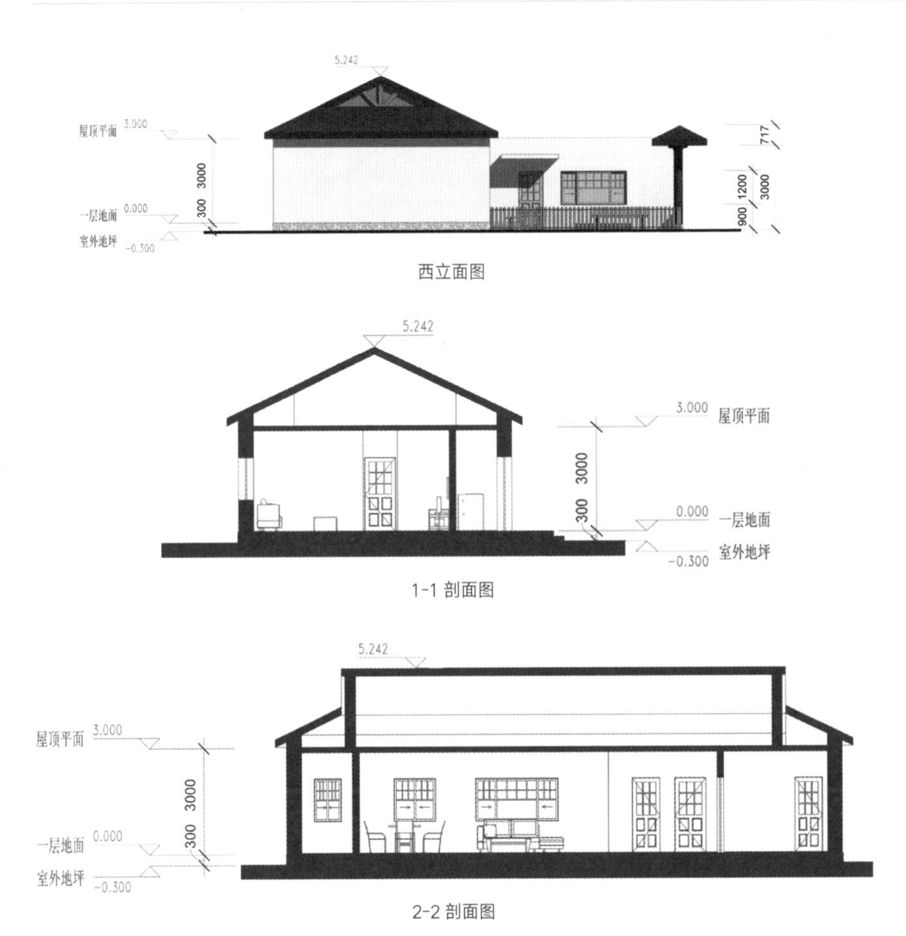

效果图

装配式技术专项说明

装配式专项说明

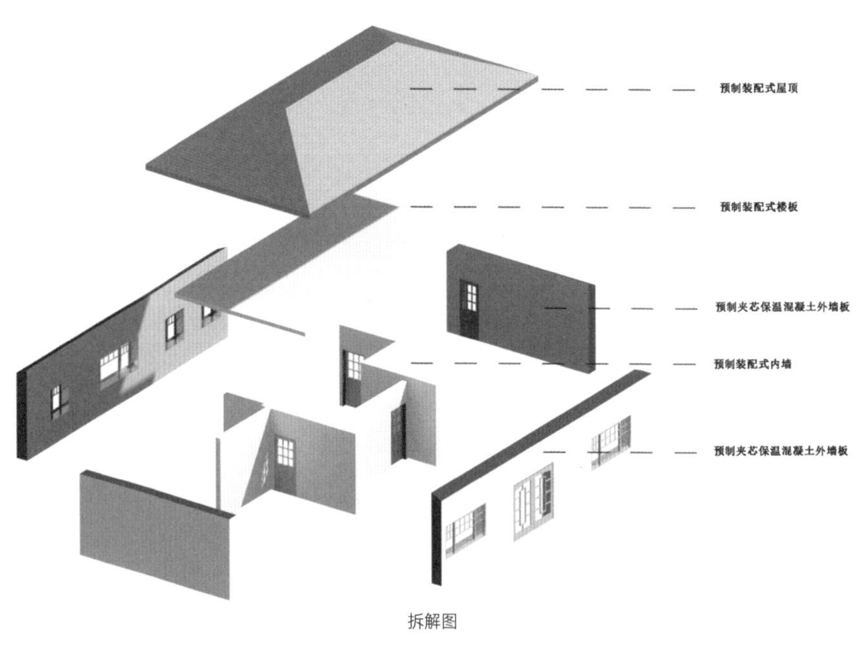

拆解图

墙体：外墙采用预制夹芯保温混凝土墙板

根据严寒地区65%的节能标准，预制石墨烯EPS模块夹芯混凝土墙板的构造方式如下：

预制夹芯保温混凝土墙板厚度设计为430mm，外叶墙用20mm厚水泥纤维板，具有保护墙体的作用，然后通过一个电焊网片连接60mm厚的石墨烯保温模块作为保温层，再通过一些连接件连接200mm厚的钢桁架，后期现场浇筑混凝土作为主要承重墙体，内叶墙采用150mm厚水泥纤维板，使墙体达到更好的保温效果。

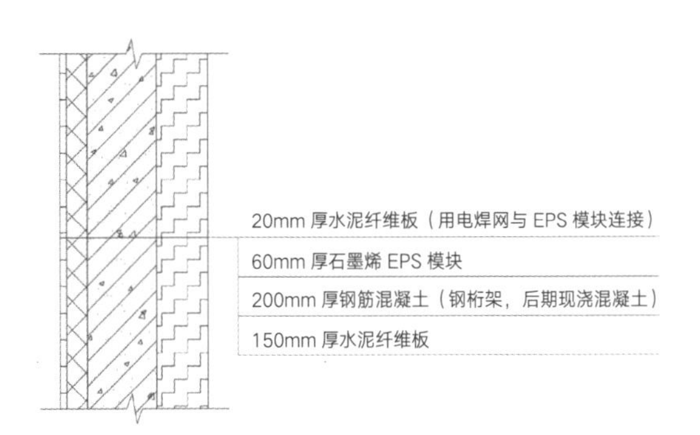

构造做法

1800: 1200 | 600
2100: 1500 | 600
3300: 1200 | 1500 | 600
3500: 1000 | 1000 | 1500
3900: 1200 | 1200 | 1500
4200: 1200 | 1500 | 1500
4800: 1500 | 1500 | 1200 | 600
6500: 1000 | 1000 | 1500 | 1500 | 1500
7200: 1200 | 1500 | 1500 | 1500 | 1500

墙体模数划分

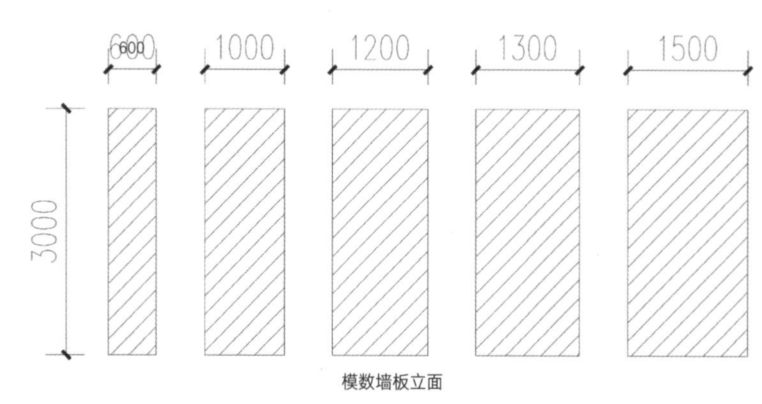

模数墙板立面

本方案根据最少的建筑模数将墙板分成几块来搭建多种多样的农宅空间，达到满足多种跨度空间的效果。使得新型的东北农宅建设具有多变性，能满足不同的使用需求。

本方案中采用墙板的模数尺寸分别为 600×3000、1000×3000、1200×3000、1300×3000、1500×3000。

方案　采用 1000 模数的墙板为 8 块，采用 1500 模数的墙板为 16 块。

方案二采用 600 模数的墙板为 8 块，采用 1200 模数的墙板为 12 块，采用 1500 模数的墙板为 12 块。

方案三采用 600 模数的墙板为 8 块，采用 1200 模数的墙板为 12 块，采用 1500 模数的墙板为 20 块。

采用的技术

装配式轻钢结构技术

本方案的户型结构形式采用装配式轻钢结构，轻钢结构建筑是指具有轻型屋盖和轻型外墙的单层实腹门式刚架结构建筑，具有高效、节能、环保的特点。轻钢结构农房构件和配件可实现工厂化生产，施工精确度高，质量好，建筑造型容易实现，房间空间大，布置灵活，个性化设计可满足农户的不同需求，具有良好的抗风和抗震性能。

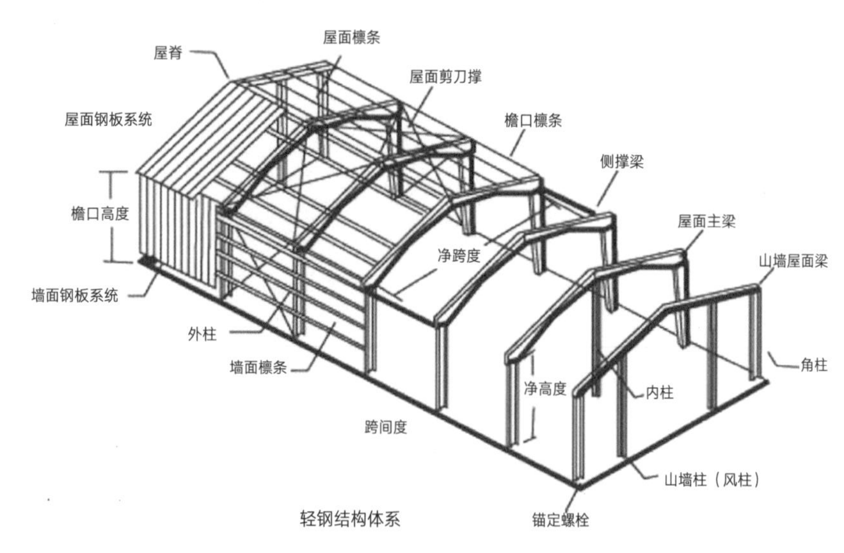

轻钢结构体系

L 形连接件

连接构件

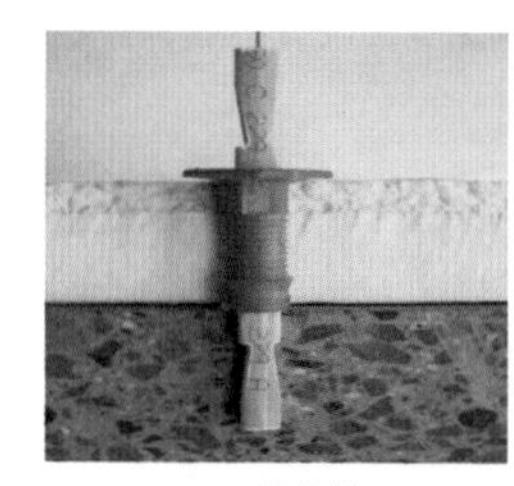
FRP 连接件

横向连接片与防水胶带

内侧斜撑

清洁能源技术

就地取材，技术融合。充分应用当地建筑材料。将当地农作物秸秆经过粉碎、混合、挤压、烘干等工艺，制成各种形状（如块状、颗粒状等）的，加工成直接燃烧的一种新型清洁燃料。用此取代直接燃烧秸秆，减少污染、保护环境。

生物质颗粒

充分利用当地的太阳能资源，在利用新技术的前提下保护当地的民族特色，将太阳能板附在墙面上，保留冬季大雪覆盖农房屋面的特色，将其特有的雪景传承下来，并且确保冬季的太阳能资源充分利用。

太阳能光伏板

学校：长春工程学院　吉林建筑大学　　指导老师：秦迪　　设计人员：谢美君　梁白雪　刘新宇　余思琪

【回乡偶书】——福建省宁德市蕉城区虎贝乡文峰村

中国的乡村承载着几代人的乡愁，中国的乡村承载着这个国家绝大部分的贫穷；

中国的乡村艰难的跟随着中国快速发展的脚步，中国的乡村伴随着衰退也在顽强的野蛮生长……

传统风貌和人民要提高的物质生活水平间的矛盾，旧的社会秩序与新的生活方式间的矛盾；

传统制造工艺与新的审美取向间的矛盾……

面对种种矛盾，我们是否可以找到一条出路？

这不禁令我想到那首《回乡偶书》。或许正如诗中所说：“乡音无改鬓毛衰”。新时代的美丽乡村在改头换面的同时，仍需保留着骨子里的那份“乡音”，保留心底的一份乡愁。

前期调研

区位分析

地理位置

文峰村位于福建省宁德市蕉城区虎贝乡，具有独特的自然环境和人文景观，古村范围内保留有完整的历史格局、房屋建筑、文物保护单位和历史建筑。2008 年被评为“宁德十大最美乡村”之一。村子距虎贝乡政府所在地 8km，距蕉城市区 51km，东邻蕉城区霍童镇，北接屏南县代溪镇，与霍童相交接，霍童古道穿村而过。

气候

气候为中亚热带季风气候，干湿冷热明显，早晚温差大，雨量充沛，年均气温 14.7℃，最高气温 38.5℃，最低气温 0 ~ 4℃，年总积温 4376℃，可利用积温 2899℃，日照时间月均 74.07h，年总平均日照总时数 1698h，年平均降雨量 1933mm，冬季霜雪常见，主导风向为东南风，其次为西北风。

水文

黄柏溪由东向西流经文峰村，在村前由东向西环绕而过。黄柏溪在文峰村称为唐溪，因溪水在村内有九道曲折，又名“九曲唐溪”。另有村落北面笑天狮子峰的山泉水汇成溪流，由北向南从村落中央穿过，汇入黄柏溪。

产业

以农为主，产稻谷、甘薯、茶叶、蔬菜、食用菌等。林业有杉木、松木、樟木、毛竹等。主要产值依靠黄酒酿造和林业。村民人均年收入 8500 元。

村域环境

村域面积 $3km^2$，村庄占地面积 20.53ha。地形地貌特征为西南丘陵地貌，有小盆地。村庄四面环山，远望群山起伏，山脉曲折蜿蜒。北面有笑天狮子峰，东面有笔架山峰，南面有展旗峰，西面有黄柏峰，中间有横案似的翠屏山峰。

历史沿革

文峰村的命名主要以文峰东面的笔架山峰与韩信同著“石堂八景”中“文峰卓笔”而来的。在唐时期这里曾名园州，宋朝年间（北宋政和二年，即 1112 年）由蕉城区石后乡大岭头村迁居至此建村。文峰村与梅鹤村一同以石堂称呼，其中文峰村村民以黄姓为主，称为“石堂黄厝”，直至民国 32 年，已达千年之久。

清朝至民国年间，文峰村是重要的交通要塞，是过往霍童、屏南的必经之路，商贾云集、繁荣一时，造就不少富贵之家，留下众多精美的古宅民居。

建筑要素分析

要素		要素分析	调研照片
墙体	夯土墙 木墙 石墙 / 砌体墙	1. 村中建筑墙体主要分为夯土墙、木墙两种，墙身下部有些配合石墙，加建部分有砌体墙。两种墙体对比鲜明，各具特色，一虚一实 2. 墙体色彩为木色、土色与青灰色	

续表

要素		要素分析	调研照片
屋顶	出檐 材质 坡度	1. 木墙出檐较远，土墙出檐较浅 2. 材质：青瓦 3. 坡度：较平缓；部分封火山墙具有活力的曲线	
门	门罩 门板 台阶	1. 土墙门罩突出于墙面，材质为灰色石材，体量厚重；木墙为普通门罩 2. 木门板，装饰有牌匾、对联 3. 有些出入口上方有突出墙面的青瓦坡顶雨篷 4. 一步台阶或无台阶	
窗	窗罩 窗扇	1. 土墙窗洞较小，为方窗 2. 窗罩与墙体产生对比 3. 木墙窗洞大，有门联窗的形式 4. 窗扇较质朴 5. 两种窗尺度对比鲜明	
细部装饰	墙饰 檐口 斗栱 / 雀替	1. 墙头有装饰 2. 二层骑楼栏板有镂空装饰 3. 有部分精细的雀替和斗栱 4. 檐口装饰简洁	

格局分析

村落格局

文峰村地势平坦，适宜建设，村前空间开阔，沿河道和山脚分布有充足的农田。海拔虽然较高，但四面环山且山体形成环抱之势，村庄地势较低，尤其东侧的文笔峰等阻挡了台风，使得文峰村免受台风灾害的影响，形成较为稳定的小气候。四面有山地资源，野生动植物资源丰富。

村庄布局上分为两部分，一部分是村庄的主体部分，规模较大、建筑集中，主要沿霍童古道、唐溪和山泉逐步发展，在道路与水系交汇处形成如今的弯月状轮廓；另一部分在东侧约 240m 处，紧邻霍童古道，规模很小，建筑较少且成带状分布。整个村庄处于山水田园的自然环境之中，是一座与山水和谐相融、文化底蕴深厚的人文生态村庄。

山泉溪流由北向南穿过村庄中央，九曲唐溪呈半圆形由东向西从村庄边缘环绕而过。两溪流相汇于文峰村的正前方，整体呈弓箭型，向南直指前方。

文峰村道路格局整体呈网状。村内主要街道由三部分构成，一是霍童古道由东向西穿过村庄中央，二是通往虎贝乡和梅鹤村的公路沿唐溪绕过村庄边缘，三是沿山泉溪流分布的硬化道路。主要街道的格局同水系格局类似为弓箭型。

建筑格局

村内建筑相对集中，坐北朝南。村内传统民居为土木结构，按围合结构材质类型可分为以木为主、以土为主、木土石结合三类。按用途分可分为商住结合和单纯住宅两种类型。

建筑形制为一进院落或二进院落，多为二层建筑，具有典型的闽东北山地民居特点。虽经两百多年历史，整体保存较好，具有很高的艺术水平和学术价值。

建筑内部可形成洄游路线且有部分通高，结合一进或两进的院落，空间富有层次和变化。室内外结合较好。

民居测绘

典型民居一：将军西院测绘 1

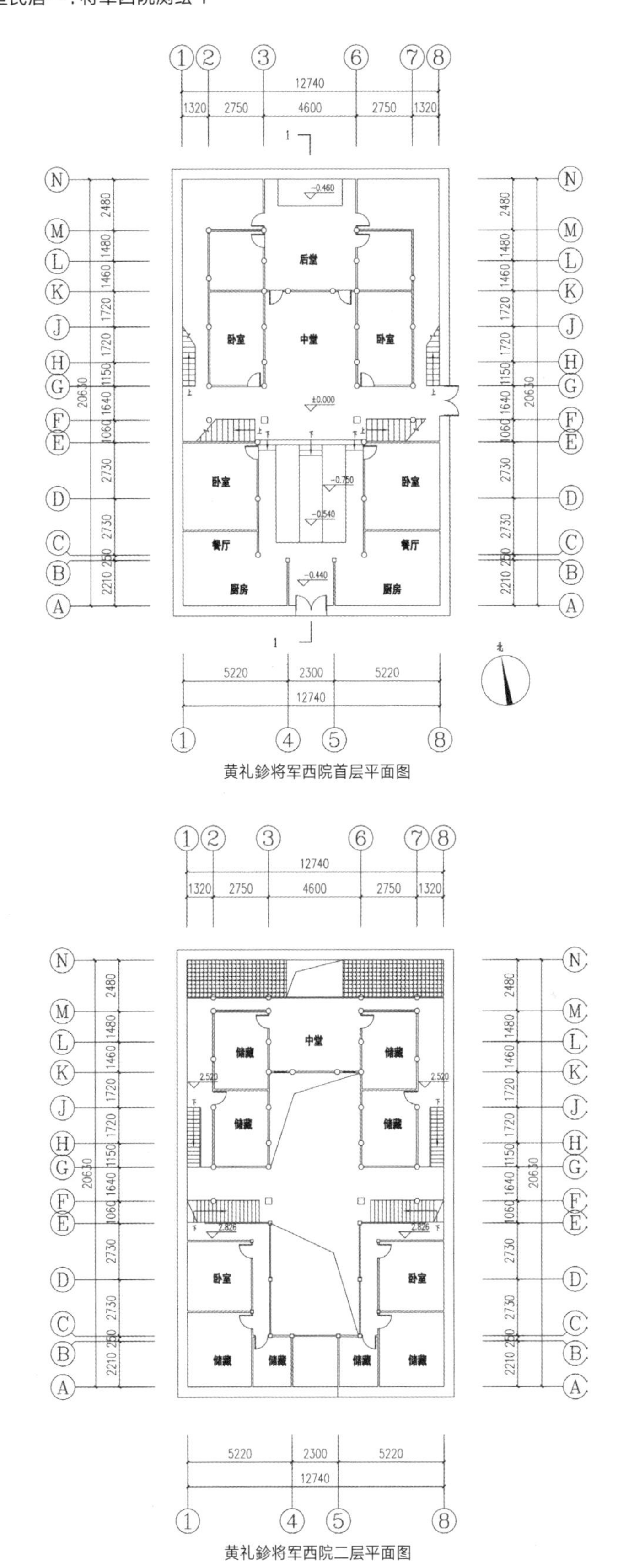

黄礼鋑将军西院首层平面图

黄礼鋑将军西院二层平面图

典型民居一：将军西院测绘 2

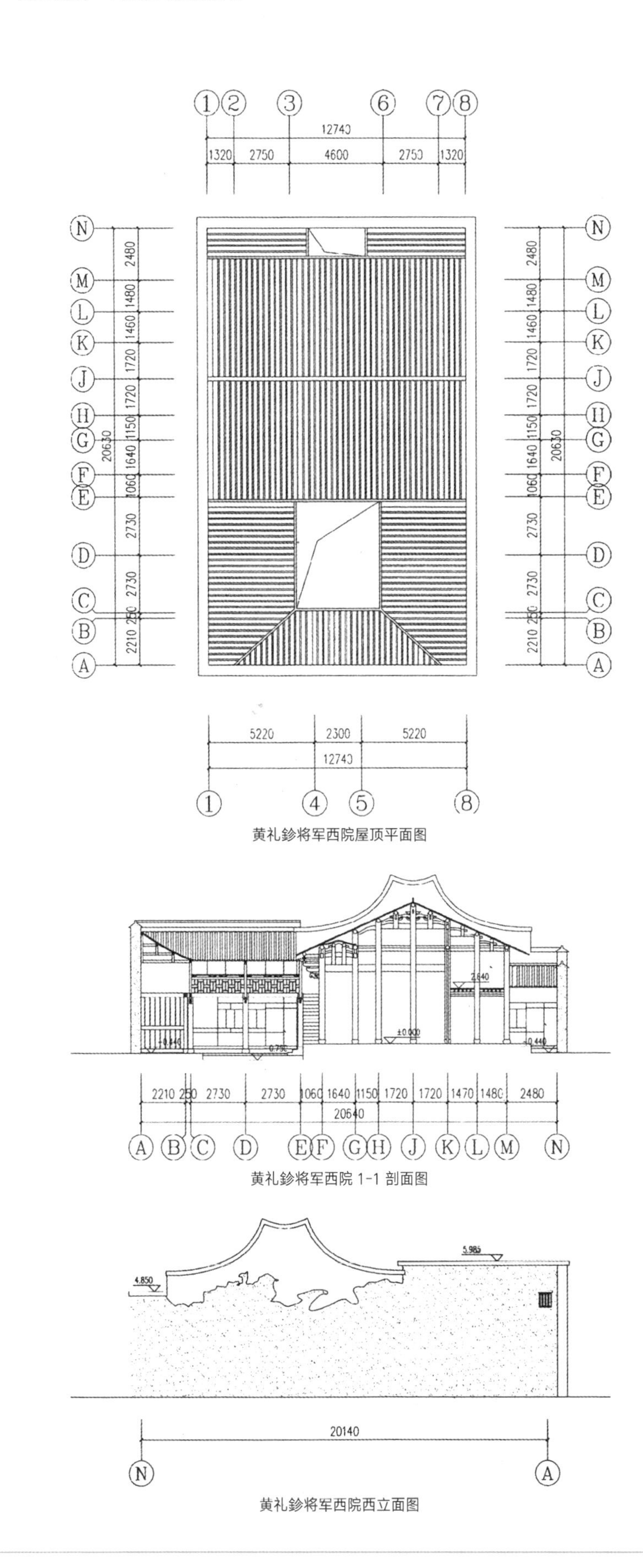

黄礼鋑将军西院屋顶平面图

黄礼鋑将军西院 1-1 剖面图

黄礼鋑将军西院西立面图

典型民居二：民宿院测绘 1

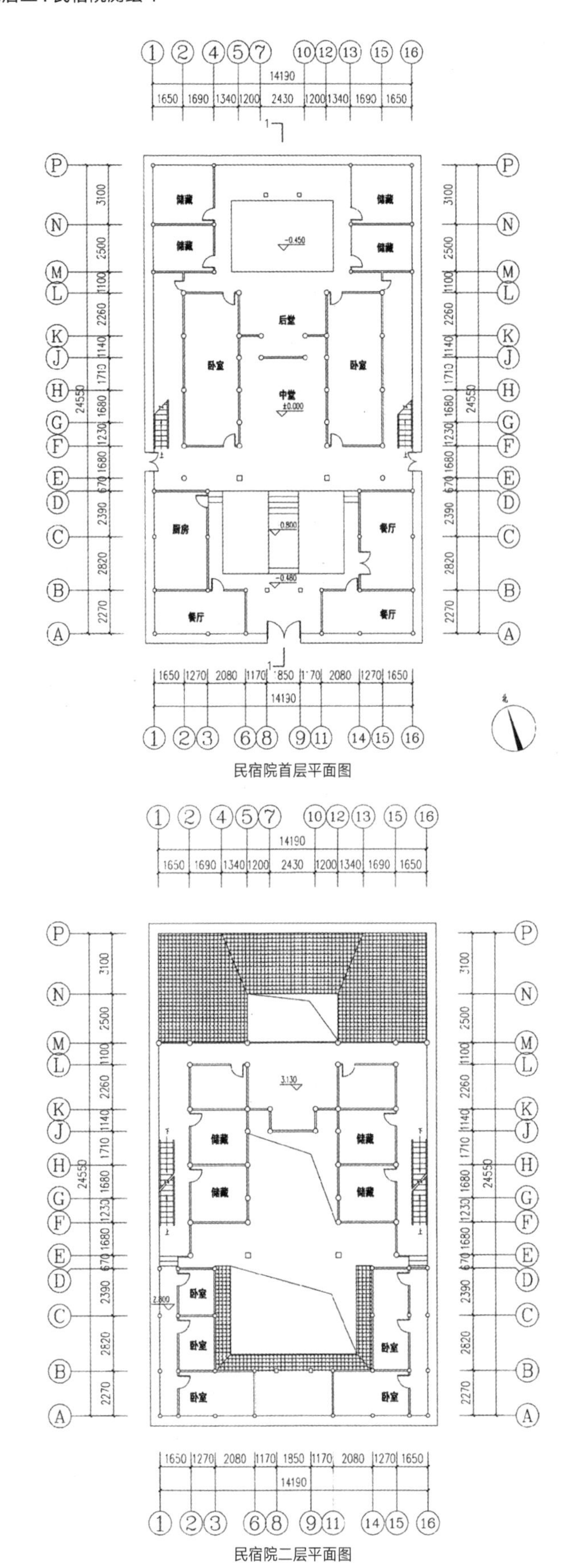

民宿院首层平面图

民宿院二层平面图

典型民居二：民宿院测绘 2

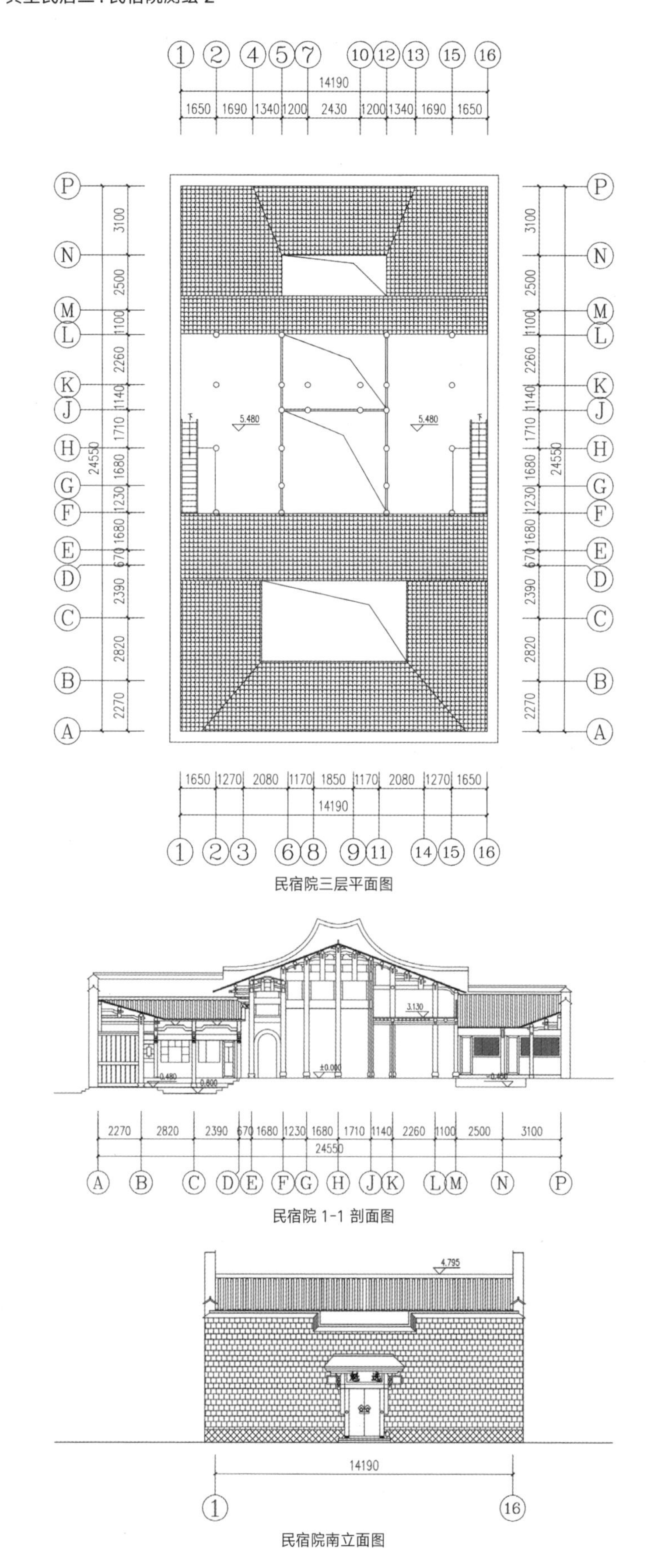

民宿院三层平面图

民宿院 1-1 剖面图

民宿院南立面图

现状问题

储物空间不合理，屋梁上堆放杂物。

年久失修，墙体开裂，不符合抗震要求。

建筑外堆放杂物，入口空间狭小。

老旧建筑构建破损。

部分加建采用彩钢板，与周围环境不协调。

大多数老式农房依旧采用老式旱厕，不卫生。

水泥墙和铁栏杆采取外部材料，风貌不协调。

开放式厨房布置简陋，杂物堆放，墙被熏黑。

建筑超过限高，影响村落整体风貌。

村民人均年收入 8500 元，经济较落后。

解决措施

综合文峰村建筑元素与现存建筑问题得出以下几点设计策略：

1. 充分发挥以夯土墙为原型的厚实墙体与以木墙为原型的轻薄墙体的对比特征。
2. 保留门窗框与墙体的特色关系。
3. 从使用功能需求上设计商住两用和单纯居住两种户型。
4. 保留建筑基本格局、色彩特色的基础上改进建筑材料，采取装配式建筑技术，减少建筑垃圾。
5. 改善基本居住条件，厨卫环境；规整收纳空间，优化入口空间。
6. 控制户型高度与房屋造价。

方案设计

居酒屋之家

效果图

形体生成

概念草图：在围合的基础上突破；在保留的基础上创新

多方案对比

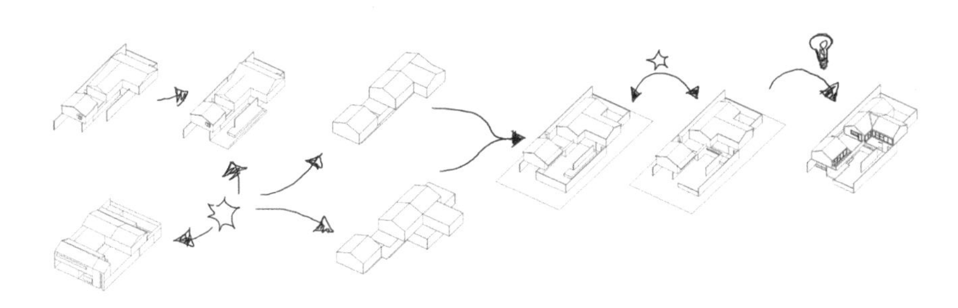

组织立面

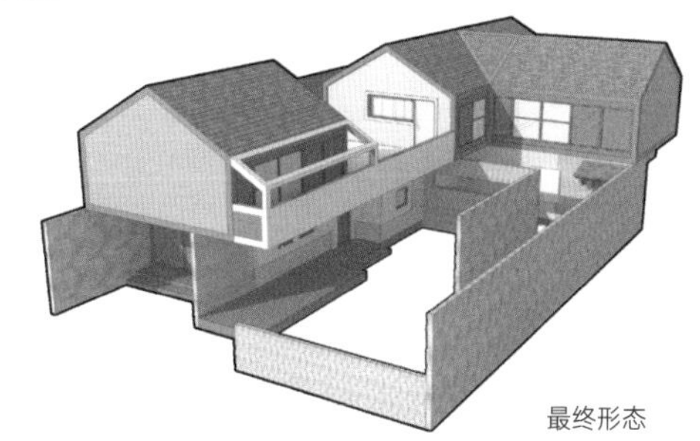
最终形态

特色空间分析

对传统空间形式的关怀：“场所精神”中说，空间是活动的载体。传统的空间形式也承载着传统的生活。随着科技进步、生活品质提高，住屋的“质”虽发生了变化，但“神”却可以通过空间设计，与历史对话；将熟悉的中国乡土气息传承下来。

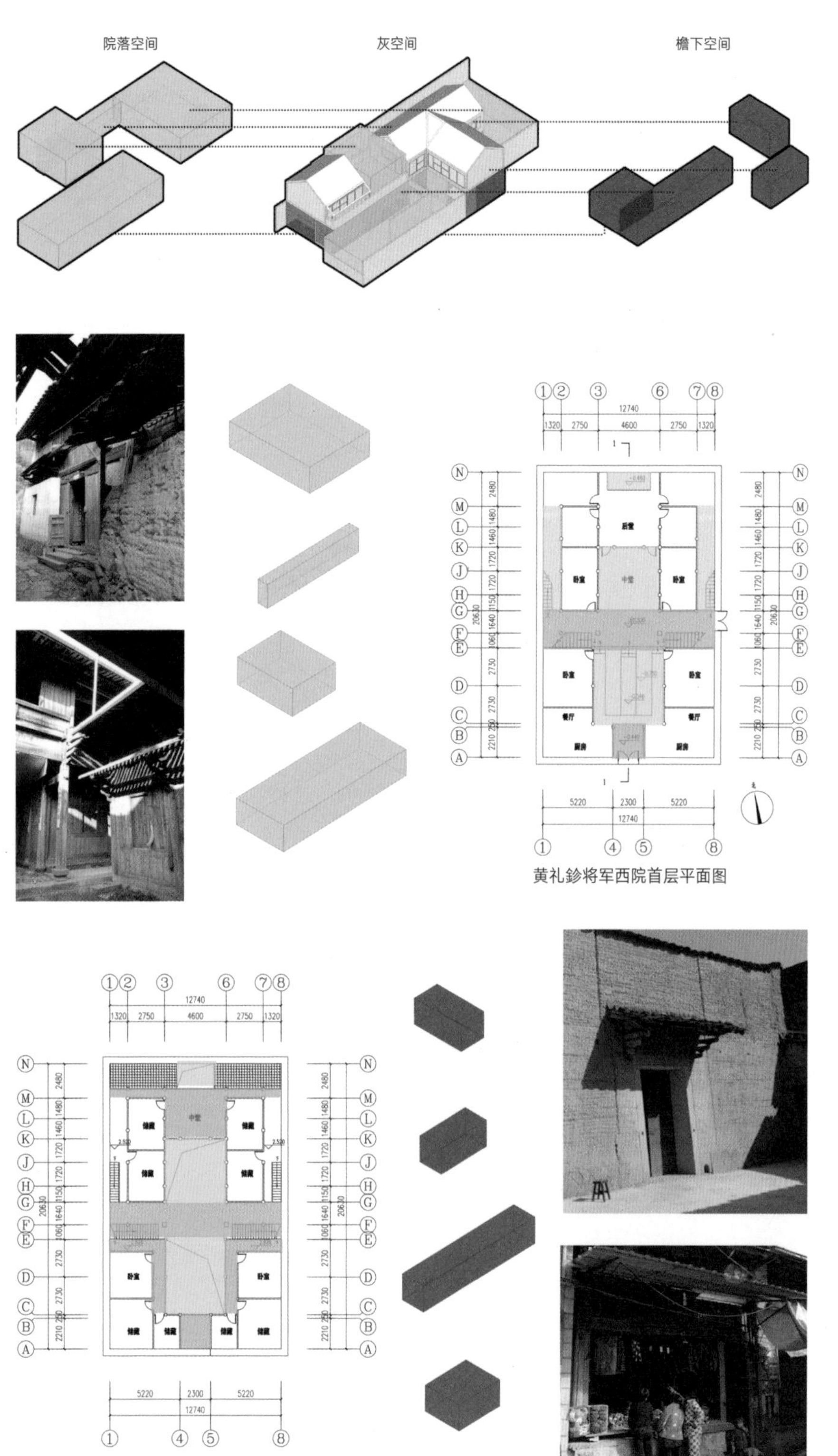

黄礼錺将军西院首层平面图

黄礼錺将军西院二层平面图

居酒屋之家

设计说明

文峰村有黄酒酿造特色产业，于是为从事该行业的村民设计了一个附带小小居酒屋及对外庭院的二层住宅。公共入口与自用入口空间隔而不断。平面格局上保留了传统建筑有中堂、后堂，几进院落和檐下灰色空间的特色。又在此基础上有所创新，全栋住宅分为三个院落，一个空中庭院，四处檐下空间。且对每处入口都做了退让处理。有卫生间和厨房，采光良好。房屋由两种基本模块拼装而成，围墙也为模块化构成形式，结合装配式建筑特色，充分发挥施工迅速、安装简便、造价低廉的特色。

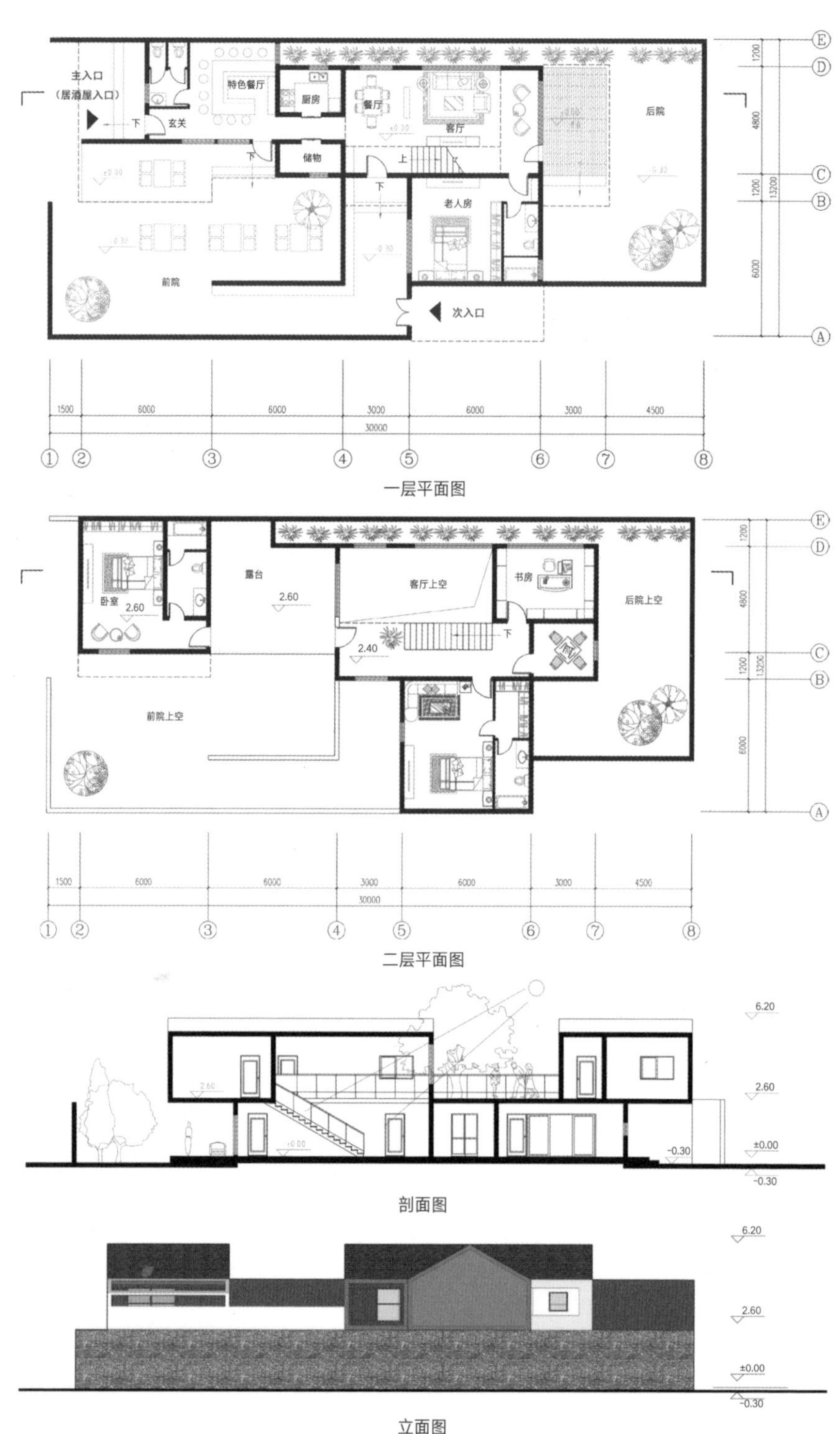

一层平面图

二层平面图

剖面图

立面图

装配式建筑分析

装配式建筑总体分析

国外发展现状

日本建筑工业化的发展历程

关键词："追求数量""数量质量并重""综合品质提升"三个阶段；"主体工业化"与"内装工业化"协调发展。

日本的建筑工业化是在满足住宅市场需求、不断提高住宅品质的过程中逐步发展起来的。战后日本面临的最大问题就是住房紧缺。据不完全统计，20 世纪 40 年代日本当时缺房户达 420 万户，占当时人口的 1/4。为了解决"房荒"问题，日本政府开始采用工厂生产住宅的方法进行大规模的住宅建造。直到 20 世纪 60 年代初住房问题才得到缓解。此后，日本的住宅建造逐步实现了从"单纯追求数量"到"数量与质量并重"再到"多方面综合发展"的转变，并在政府的大力支持下获得了快速发展。经过近 60 多年的发展，日本的住宅产业已形成"一套较完整体系"，是住宅产业化发展最为成熟的国家之一。日本的建筑工业化发展道路与其他国家相比差异较大，除了主体结构工业化之外，借助于其在内装部品方面发达成熟的"产品体系"，日本在内装工业化方面发展同样非常迅速，形成了"主体工业化"与"内装工业化"协调发展格局。从 20 世纪 60 ~ 90 年代，工业化住宅占所有住宅的比例从 10% 提升到 28% 左右。

日本的主体结构工业化以预制装配式混凝土 PC 结构为主，同时在多层住宅中也大量采用钢结构集成住宅和木结构住宅。

欧洲的双面叠合剪力墙结构体系

双面叠合剪力墙结构体系，由叠合墙板、叠合楼板、叠合梁以及叠合阳台等构件，辅以必要的现浇混凝土形成的剪力墙结构。

优点：上下层剪力墙现浇连接，内外墙板与内芯整体受力；预制部分代替了部分模板，可全自动化生产。

缺点：适用范围目前受限。

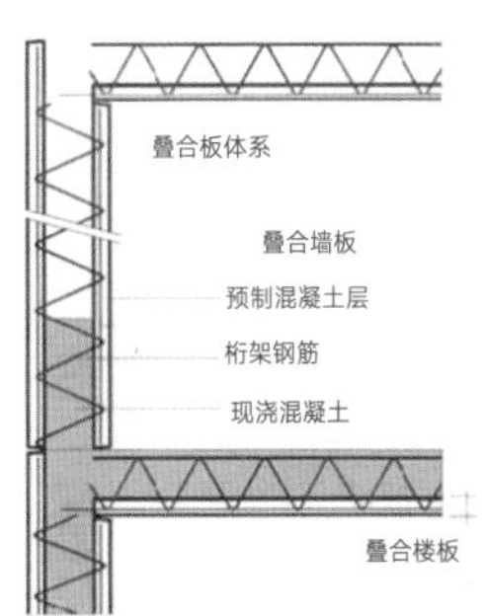

双面叠合墙体

装配式施工现场

国内发展现状

中国的中高层住宅以剪力墙结构为主

优点：用钢筋混凝土墙板来代替框架结构中的梁柱，同时承受全部水平和竖向荷载；侧向刚度大，空间整体性好，水平力作用下抵抗变形的能力强，抗震性能好，材料用量省；房间内不会露梁柱，整齐美观，不影响使用。

缺点：不容易满足大空间需求的房间，空间改造麻烦；理论计算方法比较复杂，尤其是剪力墙开洞的影响；由于空间分割及墙体开洞，构件标准化比较困难。适宜于建造层数较多、对大空间要求不高的高层建筑，如住宅。

现阶段推进工业化，应立足于中国规范标准体系、经济技术发展水平、行业发展水平和客户需求，并且充分考虑中国不同地区的特点和要求，选择并发展适合于本地区特点的工业化结构体系和技术体系，循序渐进的推进工业化进程。

从技术角度讲，框架结构受力明确，构件易于标准化、定型化，也利于采用 SI 分离技术，最适合作为工业化结构体系，应积极进行研究。

总结分析

1. 新式农房属于小型居住建筑。宜采用框架结构加双面叠合墙体的形式。
2. 标准化模块的应用可提高建筑效率，节省建筑成本。
3. 标准化模块的大小应考虑施工吊装的难易程度。
4. 预制构件的完成程度与造价成正比，故可采用阶段式报价。在完全未装修、简装和拎包入住三个完成阶段给出三种报价。
5. 安装整体厨房和整体卫生间。结合农村实地需求，采用将垃圾污物收集处理一体化的新旱厕和新能源厨房。
6. 采用新型结构及新材料可保证农房的安全性与抗震性。
7. 采用新型结构的同时，要注意当地传统民居的建筑特色，制作特色预制构件。
8. 采用更便捷舒适的现代化房屋布局的同时，尊重传统建筑的空间形式类型，注重院落与檐下空间。

装配式建筑拼接形式与装配流程

装配流程

吊装配件

加斜支撑

加垂直构件连接件

水平构件连接件

固定中间墙

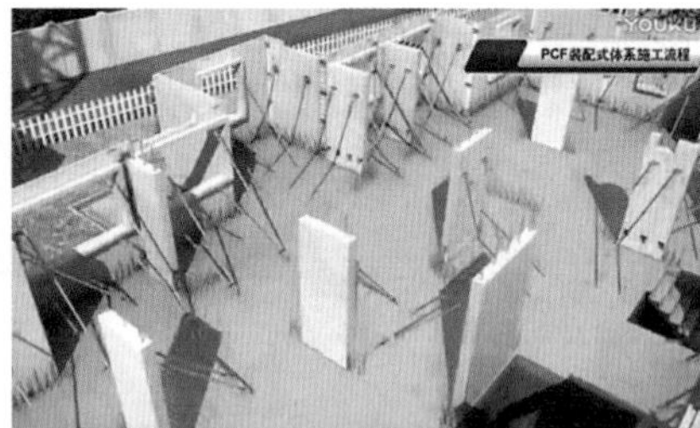

准备摘除斜撑

拼接形式

主板与外墙板连接方式

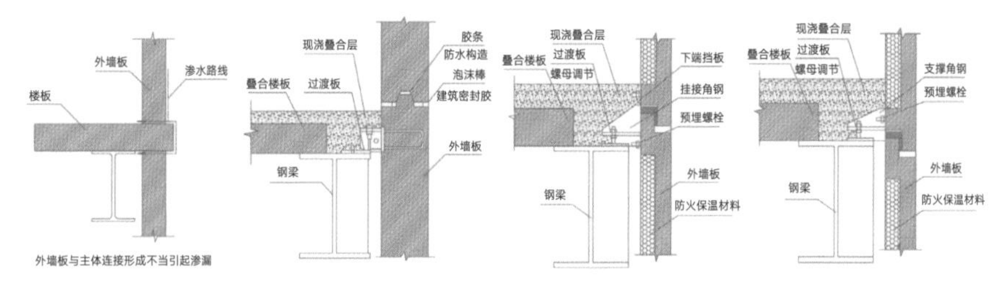

预制柱之间连接方式

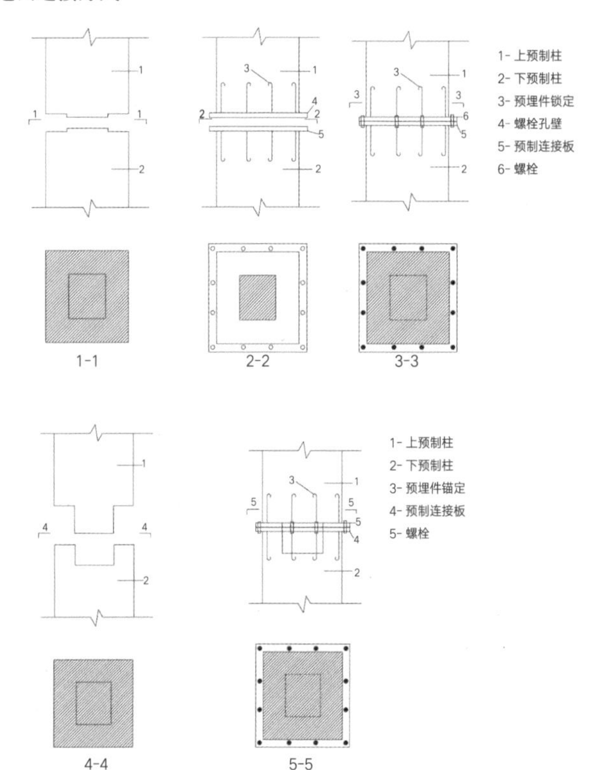

预制主板与柱之间连接方式建议

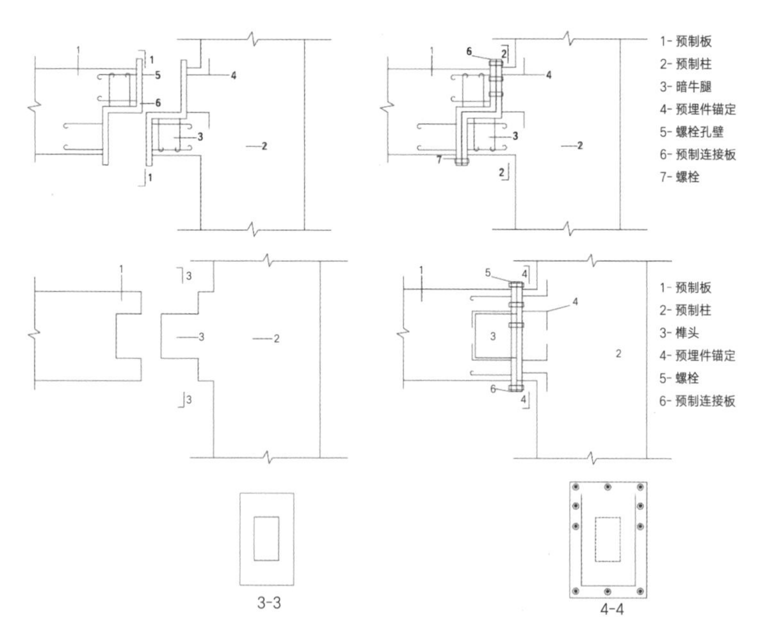

外墙板连接方式建议

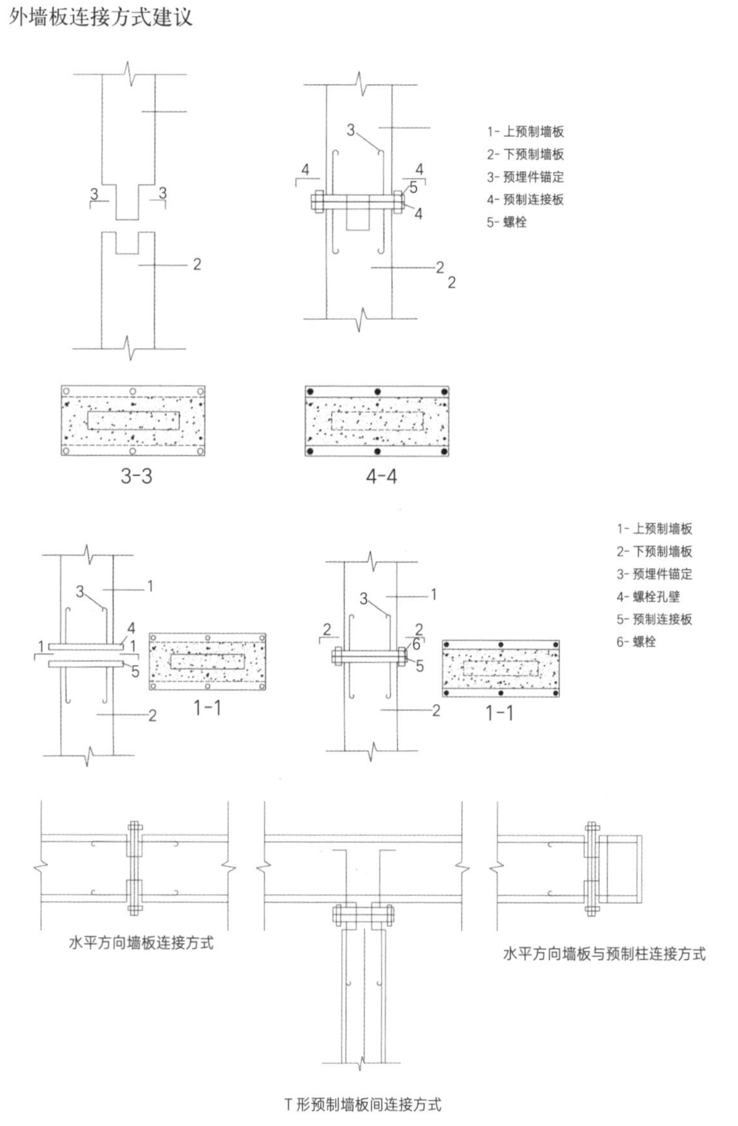

院与盒的关系

两种单元化模块相互组合构成了整处装配式院落，每种模块单元均可根据内部功能需求单独定制。模块采取钢框架承重。外挂阳台、护栏扶手、平台、院墙、花坛及屋顶连接件都可单独定制购买。

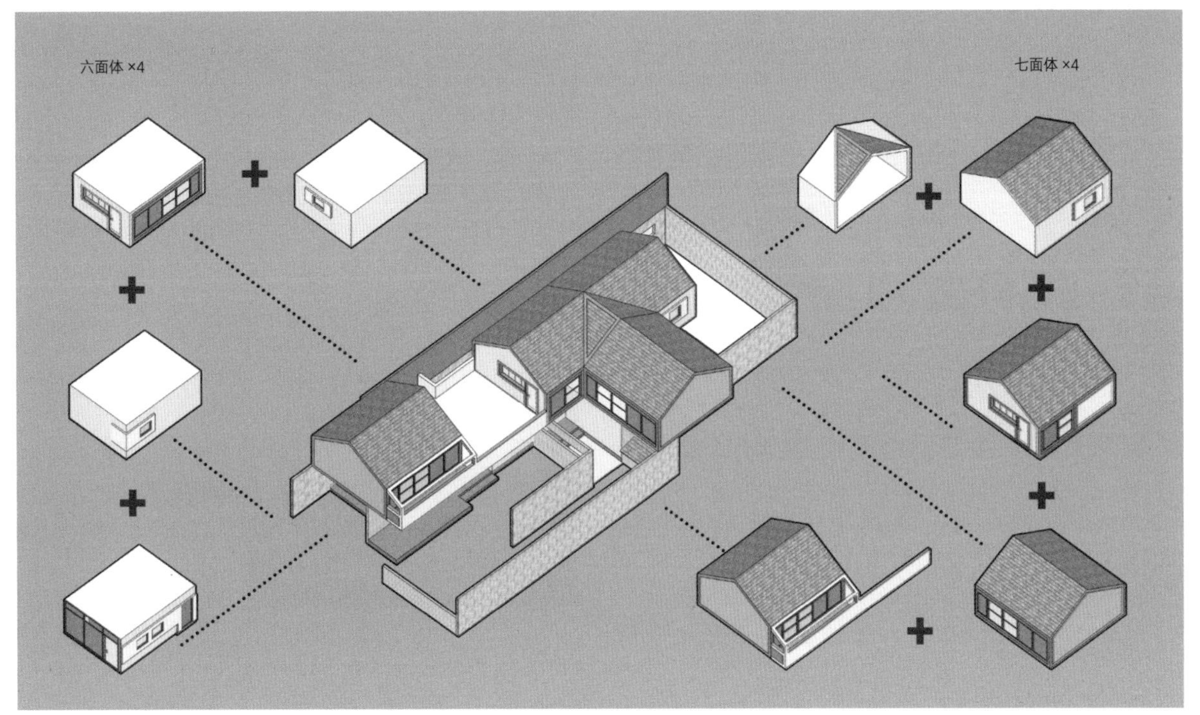

装配式农房组装示意图

盒与板的关系

两种单元化模块的每个立面都可以进行单独修饰，甚至后期改扩建也可以达到中国传统建筑“墙倒屋不塌”的效果。每个立面都配有相应尺寸的门窗配件。建筑材质充分尊重当地建材：从轻灵的木与厚重的土的对话入手，强调这两种虚实立面的对比。

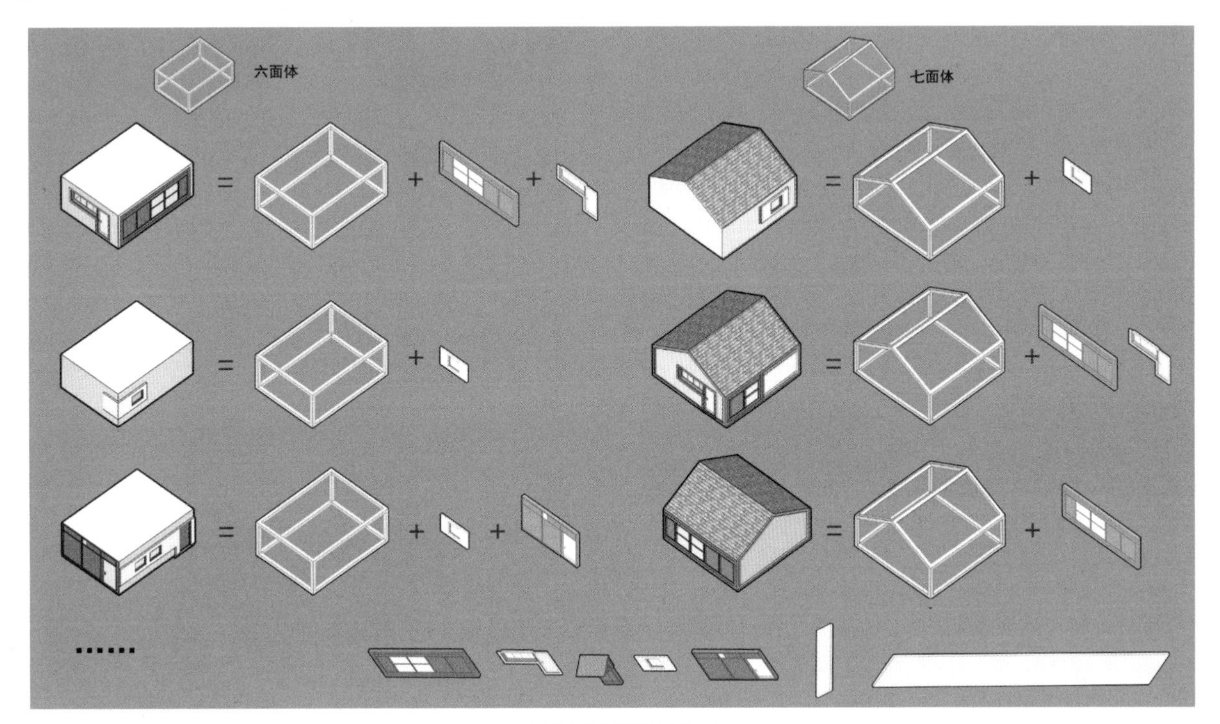

装配式农房单元组装示意图

学校：北京工业大学　指导老师：戴俭　李华东　设计人员：欧阳雨菲

【装配式农宅】——四川丹巴甲居藏寨

前期调研

设计背景

此次新型装配式农宅设计的基地位于四川丹巴甲居藏寨。当地乡土民居一直保持着传统的建筑风格和浓郁民族特色。

当地居民村落分层明显：山区—河流。对应居住者年龄分层：中老年—青壮年

此次的房屋建设应着重考虑居民的“地理位置与对应年龄需求”，与装配式房屋的轻便、易组装等特性相辅相成。

区位分析

地理位置：丹巴县地处青藏高原东南缘，位于四川省西部，大渡河上游，甘孜藏族自治州东部。

现状分析

场地环境

当地居民村落分层明显：山区—河流对应居住者年龄分层：中老年—青壮年。自然条件：由于高山峡谷和季风影响产生既有别于高原又有别于盆地的独特的青藏高原高原型季风气候。雨热同季，降雨集中，干湿季分明。建造需求：为了御风御寒，人们对于日照、采光、保温的要求更为强烈。雨、雪对墙体、屋面等的侵害，要求民居与聚落在布局及建造技术上对此采取有效的措施。

地方政策

在《丹巴县旅游发展规划》中，甲居藏寨作为重点旅游开发景区，在 2012 年底《甘孜藏族自治州人民政府优先发展旅游业实施方案》中被列为优先发展区域。《甘孜藏族自治州人民政府关于完善区域发展推进机制的实施意见》中，要求进一步加快推进深度贫困县脱贫攻坚，促进区域协调发展，确保 2020 年与全国全省同步全面建成小康社会。

建筑形态转变

近年来随着社会发展进步，新式材料冲击着传统藏式建筑建造方式，材料上从最开始适应自然的夯土砖木建筑慢慢变换为混凝土结构，而形式上开始淡化民族特色，建筑开始转变为带有部分藏式装饰花纹的普通居民建筑，风格混杂。

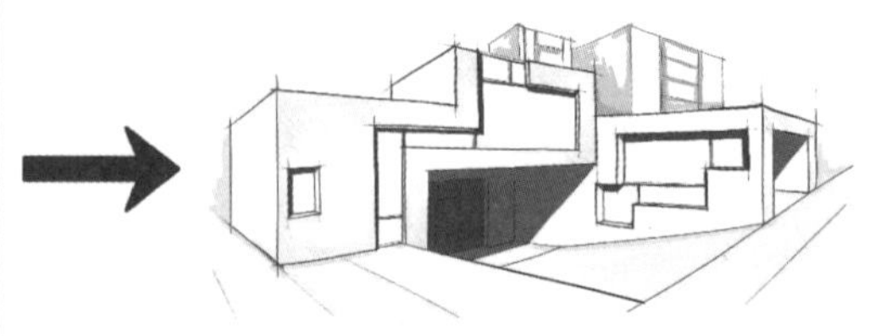

建筑分布与功能结构

对村落的整体踏勘调研，发现当地居民村落分层明显，集聚在山上的村落居民年龄较大，一般为中老年人，建筑功能偏向居住。河流边大部分为青壮年，建筑功能偏向商业。两代人对于建筑的需求各不相同。

存在的问题

通过对当地现有房屋的测绘，暴露出诸如住宅空间布置凌乱、现代与传统风格不兼容、传统材料结构功能单一、采用现代材料建造时间与成本难以控制等问题。

居住意识

当地居民对于新时代建筑的发展、新型技术与传统建筑形态的融合心理接受度较高。

现状研判

甲居藏寨现状

甲居藏寨的聚落属于高山河谷型：这类聚落坐落在崇山峻岭的山崖、山腰或陡坡上和河谷处，建筑朝东或朝南依山而建，以争取日照，避寒通风。

聚落形态

分布区域：山腰台地

聚落多依坡而建，房屋成簇成团而建，有利于夯土墙的热效应的保持，保温、抵御恶劣的自然环境。呈现出垂直分布的特征。

分布区域：河谷平原

背靠山脉、面临蜿蜒的溪涧、河流。沿着河谷，条件合适的山麓河滨之地，都有村寨分布。它们往往是三里一村，四里一寨。

分布比例

为了不超过环境能负荷的容量，超出家里耕地容量的男丁需要出山打工或者开垦新地，所以河谷逐渐开发，如今山上与山下人口比例为 2 : 1。

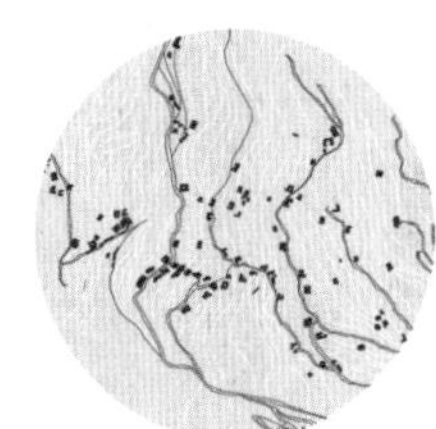

依坡而建 成簇成团

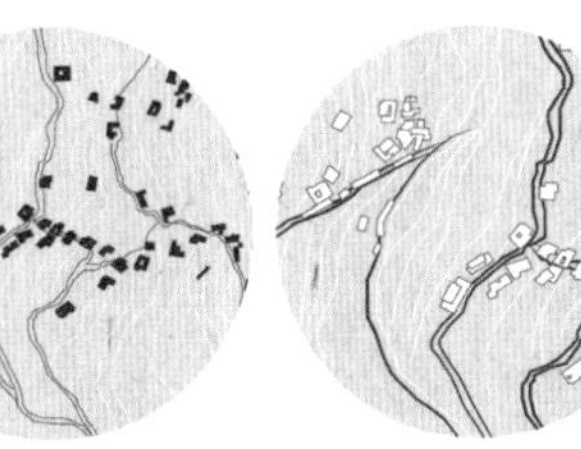

平面形式：团凑式

利于土墙保温保暖

依坡建村 垂直分布

山地分布：紧密型布局

以一个或多个核心体（宅院群或公共活动空间）为中心，集中布局的内向性群体空间。这种布局表现为以一定的公共建筑或区域为中心，集聚在一起，占地少，空间结构紧凑。

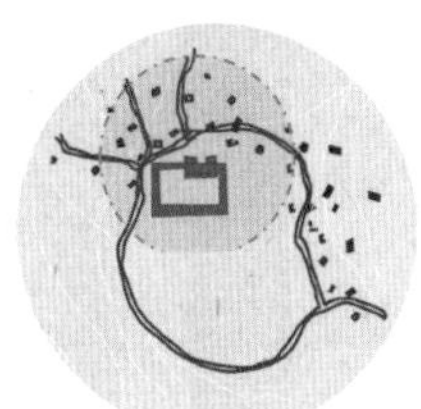

以寺庙为中心的紧密型布局村寨

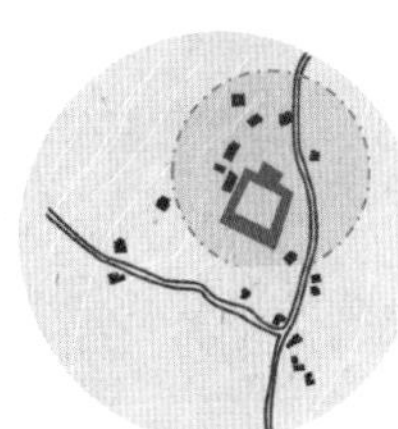

以官寨为中心的紧密型布局村寨

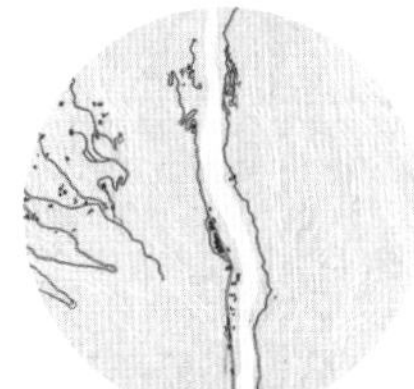

依河而建 轴线分布

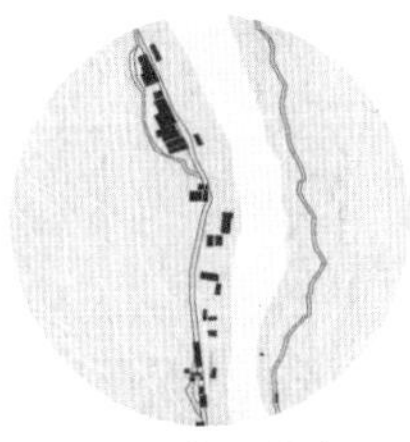

平面形式：沿线式

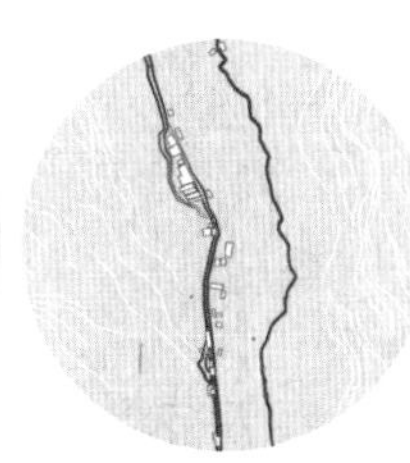

公共与私密过渡差

层次明晰 脉络清楚

河谷分布：流线型布局

线形聚落是聚落随着地势或流水方向顺势延伸或环绕成线形布局的空间形态。一般在 10 ~ 20 户，组合形式简单，沿道路两侧或一侧布置住宅，公共活动以及居民生活都集中在这条主要轴线上。交通便利，居民生活富足。

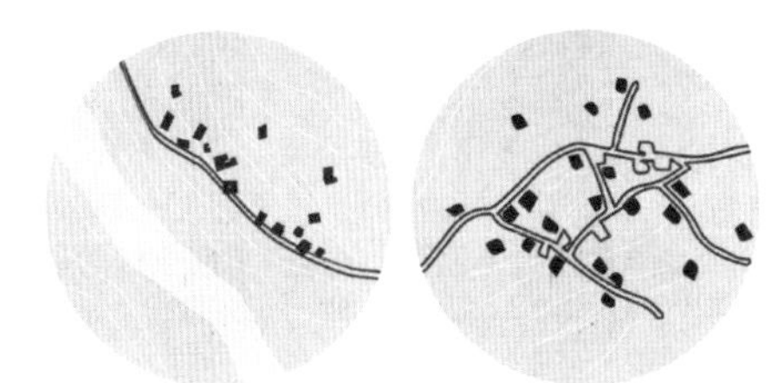

甲居藏寨沿水性村落　　河谷附近网状藏寨

传统建筑分析

传统房屋类型

传统的石 - 木结构民居

特点是石块大小不规则，多利用天然形状，用泥浆、黏土（掺加羊毛、动物血液等）作为黏结材料垒砌而上，石块大体呈大小相间排列但缺乏明显的规律，只在下部和角部大石块密集一些。.

在甲居藏寨，现存的石墙 + 木框架的住宅较为常见。

大石块之间用泥土混合小石块的规则砌筑，外观完整，肌理效果和较古老的砌法不同。

取材方式变化，与木材短缺或昂贵有关，传统石墙用的石材也在变化。

阿嘎土工艺逐渐淡化，现代建造方法为人所接受，出现石墙 + 木梁 + 混凝土板这样的民间创造。

改良的石 - 木结构民居

砖混结构民居和其他现代结构体系

石墙 + 混凝土梁 + 混凝土板结构体系，这种类型在公路边已经成为主流。

黏土和小碎石厚度越来越小，大石块错缝越来越规则。省略部分传统装饰。

层层退台的特点得以继承。

传统藏居的竖向模式，变为适应现代生活的新功能模式。

经济条件允许，一般采用此等结构。

砖墙表面一般有抹灰和涂料处理，显得特别光滑平整，少了石墙质感；门窗洞口宽大；对传统民居的细部常常采用简单的绘画式处理或干脆省略。空间、体量上的特征基本与石 - 混凝土体系一致。

传统藏居的多层次退台、晒台的空间特点都继承下来，但设计布局更加自由。

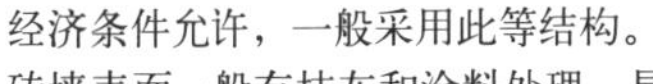

石 - 混凝土结构民居

传统房屋建造模式存在的问题

在当地居民的自发建造活动中，新的建造体系在外观上和传统民居已有明显的差别。地域与民族传统的表达仅限于表皮、装饰和符号这一类表象层面，导致视觉与建造本体的割裂感。

此外，在传统聚落演化发展的建设活动中，对原有风土人情的破坏（为节省造价而拆掉碉楼的石料）、造价、美观、厕所排污、排布模式等亦是不可忽略的重要因素。

而且在该地区存在一种错误的认知：如果要原生态的“民族风情”，最好采取传统建造方式 / 样式。这使得传统聚落的更新人为分化为两条路：因旅游业被定格的传统风貌聚落（少数）与因经济发展而自然演化的聚落（大多数）。

缺乏对聚落环境保护的思想意识与教育：有人把对传统聚落环境的保护理解为发展旅游的需要，因此在行动中出现了一些短期行为，破坏了村落特有的氛围。一般村民对保护传统民居不理解，与他们对老房子价值认知不足、对新生活的强烈诉求和责任意识的欠缺有关系。要想真正有效地做好保护工作，必须普及保护意识，调动公众自觉保护的积极性。

传统建筑平、立、剖

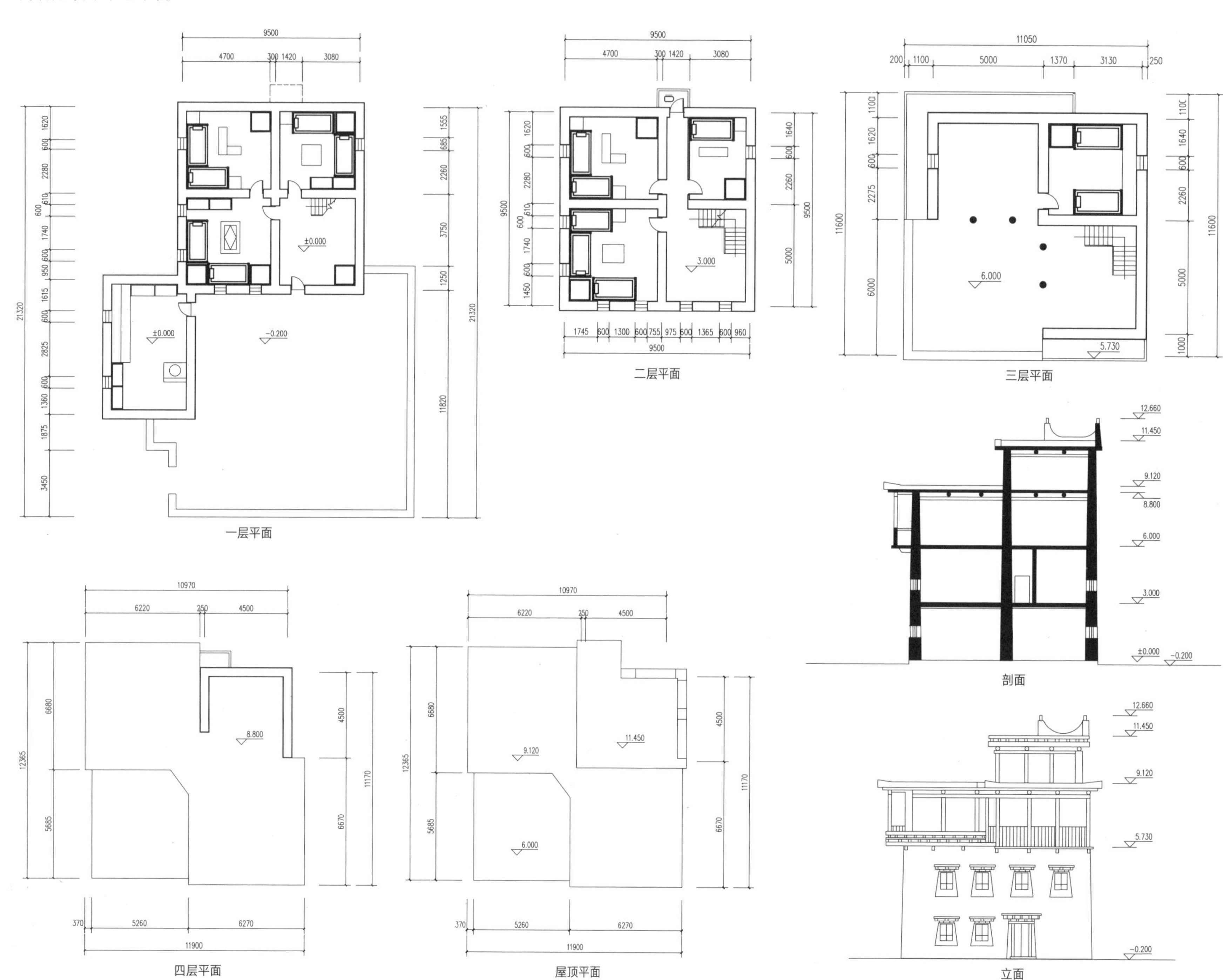

调研照片

设计方案

设计策略

四川丹巴地区具有其独特鲜明的文化气质，但由于气候、地理原因，以前该地区发展滞后。不过近年来旅游业迅速发展，带动了当地经济发展。

然而随着社会发展进步，新式材料冲击着传统藏式建筑建造方式，材料上从最开始适应自然的夯土砖木建筑慢慢变换为混凝土结构，而形式上开始淡化民族特色，建筑开始沦为带有部分藏式装饰花纹的普通居民建筑，风格混杂。

我们的设计切入点便是材料，本次设计采用的装配式新型建筑材料是一种高性能可再生材料，节约工期、绿色环保。建筑形式根据不同的地理位置与功能分别有针对性设计，能满足当地居民大部分需求。

设计方案平立剖（1）——居住农房

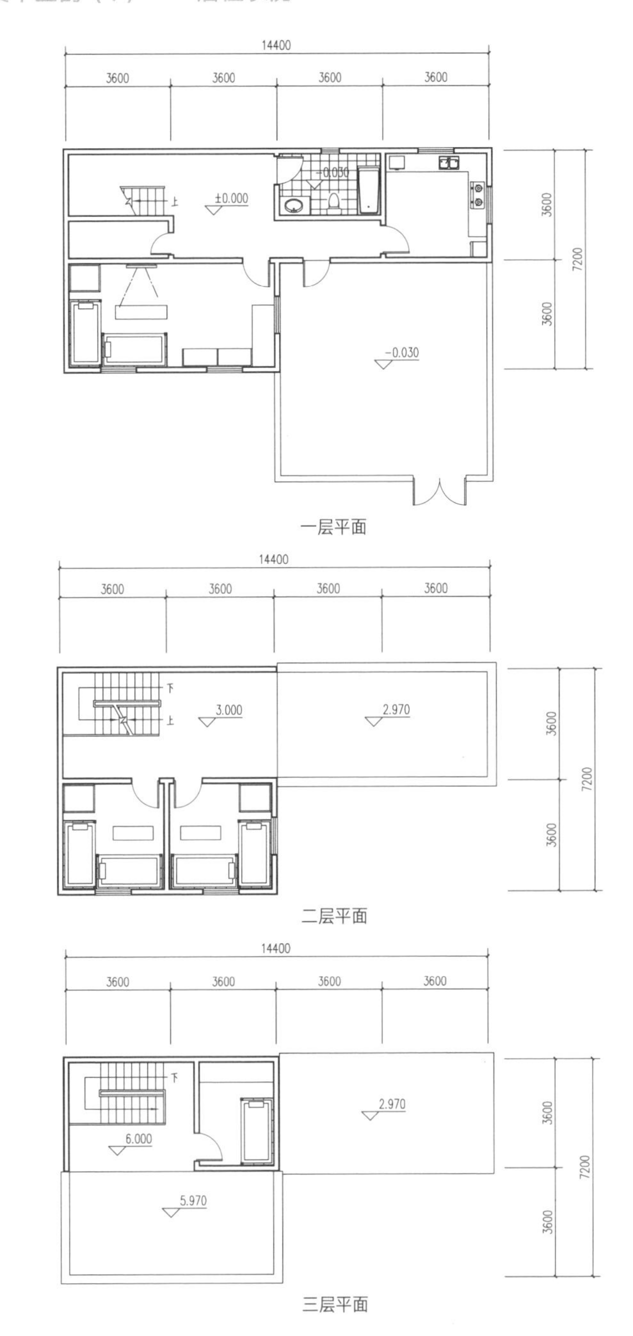

1. 针对藏区普通家庭的居住功能需求所设计的住宅，面积较小，刚好满足普通家庭的居住需求，造价较低，经济实惠。

剖面

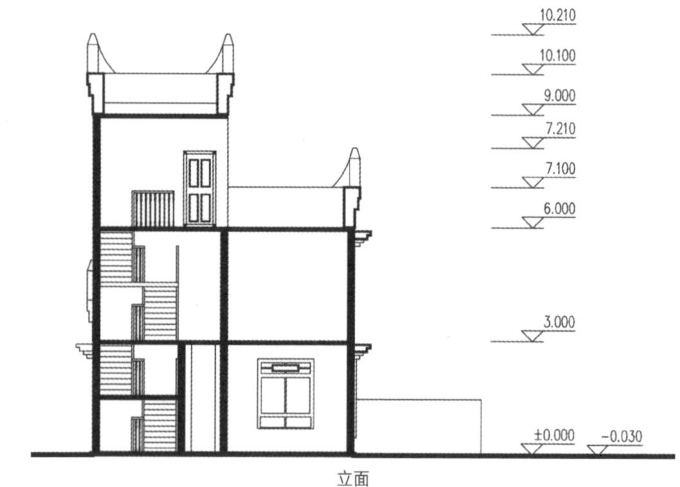

立面

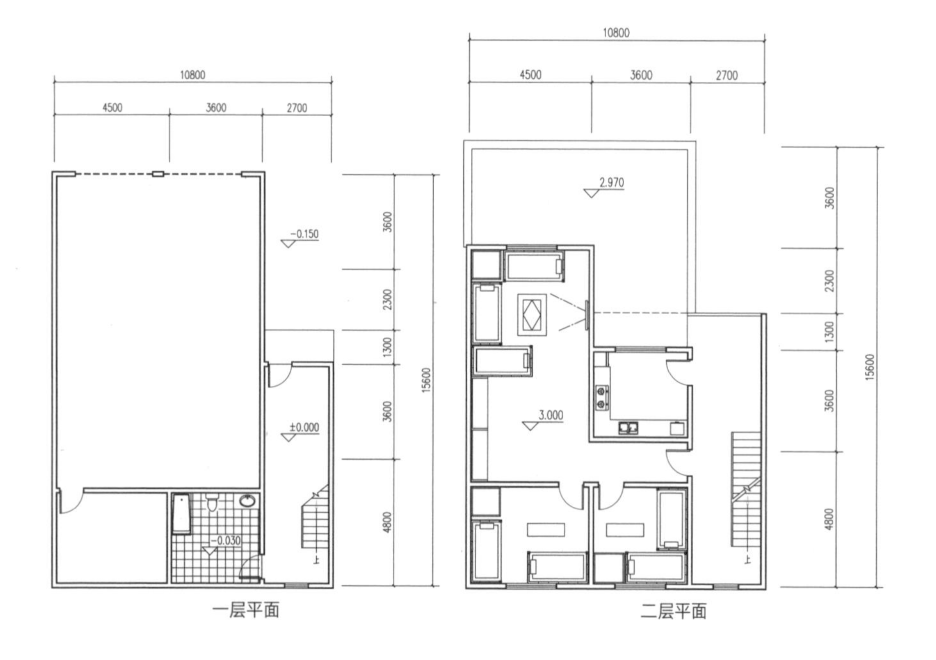

一层平面　　二层平面

设计方案平立剖（2）——农家乐

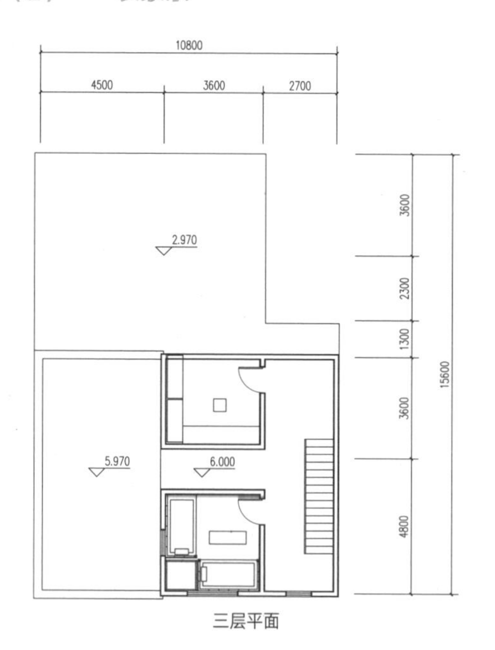

三层平面

2. 针对藏区有适应地区旅游业发展的对外商业活动的家庭，配备了有更多的休息空间的藏式农家乐布局，既保存了藏式建筑风格，也有新材料提供更加舒适的居住空间，将会得到更多人的欢迎。

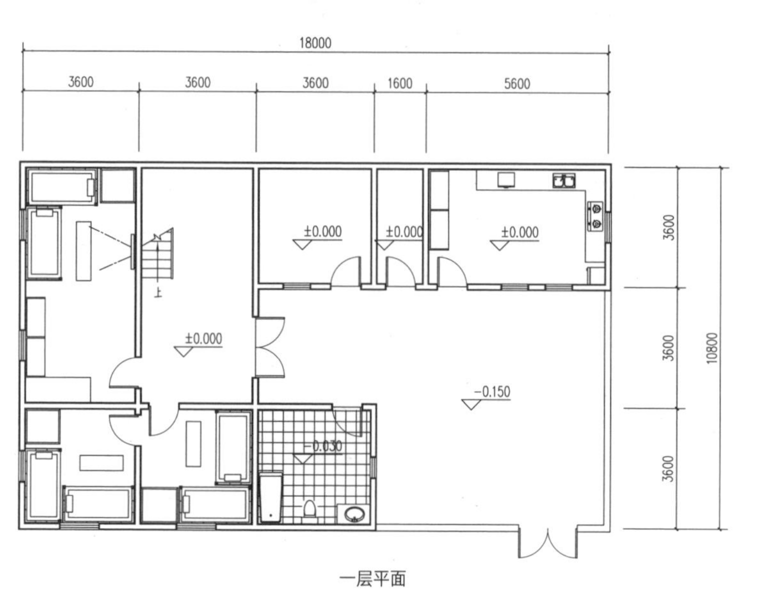

一层平面

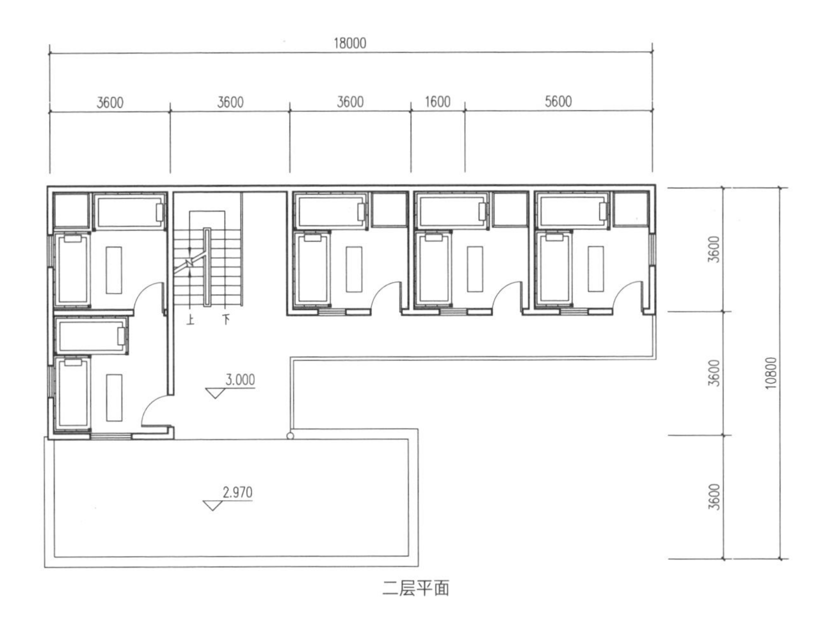

二层平面

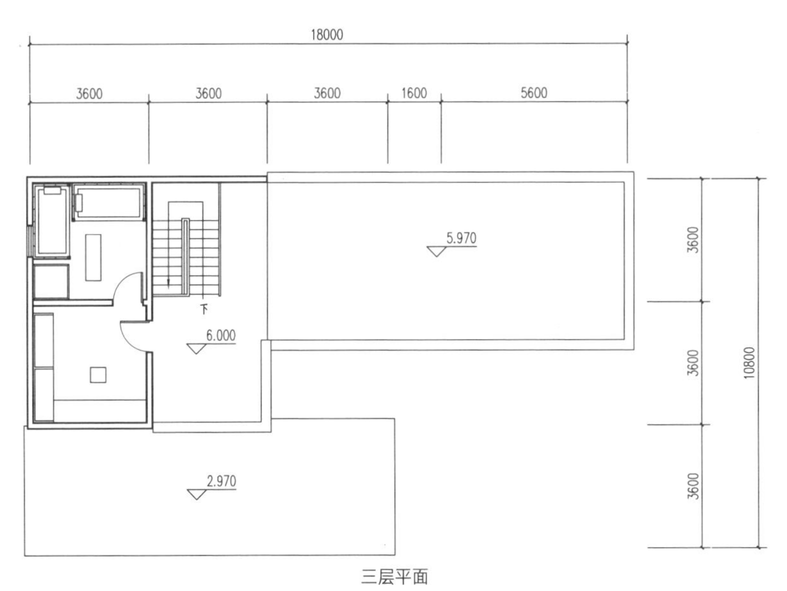

三层平面

3. 最后一套住宅是针对沿河商业活动较为频繁的地区的家庭所设计的，此地区居住密度较高，且由于商业活动需要，建筑功能较过去发生改变，不仅仅为居住而生，而是有了更复杂的功能。

材料选择——SGC 七防植物纤维节能环保轻质复合空心板

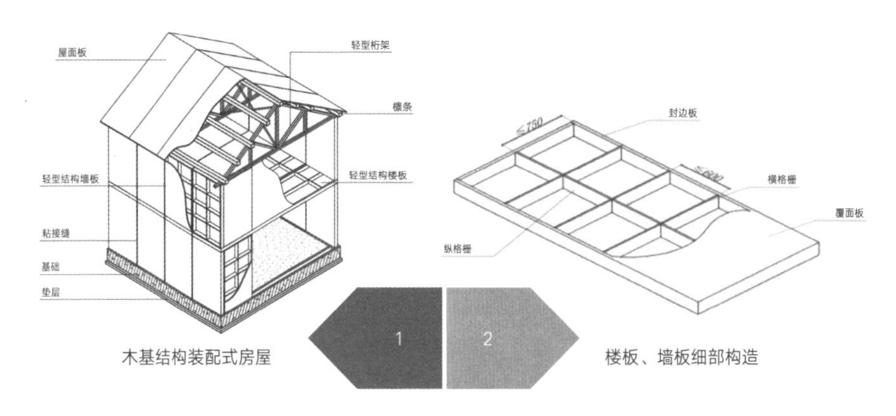

木基结构装配式房屋

楼板、墙板细部构造

材料的性能优势

抗震好：设防烈度 9 级以上。

保温隔热：传热系数最低可达 0.01，节能 75%。

超高寿命：不低于 70 年，处理后抗白蚁侵蚀。

强度高：抗压承重能力超传统 22.5 倍。

抗风抗雪：抵御 12 级风，抗屋面雪厚 1 ～ 2m。

防火防水：抗久浸泡，抗重大火灾。

材料的工艺优势

施工速度快：比砖混结构快 6 倍以上，比混凝土结构快 3 倍以上，比传统轻钢结构快 1 倍以上。

高度产业化：全部结构件工厂模块化加工，现场装配，装配率达 100%.

清洁施工：大部分为干作业，无垃圾无污水无扬尘。

材料的造价优势

基础造价：自重降低 60%，地基工程大幅减少，降低基础造价 30% 以上。

主体造价：主体结构荷载比砖混结构降低 50%，比钢结构降低 20%，梁柱及承重骨架尺寸大幅减小，降低主体造价 10% ~ 40%。

工期费用：缩短工期，用工费、贷款利息等降低 8% ~ 20%。

材料用量：自重小，材料用量少，可降低材料运费 3% ~ 5%。

装配式建造（胶合过程）

1. 材料的特殊性

秸秆建材技术，完全不用钢筋水泥和传统砖瓦来修建房屋（只有板材，无需梁柱等其他任何结构）。

2. 全工厂预制

全部结构件工厂模块化加工，取材于建造当地。

3. 现场组装

现场装配，装配率达 100%，200m² 的别墅主体三天可安装完成。

4. 预留缝点粘

先完成点粘控制并确定好整体形态。

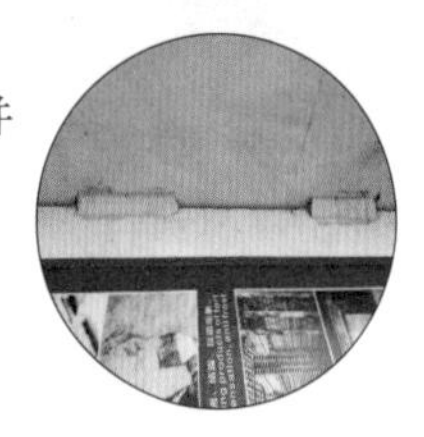

5. 全粘即可完成

将点粘补充完整以及粘齐构配件，待胶快速干合即可完成。

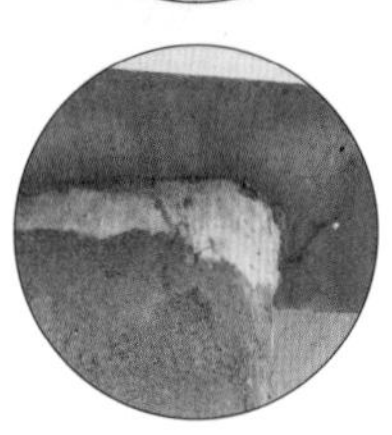

设计装配式拆解图

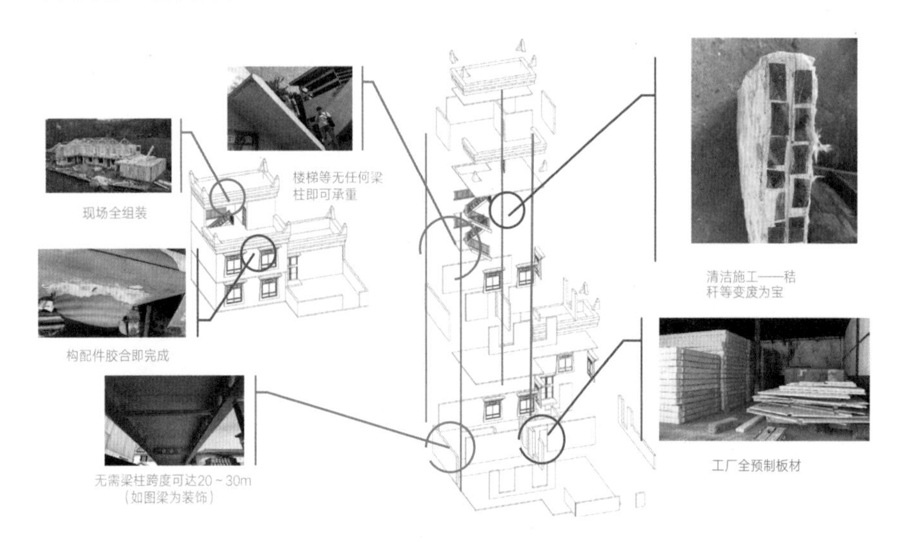

已建造工程案例

曹庄四合院项目　甘孜理塘村委　资阳莲台寺　同德社区

装配式建筑的绿色技术应用

碲化镉薄膜太阳能电池　虹吸式雨水收集系统　生态旱厕技术

甲居藏寨建筑绿色技术应用

太阳能光伏发电技术

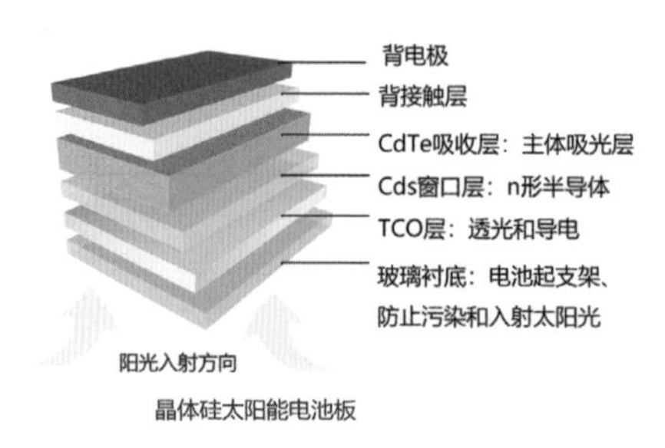

太阳能利用技术：太阳能表皮系统是建筑表皮适应气候条件的一种最为简单的形式。将表皮与太阳能光板相结合，从而面积最大化的接受太阳能。这不仅为建筑带来了新的形式，还为建筑改造提供了新的技术手法。

应用于甲居藏寨：该地区山高谷深，缺水、缺电，但拥有丰富的太阳能资源。如果应用建筑技术，把太阳能利用引入传统民居的空间构筑中，对其围护结构稍加设计改造，则不但能改善其冬季室内热环境，提高生活质量，而且对民居节约能源、保护环境的绿色进化具有重要意义。

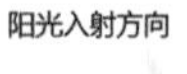
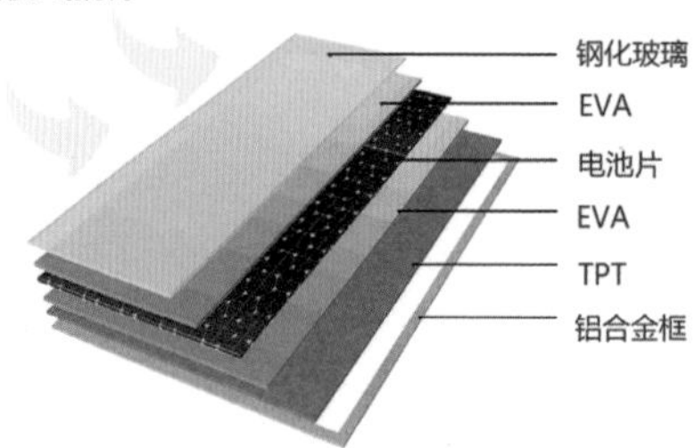

出于屋顶遮阳的考虑，在屋面选择了晶体硅太阳电池板，作为可再生低污染的清洁来源。根据纬度计算，四川地区最佳倾斜角度应为 32°

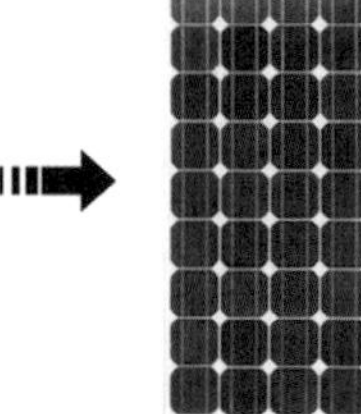

虹吸式雨水收集系统

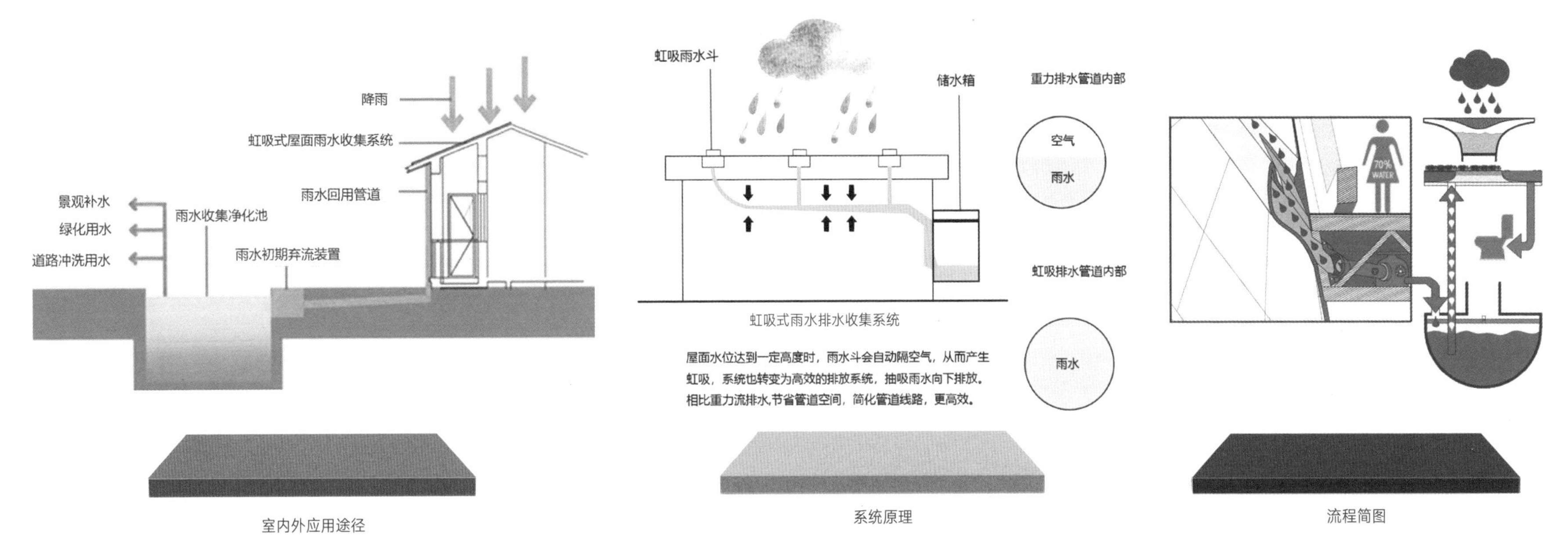

室内外应用途径

系统原理

流程简图

生态旱厕设计

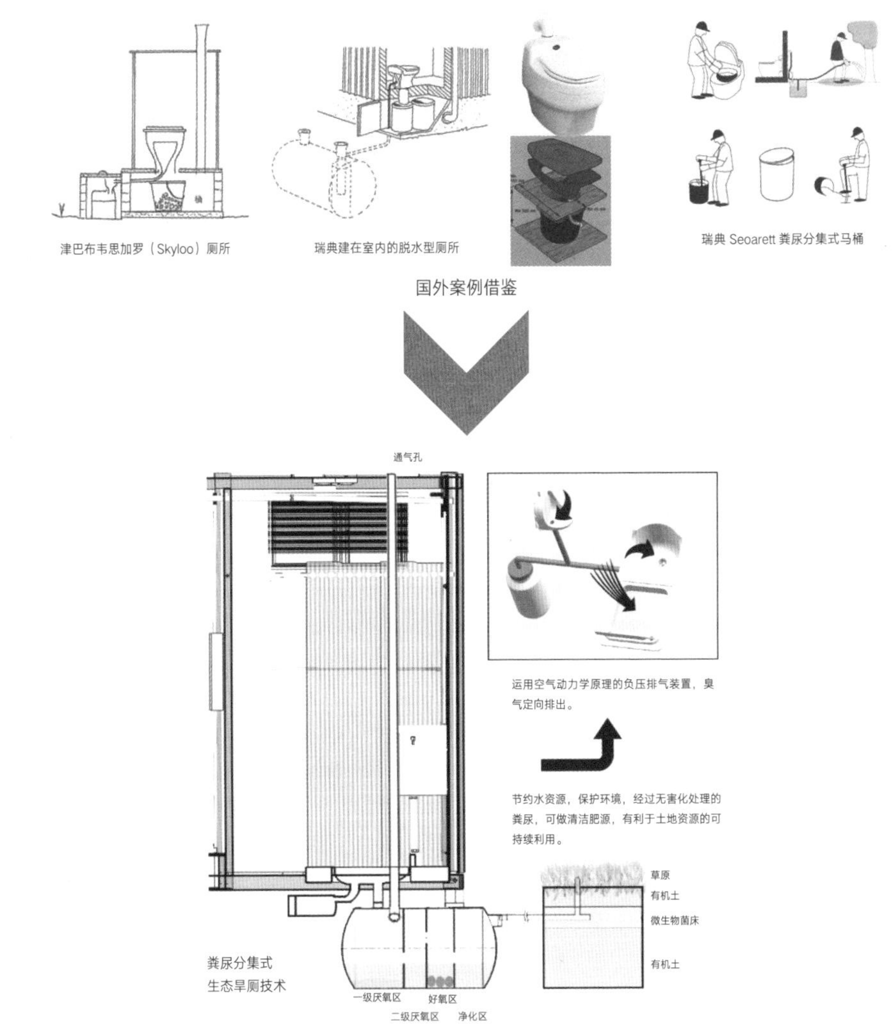

本土化设计

透视图

学校：西南交通大学　指导老师：朱元友　设计人员：青山杉　陈雨芊　陆科宇　刘天宇

【小团圆】——山东省济宁市孟姑集镇

设计说明

在中国的新农村建设大潮中，涌现出许多样式的农村建筑造型，与原有的农居建筑碰撞交融，却没能消弭留守老人与留守儿童的孤寂。如何重拾这一份团圆的情谊、重塑回家团聚的吸引力是本方案探讨的问题。建筑选址位于山东省济宁市孟姑集镇的一处当地典型宅基地，原建筑为典型的鲁西南三代居形式。本方案从许多新农居建设中面积逐渐减少的院落出发，重新赎回消失的院落面积，将院落重新定义分成不同的形式和开放性的四个区域院落，结合更多的室外家庭活动与聚餐区域增加团圆相处的契机。建筑局部2层，坡屋顶与平屋顶共存，保留许多当地的建筑符号。选取当地的特色木材、砖块与新建筑材料相结合，结合新的结构与绿色建筑策略，力求在现代化的设计与设施中保留原有的文脉与回忆。

现状分析

设计项目区位

基地所处位置为山东省济宁市嘉祥县孟姑集镇杨庄村。孟姑集镇是中国山东省济宁市嘉祥县下辖的一个乡镇级行政单位，总面积45km^2，下辖35个行政村，3.8万人。位于嘉祥县城西北18km处，日东高速公路贯穿东西，大黄公路纵贯南北，距济宁曲阜机场25km，距京杭大运河济宁码头20km，交通便利，地理位置优越。基地所处位置杨庄村位于孟姑集乡西边，西与巨野县田庄镇高庄村相邻（巨野县为菏泽市所属辖区），南与巨野田庄何堂相连，东靠乡政府由杨庄和岳庄两自然村组成，大黄路从村东头而过。

自然条件

气候

济宁市的天气受到大量煤矿工厂影响，气温普遍高于附近的鲁西南地区，2018年夏天最高气温可达38～39℃。但是基地所处村庄北面有大量荒地森林还未被开发，有效吸收了一部分夏天的热量，使得村庄相对而言较市区冬暖夏凉很多。因为是典型温带季风性气候，所以常见瓦片坡屋顶形式。

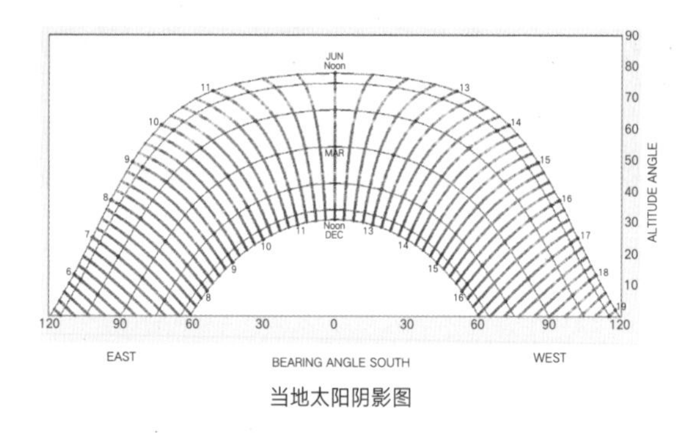

当地太阳阴影图

地理环境

村落主要为平原地区，方圆二十里没有山丘，地势较为平缓。虽然村落附近没有可以背靠的山丘，也并没有很邻近的水源，但乡镇很多村民对于宅基地的所建位置很有讲究。

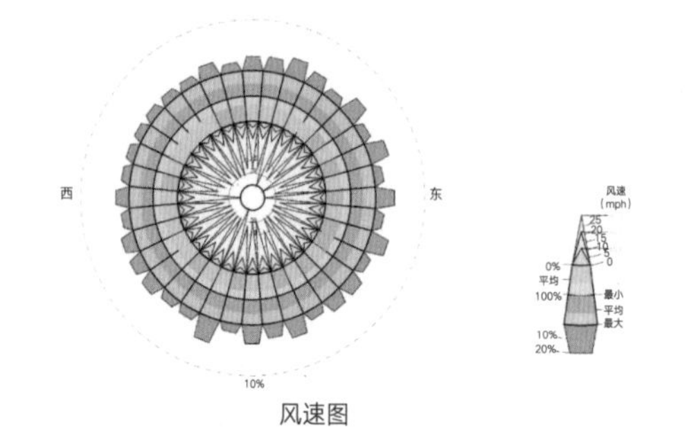

风速图

乡镇变化

整个孟姑集村经济发展迅速，尤其是整个乡镇年龄构成（老人孩童增多，青壮年减少）、经济收入来源（耕地减少，务农职业减少）发生巨大变化，2014年整个乡镇进行了大规模的拆迁补偿运动，当地村民房屋约30%被拆迁。当地建起了新型居民楼，也有不少村民自建了自家的2层小楼，在这种情况下，村子的风貌产生了很大变化。

十多年前，在此居住的村民主要以农耕为主，辅以一些其他小产业，例如本次方案设计中的宅基地的原住户——笔者姥爷家，还存在着养蚕的活动，种植桑树，搭建蚕屋。村民还从事养蜂、家畜等多种农业经济活动。

在十多年后重返乡镇，经过实地调查后，发现村子的主要文化活动发生了很大变化，具体表现在：

1. 村民受教育程度提高，许多年轻人不再满足于农耕生活，无论是进城打工还是留在本地做生意，娱乐需求增大，荒地与森林面积减少，取而代之的是更多娱乐场所以及商场街道。

2. 政府政策的变化，2014年进行的大规模拆迁补偿活动使不少村民放弃了原有的房屋住上了新楼房，小区自带的一些文化场所实际上不满足村民的实际需求，比如小区健身场所、小区公共花园（面积太小）。

3. 社会风气的变化，受城市文化的不断影响，越来越多的当地风俗渐渐简化甚至很少有人再去传承，这就导致村中很多纪念性场所荒废。

当地建筑风貌文脉

房屋变迁

第一代房屋

第一代房屋往往以土坯、麦草为建筑材料，即房屋墙体多为土坯砖墙，用麦草泥筋抹墙面，屋顶抹成平顶，中用麦草成坡顶，只在门枕石、挑檐石做点脊雕刻装饰。

这种房屋的代表地区为菏泽地区，这个地区的泥土民居虽不如砖石瓦房坚固耐久，但屋顶易于维护修缮。雕刻装饰主要以脊兽为主，有龙头、鸽子、麒麟、公鸡等造型，在瓦房脊上安装吻兽，是菏泽地区的一种建筑习俗。杨庄村虽然属于济宁市，但与菏泽市毗邻。

第二代房屋

第一代房屋在村庄中已经很少，基本只存在于院落中个别的年久失修的房屋。第二代房屋多为砖墙，水泥铺面等材质，建设时间一般在20世纪80年代末期到21世纪前期，这个时期的建筑的大门十分有特色，在门饰上很有讲究。当地民居对大门的形式都有一些定型做法。院落形式以三合院为主要形式，北屋为堂屋，左侧（西屋）为厨房，东屋为储藏房间，南侧为牲畜房等。开门位置一般在西南角或者东南角。大门一般都较高，设置有门槛，为有门饰的大铁门。两侧设方石。内部采用木制门闩形式，门闩一般有好几道，大门较有气势，赶上端午节等节日，门口都会挂艾蒿等植物。

第一代和第二代房屋变革

第三代房屋

多为乡村很多人所建的二层小楼，这种建筑在大门影壁墙等方面与第二代基本一致，但建筑变为二层别墅的样子，没有四合院的概念，院落变小。别墅一般没有设计，多为自建，装饰也多源于与大门影壁墙元素相等的瓷砖贴饰。这一时期也有很多优点，例如钢筋混凝土作为结构材料，屋顶用预制空心楼板等结构性能大大增强，采用钢筋混凝土梁支撑，铝合金门窗。门窗面积增大。但一般施工效果不好，水泥墙面时间久就会开裂。施工质量很难得到保障，因为自建，房间的设置上并不合理，也缺少院落等其他功能。

第四代房屋

部分村落已经建起了小型小区，被拆迁的村民可以选择住在小区里，但这种小区施工质量较差，公共面积极小。村民们普遍更喜欢老房子。

第三代和第四代房屋变革

基地建筑风貌

原建筑北面有四间房子，从西数第二间是堂屋坐北朝南，功能类似于城市住宅的客厅。堂屋西侧为主卧室，东侧为老人房，老人房东侧是侧卧。东边耳房是一间杂物室，存放冬天取暖的炉子等。西边耳房为一个带火炕的侧卧。南边是厨房。院子较大，除了这些具备客厅卧室功能的房间以外，院子中间还有地窖。在房屋南侧有两间凸出于院外的土坯房，原作为蚕房使用，现早已荒废。

房屋结构与材料

主屋基本为新建造房屋，东西两侧的耳房还保留了木制梁架结构。中间设一木梁为受力构件，通过墙体传力给基础。上为檩架，檩架有五檩三檩的不同形式。观察老照片可知，主屋之前的檩架尺寸较大，为五檩的形式，十分像中国古建筑的内构架，但搭接就简单很多，基本上采用榫卯形式，檩架也不是正圆形木，而是一些粗壮的老树干。树木的样式有很多种，对于不同的房间大小，所需要的树木种类也不一致。屋顶内部为普通的三合土形式。厨房还设置有烟囱。

材料主要为当地烧制的砖块。嘉祥县城是很有名的石雕之城，这里的石头资源较为丰富，且当地人心灵手巧。在建房子方面，基本上石头会用在大门、通向天台的楼梯、影壁墙等上面，很多都会雕刻成特殊的样式以求吉祥。此外，当地很多房子都会有“泰山石敢当”石砖嵌在砖墙之中。

房屋建筑特色

屋顶形式

因为当地典型的气候因素，加上材料来源比较广泛（本地有很多家砖窑等），所以屋顶形式是常见的瓦片坡屋顶。因为晾晒排烟等各种用途，天台是不可缺少的，这就形成了不同的屋顶形式。从天台上看去，坡屋顶连着平台顶，家家户户连成一片又一片。这就形成了与地面截然不同的“屋顶世界”。“屋顶世界”同样是一个独特的交流平台，这里是一个独特的乡村展示“基地”，很难想象城市里的人能在高空处有这种视野上的交流。

独特的环境融合

这里基本是村民第二代的居住建筑造型。民居沿着街道布置，聚居在一起，公共区域则一般在街道另一侧或主干道上。在民居中间的过道上，抬头就能看见前方的田野，另一侧又是主街道的繁华。

当地经典农居图纸

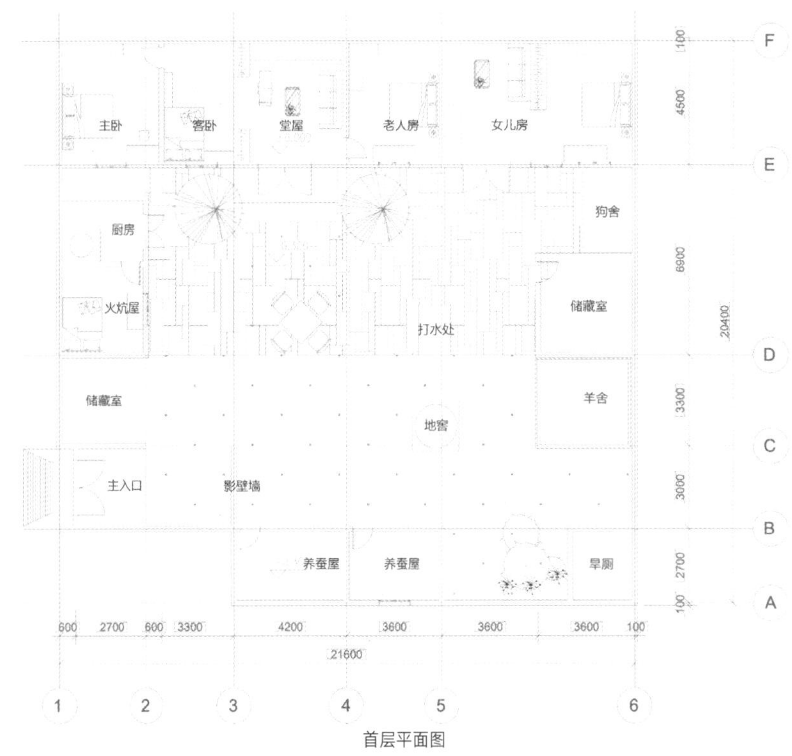

首层平面图

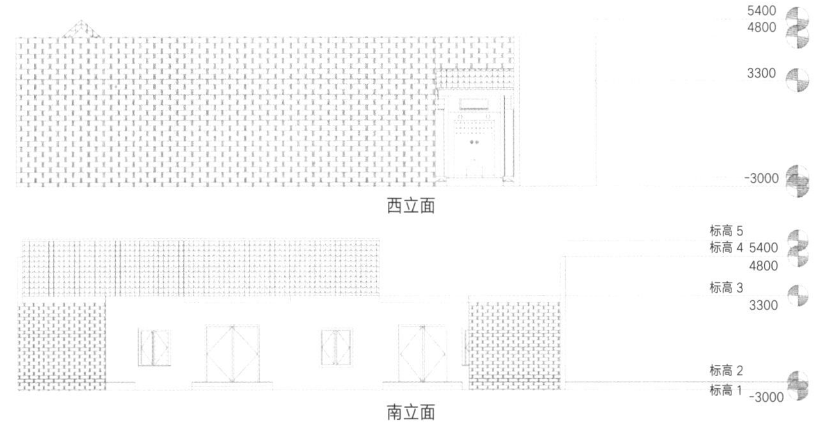

西立面

南立面

设计策略

设计思路

乡村现状与问题

随着新农村建设的进程，乡村农居的建筑造型发生了很大的变化，而这些建筑形式都或多或少存在一些问题，改变着乡村生活。

传统当地民居，土坯、瓦顶、平房

农村自建房，不合理的平面立面

新农村民居，院落空间狭小

基础设施的不完善，房屋脏旧差

平面过时不合理，施工质量差

不适应农村老龄人口的生活习惯

基地原有建筑发生了一些变故，因为房屋近两年除了过年的时候已经很少住人，无人看管，房屋原有的建在院外的养蚕的土坯房也已经很长时间没有使用，在邻近一户农户自建二层小楼的时期，施工无意将土坯房压垮。在不断涌起的新型民居下，越来越多的这样村庄中带有特色的民居受到影响而拆除。

解决 & 途径

院落是农居建设中不可缺少的一环，定义不同的院落空间，不减少院落面积，在现代的设计手法上保留传统的文化符号与团聚回忆。

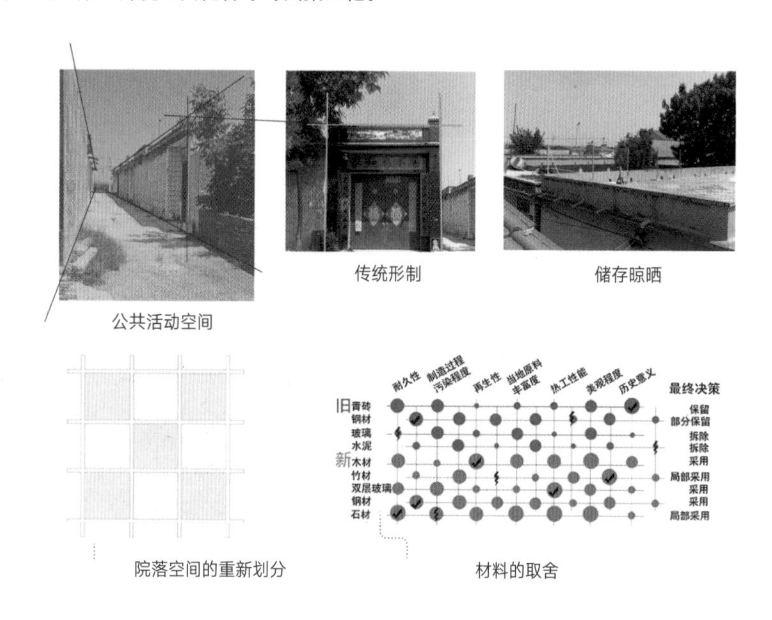

公共活动空间　传统形制　储存晾晒

院落空间的重新划分　材料的取舍

乡村变化产生的原因，分析总结如下：

1. 婚嫁思想问题

当地对婚嫁看得尤其重要，婚礼对于男方家庭来说是一种很重要的仪式，对于很多还生活在农村没有要去城市发展的人来说，婚房也是将来两个人生活的重要保障。

2. 乡镇审美文化所受到的冲击

村民对自己的老房子充满情感，他们对老房子的建筑美有自己独到的欣赏。但面对对城市生活的憧憬，许多村民认为住上"新楼房"代表生活品质的提高。

3. 乡村文化需求与城市建筑天生的矛盾

新型楼房是典型的城市建筑，适应城市高密度发展的需求，但它却完全不适应乡村文化独特的需求。例如，笔者认为，院落是乡村民居必不可少的元素，无论是一种文化寄托，还是基于功能要求（放置农具，散养家禽等），都是不可缺少的。

体块构成演变

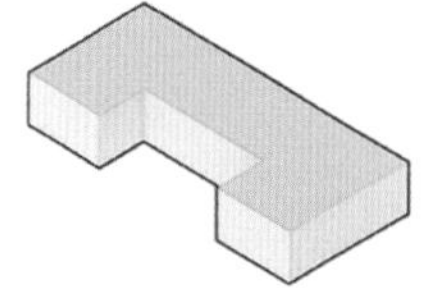

当地传统三和院形式，北面为主要居住空间，东西两侧辅助用房。

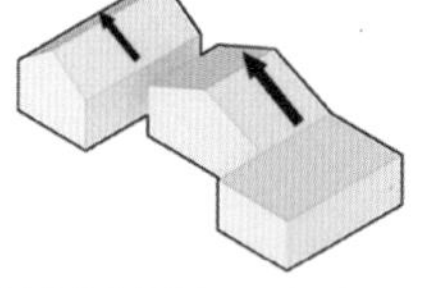

适应乡村的传统造型，主要空间改为坡屋顶。

改变辅助空间局部为一层平屋顶，增加晾晒空间，进一步切割体块。

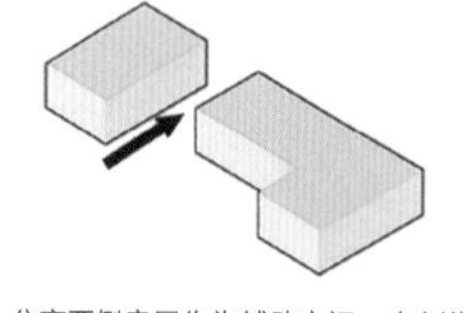

分离西侧房屋作为辅助空间，东侧为主要居住空间。

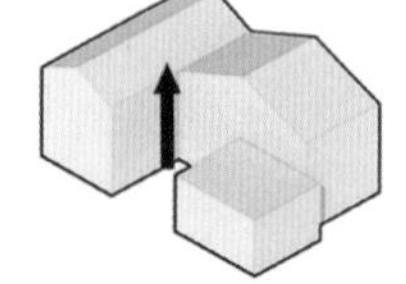
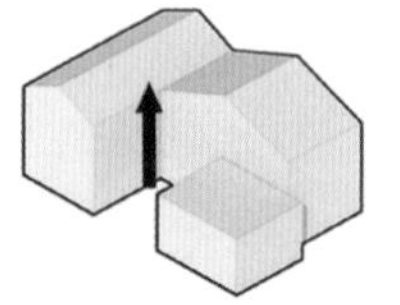

拔高建筑主要空间形成局部二层，增大使用面积，适应新的居住密度需求。

挖空建筑局部形成采光良好的室外平台，模糊室内外界限增加与院的交流。

绿色技术集成

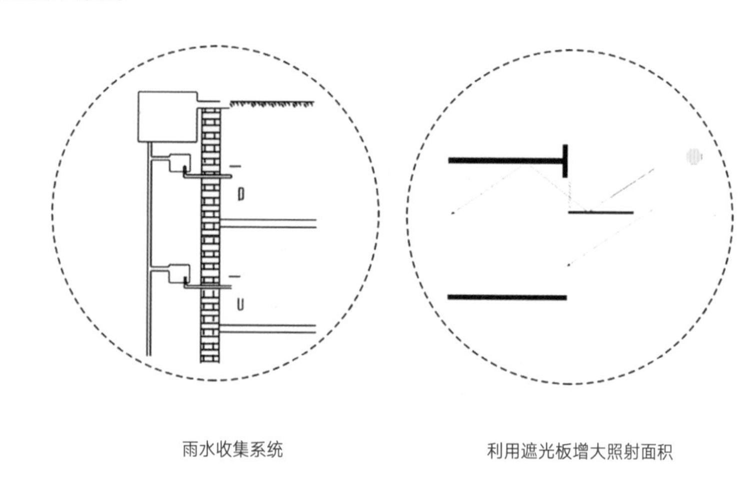

雨水收集系统　利用遮光板增大照射面积

窗户玻璃的选择：

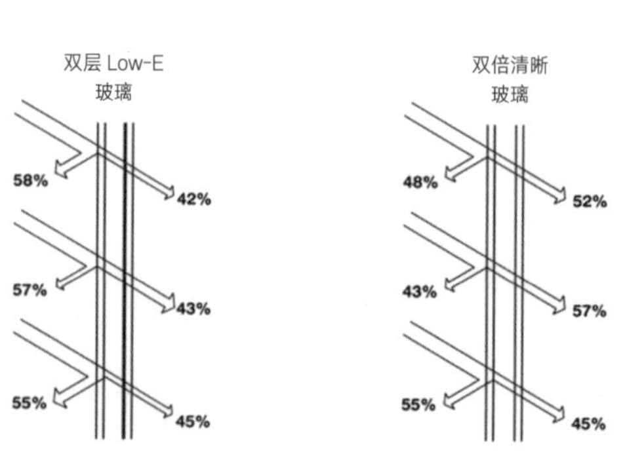

在西、北和东选用双层 Low-E 玻璃窗，在南部选用双倍清晰玻璃，以获得最大的被动太阳能增益。

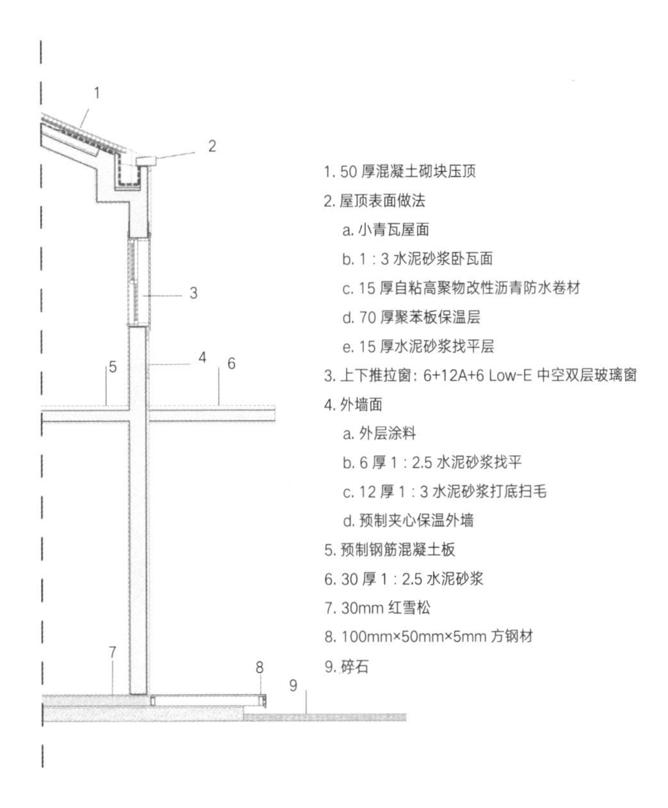

建筑装配化问题

运用钢板—螺栓连接的新型预制装配式混凝土空心墙板结构，在大大减轻墙板自身重量的同时，降低了吊装、安装的施工难度，解决了装配化墙板的一大问题。几种装配式集成房屋的结构体系：一是采用钢框架结构形式，针对集成房屋的装配式建造特点，对钢框架采用模块化设计方式。该房屋在工厂内加工钢框架模块，安装叠合板构件，浇筑叠合层，安装相应的墙板构件，完成模块加工后，运输至现场进行模块装配化施工建造。二是采用了装配整体式叠合楼板形式，在车间工厂化生产的叠合板运至模块加工车间，在钢模块上安装叠合板，浇筑叠合层，完成了模块中楼板部分的工厂化加工。三是装配式集成房屋采用了保温装饰一体板墙板形式，经过墙板加工车间完成对墙板的加工生产，运输至模块加工车间，在钢框架模块相应的墙面上安装墙板。

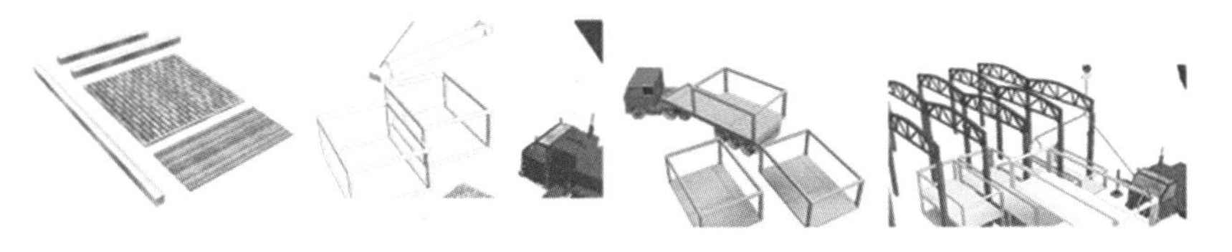

步骤 1　预置构件　　步骤 2　工厂预装　　步骤 3　运至基地　　步骤 4　现场吊装

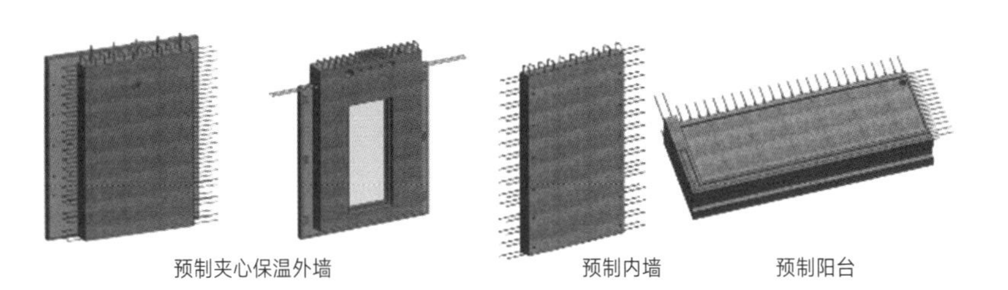

预制夹心保温外墙　　预制内墙　　预制阳台

方案设计

平面图

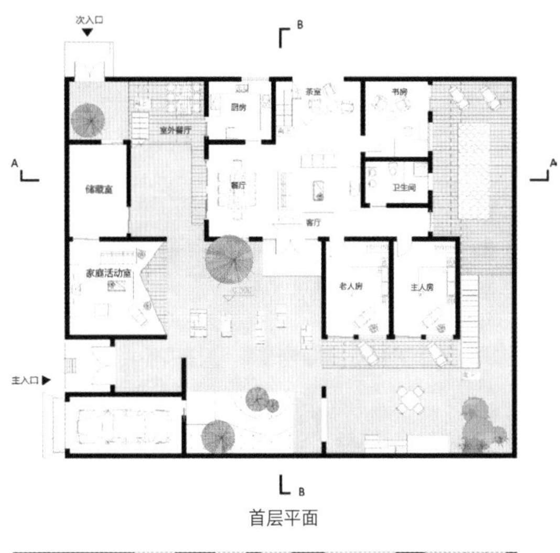

首层平面

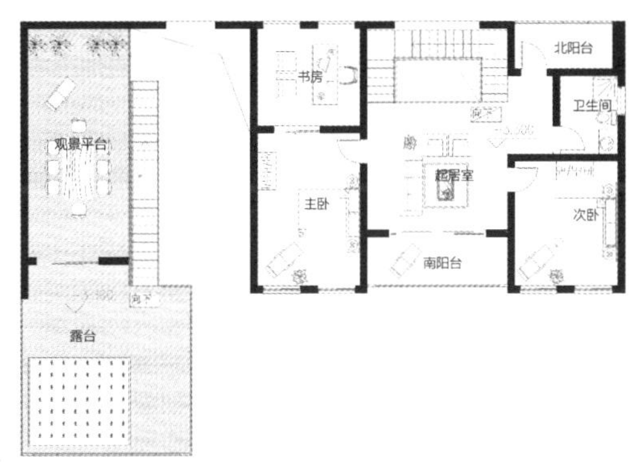

二层平面

立面图

北立面图　　西立面图

剖透图

A-A 剖透图　　B-B 剖透图

效果展示

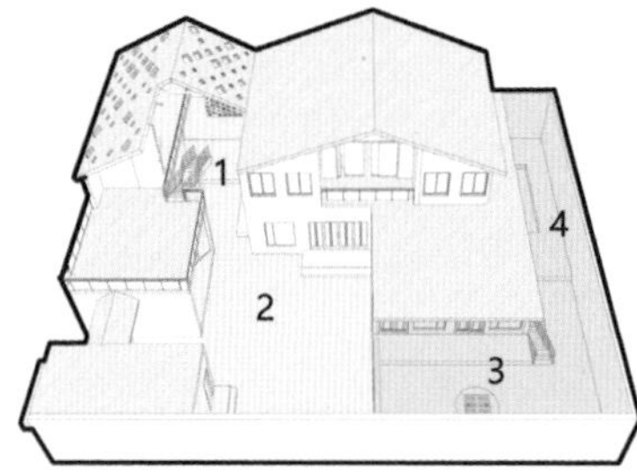

院落划分

团聚院

公共院

私人院

水院

原当地住宅为典型的三合院形式，院落面积极大但没有明确的划分，院落显得杂乱没有吸引力，故对院落进行重新划分。

团聚院位于辅助体块部分，紧靠家庭活动室并且设有户外餐厅，为节假日过年团聚提供场所，局部拔高二层且外墙参数化开窗洞，模糊室与外的界限。

公共院位于整个建筑的中心，代替原民居院落的作用待客休闲，起到沟通四个院落中心与居住体块和辅助体块的作用，它更像是一个缓冲乡村与自我的区域。

私人院由月亮门与公共院相隔，月亮门模糊并划清两个院落的界限，给住户一个更私密的空间，临近老人房与主人房，既可封为阳光房，又可直接作为室外平台。

水院位于整个建筑的东北角，水池周围一圈木质平台，它是一个更偏私密的后院，兼具饲养鱼类的功能。

学校：山东农业大学　　指导老师：刘海燕　　设计人员：郭倩

【囤顶记忆】——山东省平阴县俄庄村

囤顶石屋的变迁

囤顶 1.0 版本：土坯石基

建于新中国成立初期，现已无人居住，部分墙体倒塌、损坏。采用土坯夯实作为墙体，离地 1m，夯土墙内采用当地常见黄土，并辅之以秸秆碎屑和“砂拉礓”（雨水冲刷形成的小石子），形成一种三合土的类型。屋顶采用石灰、黄土、秸秆的混合土，屋顶下的防水层采用黄河滩上的“白砂土”（土质细腻），保温层采用麦秸，同时也起到一定的加劲作用。

囤顶 2.0 版本：小料石砌

建于新中国成立初期，无人居住，未有破坏。由于石材开采水平限制，采用板岩小料砌筑。由于无法获得较大跨度的石材作为过梁，所以采用拱券的形式来使门窗的宽度得到实现。采用木制门窗，以纸糊窗，由于保温的要求得不到有效保证，所以采用小窗，仅能满足基本的采光通风需求。同时，由于水平限制和地形影响，无法大面积平整地基，所以宅基地面积较小。

主要为四合院形式，北屋为堂屋，西屋为厨房，东屋为储藏房间，南屋为牲畜房。由于其南方为一坡地，所以在北屋开门直通院外，据了解，当地传统合院是在南屋开门。大门在西南开设，亦是传统木门，设有门槛和两侧的方石。由于过去农村散养家禽的关系，门槛可有效阻止其出门，同时也对外面的野生动物起到阻挡作用。两侧的方石是作为过年过节时放置蜡烛和香火的存在。木门外采用锁的形式，内部采用木制门闩形式。

囤顶 3.0 版本：大料石砌

20 世纪 80 年代后期，由于采用了炸药等开采方式，同时，山体表面石材也已经用尽，普遍使用山体内部石材，强度提高，质量及体积增大，同时随着施工水平的提高，房屋与之前相比，地基面积增大，房屋跨度增加，高度增加，门窗开口增大。

囤顶 3.1 版本：大料石砌，重檐平顶贴瓷砖，水泥嵌缝

20 世纪 90 年代初期，主体建筑屋顶普遍漏雨。其特点是在屋檐处采用瓷砖贴边，屋顶采用七檩或八檩，三合院，北面为主屋，东西作为辅助用房，大门朝向东西或南方，入门处采用“应门墙”（类似影壁，大部分贴瓷砖画，如迎客松）。

北屋顶采用重檐形式，即在屋顶下方 1m 之内，再做一个 500mm 宽的檐子，以弥补门窗开口大带来的雨水入屋问题。屋顶坡度和厚度较之前屋顶都变小。同时，原有的村“场”（晒谷物麦子的空地）的消失，“粮食上房”，屋顶晾晒成为必然，这加剧了此批房屋的漏雨问题。

现在有两种处理方式：一是在屋顶上方设置一铁皮板来防水；二是在屋顶裂缝处浇灌防水沥青。

囤顶 3.5 版本：大料石砌

2005 年开始建造，十年间伴随笔者成长。深刻影响了笔者学习建筑的生涯，从而选择了建筑学，通过它，我从小知道了一些有关建筑的知识，仿佛一个历史的见证人，看到了父辈那时的房屋建造过程。爷爷亲力亲为，除了屋顶上梁时找人帮忙外，其余都是自己一人完成，这对笔者来说也是一种激励。好几百斤的毛石一人打制成材石，一人将其搬到一米多高（采用的是垫土法，将土填到一定高度，将料石搬到相应位置，再撤去土）。

传统石墙砌筑：将毛石用錾和匣斧打制成料石，辅之以直角尺，以石片作为垫缝材料，墙体内部则采用较小石材，来作为外部石材的补充，使墙内平齐。内部以石灰抹灰使墙面平整。

传统弧形屋顶建造：以一木梁作为受力构件，通过墙体传力给基础，木梁选用抗弯性能良好的榆木。上设瓜柱，作为传力与支撑构件，连接主梁与檩条，由于瓜柱需要在两端开设曲口形成驼墩，所以采用了质地较软强度较高的梧桐木。之上为檩，檩有七檩、五檩的形式，正屋为七，东西为五，堂屋两间合为一间，两檩间采用燕尾榫连接，檩条采用木材无特别要求，直径满足要求，树干笔直即可，若有小枝，则用木工工具“锛”（似斧似镢）刨去，再以刨子刮去树皮，晾干后用。椽子共用 108 根，横截面比例 3∶2，长度依据檩距确定。上铺苇箔，而非一般古建常见的垫板，取材较方便且廉价。之上以麦秸作为保温层，同时，也起到密封的作用。之上为三合土（黄土、麦秸、石灰，黄土为主）防水层。再之上为三合土（石灰为主），作为屋顶表层。屋顶曲度一般为 10%，屋檐边采用页岩板和预制水泥板。

通风口设置：檩条下部 30cm 处，起到通风作用，防止屋顶聚集潮气。

新的形式：大面积门窗，以预制钢筋混凝土过梁作为支撑。竹竿箔，随着砖混房的建造，传统方式建造房屋的材料被普遍替代。

囤顶 4.0 版本：混凝土骨砖砌，阳台封顶

2000 年至今，存在漏雨及墙体开裂现象。优点：采用红砖作为砌筑材料，钢筋混凝土作为结构材料，屋顶采用预制空心楼板，采用钢筋混凝土梁支撑，采用铝合金门窗将主屋前的厦子台封闭，起到保温隔热作用；由于采用钢筋混凝土梁作为过梁，门窗洞口进一步加大；房屋抗震性由于圈梁和构造柱的设置亦得到有效加强。缺点：施工质量取决于施工队，且屋顶未设置保温防水层，仅通过水泥层起作用，一旦开裂，便会发生漏雨现象；墙体内部没有隔热层，昼夜温差大时反倒不如石屋的性能好。

宅基地平面布置形式

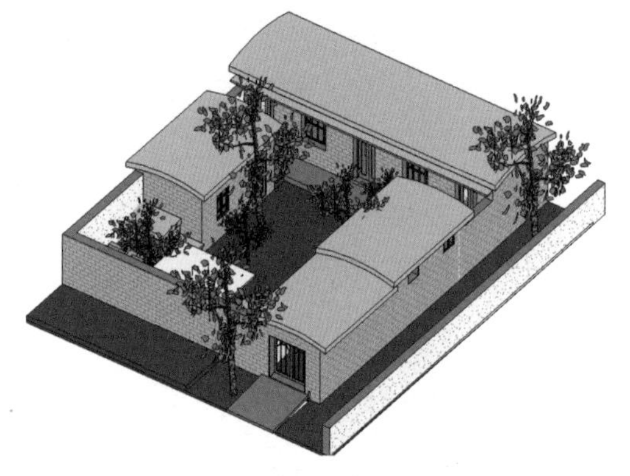

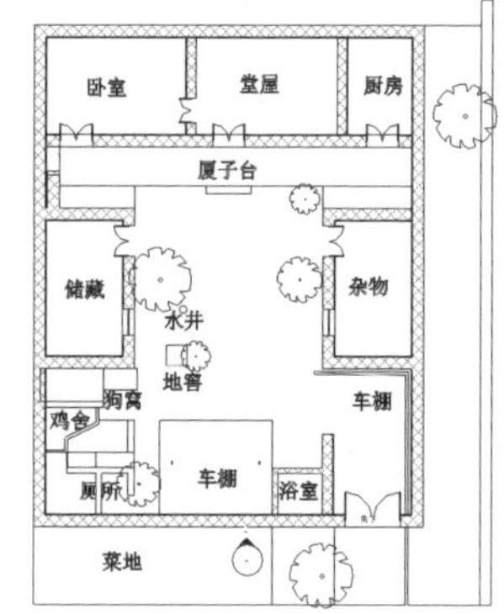

宅基地平面布置形式 A（3.1 版）

东西 15m，南北 18m，北部五间房间，东西各有一间。东南大门，西南厕所、鸡舍，南部搭设简易棚作为农用机车的存放处，并存放农具。水井在院中，南侧为窨子。东西房旁种植洋槐树，东北角种植石榴树，南边种植两棵枣树。院东种植核桃树，院南有椿树、菜园。

人口组成：三人，母亲在家，父亲在外务工，农忙回家，笔者假期回家。

生产方式：农业，种植经济作物棉花，粮食作物大豆、玉米、小麦、小米、花生。

房间布置：西北角卧室为我的卧室，兼作棉花、花生的储藏房间。堂屋父母卧室，兼作客厅。厨房在东北角。东屋作为杂物间，存放农具。西屋内有粮囤，存放玉米、小麦和鸡饲料。车棚存放农用三轮车和摩托车。设置厦子台作为简单的晾晒场所，同时避免下雨时雨水进入房间。排水沟通过大门排出院。院落内高度高于街道，从而避免雨水入院。

宅基地平面布置形式 B（4.0 版）

取消了厦子台，代替以封闭的阳台。院落内树木较少，以盆栽为主，院内地面采用水泥硬化。没有水井及窨子，采用自来水管。

人口组成：妇女在家，房主外出打工，孩子在城里居住工作。

生产方式：以种植玫瑰花为主，种植少量经济作物和粮食作物。

房间布置：堂屋为纯客厅，东西为卧室，女主人卧室紧邻厨房。东西屋为杂物间和储藏间。

村落格局

地理环境及历史沿革

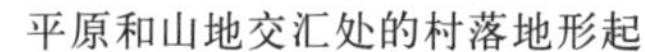

村子位于济南西部，北部为黄河，南部属于泰山余脉。历史上曾属泰安市。花园口决口前，与河北岸仅以一条小河相隔，村民在山脚下距离水最近处居住，与邻村合称江俄村。黄河改道后，为躲避水灾，两村逐渐分开，且逐渐向山腰发展，所以建筑依山而建。黄泛区作为洼地种植作物。

平原和山地交汇处的村落地形起伏变化较大，其地貌更能够影响聚落外部形态和内部结构。村落外部形态沿等高线走向向内凹陷，就像坐在一把巨大的太师椅里，总体布局依山就势、结构合理，为人们提供了一个冬暖夏凉、朝向良好、利于防御、避风防洪、环境优美的居住环境。

村落肌理：村子位于山阴，地势南高北低，街道方向依据地势，但大体保持正南正北。由于地势的存在，部分房屋的基础露出地面，从而使房屋的室内地面高度高于院子地坪高度与街道高度，保证雨天雨水的顺利下流。房屋建筑时一般为两院并排，南北院子数目依据地势，一般在地势坡度较大时建设街道，所以，村内并未形成较高的建筑，普遍为一层平房。

山体：泰山余脉，高度在 50m 左右，由于北部东阿县的建房需求，河岸防水大坝的建设和孙庄浮桥带来的交通便利，以及炸药、开采机械的使用，在 21 世纪初开采较严重，现在依旧未恢复，部分山头被开平，只剩采石坑。岩石材质为早前寒武纪花岗岩质片麻岩和片麻状花岗岩。

气候：虽然位于山北，但是由于山的高度对季风的影响很小，风向呈典型温带季风气候特点。由于泰山余脉对夏季季风的阻挡，该地区的降雨量明显小于山东其他地方，所以，产生了以长清区、平阴县、东阿县等部分地区的囤顶形式，而不是普遍的常见瓦片坡屋顶。

民风民俗：过年时，依旧保留着传统的习俗：在堂屋挂上"zhu 子"（布的家谱），由老人在家等待年轻人来拜年，八仙桌上摆贡品，后设置一"条几"前放置一个"蒲毯子"（玉米叶编制的坐垫），现在多用布垫代替或者不设。但是随着水泥房的建造，八仙桌现在部分被低矮的大理石桌或玻璃桌取代，其低矮的桌面相较于八仙桌面，缺乏庄重感、仪式感。

建筑特色：20 世纪 80、90 年代采石经济的发展，采石手段的发展，泰山余脉对水汽的阻挡，形成了如今村内的主体建筑形式，大料石砌囤顶石房的建筑形式。

胡同、街道格局

水泥主路贯通村子，两侧道路依山的谷部建设，仍是多年前的土路状态。南北路可容双车并行，东西路单车可行，虽没有经过规划，但是建设较合理。棋盘状村落格局，街道胡同内没有排水沟，只能通过其自身下流，所以街道的高度低于院子高度，街道沿着山谷近乎直线发展，以便快速排水。

整体的建筑格局

经过调查，现阶段整体为三合院的形式。北部正中为堂屋，会客之用。两侧偏房居住，东西房作为仓房。大门开口朝向东、南、西三向，设置影壁以避免直接看到厕所。大门处以开敞的房间形式作为车辆的停放处。院子内部普遍高于街道，以适应当地地势，避免下雨时山上雨水的汇入，同时也可快速排水。

缺点：院子较大，其空间没有得到有效利用。东西房与北屋的联系缺乏。建筑施工不科学。部分院子内全部硬化，部分院子完全未硬化。

符号的提取、建筑的细部

通过调查发现一些可以利用的符号：老房子上的拱券；料石砌筑的墙体；夯土材料；建筑的梁檩支承方式；院内花园菜园；晒台；老门等。

农村新住宅的要求及初步构思

现阶段村内主要以中年人和老年人为主，其中，中年人以妇女为主，青年人一般选择在

县城买房或者在外地工作或者上学。新住宅应做到对老年人生活的照顾，同时，随着生产方式的转变，仓储用房的比例应该减小，厕所改造势在必行，车库设置不可缺少。建筑的安全性需要得到保证，同时建筑建造需要科学化，房屋性能应提升。

装配化建筑的模数化、可变性、通用性（户型的通用）

由于对石房特色的保留，决定了其装配化只能在看不到的内部及屋顶进行。由于宅基地的尺寸全村大致有两种类型，其可实现较高的模数化与可变性。原有户型本就是一样的，仅仅是功能上的不同，这又为建筑的通用性提供便利。装配化的缺点是千篇一律，而外部石墙装饰及拱券形式的采用，又使之富于变化，克服了这一问题。同时，村内大部分房子存在漏雨现象，装配化快建造，符合村民需求。

对装配式木结构建筑，连接的安全性、气密性等是最大的挑战，因为组件之间采取现场装配的方式建造，保证连接的质量对建筑的使用十分关键。传统的木结构多采用未经加工的原木，而现代木结构使用的木材都是经过一系列加工处理后的，传统构架仅仅是满足了结构要求，所以新建房屋的木构架使用的木材需要进行一定处理，来满足村民对美观方面的要求。传统木结构采用了榫卯连接，不需要一钉一胶即可将整座房子建立起来，而细看现代木结构，其连接处都是由金属连接件连接而成的，笔者以为，不应采用金属件来连接，而应是传统连接方式，原因如下：囤顶石屋的木构架连接方式较简单，采用了燕尾榫，制造方便；金属连接件的连接，使之丧失了原有风味。

构件制作时应严格控制构件的容许公差，生产制作过程中可采用 BIM 信息技术，实时监控生产质量，并形成结构产业化的生产线，以减少不必要的返工，从而减少成本。同时，可采用 Naviswork 等软件对施工过程进行模拟，以及早发现施工时可能存在的问题，及时采取有效措施解决，缩短建设时间。

区位及传统建筑图纸

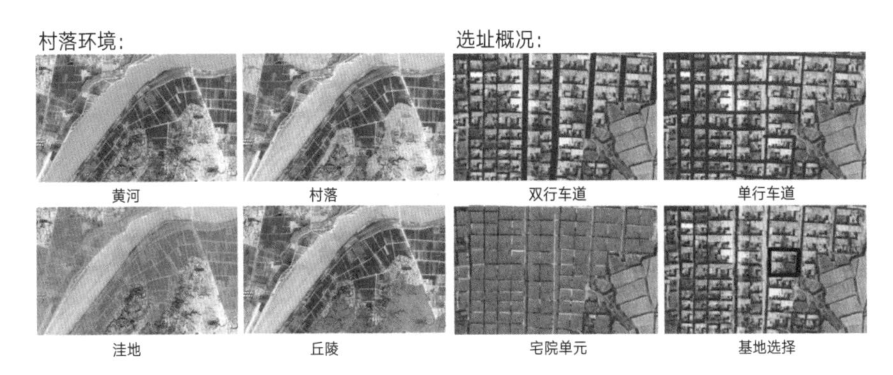

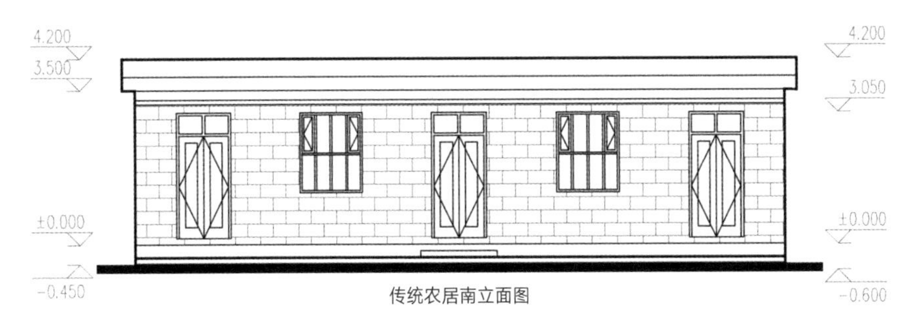

传统农居南立面图

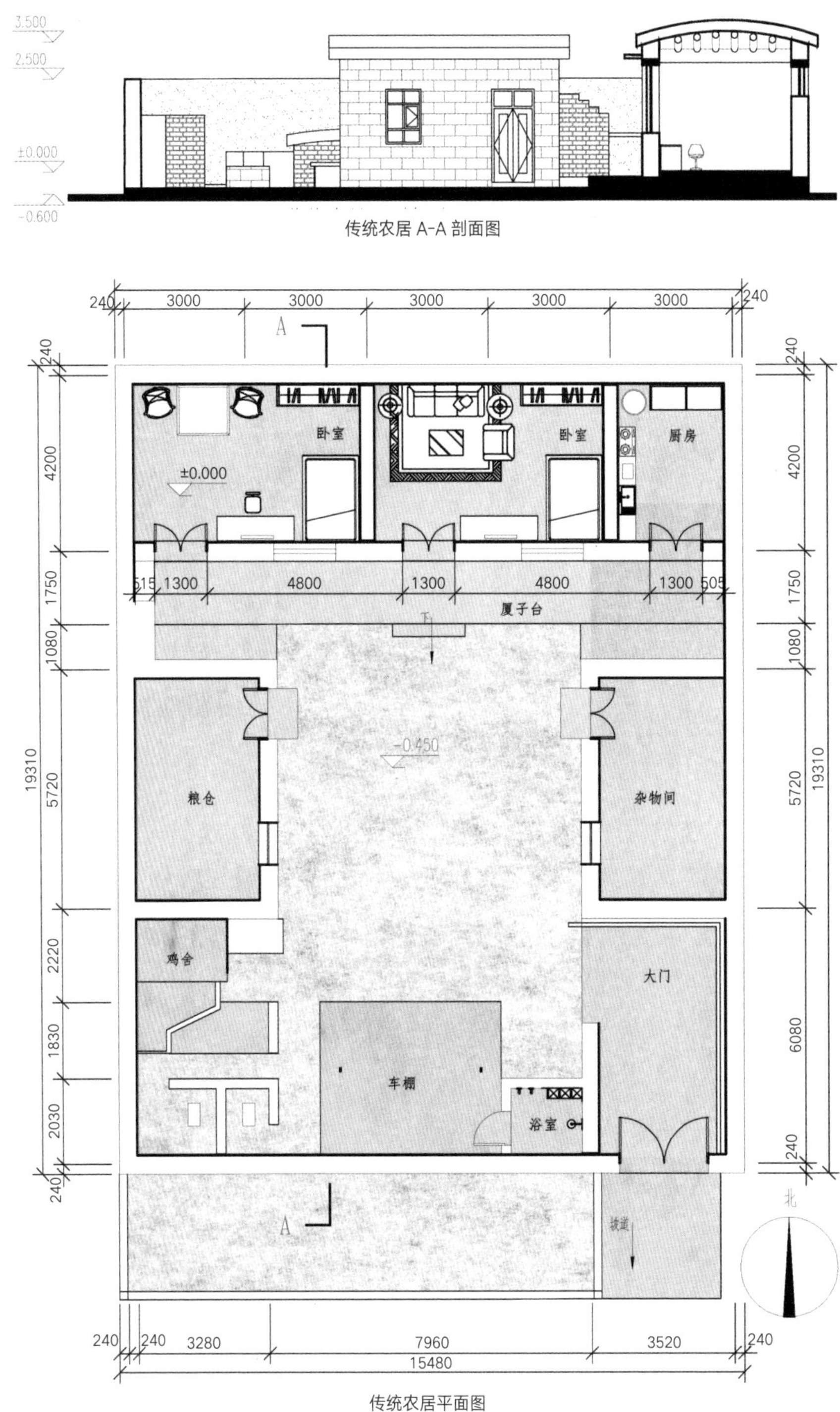

传统农居 A-A 剖面图

传统农居平面图

方案设计总平面及形体变化

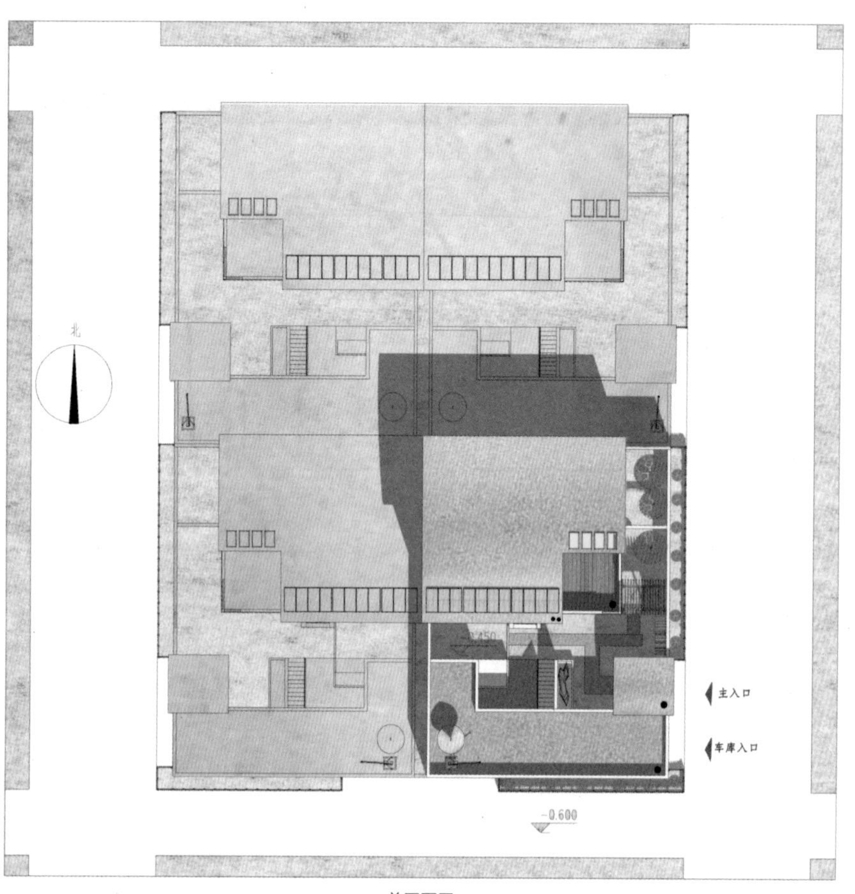

总平面图

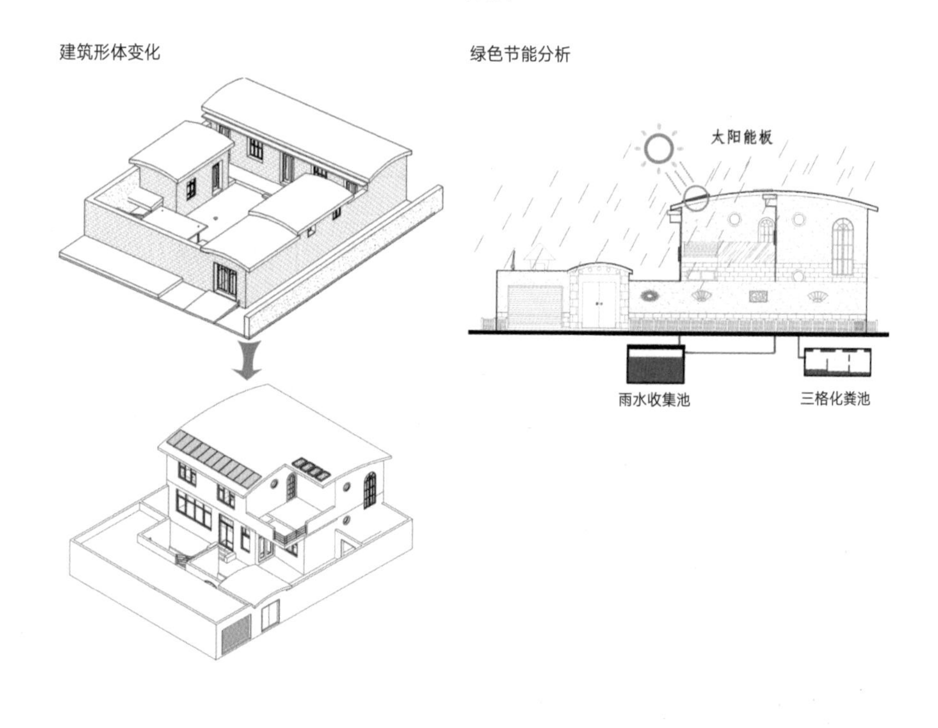

方案设计平面图

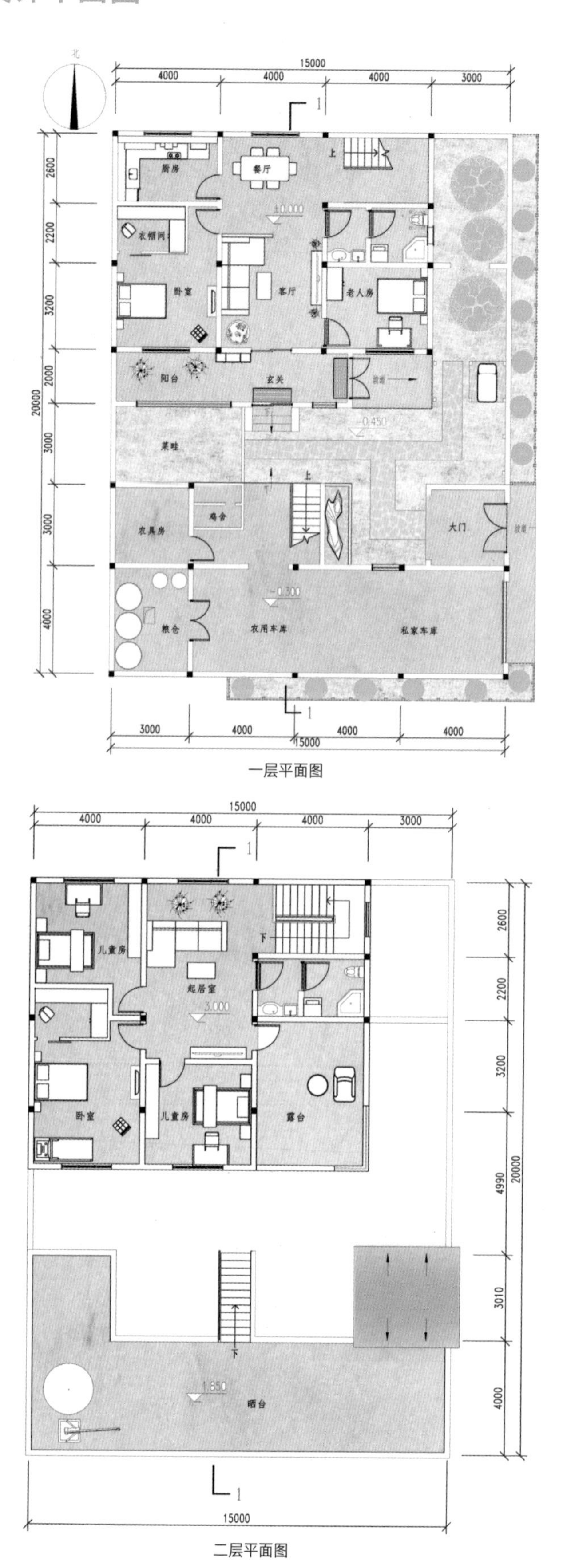

一层平面图

二层平面图

方案设计立面图及剖面

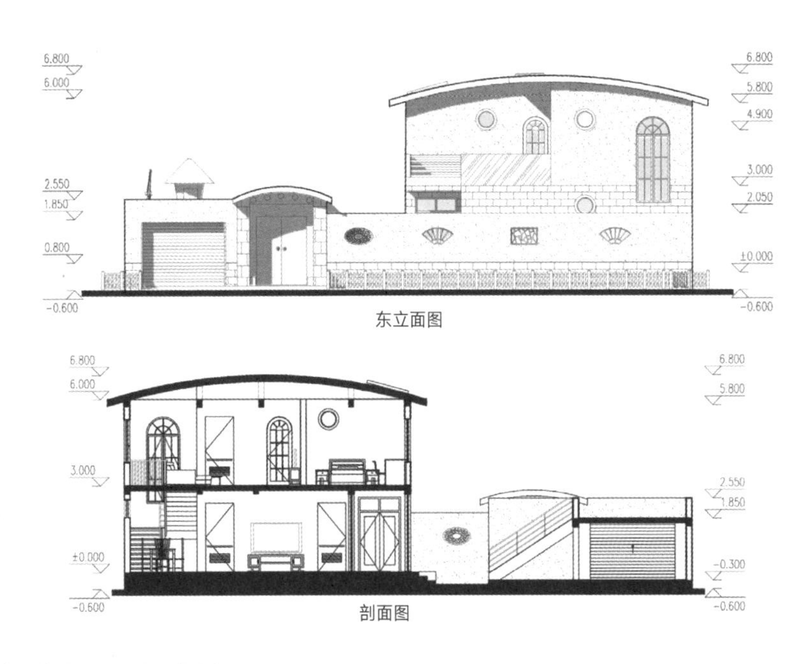

东立面图

剖面图

采光、通风分析：

流线分析：

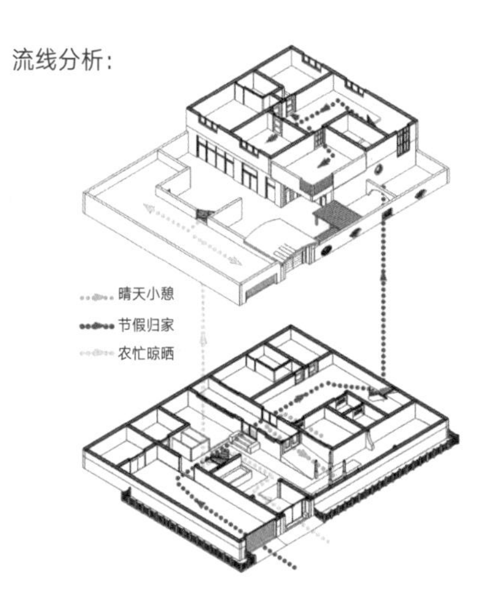

局部效果展示

前后院分隔墙效果：将院子分隔，增加了层次感

二层休闲平台效果：围栏木纹与石纹的对比，虚与实的对比

木制廊架效果：前后院间的过渡空间，室内外的过渡空间

儿童房室内效果：室内采用软包，色彩欢快，富有活力

入口应门墙效果：灰墙为纸，水塘假山为笔，自然亲切

客厅室内效果：整体色调明快，装修简洁，便于打理

文脉提取与创新

传统文化符号提取与创新利用：

采用新型屋顶材质，非刚性防水，自重减轻，性能提高

大门顶棚使用原有建筑拆除后的梁架，二次利用

围墙外饰面采用外挂仿制石材及涂料，保留原建筑色调

拱券的利用，丰富山墙及围墙的立面效果

原有建筑拆除后的料石，减少建筑垃圾，保留老建筑石门形式

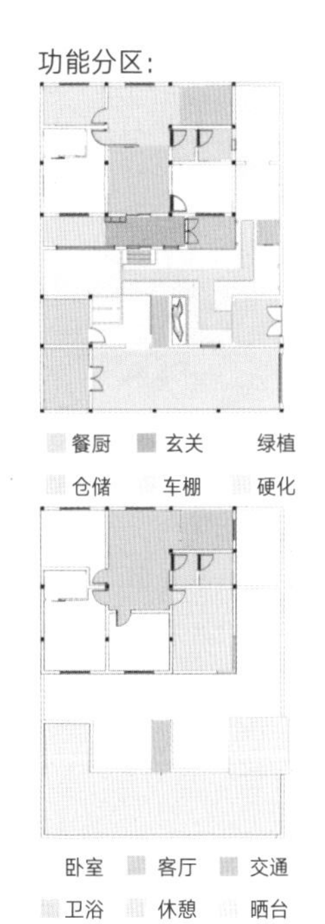

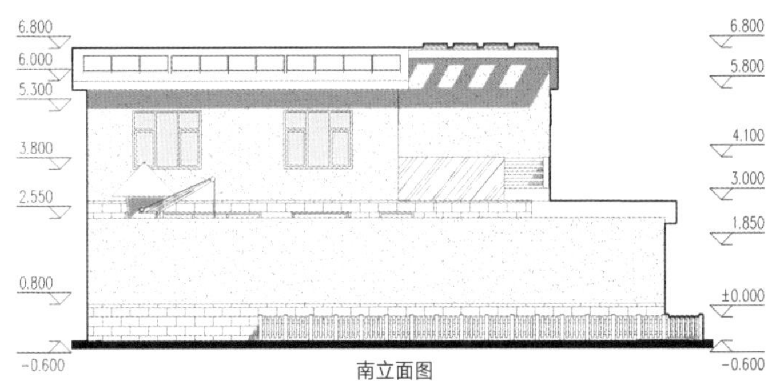

南立面图

东立面效果

鸟瞰效果展示

建筑装配化

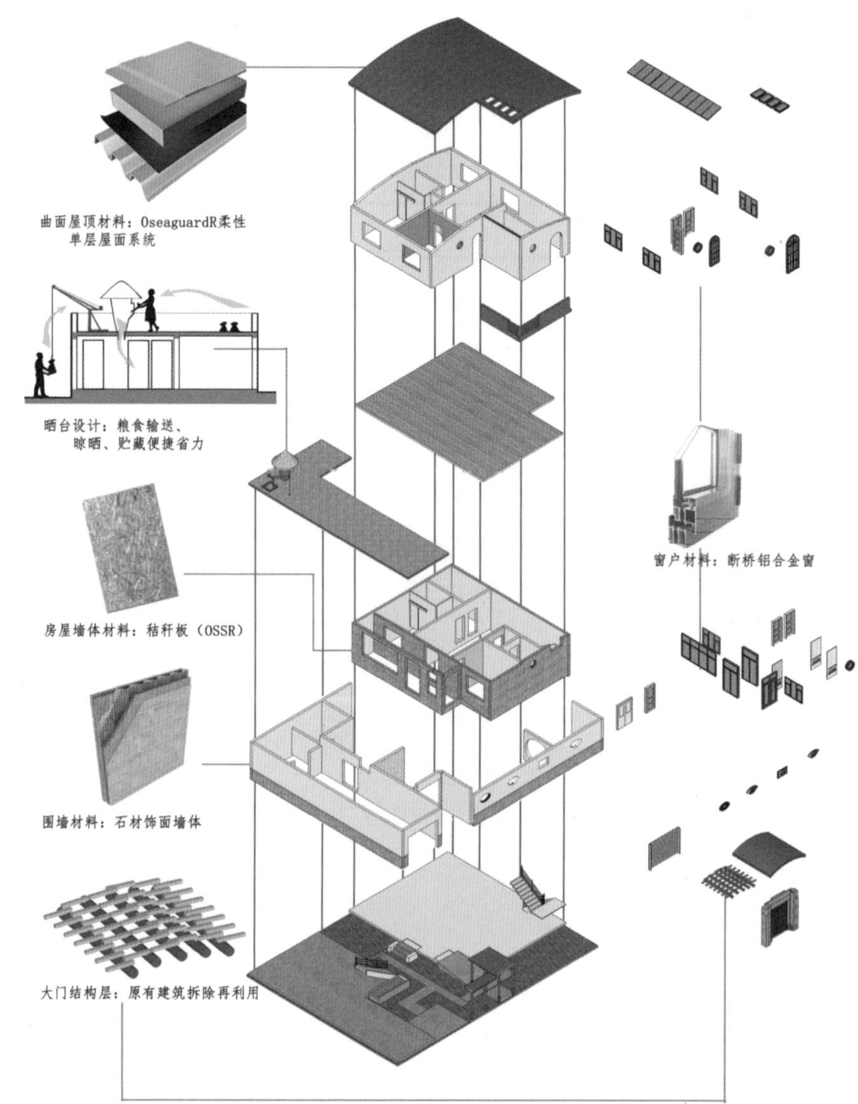

学校：山东农业大学　指导老师：刘海燕　设计人员：俄广术

【听见“明·生”】——内蒙古包头市美岱召村

历史沿革

美岱召作为当时的政治、经济、军事以及后期的宗教中心，其发展脉络是随着政治取向和发展历程以及明蒙关系发生的。

1575年建成
当时名为福化城

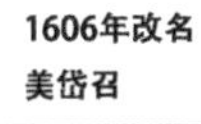

1606年改名
美岱召

美岱召如今

现状综述

宏观：美岱召村地处东距包头市80km的土默特右旗美岱召镇，在京藏高速公路北侧，平面呈长方形。

微观：美岱召四角筑有外伸墩台，上有角楼，它是仿中原汉式，融合蒙藏风格而建，是一座“城寺结合”的庙城，占地面积4万m^2。现存建筑大雄宝殿、琉璃殿、达赖庙、三娘子灵堂等250多间。

文化特色

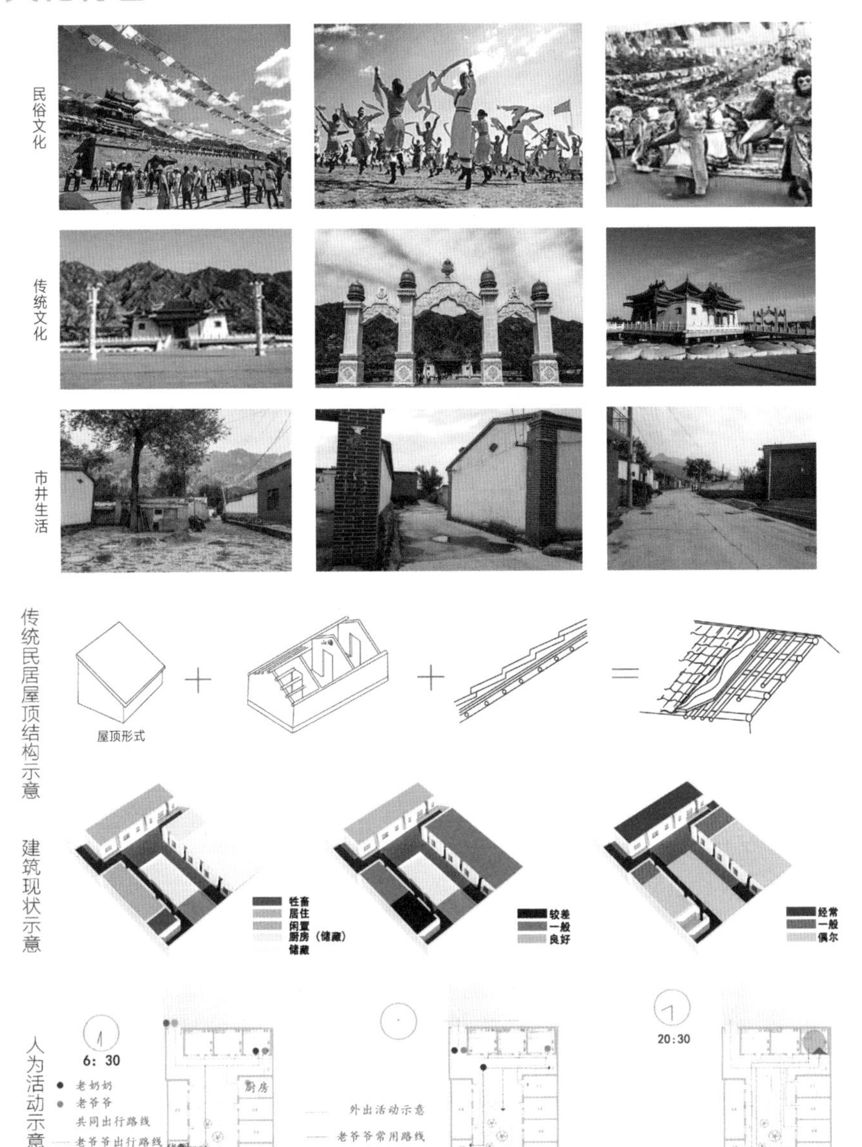

问卷调查结果

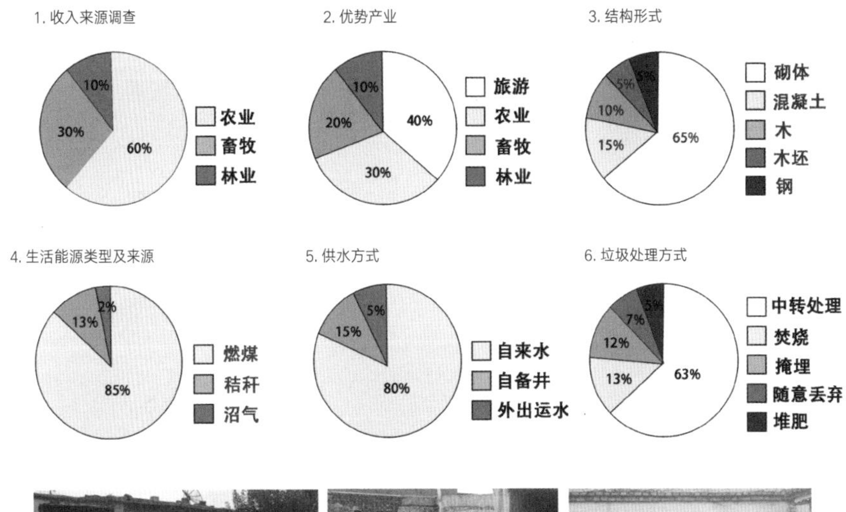

问题诊断

1. 空间分割生硬，不连续，空间形式乏味单一。
2. 整体居住环境混杂，没有条理性。
3. 受日常生活生产方式影响，产生不必要生活垃圾。
4. 受当地气候、传统民居形式影响，采光通风较差。

技术路线

·背景：区位优势	·调研：社会经济文化	1. 历史沿革 2. 文化内涵 3. 经济产业	内涵	·设计定位：拓内涵	1. 传承文脉 2. 文化延伸 3. 产业重构
政策引导	人群活动需求	1. 活动人群 2. 活动规律 3. 活动需求	旧建筑	新建筑	1. 空间重组 2. 空间激活 3. 满足需求
旅游发展	物质空间分析	1. 现状空间结构 2. 现状设施分布 3. 现状建筑评价	旧生活	新生活	1. 空间结构重构 2. 相应设施更新 3. 建筑环境整合

概念生成

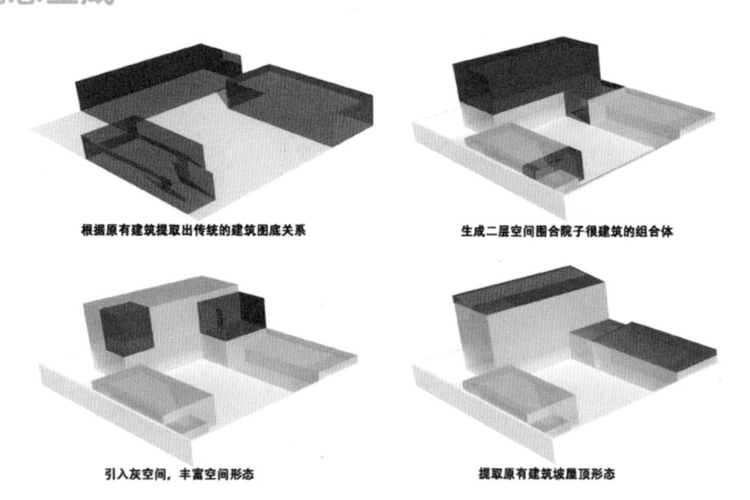

SWOT 分析

优势（S）

1. 区位优势：美岱召位于包头市旅游区，距包头市约 80km，处于适宜都市郊区休闲旅游发展的百公里范围之内。具有融入区域旅游网络的机会以及依托中心城市发展乡村旅游的可能。

2. 古村古镇与院落旅游成为新热点：古村古镇开发比较早的如江苏、周庄、同里等在旅游业市场上引起强烈反响，古村古镇开发带动了一些小城镇旅游升温，迅速成为国内外旅游热点。

3. 乡村旅游趋势明显：现代生活水平的提高对旅游事业的促进；现代人对乡土田园生活的向往，农业旅游业的发展趋势看好。

劣势（W）

1. 整体依托不足：美岱召现开发的旅游资源多与包头人文旅游的资源类似，因此，美岱召整体目前旅游发展尚不成熟，装配式建筑较少。

2. 交通不足：美岱召与外部交通联系通道尚显不足。

机遇（O）

1. 政策机遇：21 世纪之初，我国出台了一系列政策，鼓励积极发展旅游业，装配式建筑的便宜性可以得到充分发挥。

2. 后发机遇：可以学习其他古村落的成功经验和失败教训，可以在现有基础上厚积薄发，综合利用旅游资源建造装配式建筑。

挑战（T）

村落现有设施状况较差，需要较大改造，如何打造富有吸引力的建筑以带动旅游业是一个挑战。

设计说明

设计目的：改善住户的居住环境和使用舒适度，高效利用闲置空间，更好地在农村推广绿色装配式建筑。

新建筑情况：建筑设计工业化生产砌块、水泥浆、砂土、黏性土、人工填土等组合建成，基础为钢架和水泥浆，承重结构为预制混凝土柱，预制屋板及梁，墙体为保温层和围护层，屋顶为保温彩钢板，建筑为装配式，有绿色节能设计，如雨水收集设备风力发电、太阳能、沼气循环等。

总结：建筑中发电量可以自足，多余电量可以往国家电网提供，建筑抗寒抗震性能好，保温好，将院落空间重组提高空间的使用效率和舒适度。

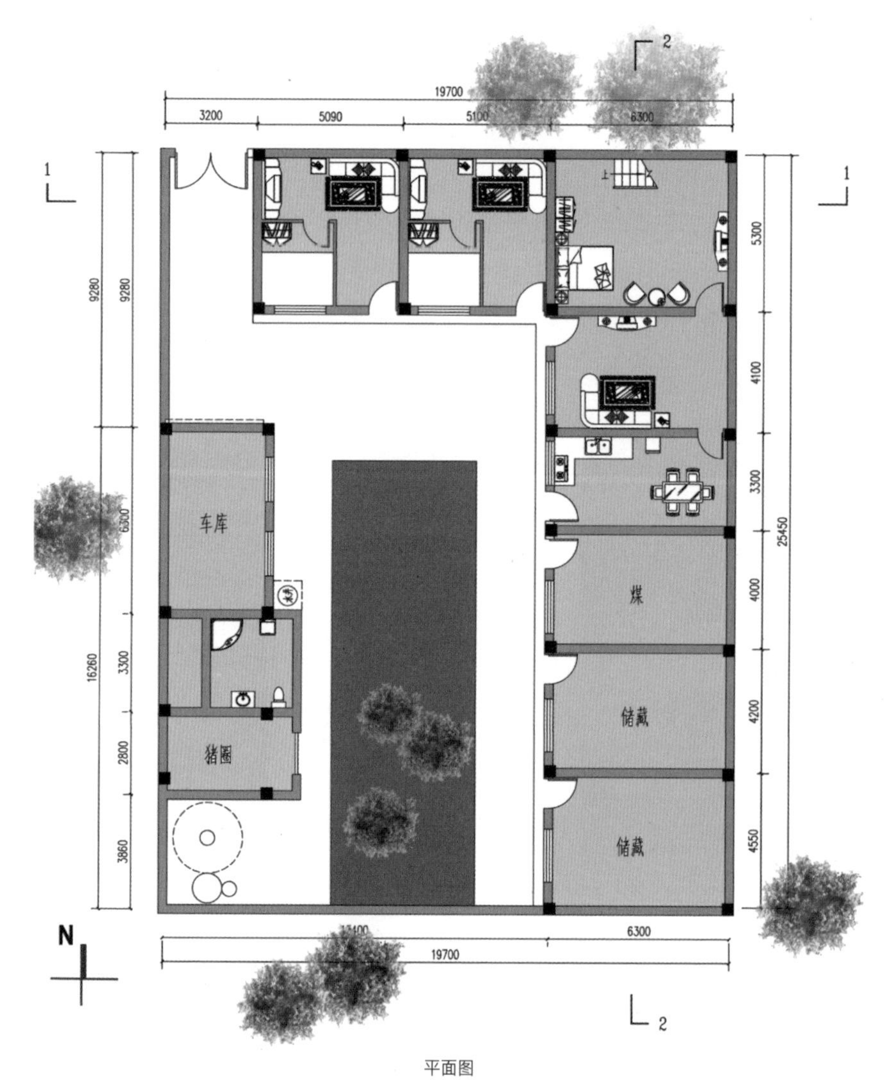

平面图

技术支撑

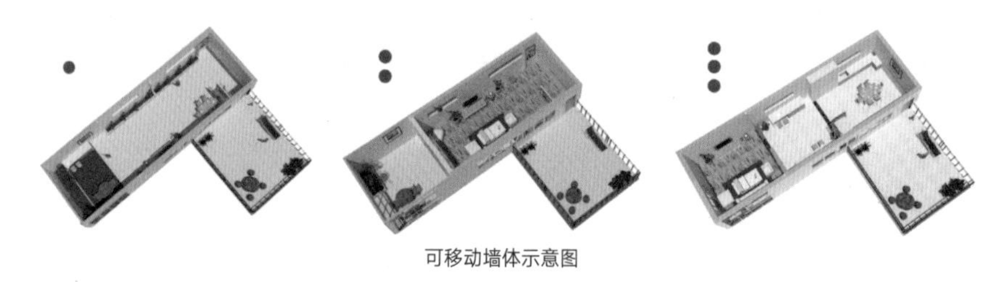

可移动墙体示意图

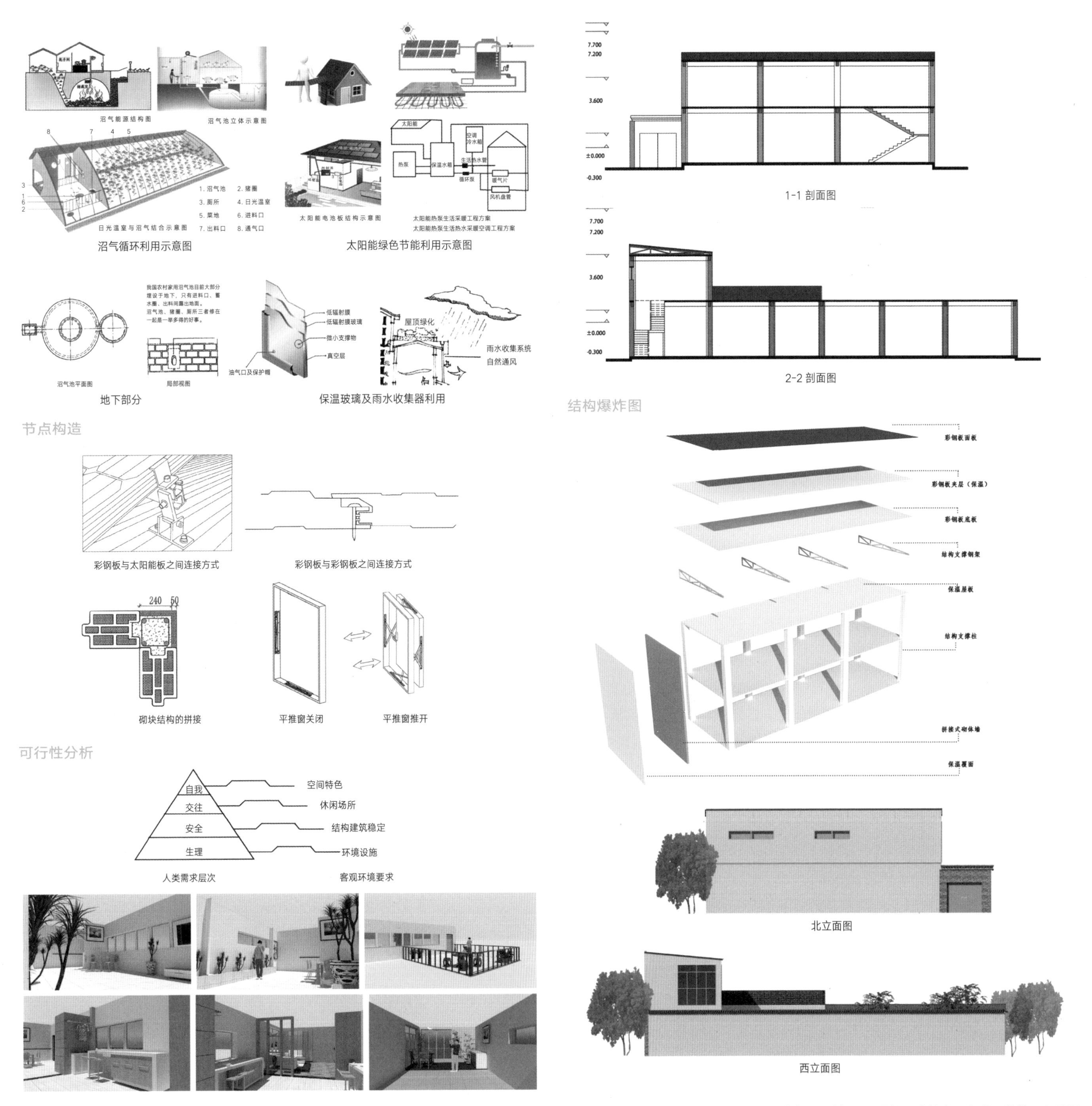

沼气循环利用示意图

太阳能绿色节能利用示意图

地下部分

保温玻璃及雨水收集器利用

结构爆炸图

节点构造

彩钢板与太阳能板之间连接方式

彩钢板与彩钢板之间连接方式

砌块结构的拼接

平推窗关闭

平推窗推开

可行性分析

北立面图

西立面图

学校：内蒙古科技大学　指导老师：乌进高娃　陈水俐　设计人员：孙颖　王雪松　张艳含　鲁岩　党婷　包胜男